세상이 변해도
배움의 즐거움은
변함없도록

시대는 빠르게 변해도
배움의 즐거움은
변함없어야 하기에

어제의 비상은
남다른 교재부터
결이 다른 콘텐츠
전에 없던 교육 플랫폼까지

변함없는 혁신으로
교육 문화 환경의 새로운 전형을
실현해왔습니다.

비상은 오늘, 다시 한번
새로운 교육 문화 환경을 실현하기 위한
또 하나의 혁신을 시작합니다.

오늘의 내가 어제의 나를 초월하고
오늘의 교육이 어제의 교육을 초월하여
배움의 즐거움을 지속하는 혁신,

바로, 메타인지 기반 완전 학습을.

상상을 실현하는 교육 문화 기업 비상

메타인지 기반 완전 학습

초월을 뜻하는 meta와 생각을 뜻하는 인지가 결합한 메타인지는
자신이 알고 모르는 것을 스스로 구분하고 학습계획을 세우도록 하는
궁극의 학습 능력입니다. 비상의 메타인지 기반 완전 학습 시스템은
잠들어 있는 메타인지를 깨워 공부를 100% 내 것으로 만들도록 합니다.

개념+유형

PLUS

개념편

CONCEPT

중학 수학

1·2

STRUCTURE 구성과 특징

개념+유형 의 체계적인 학습 시스템

1 개념을 이해, 확인하고!

2 대표 문제로 익히고!

핵심 개념
자세하고 깔끔한 개념 정리와 필수 문제, 유제

Step 1 쏙쏙 개념 익히기
보다 완벽하게 개념을 이해하기
위한 대표 문제

한 번 더 +1
조금 까다로운 문제는
쌍둥이 문제로 한 번 더!

+ 개념편 학습 후 유형편

유형별 연습 문제로 기초를 탄탄하게 하고 싶다면

유형편 라이트 → 유형별 연습 문제 → 쌍둥이 기출문제 → 단원 마무리 개념과 유형이 하나로~!

개념+유형

3 실전 문제로 다지기!

Step 2 탄탄 단원 다지기
다양한 기출문제로 구성된 단원
마무리 문제

Step 3 쏙쏙 서술형 완성하기
연습과 실전이 함께하는 서술형
문제

4 개념 정리로 마무리!

개념 리뷰
중요한 개념을 하나의
문장으로 완성하여 확인

마인드맵
단원의 핵심 개념을 한눈에 보는
개념 정리 마인드맵

다양한 기출문제로 내신 만점에 도전 한다면

유형편 파워 > 중단원별 개념 정리 > 쏙쏙 다시 개념 익히기 > 핵심 유형 문제 > 실력 UP 문제 > 실전 테스트

CONTENTS 차례

개념플러스유형 1-1

Ⅰ. 수와 연산	1. 소인수분해
	2. 정수와 유리수
Ⅱ. 문자와 식	3. 문자의 사용과 식
	4. 일차방정식
Ⅲ. 좌표평면과 그래프	5. 좌표와 그래프
	6. 정비례와 반비례

기본 도형

준비 학습

이전에 배운 내용

초3~4
- 평면도형
- 각도
- 수직과 평행

이번에 배울 내용

O1 점, 선, 면, 각

O2 점, 직선, 평면의 위치 관계

O3 동위각과 엇각

이후에 배울 내용

중2
- 도형의 성질

고등
- 선분의 내분점
- 두 직선의 평행과 수직

초3 평면도형

1 다음에서 서로 알맞은 것끼리 연결하시오.

(1) ●———●——— •   • 선분 ㄱㄴ
       ㄱ   ㄴ

(2) ●———●——— •   • 반직선 ㄱㄴ
       ㄱ   ㄴ

(3) ●———●——— •   • 직선 ㄱㄴ
       ㄱ   ㄴ

초4 각도

2 다음 각을 예각, 직각, 둔각으로 구분하시오.

(1)   (2)   (3)

초4 수직과 평행

3 오른쪽 그림에서 다음을 찾으시오.

(1) 서로 수직인 직선

(2) 서로 평행한 직선

정답 1. (1) 직선 ㄱㄴ (2) 반직선 ㄱㄴ (3) 선분 ㄱㄴ   **2.** (1) 예각 (2) 둔각 (3) 직각

3. (1) 나—다, 나—라 (2) 다—라

01 점, 선, 면, 각

• 정답과 해설 14쪽

1 점, 선, 면

(1) 점이 움직인 자리는 선이 되고,
    선이 움직인 자리는 면이 된다.
(2) 점, 선, 면은 도형을 구성하는 기본 요소이다.

2 도형의 종류

(1) **평면도형**: 삼각형, 원과 같이 한 평면 위에 있는 도형
(2) **입체도형**: 직육면체, 원기둥과 같이 한 평면 위에 있
    지 않은 도형

3 교점과 교선

(1) **교점**: 선과 선 또는 선과 면이 만나서 생기는 점
(2) **교선**: 면과 면이 만나서 생기는 선

> 참고 교선은 직선일 수도 있고, 곡선일 수도 있다.

> 용어
> • **교점**(交 만나다, 點 점)
>   두 도형이 만날 때 생기는 점
> • **교선**(交 만나다, 線 선)
>   두 도형이 만날 때 생기는 선

필수 문제

1 다음 입체도형에서 교점의 개수와 교선의 개수를 구하시오.

교점과 교선

▶ 평면으로만 둘러싸인 입체도
형에서 두 모서리의 교점은
꼭짓점이고, 두 면의 교선은
모서리이므로
(교점의 개수)=(꼭짓점의 개수),
(교선의 개수)=(모서리의 개수)

(1)

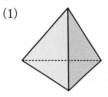

교점: _____
교선: _____

(2)

교점: _____
교선: _____

1-1 다음 입체도형에서 교점의 개수를 a, 교선의 개수를 b라고 할 때, $a+b$의 값을 구하
시오.

(1)

(2)

4 직선이 하나로 정해지는 경우

한 점 A를 지나는 직선은 무수히 많지만 서로 다른 두 점 A, B를
지나는 직선은 오직 하나뿐이다. → 서로 다른 두 점은 직선 하나를 결정한다.

참고 점은 보통 대문자 A, B, C, …로, 직선은 보통 소문자 l, m, n, …으로 나타
낸다.

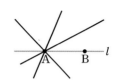

5 직선, 반직선, 선분

(1) 직선 AB: 서로 다른 두 점 A, B를 지나는 직선

기호 $\overleftrightarrow{AB}$ → $\overleftrightarrow{AB}$와 $\overleftrightarrow{BA}$는 서로 같은 직선이다.

(2) 반직선 AB: 직선 AB 위의 점 A에서 시작하여
점 B의 방향으로 한없이 뻗어 나가는 직선 AB의 부분

기호 $\overrightarrow{AB}$ → $\overrightarrow{AB}$는 ⋯•—————•, $\overrightarrow{BA}$는 •—————•⋯ 이므로 서로 다른 반직선이다.
　　　　　　　　　　　　A　B　　　　　　　A　B

(3) 선분 AB: 직선 AB 위의 두 점 A, B를 포함하여 점 A에서 점 B까지의 부분

기호 $\overline{AB}$ → $\overline{AB}$와 $\overline{BA}$는 서로 같은 선분이다.

용어
• 직선 (直 곧다, 線 선)
　곧게 뻗은 선
• 선분 (線 선, 分 나누다)
　직선을 나눈 일부분

개념
확인
다음 도형을 기호로 나타내시오.

(1) ⋯•————————•⋯
　　P　　　　　　Q

(2) •————————•⋯
　　P　　　　　　Q

(3) •————————•⋯
　　P　　　　　　Q

(4) •————————•
　　P　　　　　　Q

필수 문제　　　　　　2

직선, 반직선, 선분

▶ 반직선 AB($\overrightarrow{AB}$)의 구분
　시작점 ┘└ 뻗어 나가는 방향
　두 반직선이 같으려면 시작점
　과 뻗어 나가는 방향이 모두
　같아야 한다.

오른쪽 그림과 같이 직선 l 위에 네 점 A, B, C, D가 있을 때,
다음 중 옳지 <u>않은</u> 것은?

① $\overrightarrow{AB}=\overrightarrow{BC}$　　　　　　② $\overrightarrow{AB}=\overrightarrow{CD}$　　　　　　③ $\overleftrightarrow{BD}=\overleftrightarrow{DB}$

④ $\overrightarrow{CA}=\overrightarrow{CB}$　　　　　　⑤ $\overline{BC}=\overline{CB}$

2-1 오른쪽 그림과 같이 직선 l 위에 세 점 A, B, C가 있을 때,
다음 도형 중 서로 같은 것끼리 짝 지으시오.

$\overrightarrow{AB}$,　$\overrightarrow{CB}$,　$\overrightarrow{CA}$,　$\overleftrightarrow{AB}$,　$\overline{BC}$,　$\overline{CB}$,　$\overrightarrow{BC}$

6 두 점 사이의 거리

(1) 서로 다른 두 점 A, B를 잇는 무수히 많은 선 중에서 길이가 가장 짧은 선인 선분 AB의 길이를 **두 점 A, B 사이의 거리**라고 한다.
(2) $\overline{AB}$는 선분을 나타내기도 하고, 그 선분의 길이를 나타내기도 한다.

> 예 · 선분 AB의 길이가 2 cm이다. ➡ $\overline{AB}=2\,cm$
> · 두 선분 AB와 CD의 길이가 같다. ➡ $\overline{AB}=\overline{CD}$

두 점 A, B 사이의 거리

7 선분의 중점

선분 AB 위의 한 점 M에 대하여 $\overline{AM}=\overline{MB}$일 때, 점 M을 선분 AB의 **중점**이라고 한다.

➡ $\overline{AM}=\overline{MB}=\dfrac{1}{2}\overline{AB} \rightarrow \overline{AB}=2\overline{AM}=2\overline{MB}$

선분 AB의 중점

개념 확인 오른쪽 그림에서 다음을 구하시오.

(1) 두 점 A, B 사이의 거리
(2) 두 점 B, C 사이의 거리

용어
중점(中 가운데, 點 점)
선분의 한가운데에 있는 점

필수 문제 3

두 점 사이의 거리와 선분의 중점

▸중점은 선분의 길이를 이등분한다.

오른쪽 그림에서 점 C는 $\overline{AD}$의 중점이고 점 B는 $\overline{AC}$의 중점일 때, 다음 ☐ 안에 알맞은 수를 쓰시오.

(1) $\overline{AB}=\boxed{}\overline{AC}$

(2) $\overline{AD}=\boxed{}\overline{AB}$

(3) $\overline{AD}=20\,cm$이면 $\overline{AC}=\boxed{}\,cm$, $\overline{AB}=\boxed{}\,cm$

3-1 오른쪽 그림에서 $\overline{AB}=\overline{BC}=\overline{CD}$이고 점 M은 $\overline{AB}$의 중점일 때, 다음 중 옳지 <u>않은</u> 것은?

① $\overline{AB}=2\overline{AM}$　　　② $\overline{AD}=3\overline{AB}$　　　③ $\overline{BC}=\dfrac{1}{3}\overline{AD}$

④ $\overline{AC}=3\overline{AM}$　　　⑤ $\overline{BD}=\dfrac{2}{3}\overline{AD}$

3-2 오른쪽 그림에서 점 M은 $\overline{AB}$의 중점이고 점 N은 $\overline{MB}$의 중점이다. $\overline{AB}=12\,cm$일 때, 다음 선분의 길이를 구하시오.

(1) $\overline{AM}$　　　(2) $\overline{MN}$　　　(3) $\overline{AN}$

STEP 1 쏙쏙 개념 익히기

1 다음 보기 중 옳지 <u>않은</u> 것을 모두 고르시오.

(보기)
ㄱ. 선이 움직인 자리는 면이 된다.
ㄴ. 교점은 선과 선이 만나는 경우에만 생긴다.
ㄷ. 면과 면이 만나면 직선 또는 곡선이 생긴다.
ㄹ. 직육면체에서 교선의 개수는 면의 개수와 같다.

2 다음 입체도형 중 점 A를 지나는 교선의 개수가 나머지 넷과 <u>다른</u> 하나는?

①   ②   ③   ④   ⑤

3 오른쪽 그림과 같이 직선 l 위에 네 점 A, B, C, D가 있다. 다음 도형 중 $\overrightarrow{\text{AB}}$와 같은 것은 모두 몇 개인지 구하시오.

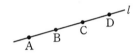

$$\overleftrightarrow{\text{AB}}, \quad \overrightarrow{\text{AC}}, \quad \overrightarrow{\text{BA}}, \quad \overrightarrow{\text{BD}}, \quad \overrightarrow{\text{AD}}$$

4 오른쪽 그림과 같이 한 직선 위에 있지 않은 세 점 A, B, C가 있다. 이 중 두 점을 이어서 만들 수 있는 서로 다른 직선, 반직선, 선분의 개수를 차례로 구하시오.

5 오른쪽 그림에서 점 B는 $\overline{\text{AC}}$의 중점이고, 점 C는 $\overline{\text{BD}}$의 중점이다. $\overline{\text{AC}}=6\,\text{cm}$일 때, $\overline{\text{AD}}$의 길이를 구하시오.

6 오른쪽 그림과 같이 길이가 $18\,\text{cm}$인 $\overline{\text{AB}}$ 위에 점 C가 있다. 점 M은 $\overline{\text{AC}}$의 중점이고 점 N은 $\overline{\text{CB}}$의 중점일 때, $\overline{\text{MN}}$의 길이를 구하시오.

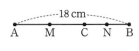

8 각

(1) **각 AOB**: 한 점 O에서 시작하는 두 <u>반직선</u> OA, OB로 이루어진 도형
└→ 또는 선분

> **기호** ∠AOB, ∠BOA, ∠O, ∠a
> └────┘
> 각의 꼭짓점은 항상 가운데에 쓴다.

> **참고** 각 AOB에서 점 O를 각의 꼭짓점이라 하고, 두 반직선 OA, OB를 각의 변이라고 한다.

(2) **각 AOB의 크기**: 꼭짓점 O를 중심으로 변 OB가 변 OA까지 회전한 양

> **참고** • ∠AOB는 각을 나타내기도 하고, 그 각의 크기를 나타내기도 한다.
> • ∠AOB는 보통 크기가 작은 쪽의 각을 말한다.

예 ➡ ∠AOB=120°

9 각의 분류

(1) **평각**: 각의 두 변이 꼭짓점을 중심으로 서로 반대쪽에 있고 한 직선을 이룰 때의 각, 즉 크기가 180°인 각

(2) **직각**: 크기가 평각의 $\frac{1}{2}$인 각, 즉 크기가 90°인 각

(3) **예각**: 크기가 0°보다 크고 90°보다 작은 각

(4) **둔각**: 크기가 90°보다 크고 180°보다 작은 각

개념 확인

오른쪽 그림에서 ∠a, ∠b를 각각 점 A, B, C, D를 사용하여 나타내려고 한다. 다음 ☐ 안에 알맞은 것을 쓰시오.

(1) ∠a=∠A=☐=☐=☐=☐

(2) ∠b=☐=☐

필수 문제

4

평각, 직각을 이용하여 각의 크기 구하기

다음 그림에서 ∠x의 크기를 구하시오.

(1)

(2)
x
70°

4-1 다음 그림에서 ∠x의 크기를 구하시오.

(1)

55° x

(2)

$2x$
x

10 맞꼭지각

(1) 교각: 두 직선이 한 점에서 만날 때 생기는 네 개의 각

　➡ $\angle a$, $\angle b$, $\angle c$, $\angle d$

(2) 맞꼭지각: 교각 중에서 서로 마주 보는 각

　➡ $\angle a$와 $\angle c$, $\angle b$와 $\angle d$

(3) 맞꼭지각의 성질: 맞꼭지각의 크기는 서로 같다.

　➡ $\angle a = \angle c$, $\angle b = \angle d$

참고　$\angle a + \angle b = 180°$, $\angle b + \angle c = 180°$이므로

$\angle a = 180° - \angle b$, $\angle c = 180° - \angle b$

$\therefore \angle a = \angle c$

같은 방법으로 하면 $\angle b = \angle d$

개념 확인　오른쪽 그림과 같이 세 직선이 한 점 O에서 만날 때, 다음 각의 맞꼭지각을 구하시오.

(1) $\angle AOF$　　(2) $\angle DOE$

(3) $\angle BOD$　　(4) $\angle DOF$

용어

교각 (交 만나다, 角 각)
두 직선이 만날 때 생기는 각

필수 문제　**5**　다음 그림에서 $\angle x$, $\angle y$의 크기를 각각 구하시오.

맞꼭지각의 성질을 이용하여 각의 크기 구하기

(1)

(2)

5-1 다음 그림에서 x의 값을 구하시오.

(1)

(2)

5-2 다음 그림에서 x의 값을 구하시오.

⇨ $\angle a + \angle b = \angle c$

(1)

(2)

11 직교, 수직이등분선

(1) **직교**: 두 직선 AB와 CD의 교각이 직각일 때, 이 두 직선은 **직교한다** 또는 서로 수직이라고 한다. **기호** $\overleftrightarrow{AB} \perp \overleftrightarrow{CD}$
이때 한 직선을 다른 직선의 수선이라고 한다.
예 $\overleftrightarrow{AB}$는 $\overleftrightarrow{CD}$의 수선이다.

(2) **수직이등분선**: 직선 l이 선분 AB의 중점 M을 지나면서 선분 AB에 수직일 때, 직선 l을 선분 AB의 **수직이등분선**이라고 한다.
➡ 직선 l이 선분 AB의 수직이등분선이면 $l \perp \overline{AB}$, $\overline{AM} = \overline{MB}$

12 수선의 발

(1) 직선 l 위에 있지 않은 점 P에서 직선 l에 수선을 그었을 때 생기는 교점 H를 점 P에서 직선 l에 내린 **수선의 발**이라고 한다.
(2) **점 P와 직선 l 사이의 거리**: 점 P와 직선 l 위에 있는 점을 잇는 무수히 많은 선분 중에서 길이가 가장 짧은 선분인 $\overline{PH}$의 길이
➡ 점 P에서 직선 l에 내린 수선의 발 H까지의 거리

개념 확인 오른쪽 그림에서 $\overleftrightarrow{PO}$가 $\overline{AB}$의 수직이등분선이고 $\overline{AB} = 10\,cm$일 때, 다음을 구하시오.

(1) $\overline{AO}$의 길이
(2) ∠AOP의 크기

용어
직교 (直 곧다, 交 만나다)
직각을 이루며 만나는 일

필수 문제
직교와 수선

6 오른쪽 그림의 사다리꼴에서 다음을 구하시오.
(1) $\overline{AD}$와 직교하는 선분
(2) 점 D에서 $\overline{AB}$에 내린 수선의 발
(3) 점 A와 $\overline{BC}$ 사이의 거리

6-1 다음 보기 중 오른쪽 그림의 삼각형에 대한 설명으로 옳은 것을 모두 고르시오.

보기
ㄱ. $\overline{AD}$는 $\overline{BC}$의 수선이다.
ㄴ. 점 A와 $\overline{BC}$ 사이의 거리는 12 cm이다.
ㄷ. 점 C와 $\overline{AB}$ 사이의 거리는 13 cm이다.

1 오른쪽 그림에서 $\angle AOB=50°$, $\angle AOC=\angle BOD=90°$일 때, $\angle x$, $\angle y$의 크기를 각각 구하시오.

● 각의 크기의 비가 주어질 때, 각의 크기 구하기

$\angle x : \angle y : \angle z = a : b : c$

$\Rightarrow \angle y = 180° \times \dfrac{b}{a+b+c}$

2 오른쪽 그림에서 $\angle x : \angle y : \angle z = 2 : 3 : 4$일 때, $\angle y$의 크기는?

① 40°　　　　② 50°　　　　③ 60°
④ 70°　　　　⑤ 80°

3 오른쪽 그림에서 x의 값을 구하시오.

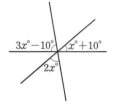

4 다음 중 오른쪽 그림에 대한 설명으로 옳지 <u>않은</u> 것은?

① $\overleftrightarrow{AB} \perp \overleftrightarrow{PQ}$이다.
② $\angle AHQ = 90°$이다.
③ $\overleftrightarrow{PQ}$는 $\overline{AB}$의 수직이등분선이다.
④ 점 B에서 $\overleftrightarrow{PQ}$에 내린 수선의 발은 점 A이다.
⑤ 점 Q와 $\overline{AB}$ 사이의 거리는 $\overline{HQ}$의 길이와 같다.

● 각의 크기 사이의 조건이 주어질 때, 각의 크기 구하기

주어진 각을 $\angle x$, $\angle y$, … 로 놓고 풀면 편리하다.
예를 들어
$\angle POQ = 2\angle QOR$일 때
$\angle QOR = \angle x$라고 하면
$\Rightarrow \angle POQ = 2\angle x$

한번더
+1

5 오른쪽 그림에서 $\angle AOB = \angle BOC$, $\angle COD = \angle DOE$일 때, $\angle BOD$의 크기를 구하시오.

6 오른쪽 그림에서 $\angle AOB = 3\angle BOC$, $\angle DOE = 3\angle COD$일 때, $\angle BOD$의 크기를 구하시오.

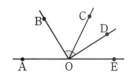

1 점과 직선의 위치 관계

① 점 A가 직선 l 위에 있다. → 직선 l이 점 A를 지난다.

—— A —— l

② 점 A가 직선 l 위에 있지 않다. → 직선 l이 점 A를 지나지 않는다.

A•

—————— l

2 점과 평면의 위치 관계

① 점 A가 평면 P 위에 있다. → 평면 P가 점 A를 포함한다.

② 점 A가 평면 P 위에 있지 않다. → 평면 P가 점 A를 포함하지 않는다.

참고 평면은 보통 대문자 P, Q, R, ...로 나타낸다.

필수 문제 1

점과 직선의 위치 관계

다음 보기 중 오른쪽 그림에 대한 설명으로 옳은 것을 모두 고르시오.

(보기)
ㄱ. 점 A는 직선 l 위에 있다.
ㄴ. 점 D는 직선 l 위에 있지 않다.
ㄷ. 직선 l은 점 B를 지나지 않는다.
ㄹ. 두 점 B, C는 같은 직선 위에 있다.

1-1 오른쪽 그림의 평행사변형에서 다음을 구하시오.

(1) 변 BC 위에 있는 꼭짓점

(2) 점 B를 지나지 않는 변

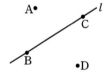

필수 문제 2

점과 평면의 위치 관계

오른쪽 그림의 직육면체에서 다음을 구하시오.

(1) 면 ABFE 위에 있는 꼭짓점

(2) 꼭짓점 C를 포함하는 면

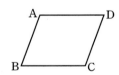

2-1 오른쪽 그림의 삼각뿔에서 다음을 구하시오.

(1) 꼭짓점 B와 꼭짓점 D를 동시에 포함하는 면

(2) 면 ABC 위에 있지 않은 꼭짓점

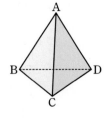

3 평면에서 두 직선의 위치 관계

(1) 두 직선의 평행

한 평면 위의 두 직선 l, m이 서로 만나지 않을 때, 두 직선 l, m은 서로 평행하다고 한다.

기호 $l /\!/ m$

참고 평행한 두 직선 l, m을 평행선이라고 한다.

(2) 평면에서 두 직선의 위치 관계

① 한 점에서 만난다.　② 일치한다. → 한 직선으로 본다.　③ 평행하다.

만난다.

만나지 않는다.

보충
$l /\!/ m$일 때, 다음 그림과 같이 나타내기도 한다.

필수 문제

3

평면에서 두 직선의 위치 관계

오른쪽 그림의 직사각형에 대하여 다음 물음에 답하시오.

(1) 변 AD와 한 점에서 만나는 변을 모두 구하시오.

(2) 평행한 변을 모두 찾아 기호로 나타내시오.

3-1 다음 보기 중 오른쪽 그림에 대한 설명으로 옳은 것을 모두 고르시오.

（보기）

ㄱ. $\overleftrightarrow{AB} /\!/ \overleftrightarrow{CD}$이다.

ㄴ. $\overleftrightarrow{AB} \perp \overleftrightarrow{AD}$이다.

ㄷ. $\overleftrightarrow{BC}$와 $\overleftrightarrow{CD}$는 한 점에서 만난다.

ㄹ. $\overleftrightarrow{AB}$와 $\overleftrightarrow{BC}$의 교점은 점 C이다.

▶도형에서 두 직선의 위치 관계를 파악할 때는 변을 직선으로 연장하여 생각한다.

3-2 오른쪽 그림의 정육각형에서 각 변을 직선으로 연장하여 생각할 때, 다음을 구하시오.

(1) $\overleftrightarrow{AB}$와 평행한 직선

(2) $\overleftrightarrow{AB}$와 한 점에서 만나는 직선

4 공간에서 두 직선의 위치 관계

(1) **꼬인 위치**: 공간에서 두 직선이 서로 만나지도 않고 평행하지도 않을 때, 두 직선을 꼬인 위치에 있다고 한다.

(2) 공간에서 두 직선의 위치 관계

┌─── 만난다. ───┐   ┌─── 만나지 않는다. ───┐

① 한 점에서 만난다.   ② 일치한다.   ③ 평행하다.   ④ 꼬인 위치에 있다.

└──── 한 평면 위에 있다. ────┘   한 평면 위에 있지 않다.

개념 확인 다음 그림의 정육면체에서 색칠한 두 모서리의 위치 관계를 말하시오.

(1)   (2)   (3)

필수 문제

공간에서 두 직선의 위치 관계

▸공간에서 두 직선이 한 평면 위에 있지 않으면 두 직선은 꼬인 위치에 있다.

4 오른쪽 그림의 삼각기둥에서 다음을 구하시오.

(1) 모서리 AB와 한 점에서 만나는 모서리

(2) 모서리 AB와 평행한 모서리

(3) 모서리 AB와 꼬인 위치에 있는 모서리

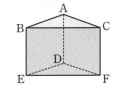

4-1 다음 보기 중 오른쪽 그림의 직육면체에 대한 설명으로 옳지 <u>않은</u> 것을 모두 고르시오.

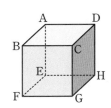

보기

ㄱ. 모서리 AB와 모서리 EF는 평행하다.

ㄴ. 모서리 AD와 모서리 FG는 꼬인 위치에 있다.

ㄷ. 모서리 CD와 한 점에서 만나는 모서리는 4개이다.

ㄹ. 모서리 EH와 평행한 모서리는 1개이다.

4-2 오른쪽 그림의 사각뿔에서 모서리 AE와 꼬인 위치에 있는 모서리는 모두 몇 개인지 구하시오.

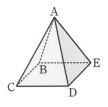

5 공간에서 직선과 평면의 위치 관계

(1) 공간에서 직선과 평면의 위치 관계

① 한 점에서 만난다.　　② 포함된다.　　③ 평행하다.

만난다.

기호 $l /\!/ P$

만나지 않는다.

(2) 직선과 평면의 수직

직선 l이 평면 P와 한 점 H에서 만나고 점 H를 지나는 평면 P
위의 모든 직선과 수직일 때, 직선 l과 평면 P는 직교한다 또는
서로 수직이라고 한다.　기호 $l \perp P$

이때 직선 l을 평면 P의 수선, 점 H를 수선의 발이라고 한다.

참고 직선 l 위의 점 A와 평면 P 사이의 거리 ➡ $\overline{\text{AH}}$의 길이

점 A와 평면 P
사이의 거리

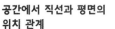 **5**

공간에서 직선과 평면의
위치 관계

▶직선과 평면이 만나지 않으면
직선과 평면은 서로 평행하다.

오른쪽 그림의 직육면체에서 다음을 구하시오.

(1) 면 ABCD와 한 점에서 만나는 모서리

(2) 모서리 AB를 포함하는 면

(3) 면 ABCD와 평행한 모서리

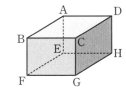

5-1 다음 보기 중 오른쪽 그림과 같이 밑면이 사다리꼴인 사각기둥에
대한 설명으로 옳은 것을 모두 고르시오.

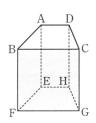

보기
ㄱ. 면 DHGC는 모서리 CG를 포함한다.
ㄴ. 면 ABFE와 모서리 DH는 한 점에서 만난다.
ㄷ. 면 AEHD와 평행한 모서리는 2개이다.
ㄹ. 면 EFGH와 수직인 모서리는 4개이다.

5-2 오른쪽 그림의 삼각기둥에서 점 A와 면 CBEF 사이의 거
리를 구하시오.

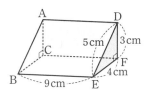

6 공간에서 두 평면의 위치 관계

(1) 공간에서 두 평면의 위치 관계

① 한 직선에서 만난다.

② 일치한다. → 한 평면으로 본다.

③ 평행하다.

기호 $P /\!/ Q$

(2) 두 평면의 수직

평면 P가 평면 Q와 수직인 직선 l을 포함할 때, 평면 P와 평면 Q는 직교한다 또는 서로 수직이라고 한다.

기호 $P \perp Q$

필수 문제   **6**

공간에서 두 평면의 위치 관계

오른쪽 그림의 직육면체에서 다음을 구하시오.

(1) 모서리 AB를 교선으로 하는 두 면

(2) 면 ABCD와 한 모서리에서 만나는 면

(3) 면 ABFE와 수직인 면

(4) 면 EFGH와 평행한 면

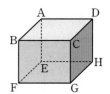

6-1 다음 보기 중 오른쪽 그림의 삼각기둥에 대한 설명으로 옳은 것을 모두 고르시오.

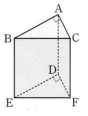

(보기)

ㄱ. 면 DEF와 면 BEFC는 한 모서리에서 만난다.

ㄴ. 면 ABED와 면 ADFC는 수직이다.

ㄷ. 면 ABC와 평행한 면은 1개이다.

ㄹ. 면 ABC와 수직인 면은 2개이다.

6-2 다음 중 오른쪽 그림의 직육면체에서 면 AEGC와 수직인 면을 모두 고르면? (정답 2개)

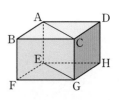

① 면 ABCD   ② 면 AEHD   ③ 면 ABFE

④ 면 CGHD   ⑤ 면 EFGH

1 다음 중 오른쪽 그림에 대한 설명으로 옳은 것을 모두 고르면?

(정답 2개)

① 점 A는 평면 P 위에 있다.

② 점 B는 직선 l 위에 있지 않다.

③ 점 C는 평면 P 위에 있지 않다.

④ 직선 l은 점 C를 지난다.

⑤ 평면 P는 점 D를 포함하지 않는다.

2 다음 보기 중 오른쪽 그림의 사다리꼴에 대한 설명으로 옳은 것을 모두 고르시오.

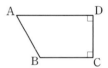

(보기)

ㄱ. $\overleftrightarrow{AB}$와 $\overleftrightarrow{CD}$는 만나지 않는다.

ㄴ. $\overleftrightarrow{AD}$와 $\overleftrightarrow{BC}$는 평행하다.

ㄷ. $\overleftrightarrow{BC}$와 $\overleftrightarrow{CD}$는 수직으로 만난다.

ㄹ. $\overleftrightarrow{AB}$와 $\overleftrightarrow{BC}$는 한 점에서 만난다.

3 다음 보기 중 오른쪽 그림의 직육면체에서 서로 꼬인 위치에 있는 모서리끼리 바르게 짝 지은 것을 모두 고르시오.

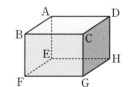

(보기)

ㄱ. $\overline{AB}$와 $\overline{EH}$　　ㄴ. $\overline{AD}$와 $\overline{DH}$　　ㄷ. $\overline{CD}$와 $\overline{EF}$

ㄹ. $\overline{DH}$와 $\overline{FG}$　　ㅁ. $\overline{FG}$와 $\overline{BC}$　　ㅂ. $\overline{GH}$와 $\overline{EH}$

4 다음 중 오른쪽 그림과 같이 밑면이 정오각형인 오각기둥에 대한 설명으로 옳지 <u>않은</u> 것을 모두 고르면? (정답 2개)

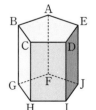

① $\overleftrightarrow{CD}$와 $\overleftrightarrow{IJ}$는 꼬인 위치에 있다.

② $\overleftrightarrow{GF}$와 $\overleftrightarrow{HI}$는 만나지 않는다.

③ $\overline{GH}$는 면 FGHIJ에 포함된다.

④ 면 DIJE와 $\overleftrightarrow{FJ}$는 수직이다.

⑤ 면 BGHC와 $\overline{DI}$는 평행하다.

5 오른쪽 그림의 삼각기둥에서 면 ABC와 평행한 면의 개수를 a, 면 ADEB 와 수직인 면의 개수를 b라고 할 때, $a+b$의 값을 구하시오.

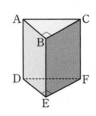

6 오른쪽 그림은 직육면체를 $\overline{BC}=\overline{FG}$가 되도록 잘라 낸 입체도형이다. 각 모서리를 직선으로 연장하여 생각할 때, 다음을 모두 구하시오.

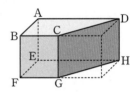

(1) $\overleftrightarrow{AB}$와 꼬인 위치에 있는 직선

(2) 면 CGHD와 평행한 직선

• 공간에서 여러 가지 위치 관계
공간에서의 위치 관계는 직육면체를 그려서 확인하면 편리하다.
⇨ $l \perp P$인 경우
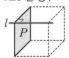

7 공간에서 서로 다른 두 직선 l, m과 한 평면 P에 대하여 $l /\!/ m$, $l \perp P$일 때, 직선 m과 평면 P의 위치 관계를 기호로 나타내시오.

한번더
+1

8 다음 중 공간에서 서로 다른 두 직선 l, m과 서로 다른 두 평면 P, Q의 위치 관계에 대한 설명으로 옳은 것은 ○표, 옳지 <u>않은</u> 것은 ×표를 ( ) 안에 쓰시오.

(1) $l \perp P$, $l \perp Q$이면 $P \perp Q$이다. ( )

(2) $l \perp m$, $m /\!/ P$이면 $l /\!/ P$이다. ( )

평면과 공간에서의 위치 관계

	평면	공간
점과 직선	① 점 A가 직선 l 위에 있다. ② 점 B가 직선 l 위에 있지 않다.	
점과 평면		① 점 A가 평면 P 위에 있다. ② 점 B가 평면 P 위에 있지 않다.
직선과 직선	① 한 점에서 만난다. [참고] $l \perp m$ ↳ 수직으로 만난다. ② 일치한다. l, m ③ 평행하다. $l /\!/ m$	① 한 점에서 만난다. ② 일치한다. l, m ③ 평행하다. $l /\!/ m$ → 한 평면 위에 있다. ④ 꼬인 위치에 있다. m ↳ 한 평면 위에 있지 않다.
직선과 평면		① 한 점에서 만난다. [참고] $l \perp P$ ↳ 수직으로 만난다. ② 포함된다. ③ 평행하다. $l /\!/ P$
평면과 평면		① 한 직선에서 만난다. [참고] $P \perp Q$ ↳ 수직으로 만난다. ② 일치한다. P, Q ③ 평행하다. $P /\!/ Q$

03 동위각과 엇각

● 정답과 해설 18쪽

1 동위각과 엇각

한 평면 위의 서로 다른 두 직선 l, m이 다른 한 직선 n과 만나서 생기는
8개의 각 중에서

(1) **동위각**: 같은 위치에 있는 각

　➡ $\angle a$와 $\angle e$, $\angle b$와 $\angle f$, $\angle c$와 $\angle g$, $\angle d$와 $\angle h$ → 총 4쌍

(2) **엇각**: 엇갈린 위치에 있는 각

　➡ $\angle b$와 $\angle h$, $\angle c$와 $\angle e$ → 총 2쌍

　주의 엇각은 두 직선 l, m 사이에 있는 각이므로 바깥쪽에 있는 각은 생각하지 않는다.
　➡ $\angle a$와 $\angle g$, $\angle d$와 $\angle f$는 엇각이 아니다.

용어
동위각(同 같다, 位 위치, 角 각)
같은 위치에 있는 각

필수 문제　　1　오른쪽 그림에서 다음을 구하시오.

동위각과 엇각

▶다음과 같이 기억하면 쉽다.
① 동위각은 알파벳 F

② 엇각은 알파벳 Z

(1) $\angle a$의 동위각

(2) $\angle c$의 동위각

(3) $\angle b$의 엇각

(4) $\angle a$의 엇각

1-1 오른쪽 그림에서 다음 각을 찾고, 그 크기를 구하시오.

(1) $\angle a$의 동위각

(2) $\angle b$의 엇각

1-2 오른쪽 그림과 같이 서로 다른 세 직선이 다른 한
직선과 만날 때, 다음을 모두 구하시오.

(1) $\angle b$의 동위각

(2) $\angle c$의 엇각

24 | 1. 기본 도형

2 평행선의 성질

서로 다른 두 직선이 다른 한 직선과 만날 때
(1) 두 직선이 평행하면 동위각의 크기는 서로 같다.
(2) 두 직선이 평행하면 엇각의 크기는 서로 같다.

 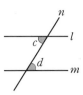

$l /\!/ m$이면 $\angle a = \angle b$
동위각

$l /\!/ m$이면 $\angle c = \angle d$
엇각

3 두 직선이 평행하기 위한 조건

서로 다른 두 직선이 다른 한 직선과 만날 때
(1) 동위각의 크기가 서로 같으면 두 직선은 평행하다.
(2) 엇각의 크기가 서로 같으면 두 직선은 평행하다.

$\angle a = \angle b$이면 $l /\!/ m$
동위각

$\angle c = \angle d$이면 $l /\!/ m$
엇각

 개념 확인

오른쪽 그림에서 $l /\!/ m$일 때, 다음을 구하시오.

(1) $\angle a$의 크기
(2) $\angle b$의 크기

보충

평행선에서 엇각의 성질 설명하기

$l /\!/ m$일 때,
$\angle x = \angle y$(동위각)이고
$\angle y = \angle z$(맞꼭지각)이므로
$\angle x = \angle z$(엇각)

필수 문제 ② 다음 그림에서 $l /\!/ m$일 때, $\angle x$, $\angle y$의 크기를 각각 구하시오.

평행선의 성질

▶ 맞꼭지각의 크기는 항상 같지만 동위각, 엇각의 크기는 두 직선이 평행할 때만 같다.

(1)

(2)

2-1 다음 그림에서 $l /\!/ m$일 때, x의 값을 구하시오.

(1)

(2)

필수 문제 ③ 다음 보기 중 두 직선 l, m이 평행한 것을 모두 고르시오.

두 직선이 평행하기 위한 조건

▸다음 중 하나에 해당하면 두 직선은 평행하다.
① 동위각의 크기가 서로 같다.
② 엇각의 크기가 서로 같다.

（보기）

3-1 오른쪽 그림에서 서로 평행한 직선을 모두 찾아 기호로 나타내시오.

필수 문제 ④ 다음 그림에서 $l /\!/ m /\!/ n$일 때, $\angle x$, $\angle y$의 크기를 각각 구하시오.

평행선에서 보조선을 그어 각의 크기 구하기

(1)

(2)

4-1 다음 그림에서 $l /\!/ m$일 때, $\angle x$의 크기를 구하시오.

(1)

(2)

1 오른쪽 그림에서 $\angle a=110°$일 때, 다음 중 옳지 <u>않은</u> 것은?

① $\angle a$의 동위각은 $\angle e$이다.

② $\angle b$의 엇각은 $\angle h$이다.

③ $\angle b$의 맞꼭지각은 $\angle d$이다.

④ $\angle d=70°$이다.

⑤ $\angle e=110°$이다.

2 다음 그림에서 $l /\!/ m$일 때, $\angle x$, $\angle y$의 크기를 각각 구하시오.

(1)

(2)

3 오른쪽 그림에서 $l /\!/ m$일 때, $\angle x - \angle y$의 크기를 구하시오.

4 다음 보기 중 두 직선 l, m이 평행하지 <u>않은</u> 것을 모두 고르시오.

5 다음 그림에서 $l /\!/ m$일 때, $\angle x$의 크기를 구하시오.

(1)

(2)

6 다음 그림에서 $l /\!/ m$일 때, x의 값을 구하시오.

(1)

(2)

● 종이를 접었을 때, 각의
크기 구하기
직사각형 모양의 종이를
접으면
① 접은 각의 크기가 서로
  같다.
② 엇각의 크기가 서로
  같다.

7 오른쪽 그림과 같이 직사각형 모양의 종이를 $\overline{BC}$를 접는 선으로 하여 접었다. $\angle CBD = 50°$일 때, 다음 물음에 답하시오.

(1) $\angle CBD$와 크기가 같은 각을 모두 구하시오.

(2) $\angle x$의 크기를 구하시오.

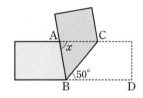

한번더
+1

8 오른쪽 그림과 같이 직사각형 모양의 종이테이프를 $\overline{EG}$를 접는 선으로 하여 접었다. $\angle FEG = 35°$일 때, $\angle x$의 크기를 구하시오.

1 오른쪽 그림의 육각뿔에서 교점의 개수를 a, 교선의 개수를 b라고 할 때, $a+b$의 값을 구하시오.

4 오른쪽 그림에서 x의 값은?

① 10 ② 15
③ 20 ④ 25
⑤ 30

2 오른쪽 그림과 같이 직선 l 위에 네 점 A, B, C, D가 있을 때, 다음 중 옳지 <u>않은</u> 것은?

① $\overrightarrow{AB}=\overrightarrow{BA}$ ② $\overrightarrow{AD}=\overrightarrow{BC}$
③ $\overrightarrow{BC}=\overrightarrow{BD}$ ④ $\overrightarrow{CB}=\overrightarrow{CD}$
⑤ $\overline{BD}=\overline{DB}$

5 오른쪽 그림에서 $\overline{AE}\perp\overline{DO}$ 이고 $\angle AOB=2\angle BOC$, $\angle COE=4\angle COD$일 때, $\angle BOD$의 크기를 구하시오.

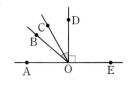

3 아래 그림에서 $\overline{AB}$, $\overline{BC}$의 중점을 각각 M, N이라 하고, $\overline{MN}$의 중점을 P라고 하자. $\overline{AB}=20\,\mathrm{cm}$, $\overline{BC}=12\,\mathrm{cm}$일 때, 다음을 구하시오.

(1) $\overline{MP}$의 길이

(2) $\overline{PB}$의 길이

6 오른쪽 그림과 같이 세 직선이 한 점 O에서 만날 때 생기는 맞꼭지각은 모두 몇 쌍인가?

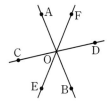

① 3쌍 ② 4쌍
③ 5쌍 ④ 6쌍
⑤ 7쌍

7 오른쪽 그림에서 x의 값은?

① 20   ② 24

③ 28   ④ 32

⑤ 36

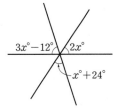

10 오른쪽 그림의 직육면체에서 모서리 CG와는 평행하고 $\overline{BD}$와는 꼬인 위치에 있는 모서리는?

① $\overline{AD}$ ② $\overline{AE}$

③ $\overline{BF}$ ④ $\overline{EF}$

⑤ $\overline{EH}$

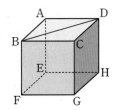

8 다음 보기 중 오른쪽 그림의 직사각형에 대한 설명으로 옳은 것을 모두 고르시오.

(보기)

ㄱ. $\overline{AB} \perp \overline{AD}$이다.

ㄴ. $\overline{CD}$와 직교하는 선분은 $\overline{AD}$, $\overline{BC}$이다.

ㄷ. 점 C에서 $\overline{AB}$에 내린 수선의 발은 점 A이다.

ㄹ. 점 C와 $\overline{AB}$ 사이의 거리는 10 cm이다.

ㅁ. 점 D와 $\overline{BC}$ 사이의 거리는 6 cm이다.

11 오른쪽 그림과 같이 밑면이 정육각형인 육각기둥에서 면 ABCDEF와 수직인 모서리의 개수를 x, 모서리 AB와 평행한 모서리의 개수를 y라고 할 때, $x+y$의 값을 구하시오.

9 다음 중 오른쪽 그림에 대한 설명으로 옳지 <u>않은</u> 것을 모두 고르면? (정답 2개)

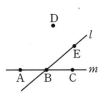

① 점 A는 직선 m 위에 있다.

② 직선 l은 점 E를 지나지 않는다.

③ 점 B는 두 직선 l, m의 교점이다.

④ 두 점 B, E는 같은 직선 위에 있다.

⑤ 점 C는 두 직선 l, m 중 어느 직선 위에도 있지 않다.

12 다음 중 공간에서 위치 관계에 대한 설명으로 옳은 것은?

① 한 직선에 평행한 서로 다른 두 직선은 수직이다.

② 한 직선에 수직인 서로 다른 두 직선은 평행하다.

③ 한 평면에 평행한 서로 다른 두 직선은 평행하다.

④ 한 평면에 수직인 서로 다른 두 직선은 평행하다.

⑤ 서로 만나지 않는 두 직선은 항상 평행하다.

13 오른쪽 그림은 직육면체를 세 꼭짓점 A, B, E를 지나는 평면으로 잘라서 만든 입체도형이다. 다음 중 옳지 않은 것은?

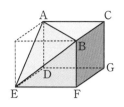

① 모서리 BE와 면 ADGC는 평행하다.
② 면 ABC와 면 BFGC는 수직이다.
③ 모서리 AB와 모서리 BF는 수직으로 만난다.
④ 모서리 AB와 한 점에서 만나는 면은 5개이다.
⑤ 모서리 BE와 꼬인 위치에 있는 모서리는 5개이다.

14 오른쪽 그림과 같은 전개도로 만든 정육면체에서 면 B와 수직인 면을 모두 구하시오.

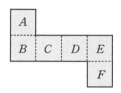

15 오른쪽 그림과 같이 세 직선이 만날 때, 다음 중 항상 옳은 것을 모두 고르면? (정답 2개)

① $\angle a$와 $\angle h$는 동위각이다.
② $\angle b$와 $\angle f$는 동위각이다.
③ $\angle c$와 $\angle e$는 엇각이다.
④ $\angle d$와 $\angle l$은 엇각이다.
⑤ $\angle d$의 크기와 $\angle j$의 크기는 같다.

16 오른쪽 그림에서 $l /\!/ m$일 때, $\angle x$의 크기는?

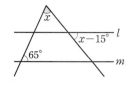

① 50° ② 55°
③ 60° ④ 65°
⑤ 70°

17 다음 중 오른쪽 그림에서 $l /\!/ m$이 되게 하는 조건이 아닌 것을 모두 고르면? (정답 2개)

① $\angle a = \angle h$
② $\angle b = \angle f$
③ $\angle c = \angle e$
④ $\angle d = \angle h$
⑤ $\angle g = \angle e$

18 오른쪽 그림에서 $l /\!/ m$일 때, $\angle x$의 크기를 구하시오.

○ 유제를 따라 풀어 보고, 실전 문제로 연습해 보세요.

따라 해보자

예제 1 다음 그림에서 $\overline{AB}=16\,\mathrm{cm}$이고 두 점 M, N은 각각 $\overline{AC}$, $\overline{BC}$의 중점일 때, $\overline{MN}$의 길이를 구하시오.

유제 1 다음 그림에서 두 점 M, N은 각각 $\overline{AB}$, $\overline{BC}$의 중점이고 $\overline{MN}=12\,\mathrm{cm}$일 때, $\overline{AC}$의 길이를 구하시오.

풀이 과정

[1단계] $\overline{MC}$, $\overline{CN}$의 길이를 각각 $\overline{AC}$, $\overline{BC}$를 사용하여 나타내기

점 M이 $\overline{AC}$의 중점이므로 $\overline{MC}=\dfrac{1}{2}\overline{AC}$

점 N이 $\overline{BC}$의 중점이므로 $\overline{CN}=\dfrac{1}{2}\overline{BC}$

[2단계] $\overline{MN}$의 길이 구하기

$\overline{MN}=\overline{MC}+\overline{CN}=\dfrac{1}{2}\overline{AC}+\dfrac{1}{2}\overline{BC}=\dfrac{1}{2}(\overline{AC}+\overline{BC})$

$\qquad =\dfrac{1}{2}\overline{AB}=\dfrac{1}{2}\times 16=8\,(\mathrm{cm})$

답 **8 cm**

풀이 과정

[1단계] $\overline{AB}$, $\overline{BC}$의 길이를 각각 $\overline{MB}$, $\overline{BN}$을 사용하여 나타내기

[2단계] $\overline{AC}$의 길이 구하기

답

예제 2 오른쪽 그림에서 $l /\!/ m$일 때, $\angle x$의 크기를 구하시오.

유제 2 오른쪽 그림에서 $l /\!/ m$일 때, $\angle x$의 크기를 구하시오.

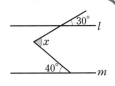

풀이 과정

[1단계] 보조선 긋기

오른쪽 그림과 같이 두 직선 l, m에 평행한 직선 n을 그으면

[2단계] 꺾인 선과 보조선이 이루는 각의 크기 구하기

$l /\!/ n$이므로 $\angle a=45°$(엇각)

$n /\!/ m$이므로 $\angle b=35°$(엇각)

[3단계] $\angle x$의 크기 구하기

$\angle x=\angle a+\angle b$

$\qquad =45°+35°=80°$

답 **80°**

풀이 과정

[1단계] 보조선 긋기

[2단계] 꺾인 선과 보조선이 이루는 각의 크기 구하기

[3단계] $\angle x$의 크기 구하기

답

연습해 보자

▶ 모든 문제는 풀이 과정을 자세히 서술한 후 답을 쓰세요.

1 오른쪽 그림과 같이 직선 l 위에 세 점 A, B, C가 있고 직선 l 밖에 한 점 P가 있다. 이 네 점 중 두 점을 이어서 만들 수 있는 서로 다른 직선, 반직선, 선분의 개수를 차례로 구하시오.

P

━━●━━━●━━━●━━ l
　　A　　B　　C

풀이 과정

답

2 오른쪽 그림에서 $x-y$의 값을 구하시오.

풀이 과정

$25°$　$y°-20°$
　　　$x°+30°$

답

3 오른쪽 그림과 같은 전개도로 만든 입체도형에서 다음을 구하시오.

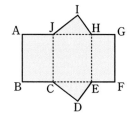

(1) $\overline{AB}$와 평행한 모서리

(2) $\overline{AB}$와 꼬인 위치에 있는 모서리

풀이 과정

(1)

(2)

답 (1)　　　　　　(2)

4 오른쪽 그림과 같이 직사각형 모양의 종이를 $\overline{GF}$를 접는 선으로 하여 접었다. $\angle EGF = 66°$일 때, $\angle x$의 크기를 구하시오.

풀이 과정

x　$66°$

답

☑ 이 단원에서 배운 개념을 잘 기억하고 있는지 체크해 보세요.

□
• ① □□ : 선과 선 또는 선과 면

이 만나서 생기는 점
• ② □□ : 면과 면이 만나서 생

기는 선

↩ 8 쪽

□

점 M이 선분 AB의 중점일 때,

⇨ $\overline{AM}=\overline{MB}=$ ③□ $\overline{AB}$

↩ 10 쪽

□ ×

• ④ □□□ : 교각 중에서

서로 마주 보는 각

⇨ ∠a와 ⑤□ , ∠b와 ⑥□

• 맞꼭지각의 크기는 서로

⑦(같다, 다르다).

↩ 13 쪽

□ ×
직선 l이 선분 AB의 수직이등분선이면

• l ⑧□ $\overline{AB}$

• $\overline{AM}=$ ⑨□

• 점 A에서 직선 l에 내린 수선의 발

⇨ 점 ⑩□

↩ 14 쪽

□

점 A와 $\overline{BC}$ 사이의 거리

⇨ ⑪($\overline{AB}$, $\overline{BC}$, $\overline{CD}$, $\overline{DA}$)

↩ 14 쪽

□
공간에서 두 직선이 서로 만나지도 않고

평행하지도 않을 때, 두 직선을 ⑫□□

□□ 에 있다고 한다.

⇨ 이 두 직선은 한 평면 위에 있다.

⑬(○, ×)

↩ 18 쪽

□ ×
서로 다른 두 직선이 다른 한 직선과 만날

때, 두 직선이 평행하면

• ⑭ □□□ 의 크기는 서로 같다.

• ⑮ □□ 의 크기는 서로 같다.

↩ 25 쪽

마인드 MAP

직선 AB $\overleftrightarrow{AB} = \overleftrightarrow{BA}$

반직선 AB $\overrightarrow{AB} \neq \overrightarrow{BA}$

선분 AB $\overline{AB} = \overline{BA}$

직각, 둔각, 예각, 평각, 180°, 90°

맞꼭지각
$\angle a = \angle b$

수선의 발, $\overline{AB}$의 수직이등분선

· $\overleftrightarrow{CD}$ 는 $\overline{AB}$의 수직이등분선
· (점 C와 $\overline{AB}$ 사이의 거리) $= \overline{CH}$

점, 선, 면, 각

기본 도형

위치 관계

동위각과 엇각

직선과 직선

평면에서 / 공간에서

① 한 점에서 만난다. ② 일치한다. ③ 평행하다. ④ 꼬인 위치에 있다.

만나지도 않고
평행하지도 않아!

직선과 평면

① 한 점에서 만난다. ② 포함된다. ③ 평행하다.

교점

공간에서

평면과 평면

① 한 직선에서 만난다. ② 일치한다. ③ 평행하다.

교선

동위각, n, l, a, b, m

엇각, n, l, a, b, m

· $l /\!/ m$이면 $\angle a = \angle b$
· $\angle a = \angle b$이면 $l /\!/ m$

작도와 합동

준비 **학습**

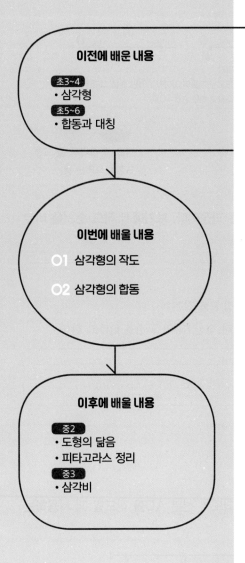

이전에 배운 내용

`초3~4`
· 삼각형

`초5~6`
· 합동과 대칭

이번에 배울 내용

O1 삼각형의 작도

O2 삼각형의 합동

이후에 배울 내용

`중2`
· 도형의 닮음
· 피타고라스 정리
`중3`
· 삼각비

`초5` 합동

1 오른쪽 그림의 두 사각형이 서로
합동일 때, 다음을 구하시오.

(1) 점 ㄱ의 대응점

(2) 변 ㄴㄷ의 대응변

(3) 각 ㄱㄹㄷ의 대응각

`초5` 선대칭도형

2 오른쪽 그림의 삼각형 ㄱㄴㄷ은 선분
ㄱㄹ을 대칭축으로 하는 선대칭도형이다.
㈎, ㈏에 알맞은 수를 구하시오.

01 삼각형의 작도

• 정답과 해설 23쪽

1 작도

눈금 없는 자와 컴퍼스만을 사용하여 도형을 그리는 것을 작도라고 한다.

(1) 눈금 없는 자: 두 점을 이어 선분을 그리거나 주어진 선분을 연장할 때 사용

(2) 컴퍼스: 원을 그리거나 주어진 선분의 길이를 재어 다른 곳으로 옮길 때 사용

2 길이가 같은 선분의 작도

$\overline{AB}$와 길이가 같은 $\overline{CD}$의 작도

❶ 직선을 긋고, 그 직선 위에 점 C 잡기

❷ $\overline{AB}$의 길이 재기

❸ 점 C를 중심으로 반지름의 길이가 $\overline{AB}$인 원을 그려 직선과의 교점을 D라고 하면 $\overline{AB}=\overline{CD}$

용어

작도 (作 그리다, 圖 도형)
도형을 그리는 것

필수 문제

길이가 같은 선분의 작도

1 다음은 선분 XY와 길이가 같은 선분 PQ를 작도하는 과정이다. 보기에서 작도 순서를 바르게 나열한 것을 고르시오.

> ㈎ 컴퍼스를 사용하여 $\overline{XY}$의 길이를 잰다.
> ㈏ 눈금 없는 자를 사용하여 직선 l을 긋고, 그 위에 점 P를 잡는다.
> ㈐ 점 P를 중심으로 반지름의 길이가 $\overline{XY}$인 원을 그려 직선 l과의 교점을 Q라고 한다.

보기

ㄱ. ㈎ → ㈐ → ㈏   ㄴ. ㈏ → ㈎ → ㈐   ㄷ. ㈐ → ㈏ → ㈎

1-1 다음 그림과 같이 직선 l 위에 $\overline{AC}=2\overline{AB}$가 되도록 선분 AC를 작도할 때 사용하는 도구는?

① 컴퍼스   ② 각도기   ③ 삼각자

④ 눈금 있는 자   ⑤ 눈금 없는 자

3 크기가 같은 각의 작도

∠XOY와 크기가 같고 $\overrightarrow{PQ}$를 한 변으로 하는 ∠DPQ의 작도

  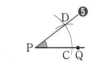

❶ 점 O를 중심으로 적당한 크기의 원을 그려
$\overrightarrow{OX}$, $\overrightarrow{OY}$와의 교점을 각각 A, B로 놓기
❷ 점 P를 중심으로 반지름의 길이가 $\overline{OA}$인
원을 그려 $\overrightarrow{PQ}$와의 교점을 C로 놓기

❸ $\overline{AB}$의 길이 재기
❹ 점 C를 중심으로 반지름의 길이가 $\overline{AB}$인
원을 그려 ❷의 원과의 교점을 D로 놓기

❺ $\overrightarrow{PD}$를 그으면 ∠XOY = ∠DPQ

(참고) 크기가 같은 각의 작도를 이용하면 점 P를 지나고 직선 l에 평행한 직선을 작도할 수 있다.

↳ ∠BAC = ∠QPR (동위각)이므로
직선 l과 ❻의 직선이 평행하다.

필수 문제
크기가 같은 각의 작도

2 오른쪽 그림은 ∠AOB와 크기가 같고 $\overrightarrow{CD}$를 한 변으로
하는 각을 작도하는 과정이다. 작도 순서를 바르게 나열하
시오.

2-1 오른쪽 그림은 ∠AOB와 크기가 같고 $\overrightarrow{PQ}$를 한
변으로 하는 각을 작도한 것이다. 다음 중 $\overline{OX}$와 길이가
같은 선분이 <u>아닌</u> 것을 모두 고르면? (정답 2개)

① $\overline{OY}$ ② $\overline{XY}$ ③ $\overline{PC}$
④ $\overline{PD}$ ⑤ $\overline{CD}$

2-2 오른쪽 그림은 크기가 같은 각의 작도를 이용하여 직선 l 밖의
한 점 P를 지나고 직선 l과 평행한 직선을 작도하는 과정이다. 다음 ☐
안에 알맞은 것을 쓰시오.

(1) 작도 순서는 ⑩ → ㉠ → ☐ → ☐ → ☐ → ㉡이다.

(2) 작도 과정에서 이용한 평행선의 성질을 말하시오.

1 다음 보기에서 작도할 때의 눈금 없는 자와 컴퍼스의 용도를 각각 고르시오.

> **보기**
> ㄱ. 원을 그린다.
> ㄴ. 두 점을 잇는 선분을 그린다.
> ㄷ. 주어진 선분을 연장한다.
> ㄹ. 두 선분의 길이를 비교한다.

2 오른쪽 그림은 선분 AB를 점 B의 방향으로 연장한 후 $\overline{AC}=2\overline{AB}$가 되도록 선분 AC를 작도하는 과정이다. 작도 순서를 바르게 나열하시오.

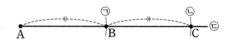

3 오른쪽 그림은 ∠XOY와 크기가 같고 $\overrightarrow{PQ}$를 한 변으로 하는 각을 작도하는 과정이다. 다음 중 옳지 <u>않은</u> 것을 모두 고르면? (정답 2개)

① 작도 순서는 ㉡ → ㉠ → ㉣ → ㉤ → ㉢이다.
② $\overline{OA}=\overline{OB}$
③ $\overline{AB}=\overline{CD}$
④ $\overline{OB}=\overline{AB}$
⑤ ∠AOB=∠CPD

4 오른쪽 그림은 직선 *l* 밖의 한 점 P를 지나고 직선 *l*에 평행한 직선을 작도한 것이다. 다음 중 옳지 <u>않은</u> 것은?

① *l* // $\overrightarrow{PR}$
② $\overline{AC}=\overline{PQ}$
③ $\overline{BC}=\overline{QR}$
④ $\overline{PQ}=\overline{QR}$
⑤ ∠BAC=∠QPR

4 삼각형

삼각형 ABC를 기호로 △ABC와 같이 나타낸다.

(1) **대변**: 한 각과 마주 보는 변

⑨ ∠A의 대변: $\overline{BC}$, ∠B의 대변: $\overline{AC}$, ∠C의 대변: $\overline{AB}$

(2) **대각**: 한 변과 마주 보는 각

⑨ $\overline{BC}$의 대각: ∠A, $\overline{AC}$의 대각: ∠B, $\overline{AB}$의 대각: ∠C

└→ 일반적으로 △ABC에서
∠A, ∠B, ∠C의 대변의
길이를 각각 a, b, c로 나
타낸다.

5 삼각형의 세 변의 길이 사이의 관계 → 삼각형이 될 수 있는 조건

삼각형에서 한 변의 길이는 나머지 두 변의 길이의 합보다 작다.

➡ (가장 긴 변의 길이)<(나머지 두 변의 길이의 합)

참고 오른쪽 삼각형 ABC에서 두 점 B, C를 잇는 선 중에서 길이가 가장 짧은 것은 선분 BC이므로
$\overline{BC}<\overline{AB}+\overline{AC}$이다.

용어
• **대변** (對 마주하다, 邊 변)
마주 보는 변
• **대각** (對 마주하다, 角 각)
마주 보는 각

 오른쪽 그림의 삼각형 ABC에 대하여 다음 표의 빈칸을 알맞게
채우시오.

대변	대각
(1) ∠A의 대변:	(4) $\overline{AB}$의 대각:
(2) ∠B의 대변:	(5) $\overline{BC}$의 대각:
(3) ∠C의 대변:	(6) $\overline{AC}$의 대각:

필수 문제

삼각형의 세 변의 길이
사이의 관계

3 다음 중 삼각형의 세 변의 길이가 될 수 <u>없는</u> 것은?

① 2, 5, 6   ② 3, 6, 7   ③ 4, 5, 9
④ 6, 8, 10   ⑤ 7, 15, 17

3-1 삼각형의 세 변의 길이가 $5\,cm$, $11\,cm$, $a\,cm$일 때, 다음 중 a의 값이 될 수 있는 것
은?

① 4   ② 5   ③ 6
④ 9   ⑤ 17

6 삼각형의 작도

다음의 각 경우에 삼각형을 하나로 작도할 수 있다.

(1) 세 변의 길이가 주어질 때

길이가 a인 $\overline{BC}$ 작도하기

두 점 B, C를 중심으로 각각 반지름의 길이가 c, b인 원을 그려 그 교점을 A로 놓기

두 점 A와 B, 두 점 A와 C 각각 잇기

(2) 두 변의 길이와 그 끼인각의 크기가 주어질 때

∠A와 크기가 같은 ∠XAY 작도하기

$\overrightarrow{AX}$ 위에 길이가 b인 $\overline{AC}$, $\overrightarrow{AY}$ 위에 길이가 c인 $\overline{AB}$ 작도하기

두 점 B와 C 잇기

(3) 한 변의 길이와 그 양 끝 각의 크기가 주어질 때

길이가 a인 $\overline{BC}$ 작도하기

∠B, ∠C와 크기가 각각 같은 ∠XBC, ∠YCB 작도하기

$\overrightarrow{BX}$와 $\overrightarrow{CY}$의 교점을 A로 놓기

필수 문제

삼각형의 작도

4 오른쪽 그림은 세 변의 길이 a, b, c가 주어질 때 길이가 a인 변 BC가 직선 l 위에 있도록 △ABC를 작도하는 과정이다. 작도 순서를 바르게 나열하시오.

4-1 오른쪽 그림과 같이 한 변의 길이와 그 양 끝 각의 크기가 주어졌을 때, 다음 중 △ABC를 작도하는 순서로 옳지 <u>않은</u> 것은?

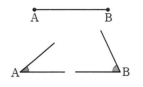

① $\overline{AB} \to \angle A \to \angle B$
② $\overline{AB} \to \angle B \to \angle A$
③ $\angle A \to \overline{AB} \to \angle B$
④ $\angle B \to \overline{AB} \to \angle A$
⑤ $\angle A \to \angle B \to \overline{AB}$

7 삼각형이 하나로 정해지는 경우

(1) 세 변의 길이가 주어질 때

(2) 두 변의 길이와 그 끼인각의 크기가 주어질 때

(3) 한 변의 길이와 그 양 끝 각의 크기가 주어질 때

8 삼각형이 하나로 정해지지 않는 경우

(1) 가장 긴 변의 길이가 나머지 두 변의 길이의 합보다 크거나 같은 경우

➡ 삼각형이 그려지지 않는다.

예 $\overline{AB}=4\,cm$, $\overline{BC}=2\,cm$, $\overline{CA}=1\,cm$ 또는 $\overline{AB}=4\,cm$, $\overline{BC}=3\,cm$, $\overline{CA}=1\,cm$인 △ABC는 오른쪽 그림과 같이 그려지지 않는다.

(2) 두 변의 길이와 그 끼인각이 아닌 다른 한 각의 크기가 주어진 경우

➡ 삼각형이 그려지지 않거나, 1개 또는 2개가 그려진다.

예 $\overline{AB}=5\,cm$, $\overline{BC}=4\,cm$, ∠A=50°인 △ABC는 오른쪽 그림과 같이 2개가 그려진다.

└ 점 B를 중심으로 원을 그리면 ∠A의 변의 연장선과 두 점에서 만난다.

(3) 세 각의 크기가 주어진 경우

➡ 모양은 같고 크기가 다른 삼각형이 무수히 많이 그려진다.

예 ∠A=40°, ∠B=60°, ∠C=80°인 △ABC는 오른쪽 그림과 같이 무수히 많이 그려진다.

필수 문제 · **5**

삼각형이 하나로 정해지는 경우와 하나로 정해지지 않는 경우

▸ 세 변의 길이가 주어질 때는 삼각형이 그려지지 않을 수 있으므로 세 변의 길이 사이의 관계를 반드시 확인해야 한다.

다음 중 △ABC가 하나로 정해지는 것을 모두 고르면? (정답 2개)

① $\overline{AB}=6$, $\overline{BC}=2$, $\overline{CA}=3$　　② $\overline{AB}=4$, $\overline{BC}=3$, ∠A=45°

③ $\overline{AB}=5$, $\overline{BC}=7$, ∠B=65°　　④ $\overline{AB}=5$, ∠A=70°, ∠B=50°

⑤ ∠A=70°, ∠B=50°, ∠C=60°

5-1 △ABC에서 $\overline{BC}=7$일 때, 다음 중 △ABC가 하나로 정해지지 <u>않는</u> 것은?

① $\overline{AB}=3$, $\overline{CA}=5$　　② $\overline{AB}=4$, ∠B=45°　　③ $\overline{AC}=5$, ∠B=50°

④ ∠A=95°, ∠B=40°　　⑤ ∠B=55°, ∠C=70°

1 다음 중 오른쪽 그림의 삼각형에 대한 설명으로 옳지 <u>않은</u> 것은?

① 삼각형 ABC를 기호로 △ABC와 같이 나타낸다.

② ∠A의 대변의 길이는 5 cm이다.

③ $\overline{AC}$의 대각은 ∠B이다.

④ $\overline{BC}$의 대각의 크기는 90°이다.

⑤ $\overline{BC} > \overline{AB} + \overline{CA}$이다.

2 다음 중 주어진 길이를 세 변의 길이로 하는 삼각형을 그릴 수 <u>없는</u> 것은?

① 3 cm, 4 cm, 5 cm   ② 4 cm, 7 cm, 7 cm   ③ 4 cm, 8 cm, 10 cm

④ 5 cm, 6 cm, 9 cm   ⑤ 5 cm, 7 cm, 12 cm

3 삼각형의 세 변의 길이가 5, 10, x일 때, 다음 중 x의 값이 될 수 있는 것을 모두 고르면?

(정답 2개)

① 3   ② 5   ③ 8   ④ 10   ⑤ 16

4 다음은 두 변의 길이와 그 끼인각의 크기가 주어질 때 삼각형을 작도하는 과정이다. ㈎∼㈐에 알맞은 것을 구하시오.

❶ ㈎ 와 크기가 같은 ∠XBY를 작도한다.

❷ 점 B를 중심으로 반지름의 길이가 ㈏ 인 원을 그려 $\overrightarrow{BX}$와 만나는 점을 A라고 한다.

❸ 점 B를 중심으로 반지름의 길이가 ㈐ 인 원을 그려 $\overrightarrow{BY}$와 만나는 점을 C라고 한다.

❹ 두 점 A와 C를 이으면 △ABC가 작도된다.

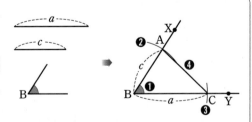

5 $\overline{AB}$와 $\overline{BC}$의 길이가 주어졌을 때, 다음 보기 중 △ABC가 하나로 정해지기 위해 필요한 나머지 한 조건이 될 수 있는 것을 모두 고르시오.

(단, $\overline{AB}+\overline{BC}>\overline{CA}$이고, $\overline{CA}$가 가장 긴 변이다.)

보기
ㄱ. $\overline{CA}$ ㄴ. ∠A   ㄷ. ∠B   ㄹ. ∠C

6 다음 중 △ABC가 하나로 정해지지 <u>않는</u> 것은?

① $\overline{AB}=4$ cm, $\overline{BC}=5$ cm, $\overline{CA}=6$ cm
② $\overline{AB}=4$ cm, $\overline{BC}=5$ cm, ∠B=50°
③ $\overline{AB}=4$ cm, ∠A=40°, ∠B=60°
④ $\overline{AB}=4$ cm, ∠B=50°, ∠C=80°
⑤ ∠A=45°, ∠B=60°, ∠C=75°

● 세 변의 길이를 골라 삼각형 만들기
각 경우의 세 변의 길이 사이의 관계를 확인한다.

7 길이가 3 cm, 4 cm, 5 cm, 7 cm인 막대가 각각 하나씩 있다. 이 중 막대 3개를 골라 만들 수 있는 서로 다른 삼각형의 개수는?

① 2   ② 3   ③ 4
④ 5   ⑤ 6

8 길이가 1 cm, 2 cm, 3 cm, 4 cm인 선분 4개 중 선분 3개를 골라 만들 수 있는 서로 다른 삼각형은 모두 몇 개인지 구하시오.

O2 삼각형의 합동

1 합동

(1) △ABC와 △PQR가 서로 합동일 때, 이것을 기호로

$$△ABC≡△PQR$$

와 같이 나타낸다. 이때 두 도형의 대응점의 순서를 맞추
어 쓴다.

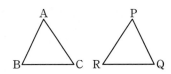

$$△ABC≡△PQR$$

참고 ＝와 ≡의 차이점은 다음과 같다.
- △ABC＝△PQR ➡ △ABC와 △PQR의 넓이가 서로 같다.
- △ABC≡△PQR ➡ △ABC와 △PQR는 서로 합동이다.

주의 합동인 두 도형의 넓이는 항상 같지만 두 도형이 넓이가 같다고 해서 항상 합동인 것은 아니다.

(2) 합동인 도형의 성질

두 도형이 서로 합동이면

① 대응변의 길이가 서로 같다.　　　　② 대응각의 크기가 서로 같다.

개념
확인

오른쪽 그림에서 △ABC≡△PQR일 때,
다음 표의 빈칸을 알맞게 채우시오.

용어
합동 (合 합하다, 同 같다)
합하여 포개었을 때 모양과 크기가
서로 똑같은 것

대응변	대응각
(1) $\overline{AB}$의 대응변:	(4) ∠A의 대응각:
(2) $\overline{BC}$의 대응변:	(5) ∠B의 대응각:
(3) $\overline{CA}$의 대응변:	(6) ∠C의 대응각:

필수 문제
합동인 도형의 성질

1 오른쪽 그림에서 사각형 ABCD와 사각형 EFGH가
서로 합동일 때, 다음을 구하시오.

(1) $\overline{AB}$의 길이

(2) ∠B의 크기

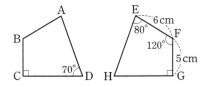

1-1 오른쪽 그림에서 △ABC≡△DEF일 때, 다음
보기 중 옳은 것을 모두 고르시오.

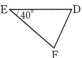

보기
ㄱ. ∠B=40°　　　　　ㄴ. ∠D=70°　　　　　ㄷ. ∠F=75°
ㄹ. $\overline{DF}$=8 cm　　　ㅁ. $\overline{EF}$=6 cm　　　ㅂ. $\overline{DE}$=8 cm

2 삼각형의 합동 조건

다음의 각 경우에 두 삼각형은 서로 합동이다.

(1) 대응하는 세 변의 길이가 각각 같을 때 (SSS 합동)

　➡ $\overline{AB}=\overline{PQ}$, $\overline{BC}=\overline{QR}$, $\overline{AC}=\overline{PR}$

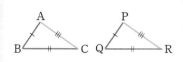

(2) 대응하는 두 변의 길이가 각각 같고, 그 끼인각의 크기가 같을 때 (SAS 합동)

　➡ $\overline{AB}=\overline{PQ}$, $\overline{BC}=\overline{QR}$, $\angle B=\angle Q$

(3) 대응하는 한 변의 길이가 같고, 그 양 끝 각의 크기가 각각 같을 때 (ASA 합동)

　➡ $\overline{BC}=\overline{QR}$, $\angle B=\angle Q$, $\angle C=\angle R$

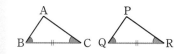

> **용어**
> 삼각형의 합동 조건에서
> S는 Side(변), A는 Angle(각)의
> 첫 글자이다.

필수 문제　2

삼각형의 합동 조건

오른쪽 그림에서 두 삼각형이 서로 합동일 때, 기호 ≡ 를 사용하여 합동임을 나타내고, 그 합동 조건을 말하시오.

2-1 다음 중 오른쪽 보기의 삼각형과 합동인 것은?

① 　② ③

> **(보기)**
>

④ ⑤

2-2 오른쪽 그림의 △ABC와 △DEF에서 $\overline{AB}=\overline{DE}$, $\angle A=\angle D$일 때, 다음 보기 중 △ABC≡△DEF가 되기 위해 필요한 나머지 한 조건이 될 수 있는 것을 모두 고르시오.

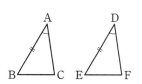

> **(보기)**
> ㄱ. $\overline{AC}=\overline{DF}$　　　ㄴ. $\overline{AC}=\overline{EF}$　　　ㄷ. $\overline{BC}=\overline{DF}$
> ㄹ. $\overline{BC}=\overline{EF}$　　　ㅁ. $\angle B=\angle E$　　　ㅂ. $\angle C=\angle F$

1 오른쪽 그림에서 △ABC≡△DEF일 때, 다음 중 옳지 않은 것은?

① $\overline{AC}$의 대응변은 $\overline{EF}$이다.
② $\overline{EF}$의 길이는 a이다.
③ ∠B의 대응각은 ∠E이다.
④ ∠D=55°이다.
⑤ ∠F=45°이다.

2 다음 보기 중 서로 합동인 삼각형끼리 바르게 짝 지은 것을 모두 고르면? (정답 2개)

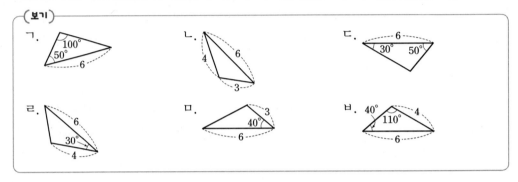

① ㄱ과 ㄷ
② ㄱ과 ㅂ
③ ㄴ과 ㄹ
④ ㄴ과 ㅁ
⑤ ㄹ과 ㅂ

3 오른쪽 그림의 △ABC와 △DEF에서 $\overline{AB}=\overline{DE}$, $\overline{BC}=\overline{EF}$일 때, 다음 중 △ABC≡△DEF가 되기 위해 필요한 조건과 그 때의 합동 조건을 바르게 나열한 것을 모두 고르면? (정답 2개)

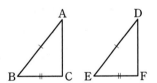

① ∠A=∠D, SAS 합동
② ∠B=∠E, SAS 합동
③ ∠C=∠E, ASA 합동
④ $\overline{AB}=\overline{EF}$, SSS 합동
⑤ $\overline{AC}=\overline{DF}$, SSS 합동

4 오른쪽 그림에서 $\overline{AB}=\overline{CD}$, $\overline{BC}=\overline{DA}$일 때, 다음은 두 삼각형이 서로 합동임을 설명하는 과정이다. 물음에 답하시오.

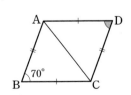

△ABC와 △CDA에서
$\overline{AB}=$ (개) , $\overline{BC}=\overline{DA}$, (내) 는 공통
∴ △ABC≡△CDA ((대) 합동)

(1) (개)~(대)에 알맞은 것을 구하시오.

(2) ∠D의 크기를 구하시오.

1 다음 중 작도에 대한 설명으로 옳지 않은 것은?

① 눈금 없는 자와 컴퍼스만을 사용하여 도형을 그리는 것을 작도라고 한다.

② 두 선분의 길이를 비교할 때는 눈금 없는 자를 사용한다.

③ 두 점을 지나는 직선을 그릴 때는 눈금 없는 자를 사용한다.

④ 주어진 선분의 길이를 다른 직선 위로 옮길 때는 컴퍼스를 사용한다.

⑤ 원을 그릴 때는 컴퍼스를 사용한다.

2 다음은 선분 AB의 길이를 한 변으로 하는 정삼각형을 작도하는 과정이다. 작도 순서를 바르게 나열하시오.

㉠ 두 점 A와 C, 두 점 B와 C를 각각 잇는다.

㉡ 두 점 A, B를 중심으로 반지름의 길이가 $\overline{AB}$인 원을 각각 그려 두 원의 교점을 C라고 한다.

㉢ $\overline{AB}$의 길이를 잰다.

3 오른쪽 그림은 직선 l 밖의 한 점 P를 지나고 직선 l에 평행한 직선 m을 작도하는 과정이다. 다음 중 작도 과정에서 이용한 성질은?

① 맞꼭지각의 크기는 서로 같다.

② 한 직선에 평행한 서로 다른 두 직선은 평행하다.

③ 한 직선에 수직인 서로 다른 두 직선은 평행하다.

④ 서로 다른 두 직선이 다른 한 직선과 만날 때, 엇각의 크기가 서로 같으면 두 직선은 평행하다.

⑤ 서로 다른 두 직선이 다른 한 직선과 만날 때, 동위각의 크기가 서로 같으면 두 직선은 평행하다.

4 다음 중 삼각형의 세 변의 길이가 될 수 없는 것은?

① 2 cm, 3 cm, 4 cm

② 4 cm, 6 cm, 8 cm

③ 5 cm, 5 cm, 9 cm

④ 5 cm, 7 cm, 12 cm

⑤ 10 cm, 10 cm, 10 cm

5 삼각형의 세 변의 길이가 3 cm, 5 cm, a cm일 때, a의 값이 될 수 있는 자연수는 모두 몇 개인지 구하시오.

6 오른쪽 그림과 같이 두 변의 길이와 그 끼인각의 크기가 주어졌을 때, 다음 중 △ABC의 작도 순서를 나열한 것으로 옳지 않은 것은?

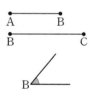

① $\angle B \to \overline{AB} \to \overline{BC} \to \overline{AC}$

② $\angle B \to \overline{BC} \to \overline{AB} \to \overline{AC}$

③ $\overline{AB} \to \angle B \to \overline{BC} \to \overline{AC}$

④ $\overline{BC} \to \angle B \to \overline{AB} \to \overline{AC}$

⑤ $\overline{AB} \to \overline{BC} \to \angle B \to \overline{AC}$

7 다음 중 △ABC가 하나로 정해지는 것은?

① $\overline{AB}=3\,cm$, $\overline{BC}=4\,cm$, $\overline{CA}=8\,cm$

② $\overline{AB}=3\,cm$, $\overline{BC}=4\,cm$, $\angle C=80°$

③ $\overline{AB}=3\,cm$, $\overline{CA}=8\,cm$, $\angle C=60°$

④ $\overline{AB}=3\,cm$, $\angle B=50°$, $\angle C=70°$

⑤ $\angle A=30°$, $\angle B=60°$, $\angle C=90°$

8 다음 조건을 모두 만족시키는 서로 다른 삼각형은 모두 몇 개인지 구하시오.

(조건)
㈎ 한 변의 길이는 $10\,cm$이다.
㈏ 두 각의 크기는 각각 $40°$, $110°$이다.

9 다음 중 두 도형이 항상 합동인 것은?

① 한 변의 길이가 같은 두 이등변삼각형

② 한 변의 길이가 같은 두 마름모

③ 두 변의 길이가 각각 같은 두 직각삼각형

④ 둘레의 길이가 같은 두 직사각형

⑤ 이등변삼각형을 밑변의 수직이등분선으로 나누어 만든 두 삼각형

10 아래 그림의 사각형 ABCD와 사각형 EFGH가 서로 합동일 때, $x+y$의 값을 구하시오.

11 다음 보기 중 오른쪽 그림의 삼각형과 합동인 삼각형을 모두 고르시오.

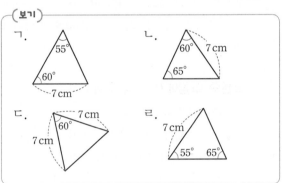

12 아래 그림의 △ABC와 △DEF에 대하여 다음 중 △ABC≡△DEF라고 할 수 없는 것을 모두 고르면? (정답 2개)

 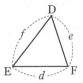

① $a=d$, $b=e$, $c=f$

② $a=d$, $b=e$, $\angle C=\angle F$

③ $a=d$, $c=f$, $\angle C=\angle F$

④ $a=d$, $\angle B=\angle E$, $\angle C=\angle F$

⑤ $\angle A=\angle D$, $\angle B=\angle E$, $\angle C=\angle F$

★ 중요

13 아래 그림에서 ∠B=∠F, ∠C=∠E일 때, 다음 중 △ABC≡△DFE가 되기 위해 필요한 나머지 한 조건이 될 수 있는 것을 모두 고르면? (정답 2개)

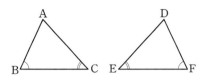

① $\overline{AB}=\overline{DF}$ 　　② $\overline{AC}=\overline{EF}$
③ ∠A=∠D 　　④ $\overline{BC}=\overline{DE}$
⑤ $\overline{BC}=\overline{EF}$

14 오른쪽 그림에서 $\overline{OA}=\overline{OC}$, $\overline{AB}=\overline{CD}$일 때, 다음은 △AOD≡△COB임을 설명하는 과정이다. (가)~(다)에 알맞은 것을 차례로 나열하면?

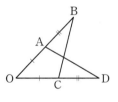

△AOD와 △COB에서
$\overline{OA}=\overline{OC}$, $\overline{OD}=$ (가) , (나) 는 공통
∴ △AOD≡△COB ((다) 합동)

① $\overline{OB}$, $\overline{AD}$, SSS
② $\overline{OB}$, ∠O, SAS
③ $\overline{OB}$, ∠O, ASA
④ $\overline{BC}$, $\overline{AD}$, SSS
⑤ $\overline{BC}$, ∠D, SAS

15 오른쪽 그림의 사각형 ABCD에서 $\overline{AB}=\overline{CB}$, $\overline{AD}=\overline{CD}$일 때, 다음 중 옳지 않은 것은?

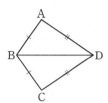

① ∠BAD=∠BCD
② ∠ADB=∠CDB
③ ∠ABD=∠BDC
④ ∠ABC=2∠DBC
⑤ △ABD≡△CBD

16 오른쪽 그림에서 점 M은 $\overline{AD}$와 $\overline{BC}$의 교점이고 $\overline{AB}/\!/\overline{CD}$, $\overline{AM}=\overline{DM}$일 때, 다음 보기 중 옳은 것을 모두 고르시오.

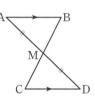

〔보기〕
ㄱ. $\overline{AB}=\overline{CD}$ 　　ㄴ. $\overline{BM}=\overline{CM}$
ㄷ. $\overline{AD}=\overline{BC}$ 　　ㄹ. ∠ABM=∠AMB
ㅁ. ∠BAM=∠CDM

17 오른쪽 그림의 두 정사각형 ABCD와 ECFG에서 점 E가 $\overline{DC}$ 위의 점일 때, $\overline{BE}$의 길이를 구하려고 한다. 다음 물음에 답하시오.

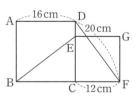

(1) 합동인 두 삼각형을 찾아 기호 ≡를 사용하여 나타내시오.

(2) $\overline{BE}$의 길이를 구하시오.

따라 해보자

예제 1 | $\overline{AB}$의 길이와 $\overline{AC}$의 길이가 주어질 때, $\triangle ABC$가 하나로 정해지도록 한 조건을 추가하려고 한다. 이때 추가할 수 있는 조건을 모두 구하시오.

유제 1 | $\overline{AB}$의 길이와 $\angle A$의 크기가 주어질 때, $\triangle ABC$를 하나로 작도할 수 있도록 한 조건을 추가하려고 한다. 이때 추가할 수 있는 조건을 모두 구하시오.

풀이 과정

1단계 변의 길이에 대한 조건 구하기

$\overline{BC}$의 길이를 추가하면 세 변의 길이가 주어진 경우가 되므로 $\triangle ABC$가 하나로 정해진다.

2단계 각의 크기에 대한 조건 구하기

$\angle A$의 크기를 추가하면 두 변의 길이와 그 끼인각의 크기가 주어진 경우가 되므로 $\triangle ABC$가 하나로 정해진다.

3단계 추가할 수 있는 조건 모두 구하기

따라서 추가할 수 있는 조건은 $\overline{BC}$의 길이 또는 $\angle A$의 크기이다.

🅐 $\overline{BC}$의 길이, $\angle A$의 크기

풀이 과정

1단계 변의 길이에 대한 조건 구하기

2단계 각의 크기에 대한 조건 구하기

3단계 추가할 수 있는 조건 모두 구하기

🅐

예제 2 | 오른쪽 그림의 정삼각형 ABC에서 $\overline{BD}=\overline{CE}$일 때, $\triangle ABD \equiv \triangle BCE$이다. 이때 이용된 합동 조건을 말하시오.

유제 2 | 오른쪽 그림의 정사각형 ABCD에서 $\overline{CE}=\overline{DF}$일 때, $\triangle BCE \equiv \triangle CDF$이다. 이때 이용된 합동 조건을 말하시오.

풀이 과정

1단계 $\triangle ABD$와 $\triangle BCE$가 합동인 이유 설명하기

$\triangle ABD$와 $\triangle BCE$에서

$\overline{BD}=\overline{CE}$이고,

$\triangle ABC$는 정삼각형이므로

$\overline{AB}=\overline{BC}$, $\angle ABD = \angle BCE = 60°$

2단계 합동 조건 말하기

따라서 대응하는 두 변의 길이가 각각 같고, 그 끼인각의 크기가 같으므로

$\triangle ABD \equiv \triangle BCE$ (SAS 합동)

🅐 SAS 합동

풀이 과정

1단계 $\triangle BCE$와 $\triangle CDF$가 합동인 이유 설명하기

2단계 합동 조건 말하기

🅐

연습해 보자

1 오른쪽 그림은 크기가 같은 각의 작도를 이용하여 직선 l 밖의 한 점 P를 지나고 직선 l에 평행한 직선 m을 작도하는 과정이다. 다음 물음에 답하시오.

(1) 작도 순서를 바르게 나열하시오.

(2) 작도 과정에서 이용한 평행선의 성질을 말하시오.

풀이 과정

(1)

(2)

답 (1)　　　　　　(2)

2 길이가 각각 2 cm, 6 cm, 8 cm, 9 cm인 막대 4개 중 막대 3개를 골라 만들 수 있는 서로 다른 삼각형은 모두 몇 개인지 구하시오.

풀이 과정

답

3 오른쪽 그림의 직사각형 ABCD에서 점 E가 $\overline{BC}$의 중점일 때, △ABE와 합동인 삼각형을 찾고, 그 합동 조건을 말하시오.

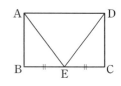

풀이 과정

답

4 오른쪽 그림은 두 지점 A, B 사이의 거리를 구하기 위해 측정한 값을 나타낸 것이다. $\overline{AC}$와 $\overline{BD}$의 교점을 O라고 할 때, 삼각형의 합동을 이용하여 두 지점 A, B 사이의 거리를 구하시오.

풀이 과정

답

☑ 이 단원에서 배운 개념을 잘 기억하고 있는지 체크해 보세요.

작도 도구와 그 용도 연결하기

① 선분의 길이   • ㈎ 각도기
    연장하기 •

② 선분의 길이   • ㈏ 눈금 없는 자
    옮기기 •

    • ㈐ 컴퍼스

↩ 38 쪽

삼각형에서 한 변의 길이는 나머지 두 변의 길이의 합보다 (③ 작다, 크다).

⇨ △ABC에서 $a \stackrel{④}{\square} b+c$

↩ 41 쪽

• 세 각의 크기가 주어질 때, 삼각형은 하나로 정해진다. (⑤ ○, ×)

• 두 변의 길이와 한 각의 크기가 주어질 때, 삼각형은 하나로 정해진다. (⑥ ○, ×)

↩ 43 쪽

• 한 변의 길이가 같은 두 정삼각형은 항상 합동이다. (⑦ ○, ×)

• 넓이가 같은 두 직사각형은 항상 합동이다. (⑧ ○, ×)

↩ 46 쪽

$\overline{BC}=\overline{QR}$, ∠B=∠Q, ∠C=∠R일 때,

⇨ △ABC $\stackrel{⑨}{\square}$ △PQR ($\stackrel{⑩}{\square}\square\square$ 합동)

↩ 47 쪽

마인드 MAP

작도와 합동

작도에서 사용하는 도구

눈금 없는 자

컴퍼스

작도

길이가 같은 선분의 작도

$\overline{AB} = \overline{CD}$

크기가 같은 각의 작도

∠XOY = ∠FAE

삼각형 ABC

BC의 대각

∠A의 대변

(가장 긴 변의 길이) < (나머지 두 변의 길이의 합)
$\overline{BC} < \overline{AB} + \overline{AC}$

삼각형이 하나로 정해지는 경우

(1) 세 변의 길이가 주어질 때
(2) 두 변의 길이와 그 끼인각의 크기가 주어질 때
(3) 한 변의 길이와 그 양 끝 각의 크기가 주어질 때

합동

삼각형의 합동 조건

SSS 합동

SAS 합동

ASA 합동

3 다각형

준비 **학습**

초4 각도

1 다음 그림에서 ㉠의 각도를 구하시오.

(1)

(2)

초4 다각형

2 다음 보기에서 다각형을 모두 찾고, 그 다각형의 이름을 말하시오.

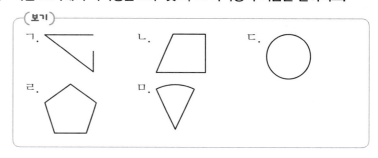

● 정답과 해설 28쪽

1 다각형

3개 이상의 선분으로 둘러싸인 평면도형을 다각형이라 하고, 일반적으로 n개의 선분으로 둘러싸인 다각형을 n각형이라고 한다.

이때 변의 길이가 모두 같고, 각의 크기가 모두 같은 다각형을 정다각형이라고 한다.

> 참고 • 변의 길이가 모두 같아도 각의 크기가 다르면 정다각형이 아니다. 예 마름모
> • 각의 크기가 모두 같아도 변의 길이가 다르면 정다각형이 아니다. 예 직사각형

(1) **내각**: 다각형의 이웃한 두 변으로 이루어진 내부의 각

(2) **외각**: 다각형의 이웃한 두 변에서 한 변과 다른 변의 연장선으로 이루어진 각

> 참고 다각형에서 한 내각의 외각은 2개이지만 맞꼭지각으로 그 크기가 같으므로 하나만 생각한다.

(3) 다각형의 한 꼭짓점에서 (내각의 크기)+(외각의 크기)=180°이다.

 개념 확인

다음 중 다각형이 <u>아닌</u> 것을 모두 고르면? (정답 2개)

① 구각형　　　② 원　　　③ 정오각형
④ 삼각기둥　　⑤ 사다리꼴

> **용어**
> • **내각** (內 안, 角 각)
> 　다각형에서 안쪽의 각
> • **외각** (外 바깥, 角 각)
> 　다각형에서 바깥쪽의 각

필수 문제

다각형의 내각과 외각

1 오른쪽 그림의 △ABC에서 다음을 구하시오.

(1) ∠B의 크기
(2) ∠C의 외각의 크기

1-1 오른쪽 그림의 사각형 ABCD에서 다음을 구하시오.

(1) ∠A의 외각의 크기
(2) ∠C의 크기

2 삼각형의 내각의 크기의 합

삼각형의 세 내각의 크기의 합은 **180°**이다.

➡ △ABC에서 ∠A+∠B+∠C=180°

참고 오른쪽 그림과 같이 △ABC에서 변 BC의 연장선 위에 한 점 D를 잡고, 점 C에서 변 BA에 평행한 반직선 CE를 그으면
∠A=∠ACE(엇각), ∠B=∠ECD(동위각)이므로
∠A+∠B+∠C=∠ACE+∠ECD+∠C=180°
└─평각의 크기

보충
[초등] 합동인 세 삼각형을 이어 붙여 세 내각의 크기의 합이 180°임을 확인하기

➡ ○+×+△=180°

필수 문제
삼각형의 내각의 크기의 합

2 다음 그림에서 ∠x의 크기를 구하시오.

삼각형의 세 내각의 크기의 합은 180°!

(1)

(2) (3)

2-1 삼각형의 세 내각의 크기가 $2x°$, $x°+45°$, $3x°+15°$일 때, x의 값을 구하시오.

2-2 오른쪽 그림에서 ∠x의 크기를 구하시오.

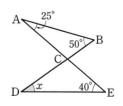

3 삼각형의 내각과 외각 사이의 관계

삼각형의 한 외각의 크기는 그와 이웃하지 않는 두 내각의 크기의 합과 같다.

➡ △ABC에서 $\underset{\text{∠C의 외각}}{\underline{\angle ACD}} = \underset{\text{∠C를 제외한 두 내각의 크기의 합}}{\underline{\angle A + \angle B}}$

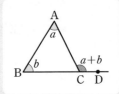

참고 오른쪽 그림과 같이 △ABC에서 변 BC의 연장선 위에 한 점 D를 잡고, 점 C에서 변 BA에 평행한 반직선 CE를 그으면
∠ACE=∠A(엇각), ∠ECD=∠B(동위각)이므로
∠ACD=∠ACE+∠ECD=∠A+∠B

 다음은 삼각형의 한 외각의 크기를 구하는 과정이다. ☐ 안에 알맞은 것을 쓰시오.

삼각형의 한 외각의 크기는 그와 이웃하지 않는
두 ☐의 크기의 합과 같으므로
∠x=35°+☐°=☐°

필수 **문제**

삼각형의 내각과 외각
사이의 관계

3 다음 그림에서 ∠x의 크기를 구하시오.

(1)

(2)

3-1 다음 그림에서 x의 값을 구하시오.

(1)

(2)

4 다각형의 대각선의 개수

(1) 대각선: 다각형에서 서로 이웃하지 않는 두 꼭짓점을 이은 선분

(2) 대각선의 개수

① n각형의 한 꼭짓점에서 그을 수 있는 대각선의 개수 ➡ $n-3$

한 꼭짓점에서 자신과 그와 이웃하는
두 꼭짓점을 제외하므로 3을 뺀다.

② n각형의 대각선의 개수 ➡ $\dfrac{n(n-3)}{2}$

꼭짓점의 개수 ┐ ┌─ 한 꼭짓점에서 그을 수 있는 대각선의 개수

꼭짓점마다 대각선을 그으면 한 대각선이 두 번씩 그어지므로 2로 나눈다.

대각선

예) 오각형의 한 꼭짓점에서 그을 수 있는 대각선의 개수는 $5-3=2$이고

오각형의 대각선의 개수는 $\dfrac{5\times(5-3)}{2}=5$이다. ←

참고 n각형의 한 꼭짓점에서 대각선을 모두 그었을 때 생기는 삼각형의 개수 ➡ $n-2$

개념 확인

다음 다각형의 꼭짓점 A에서 대각선을 모두 긋고, 표의 빈칸을 알맞게 채우시오.

용어
• 대각(對 마주 보다, 角 각)선
마주 보는 각을 이은 선분

다각형	사각형	오각형	육각형	…	n각형
꼭짓점의 개수				…	
한 꼭짓점에서 그을 수 있는 대각선의 개수				…	
대각선의 개수				…	

필수 문제
다각형의 대각선의 개수

4 구각형의 대각선의 개수를 구하시오.

4-1 한 꼭짓점에서 그을 수 있는 대각선의 개수가 12인 다각형에 대하여 다음을 구하시오.

(1) 다각형의 이름 　　　　　　(2) 다각형의 대각선의 개수

4-2 한 꼭짓점에서 대각선을 모두 그었을 때 생기는 삼각형의 개수가 10인 다각형에 대하여 다음을 구하시오.

(1) 다각형의 이름 　　　　　　(2) 다각형의 대각선의 개수

1 오른쪽 그림의 사각형 ABCD에서 ∠A의 외각의 크기와 ∠D의 외각의 크기의 합을 구하시오.

2 다음 그림에서 x의 값을 구하시오.

(1)

(2)

3 다음 그림에서 x의 값을 구하시오.

(1)

(2)

4 오른쪽 그림의 △ABC에서 ∠ACD=∠DCB이고 ∠A=50°, ∠B=70°일 때, ∠x의 크기를 구하시오.

● 이등변삼각형의 성질을 이용하여 각의 크기 구하기

⇨ ∠EAD=3∠ABD

5 오른쪽 그림에서 $\overline{AB}=\overline{AC}=\overline{CD}$이고 ∠DBC=25°일 때, ∠$x$의 크기를 구하려고 한다. 다음을 구하시오.

(1) ∠DAC의 크기

(2) ∠x의 크기

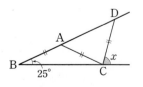

6 칠각형의 한 꼭짓점에서 그을 수 있는 대각선의 개수가 a, 십육각형의 대각선의 개수가 b일 때, $a+b$의 값은?

① 104   ② 105   ③ 108
④ 109   ⑤ 110

7 한 꼭짓점에서 대각선을 모두 그었을 때 생기는 삼각형의 개수가 11인 다각형의 대각선의 개수는?

① 65   ② 68   ③ 70
④ 74   ⑤ 78

● 대각선의 개수를 이용하여 다각형 구하기
n각형으로 놓고, 조건을 만족시키는 n의 값을 구한다.

8 대각선의 개수가 14인 정다각형은?

① 정육각형   ② 정칠각형   ③ 정팔각형
④ 정십이각형   ⑤ 정십사각형

한번더
(+1)

9 다음 조건을 모두 만족시키는 다각형을 구하시오.

(조건)
㈎ 모든 변의 길이가 같고, 모든 내각의 크기가 같다.
㈏ 대각선의 개수는 35이다.

1 다각형의 내각의 크기의 합

n각형의 내각의 크기의 합은 $180° \times (n-2)$이다.

다각형	사각형	오각형	육각형	...	n각형	← 다각형을 여러 개의 삼각형으로 나눈다.
한 꼭짓점에서 대각선을 모두 그었을 때 생기는 삼각형의 개수	②	③	④	...	$n-2$	← (삼각형의 개수) =(변의 개수)−2
내각의 크기의 합	$180° \times ② = 360°$	$180° \times ③ = 540°$	$180° \times ④ = 720°$	...	$180° \times (n-2)$	← 180°×(삼각형의 개수)

필수 문제 1

다각형의 내각의 크기의 합

다음 다각형의 내각의 크기의 합을 구하시오.

(1) 팔각형   (2) 십일각형   (3) 십오각형

1-1 오른쪽 그림에서 ∠x의 크기를 구하시오.

필수 문제 2

다각형의 내각의 크기의 합이 주어진 경우

내각의 크기의 합이 $900°$인 다각형을 구하시오.

2-1 내각의 크기의 합이 $1800°$인 다각형의 꼭짓점의 개수를 구하시오.

2 다각형의 외각의 크기의 합

n각형의 외각의 크기의 합은 항상 **360°**이다.

→ 한 꼭짓점에서 내각과 외각의 크기의 합은 180°이다.

다각형	삼각형	사각형	오각형	⋯	n각형
❶ → (내각의 크기의 합)+(외각의 크기의 합)	$180° \times 3$	$180° \times 4$	$180° \times 5$	⋯	$180° \times n$
❷ → 내각의 크기의 합	$180°$	$180° \times 2$	$180° \times 3$	⋯	$180° \times (n-2)$
❶−❷ → 외각의 크기의 합	$360°$	$360°$	$360°$	⋯	$360°$

참고 오른쪽 그림과 같이 다각형의 외각을 오려서 한 점에 모으는 활동을 통해 다각형의 외각의 크기의 합이 360°임을 알 수도 있다.

필수 문제 3 다각형의 외각의 크기의 합

다음 그림에서 $\angle x$의 크기를 구하시오.

(1)

(2)

3-1 다음 그림에서 x의 값을 구하시오.

(1)

(2)

▶ 내각과 외각이 함께 주어질 때, 내각과 외각 중 더 많이 주어진 쪽을 기준으로 식을 세워 문제를 풀면 편리하다.

3-2 오른쪽 그림에서 $\angle x$의 크기를 구하시오.

3 정다각형의 한 내각과 한 외각의 크기

(1) 정다각형은 모든 내각의 크기가 서로 같으므로

➡ (정 n각형의 한 내각의 크기)$=\dfrac{180° \times (n-2)}{n}$ ← 내각의 크기의 합
／← 꼭짓점의 개수

(예) 정오각형의 한 내각의 크기는 $\dfrac{180° \times (5-2)}{5}=108°$이다.

(2) 정다각형은 모든 외각의 크기가 서로 같으므로

➡ (정 n각형의 한 외각의 크기)$=\dfrac{360°}{n}$ ← 외각의 크기의 합
／← 꼭짓점의 개수

(예) 정오각형의 한 외각의 크기는 $\dfrac{360°}{5}=72°$이다.

필수 **문제** **4** 다음 정다각형의 한 내각의 크기와 한 외각의 크기를 차례로 구하시오.

정다각형의 한 내각과 한 외각의 크기

▶ 한 내각과 한 외각의 크기의 합은 180°이므로 한 내각과 한 외각의 크기를 모두 구할 때는 한 외각의 크기를 먼저 구한 후에 이를 이용하여 한 내각의 크기를 구할 수도 있다.

(1) 정팔각형 (2) 정구각형 (3) 정십이각형

4-1 오른쪽 그림의 정다각형에서 $\angle a - \angle b$의 크기를 구하시오.

4-2 다음과 같은 정다각형을 구하시오.

(1) 한 외각의 크기가 20°인 정다각형

(2) 한 내각의 크기가 156°인 정다각형

1 십각형의 한 꼭짓점에서 대각선을 모두 그으면 a개의 삼각형으로 나누어지므로 십각형의 내각의 크기의 합은 $b°$이다. 이때 $a+b$의 값을 구하시오.

2 내각의 크기의 합이 $1260°$인 다각형의 한 꼭짓점에서 그을 수 있는 대각선의 개수를 구하시오.

3 다음 그림에서 $\angle x$의 크기를 구하시오.

(1)

(2)

(3)

4 다음 중 정다각형에 대한 설명으로 옳지 <u>않은</u> 것은?

① 정오각형의 한 내각의 크기는 $108°$이다.
② 정십각형의 한 외각의 크기는 $36°$이다.
③ 정사각형의 한 내각의 크기와 한 외각의 크기는 서로 같다.
④ 정다각형의 한 내각의 크기와 한 외각의 크기의 합은 항상 같다.
⑤ 정육각형의 내각의 크기의 합은 정오각형의 내각의 크기의 합보다 $360°$만큼 더 크다.

● 정답과 해설 31쪽

5 한 꼭짓점에서 대각선을 모두 그었을 때 생기는 삼각형의 개수가 7인 정다각형의 한 내각의 크기는?

① 135° ② 140° ③ 144°

④ 150° ⑤ 156°

6 한 외각의 크기가 60°인 정다각형의 내각의 크기의 합은?

① 360° ② 540° ③ 720°

④ 900° ⑤ 1080°

● 한 내각과 한 외각의 크기의 비가 주어진 정다각형
한 내각과 한 외각의 크기의 합이 180°임을 이용한다.

7 한 내각의 크기와 한 외각의 크기의 비가 1 : 2인 정다각형을 구하려고 할 때, 다음 물음에 답하시오.

(1) 한 외각의 크기를 구하시오.

(2) (1)을 이용하여 조건을 만족시키는 정다각형을 구하시오.

8 한 내각의 크기와 한 외각의 크기의 비가 7 : 2인 정다각형을 구하시오.

1 오른쪽 그림의 사각형 ABCD에서 ∠x+∠y의 크기는?

① 155°   ② 160°
③ 165°   ④ 170°
⑤ 175°

2 오른쪽 그림의 △ABC에서 ∠A : ∠B : ∠C=2 : 3 : 4일 때, ∠A, ∠B, ∠C의 크기를 각각 구하시오.

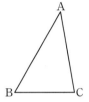

3 오른쪽 그림의 △ABC에서 점 I는 ∠B의 이등분선과 ∠C의 이등분선의 교점이다. ∠BIC=130°일 때, 다음을 구하시오.

(1) ∠IBC+∠ICB의 크기

(2) ∠x의 크기

4 오른쪽 그림에서 ∠x, ∠y의 크기를 각각 구하시오.

5 오른쪽 그림의 △ABC에서 ∠BAD=∠CAD일 때, ∠x의 크기는?

① 65°   ② 70°
③ 75°   ④ 80°
⑤ 85°

6 오른쪽 그림의 △ABC에서 $\overline{AD}$=$\overline{BD}$=$\overline{BC}$이고 ∠C=70°일 때, ∠x의 크기는?

① 29°   ② 31°
③ 33°   ④ 35°
⑤ 37°

7 오른쪽 그림에서 $\overline{AB}$=$\overline{BD}$=$\overline{CD}$이고 ∠DAC=30°일 때, ∠x의 크기를 구하시오.

8 오른쪽 그림에서 ∠x의 크기는?

① 25° ② 27°

③ 30° ④ 32°

⑤ 34°

9 오른쪽 그림과 같이 7명의 학생이 원탁에 둘러 앉아 있다. 양옆에 앉은 학생과는 각각 악수를 하고, 나머지 학생들과는 각각 눈인사를 하려고 한다. 다음 물음에 답하시오.

(1) 악수를 하는 학생은 모두 몇 쌍인지 구하시오.

(2) 눈인사를 하는 학생은 모두 몇 쌍인지 구하시오.

10 대각선의 개수가 77인 다각형은?

① 십일각형 ② 십이각형 ③ 십삼각형

④ 십사각형 ⑤ 십오각형

11 오른쪽 그림에서 ∠x의 크기는?

① 45° ② 48°

③ 50° ④ 52°

⑤ 55°

12 오른쪽 그림에서 ∠x의 크기는?

① 35° ② 40°

③ 45° ④ 50°

⑤ 60°

13 오른쪽 그림에서
∠a + ∠b + ∠c + ∠d
+ ∠e + ∠f
의 크기를 구하시오.

⭐ 중요

14 n각형의 내각의 크기와 외각의 크기의 총합이 $1440°$일 때, 자연수 n의 값은?

① 7　　　　② 8　　　　③ 9

④ 10　　　　⑤ 11

15 한 꼭짓점에서 그을 수 있는 대각선의 개수가 9인 정다각형의 한 내각의 크기는?

① $100°$　　　② $115°$　　　③ $120°$

④ $135°$　　　⑤ $150°$

16 내각의 크기의 합이 $2340°$인 정다각형의 한 외각의 크기는?

① $24°$　　　② $30°$　　　③ $36°$

④ $42°$　　　⑤ $48°$

17 한 내각의 크기가 한 외각의 크기의 4배인 정다각형의 꼭짓점의 개수는?

① 6　　　　② 8　　　　③ 10

④ 12　　　　⑤ 14

18 다음 중 한 내각의 크기가 $140°$인 정다각형에 대한 설명으로 옳지 <u>않은</u> 것은?

① 정구각형이다.

② 대각선의 개수는 27이다.

③ 한 꼭짓점에서 대각선을 모두 그으면 7개의 삼각형으로 나누어진다.

④ 내각의 크기의 합은 $1440°$이다.

⑤ 한 내각의 크기와 한 외각의 크기의 비는 $7:2$이다.

19 오른쪽 그림의 정오각형 ABCDE에서 $\angle x$의 크기를 구하려고 한다. 다음을 구하시오.

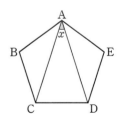

(1) $\angle$BAC의 크기

(2) $\angle x$의 크기

따라 해보자

예제 1

오른쪽 그림의 △ABC에서 점 D는 ∠B의 이등분선과 ∠C의 외각의 이등분선의 교점이다. ∠A=80°일 때, ∠x의 크기를 구하시오.

풀이 과정

(1단계) △ABC에서 식 세우기

∠ABD＝∠DBC＝∠a,

∠ACD＝∠DCE＝∠b라고 하면

△ABC에서 $2\angle b=80°+2\angle a$이므로

$\angle b=40°+\angle a$ ⋯ ㉠

(2단계) △DBC에서 식 세우기

△DBC에서 $\angle b=\angle x+\angle a$ ⋯ ㉡

(3단계) ∠x의 크기 구하기

㉠, ㉡에서 ∠$x=40°$

🅐 **40°**

유제 1

오른쪽 그림의 △ABC에서 점 D는 ∠B의 이등분선과 ∠C의 외각의 이등분선의 교점이다. ∠D=25°일 때, ∠x의 크기를 구하시오.

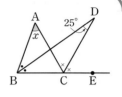

풀이 과정

(1단계) △ABC에서 식 세우기

(2단계) △DBC에서 식 세우기

(3단계) ∠x의 크기 구하기

🅐

예제 2

한 내각의 크기가 144°인 정다각형의 내각의 크기의 합을 구하시오.

풀이 과정

(1단계) 한 내각의 크기가 144°인 정다각형 구하기

한 내각의 크기가 144°인 정다각형을 정n각형이라고 하면

$\dfrac{180°\times(n-2)}{n}=144°$, $180°\times n-360°=144°\times n$

$36°\times n=360°$ ∴ $n=10$

즉, 주어진 정다각형은 정십각형이다.

다른 풀이

한 외각의 크기는 $180°-144°=36°$이므로

$\dfrac{360°}{n}=36°$ ∴ $n=10$

즉, 주어진 정다각형은 정십각형이다.

(2단계) 정다각형의 내각의 크기의 합 구하기

따라서 정십각형의 내각의 크기의 합은 $144°\times10=1440°$

🅐 **1440°**

유제 2

한 외각의 크기가 18°인 정다각형의 내각의 크기의 합을 구하시오.

풀이 과정

(1단계) 한 외각의 크기가 18°인 정다각형 구하기

(2단계) 정다각형의 내각의 크기의 합 구하기

🅐

연습해 보자

1 다음 그림에서 $\overline{AB}=\overline{BC}=\overline{CD}$이고 $\angle DCE=66°$ 일 때, $\angle a$의 크기를 구하시오.

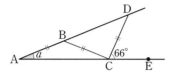

풀이 과정

답

3 오른쪽 그림의 사각형 ABCD 에서 점 I는 $\angle B$의 이등분선 과 $\angle C$의 이등분선의 교점이 다. $\angle A+\angle D=150°$일 때, $\angle BIC$의 크기를 구하시오.

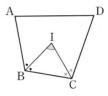

풀이 과정

답

2 다음 조건을 모두 만족시키는 다각형을 구하시오.

─ 조건 ─

㈎ 모든 변의 길이가 같고, 모든 내각의 크기가 같다.

㈏ 대각선의 개수는 54이다.

풀이 과정

답

4 오른쪽 그림은 한 변의 길이 가 같은 정삼각형, 정사각형, 정오각형을 서로 붙여 놓은 것이다. 이때 $\angle x$의 크기를 구하시오.

풀이 과정

답

☐

⇨ 다각형의 한 꼭짓점에서

(내각의 크기)+(외각의 크기)=③$\boxed{}$°

↩ 58 쪽

☐

△ABC에서

• ∠A+∠B+∠C=④$\boxed{}$°

• ∠ACD=∠⑤$\boxed{}$+∠⑥$\boxed{}$

↩ 59, 60 쪽

☐　　　　　　　　　　　　　　　×

• n각형의 한 꼭짓점에서 그을 수 있는 대각선의 개수 ⇨ ⑦$\boxed{}$

• n각형의 한 꼭짓점에서 대각선을 모두 그었을 때 생기는 삼각형의

　개수 ⇨ ⑧$\boxed{}$

• n각형의 대각선의 개수 ⇨ ⑨$\boxed{}$

↩ 61 쪽

☐　　　　　　　　　　　○ ○ ○

• n각형의 내각의 크기의 합 ⇨ 180°×(⑩$\boxed{}$)

• 정n각형의 한 내각의 크기 ⇨ ⑪$\boxed{}$

↩ 64, 66 쪽

☐　　　　　　　　　　　×

• n각형의 외각의 크기의 합 ⇨ ⑫$\boxed{}$

• 정n각형의 한 외각의 크기 ⇨ ⑬$\boxed{}$

↩ 65, 66 쪽

다각형

다각형의 내각과 외각

한 내각과 그 외각의 크기의
합은 180°이다.

n각형의 대각선의 개수

$$\frac{n(n-3)}{2}$$

삼각형의 내각과 외각

- (삼각형의 세 내각의 크기의 합) = 180°
- (한 외각의 크기) = (그와 이웃하지 않는 두 내각의 크기의 합)

n각형의 내각과 외각

- (n각형의 내각의 크기의 합) = 180° × (n-2)
- (n각형의 외각의 크기의 합) = 360°

구호 시작!

외각의 크기의 합은
항상 360°!

정n각형의 한 내각과 한 외각

- (정n각형의 한 내각의 크기) = $\dfrac{180° \times (n-2)}{n}$
- (정n각형의 한 외각의 크기) = $\dfrac{360°}{n}$

4 원과 부채꼴

준비 **학습**

이전에 배운 내용

초3~4
• 원

초5~6
• 원의 둘레와 넓이

이번에 배울 내용

01 원과 부채꼴

02 부채꼴의 호의 길이와 넓이

이후에 배울 내용

중3
• 원의 성질

고등
• 원의 방정식

초3 원

1 오른쪽 그림의 원에 대하여 다음 ☐ 안에 알맞은 것을 쓰시오.

(1) 점 ㅇ은 원의 ☐☐☐☐이고, 선분 ㄱㄴ은 원의 ☐☐☐이다.

(2) 선분 ㄷㄹ의 길이가 10 cm일 때, 원의 반지름은 ☐☐ cm이다.

초6 원의 둘레와 넓이

2 오른쪽 그림의 원에서 다음을 구하시오.
(단, 원주율은 3.14로 계산한다.)

(1) 원주

(2) 원의 넓이

1 원과 부채꼴

(1) **원 O**: 평면 위의 한 점 O에서 일정한 거리에 있는 모든
   점으로 이루어진 도형 ┌→ 원의 중심 ┌→ 반지름의 길이

(2) **호 AB**: 원 위의 두 점 A, B를 양 끝 점으로 하는 원의
   일부분 [기호] $\overset{\frown}{AB}$

(3) **할선**: 원 위의 두 점을 지나는 직선

(4) **현 CD**: 원 위의 두 점 C, D를 이은 선분

(5) **부채꼴 AOB**: 원 O에서 호 AB와 두 반지름 OA, OB로 이루어진 도형

(6) **중심각**: 부채꼴 AOB에서 두 반지름 OA, OB가 이루는 각, 즉 ∠AOB를 호 AB에 대한
   중심각 또는 부채꼴 AOB의 중심각이라고 한다.

(7) **활꼴**: 원 O에서 현 CD와 호 CD로 이루어진 도형

[참고] • $\overset{\frown}{AB}$는 보통 길이가 짧은 쪽의 호를 나타내고, 길이가 긴 쪽의 호는 그 호 위의 한 점 P를 잡아 $\overset{\frown}{APB}$와 같이 나타낸다.
   • 원의 중심을 지나는 현은 그 원의 지름이고, 원의 지름은 그 원에서 길이가 가장 긴 현이다.
   • 반원은 부채꼴이면서 동시에 활꼴이다.

[용어]
• **호** (弧 활)
• **현** (弦 시위)

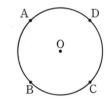

[필수 **문제**]

**원과 부채꼴에 대한
용어의 이해**

1 오른쪽 그림의 원 O 위에 다음을 나타내시오.

(1) 호 AB

(2) 현 CD

(3) $\overset{\frown}{BC}$, $\overline{OB}$, $\overline{OC}$로 이루어진 부채꼴

(4) $\overline{AD}$, $\overset{\frown}{AD}$로 이루어진 활꼴

1-1 다음 보기 중 오른쪽 그림의 원 O에 대한 설명으로 옳은 것을 모두
고르시오.

[보기]
ㄱ. ∠AOB에 대한 호는 $\overset{\frown}{AB}$이다.
ㄴ. $\overset{\frown}{BC}$에 대한 중심각은 ∠BAC이다.
ㄷ. $\overline{AB}$와 $\overset{\frown}{AB}$로 둘러싸인 도형은 부채꼴이다.
ㄹ. $\overline{AC}$는 원 O에서 길이가 가장 긴 현 중 하나이다.
ㅁ. $\overset{\frown}{AB}$와 두 반지름 OA, OB로 둘러싸인 도형은 활꼴이다.

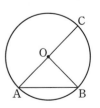

2 부채꼴의 중심각의 크기와 호의 길이, 넓이 사이의 관계

한 원 또는 합동인 두 원에서

(1) 중심각의 크기가 같은 두 부채꼴의 호의 길이와 넓이는 각각 같다.

(2) 호의 길이 또는 넓이가 각각 같은 두 부채꼴은 그 중심각의 크기가 같다.

(3) 부채꼴의 호의 길이와 넓이는 각각 중심각의 크기에 정비례한다.

부채꼴의 중심각의 크기가 2배, 3배, 4배, …가 되면 부채꼴의 호의 길이와 넓이도 각각 2배, 3배, 4배, …가 된다. ➡ 정비례한다.

필수 문제 ②

부채꼴의 중심각의 크기와 호의 길이, 넓이

▶ (중심각의 크기의 비)
 =(호의 길이의 비)
 =(부채꼴의 넓이의 비)

다음 그림의 원 O에서 x의 값을 구하시오.

(1)

(2)

2-1 다음 그림의 원 O에서 x의 값을 구하시오.

(1)

(2)

2-2 오른쪽 그림의 원 O에서 $\overset{\frown}{AB} : \overset{\frown}{BC} : \overset{\frown}{CA} = 3 : 4 : 5$일 때, $\angle AOC$의 크기를 구하시오.

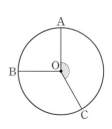

3 중심각의 크기와 현의 길이 사이의 관계

한 원 또는 합동인 두 원에서

(1) 중심각의 크기가 같은 두 현의 길이는 같다.

(2) 길이가 같은 두 현에 대한 중심각의 크기는 같다.

(3) 현의 길이는 중심각의 크기에 정비례하지 않는다.

주의 오른쪽 그림에서 중심각의 크기가 2배가 될 때, 현의 길이는 2배가 되지 않는다.

➡ $\angle AOC = 2\angle AOB$일 때, $\overline{AC} \neq 2\overline{AB}$

$\overline{AC} < \overline{AB} + \overline{BC} = 2\overline{AB}$

개념 확인 다음은 원 O에서 중심각의 크기가 같은 두 현의 길이는 같음을 설명하는 과정이다. ☐ 안에 알맞은 것을 쓰시오.

△AOB와 △COD에서

$\overline{OA} = \overline{OB} = \overline{OC} = \overline{OD}$ (원의 ☐) ⋯ ㉠

$\angle AOB = $☐ ⋯ ㉡

㉠, ㉡에서 △AOB ☐ △COD (☐ 합동)

∴ $\overline{AB} = $☐

필수 문제 **3** 다음 그림의 원 O에서 x의 값을 구하시오.

중심각의 크기와 현의 길이

(1)

(2)

3-1 오른쪽 그림의 원 O에서 $\overline{AB} = \overline{CD} = \overline{DE}$이고 $\angle AOB = 45°$일 때, $\angle COE$의 크기를 구하시오.

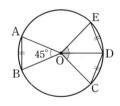

3-2 다음 보기 중 한 원 또는 합동인 두 원에 대한 설명으로 옳은 것을 모두 고르시오.

보기
ㄱ. 크기가 같은 중심각에 대한 현의 길이는 같다.

ㄴ. 호의 길이는 중심각의 크기에 정비례한다.

ㄷ. 부채꼴의 넓이는 중심각의 크기에 정비례한다.

ㄹ. 현의 길이는 중심각의 크기에 정비례한다.

1 다음 중 오른쪽 그림의 원 O의 각 부분을 나타내는 용어로 옳지 <u>않은</u> 것은?

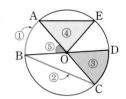

① 호 AB
② 현 BC
③ $\widehat{CD}$, $\overline{OC}$, $\overline{OD}$로 이루어진 부채꼴
④ $\overline{AE}$, $\widehat{AE}$로 이루어진 활꼴
⑤ 호 AB에 대한 중심각

2 한 원에서 부채꼴과 활꼴이 같을 때, 이 부채꼴의 중심각의 크기를 구하시오.

3 오른쪽 그림의 원 O에서 $x+y$의 값을 구하시오.

4 오른쪽 그림에서 $\overline{AC}$는 원 O의 지름이고 $\widehat{AB} : \widehat{BC} = 5 : 4$일 때, $\angle BOC$의 크기를 구하시오.

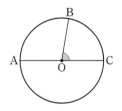

5 오른쪽 그림의 원 O에서 $\angle COD=30°$, $\angle AOB=90°$이고 부채꼴 AOB의 넓이가 $27\,cm^2$일 때, 부채꼴 COD의 넓이를 구하시오.

6 오른쪽 그림과 같이 반지름의 길이가 8 cm인 원 O에서 $\overset{\frown}{AC}=\overset{\frown}{BC}$이고 $\overline{AC}=7$ cm일 때, 색칠한 부분의 둘레의 길이를 구하시오.

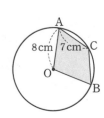

7 오른쪽 그림의 원 O에서 $\angle AOB=60°$, $\angle COD=30°$일 때, 다음 중 옳지 <u>않은</u> 것을 모두 고르면? (정답 2개)

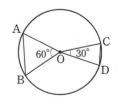

① $\overset{\frown}{AB}=2\overset{\frown}{CD}$
② $\overline{AB}=2\overline{CD}$
③ (원 O의 둘레의 길이)$=6\overset{\frown}{AB}$
④ (△OAB의 넓이)$=2\times$(△ODC의 넓이)
⑤ (부채꼴 COD의 넓이)$=\dfrac{1}{2}\times$(부채꼴 AOB의 넓이)

● 이등변삼각형, 평행선의 성질을 이용하는 문제
• 이등변삼각형의 두 각의 크기가 같다.
• 평행선에서 동위각, 엇각의 크기는 각각 같다.

8 오른쪽 그림과 같이 $\overline{CD}$가 지름인 원 O에서 $\overline{AB}\,/\!/\,\overline{CD}$이고 $\angle AOB=150°$, $\overset{\frown}{AB}=20$ cm일 때, $\overset{\frown}{AC}$의 길이는?

① 2 cm ② $\dfrac{7}{3}$ cm ③ $\dfrac{5}{2}$ cm

④ $\dfrac{8}{3}$ cm ⑤ 3 cm

9 오른쪽 그림과 같이 $\overline{CD}$가 지름인 원 O에서 $\overline{AB}\,/\!/\,\overline{CD}$이고 $\angle AOB=120°$, $\overset{\frown}{BD}=7$ cm일 때, $\overset{\frown}{AB}$의 길이를 구하시오.

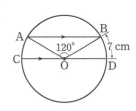

부채꼴의 호의 길이와 넓이

• 정답과 해설 36쪽

1 원주율

┌→ 원주
<u>원의 둘레의 길이</u>를 지름의 길이로 나눈 값을 원주율이라고 한다.

원주율은 기호로 π와 같이 나타내고, '파이'라고 읽는다.

참고 • 원주율(π)은 원의 크기와 상관없이 항상 일정하며 그 값은 3.141592…와
같이 소수점 아래의 숫자가 한없이 계속되는 소수이다.
• 원주율은 특정한 값으로 주어지지 않는 한 π를 사용하여 나타낸다.

$$(\text{원주율}) = \frac{(\text{원의 둘레의 길이})}{(\text{원의 지름의 길이})} = \pi$$

2 원의 둘레의 길이와 넓이

반지름의 길이가 r인 원의 둘레의 길이를 l, 넓이를 S라고 하면

(1) $l = 2 \times (\text{반지름의 길이}) \times (\text{원주율})$

$\quad = 2 \times r \times \pi = 2\pi r$

(2) $S = (\text{반지름의 길이}) \times (\text{반지름의 길이}) \times (\text{원주율})$

$\quad = r \times r \times \pi = \pi r^2$

$l = 2\pi r, \ S = \pi r^2$

용어
• l \ length(길이)의 첫 글자
• S \ square(넓이)의 첫 글자

필수 문제 ❶ 다음 그림에서 색칠한 부분의 둘레의 길이와 넓이를 차례로 구하시오.

원의 둘레의 길이와 넓이

▸ (2) 색칠한 부분의 넓이는 전체 도형의 넓이에서 색칠하지 않은 부분의 넓이를 뺀 것과 같다.

(1)

(2)

1-1 다음 그림에서 색칠한 부분의 둘레의 길이와 넓이를 차례로 구하시오.

(1)

(2)

3 부채꼴의 호의 길이와 넓이

반지름의 길이가 r, 중심각의 크기가 $x°$인 부채꼴의 호의 길이를 l, 넓이를 S라고 하면

(1) 부채꼴의 호의 길이는 중심각의 크기에 정비례하므로

(부채꼴의 호의 길이) : (원의 둘레의 길이)$=x° : 360°$

$l : 2\pi r = x° : 360°$

$$\therefore \ l = 2\pi r \times \frac{x}{360}$$

└→ 반지름의 길이가 r인 원의 둘레의 길이

(2) 부채꼴의 넓이는 중심각의 크기에 정비례하므로

(부채꼴의 넓이) : (원의 넓이)$=x° : 360°$

$S : \pi r^2 = x° : 360°$

$$\therefore \ S = \pi r^2 \times \frac{x}{360}$$

└→ 반지름의 길이가 r인 원의 넓이

개념확인 반지름의 길이가 4 cm이고 중심각의 크기가 45°인 부채꼴에 대하여 다음 □ 안에 알맞은 것을 쓰시오.

(1) (부채꼴의 호의 길이)$=2\pi \times \boxed{} \times \dfrac{\boxed{}}{360} = \boxed{}$ (cm)

(2) (부채꼴의 넓이)$=\pi \times \boxed{}^2 \times \dfrac{\boxed{}}{360} = \boxed{}$ (cm²)

필수 문제
부채꼴의 호의 길이와 넓이

2 다음 그림과 같은 부채꼴의 호의 길이와 넓이를 차례로 구하시오.

(1)

(2)

2-1 반지름의 길이가 12 cm이고 중심각의 크기가 30°인 부채꼴의 호의 길이와 넓이를 차례로 구하시오.

2-2 다음 그림에서 색칠한 부분의 둘레의 길이와 넓이를 차례로 구하시오.

(1)

(2)

4 호의 길이를 알 때, 부채꼴의 넓이

반지름의 길이가 r, 호의 길이가 l인 부채꼴의 넓이를 S라고 하면

$$S = \frac{1}{2}rl$$ ← 중심각의 크기가 주어지지 않은 부채꼴의 넓이를 구할 때 사용한다.

참고 중심각의 크기를 $x°$라고 하면

$l = 2\pi r \times \dfrac{x}{360}$에서 $\dfrac{x}{360} = \dfrac{l}{2\pi r}$

$\therefore S = \pi r^2 \times \dfrac{x}{360} = \pi r^2 \times \dfrac{l}{2\pi r} = \dfrac{1}{2}rl$

**개념
확인**

오른쪽 그림과 같이 반지름의 길이가 $6\,\mathrm{cm}$, 호의 길이가 $2\pi\,\mathrm{cm}$
인 부채꼴에 대하여 다음 ☐ 안에 알맞은 것을 쓰시오.

(부채꼴의 넓이) $= \dfrac{1}{2} \times 6 \times \boxed{} = \boxed{}\,(\mathrm{cm}^2)$

필수 문제

호의 길이를 알 때,
부채꼴의 넓이

3 다음 그림과 같은 부채꼴의 넓이를 구하시오.

(1)

(2)

3-1 다음 그림과 같은 부채꼴의 넓이를 구하시오.

(1)

(2)

3-2 반지름의 길이가 $6\,\mathrm{cm}$이고 넓이가 $15\pi\,\mathrm{cm}^2$인 부채꼴의 호의 길이를 구하시오.

색칠한 부분의 넓이 구하기

주어진 도형에서 색칠한 부분의 넓이를 한 번에 구할 수 없을 때는 보통 전체의 넓이에서 색칠하지 않은 부분의 넓이를 빼서 구한다. 이때 우리가 알고 있는 도형의 넓이 공식을 이용할 수 있도록 주어진 도형을 적당히 나누거나 이동하는 과정이 필요하다.

(1) 전체의 넓이에서 색칠하지 않은 부분의 넓이를 빼서 색칠한 부분의 넓이를 구한다.

(2) 주어진 도형에 적당한 보조선을 그어서 색칠한 부분의 넓이를 구한다.

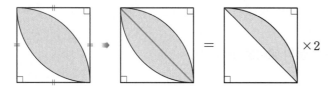

(3) 주어진 도형에 적당한 보조선을 그은 후, 도형의 일부분을 적당히 이동하여 간단한 모양으로 만들어서 색칠한 부분의 넓이를 구한다.

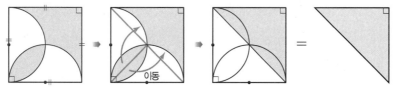

(4) 주어진 도형을 몇 개의 도형으로 나누어 넓이를 구한 후, 각각의 넓이를 더하거나 빼서 색칠한 부분의 넓이를 구한다.

1 오른쪽 그림에서 색칠한 부분의 둘레의 길이와 넓이를 차례로 구하시오.

2 다음을 구하시오.

(1) 반지름의 길이가 5 cm이고 중심각의 크기가 120°인 부채꼴의 넓이

(2) 반지름의 길이가 6 cm이고 호의 길이가 10π cm인 부채꼴의 중심각의 크기

3 오른쪽 그림과 같이 호의 길이가 15π cm이고 넓이가 90π cm²인 부채꼴의 반지름의 길이를 구하시오.

4 다음 그림에서 색칠한 부분의 넓이를 구하시오.

(1)

(2)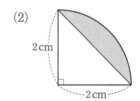

5 오른쪽 그림과 같이 한 변의 길이가 6 cm인 정사각형에서 색칠한 부분의 둘레의 길이와 넓이를 차례로 구하시오.

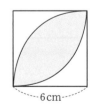

6 오른쪽 그림과 같이 한 변의 길이가 30 cm인 정사각형에서 색칠한 부분의 넓이를 구하시오.

1 다음 중 옳은 것을 모두 고르면? (정답 2개)

① 반원은 활꼴이 아니다.
② 원의 중심을 지나는 현은 지름이다.
③ 평면 위의 한 점에서 일정한 거리에 있는 모든 점으로 이루어진 도형을 원이라고 한다.
④ 반지름의 길이가 3cm인 원에서 가장 긴 현의 길이는 9cm이다.
⑤ 부채꼴은 현과 호로 이루어진 도형이다.

2 오른쪽 그림의 원 O에서 반지름의 길이와 현 AB의 길이가 같을 때, 호 AB에 대한 중심각의 크기를 구하시오.

3 오른쪽 그림과 같이 $\overline{AB}$가 지름인 원 O에서 $\overset{\frown}{AD}=9\,cm$, $\angle AOD=40°$, $\angle BOC=20°$일 때, $\overset{\frown}{CD}$의 길이를 구하시오.

4 오른쪽 그림의 원 O에서 $\overline{AO} /\!/ \overline{BC}$이고 $\overset{\frown}{AB}=10\,cm$일 때, $\overset{\frown}{BC}$의 길이는?

① 14 cm ② 15 cm
③ 16 cm ④ 17 cm
⑤ 18 cm

5 오른쪽 그림과 같이 원 O의 지름 AB의 연장선과 현 CD의 연장선의 교점을 P라고 하자. $\overline{OD}=\overline{DP}$이고 $\angle OPD=25°$, $\overset{\frown}{BD}=6\,cm$일 때, $\overset{\frown}{AC}$의 길이는?

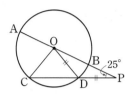

① 9 cm ② 12 cm ③ 15 cm
④ 18 cm ⑤ 21 cm

6 오른쪽 그림의 원 O에서 x의 값을 구하시오.

7 한 원 또는 합동인 두 원에서 다음 중 옳지 않은 것을 모두 고르면? (정답 2개)

① 부채꼴의 넓이는 현의 길이에 정비례한다.
② 넓이가 같은 두 부채꼴은 중심각의 크기가 같다.
③ 크기가 같은 중심각에 대한 호의 길이는 같지만 현의 길이는 다르다.
④ 부채꼴의 호의 길이는 중심각의 크기에 정비례한다.
⑤ 현의 길이는 중심각의 크기에 정비례하지 않는다.

8 오른쪽 그림에서 색칠한 부분의 둘레의 길이와 넓이를 차례로 구하시오.

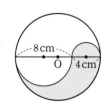

⭐ 중요

9 오른쪽 그림과 같이 반지름의 길이가 8 cm이고 넓이가 $\frac{64}{3}\pi$ cm²인 부채꼴의 중심각의 크기는?

① 100° ② 108° ③ 115°

④ 120° ⑤ 135°

10 반지름의 길이가 9 cm이고 넓이가 27π cm²인 부채꼴의 둘레의 길이는?

① 3π cm ② 6π cm

③ 12π cm ④ (3π+9) cm

⑤ (6π+18) cm

11 오른쪽 그림과 같이 한 변의 길이가 20 cm인 정오각형에서 색칠한 부분의 둘레의 길이는?

① (10π+40) cm

② (10π+60) cm

③ (12π+40) cm

④ (12π+60) cm

⑤ (14π+40) cm

12 오른쪽 그림에서 색칠한 부분의 넓이는?

① 4π cm² ② 8π cm²

③ 12π cm² ④ 16π cm²

⑤ 20π cm²

13 오른쪽 그림에서 색칠한 부분의 둘레의 길이를 구하시오.

14 오른쪽 그림과 같이 한 변의 길이가 20 cm인 정사각형에서 색칠한 부분의 넓이를 구하시오.

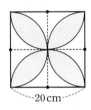

15 오른쪽 그림은 정사각형 ABCD에서 두 점 B, C를 중심으로 하는 부채꼴을 각각 그린 것이다. 이때 색칠한 부분의 넓이를 구하시오.

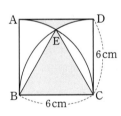

16 오른쪽 그림과 같은 부채꼴에서 색칠한 부분의 둘레의 길이와 넓이를 차례로 구하시오.

따라 해보자

예제 1 오른쪽 그림의 반원 O에서 $\overline{AC} /\!/ \overline{OD}$이고 $\angle BOD = 45°$, $\widehat{BD} = 5\,cm$일 때, $\widehat{AC}$의 길이를 구하시오.

풀이 과정

[1단계] ∠OAC의 크기 구하기

$\overline{AC} /\!/ \overline{OD}$이므로 $\angle OAC = \angle BOD = 45°$ (동위각)

[2단계] ∠OCA의 크기 구하기

$\overline{OC}$를 그으면 △OAC가 $\overline{OA} = \overline{OC}$인 이등변삼각형이므로
$\angle OCA = \angle OAC = 45°$

[3단계] ∠AOC의 크기 구하기

$\therefore \angle AOC = 180° - (45° + 45°) = 90°$

[4단계] $\widehat{AC}$의 길이 구하기

따라서 $\widehat{AC} : 5 = 90° : 45°$이므로

$\widehat{AC} : 5 = 2 : 1$ $\therefore \widehat{AC} = 10\,(cm)$

답 10 cm

유제 1 오른쪽 그림의 반원 O에서 $\overline{BD} /\!/ \overline{OC}$이고 $\angle AOC = 30°$, $\widehat{BD} = 12\,cm$일 때, $\widehat{AC}$의 길이를 구하시오.

풀이 과정

[1단계] ∠OBD의 크기 구하기

[2단계] ∠ODB의 크기 구하기

[3단계] ∠BOD의 크기 구하기

[4단계] $\widehat{AC}$의 길이 구하기

답

예제 2 오른쪽 그림에서 색칠한 부분의 둘레의 길이를 구하시오.

풀이 과정

[1단계] 큰 부채꼴의 호의 길이 구하기

(큰 부채꼴의 호의 길이) $= 2\pi \times (6+6) \times \dfrac{120}{360} = 8\pi\,(cm)$

[2단계] 작은 부채꼴의 호의 길이 구하기

(작은 부채꼴의 호의 길이) $= 2\pi \times 6 \times \dfrac{120}{360} = 4\pi\,(cm)$

[3단계] 색칠한 부분의 둘레의 길이 구하기

$\therefore$ (색칠한 부분의 둘레의 길이) $= 8\pi + 4\pi + 6 \times 2$
$\qquad\qquad\qquad\qquad\qquad = 12\pi + 12\,(cm)$

답 $(12\pi + 12)\,cm$

유제 2 오른쪽 그림에서 색칠한 부분의 둘레의 길이를 구하시오.

풀이 과정

[1단계] 큰 부채꼴의 호의 길이 구하기

[2단계] 작은 부채꼴의 호의 길이 구하기

[3단계] 색칠한 부분의 둘레의 길이 구하기

답

▶ 모든 문제는 풀이 과정을 자세히 서술한 후 답을 쓰세요.

연습해 보자

1 오른쪽 그림의 원 O에서
∠AOB : ∠BOC : ∠COA
＝6 : 5 : 7이고 원 O의 넓이가
144π cm²일 때, 부채꼴 AOB의
넓이를 구하시오.

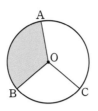

[풀이 과정]

답

2 중심각의 크기가 60°이고 호의 길이가 3π cm인 부채꼴의 넓이를 구하시오.

[풀이 과정]

답

3 오른쪽 그림은 지름의 길이가
12 cm인 반원을 점 A를 중심
으로 45°만큼 회전시킨 것이
다. 이때 색칠한 부분의 넓이
를 구하시오.

[풀이 과정]

답

4 다음 그림과 같이 가로, 세로의 길이가 각각 10 m,
8 m인 직사각형 모양의 울타리의 A 지점에 길이가
10 m인 끈으로 강아지를 묶어 놓았을 때, 강아지가
울타리 밖에서 최대한 움직일 수 있는 영역의 넓이
를 구하시오. (단, 끈의 매듭의 길이와 강아지의 크
기는 생각하지 않는다.)

[풀이 과정]

답

☑ 이 단원에서 배운 개념을 잘 기억하고 있는지 체크해 보세요.

□ ✕

- ① ⬜ : 원 위의 두 점을 양 끝 점으로 하는 원의 일부분

- ② ⬜⬜ : 원 위의 두 점을 지나는 직선

- ③ ⬜ : 원 위의 두 점을 이은 선분

↩ 78 쪽

□ ○ ○ ○

한 원 또는 합동인 두 원에서

- 부채꼴의 호의 길이와 넓이는 각각 중심각의 크기에 ④(정비례한다, 정비례하지 않는다).

- 현의 길이는 중심각의 크기에 ⑤(정비례한다, 정비례하지 않는다).

↩ 79, 80 쪽

□

- 부채꼴의 호의 길이 ⇨ $l : m =$ ⑥⬜ : ⬜

- 부채꼴의 넓이 ⇨ $S : T =$ ⑦⬜ : ⬜

↩ 79 쪽

□ ✕

- 부채꼴의 호의 길이 ⇨ ⑧⬜ $\times \dfrac{x}{360}$

- 부채꼴의 넓이 ⇨ ⑨⬜ $\times \dfrac{x}{360}$

↩ 84 쪽

□

- 부채꼴의 넓이 ⇨ ⑩⬜

↩ 85 쪽

마인드 MAP

원과 부채꼴

원

호 AB
A
할선
현 CD
C
B
O
D

원의 둘레의 길이와 넓이

- 원의 둘레의 길이
  $\ell = 2\pi r$

- 원의 넓이
  $S = \pi r^2$

난 원주율
'파이'라고 해! π

부채꼴

A 부채꼴 B
O 중심각
C D
활꼴

중심각의 크기와 부채꼴 사이의 관계

한 원 또는 합동인 두 원에서

- **부채꼴**의 호의 길이와 넓이는 각각 중심각의 크기에 정비례**한다.**

- 현의 길이는 중심각의 크기에 정비례**하지** 않는다.

부채꼴의 호의 길이와 넓이

부채꼴의
호의 길이 ℓ = 원의 둘레의 길이 $\times \dfrac{x}{360}$

부채꼴의
넓이 S = 원의 넓이 $\times \dfrac{x}{360}$

$$\ell = 2\pi r \times \dfrac{x}{360}$$

$$S = \pi r^2 \times \dfrac{x}{360}$$

호의 길이를 알 때, 부채꼴의 넓이

$$S = \dfrac{1}{2} r\ell$$

Ⅲ 입체도형

5 다면체와 회전체

준비 **학습**

이전에 배운 내용

초5~6
• 직육면체
• 각기둥과 각뿔
• 원기둥, 원뿔, 구

이번에 배울 내용

O1 다면체

O2 정다면체

O3 회전체

이후에 배울 내용

중2
• 도형의 닮음
중3
• 삼각비

초6 각기둥과 각뿔

1 다음 각기둥과 각뿔의 밑면과 옆면의 모양을 각각 말하시오.

(1)

(2)

초6 원기둥, 원뿔, 구

2 오른쪽 그림과 같은 원뿔에서 다음을 구하시오.

(1) 모선의 길이

(2) 높이

01 다면체

1 다면체

다각형인 면으로만 둘러싸인 입체도형을 **다면체**라 하고, 다면체는 둘러싸인
면의 개수에 따라 사면체, 오면체, 육면체, …라고 한다.

(1) 면: 다면체를 둘러싸고 있는 다각형

(2) 모서리: 다면체를 둘러싸고 있는 다각형의 변

(3) 꼭짓점: 다면체를 둘러싸고 있는 다각형의 꼭짓점

참고 다음 그림과 같이 다각형이 아닌 원이나 곡면으로 둘러싸인 입체도형은 다면체가 아니다.

보충

다각형과 다면체의 비교

다각형	다면체
여러 개의 선분으로 둘러싸인 평면도형	다각형인 면으로만 둘러싸인 입체도형

필수 문제

다면체

1 다음 보기 중 다면체를 모두 고르시오.

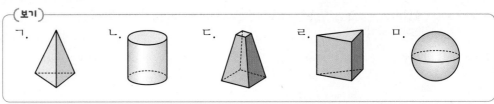

1-1 다음 중 오른쪽 그림의 다면체에 대한 설명으로 옳지 않은 것은?

① 오면체이다.

② 면의 개수는 5이다.

③ 꼭짓점의 개수는 6이다.

④ 모서리의 개수는 8이다.

⑤ 꼭짓점 A에 모인 면의 개수는 3이다.

1-2 오른쪽 그림의 다면체는 몇 면체인지 구하시오.

2 다면체의 종류

(1) **각기둥**: 두 밑면이 서로 평행하고 합동인 다각형이고, 옆면이 모두 직사각형인 다면체

(2) **각뿔**: 밑면이 다각형이고 옆면이 모두 삼각형인 다면체

(3) **각뿔대**: 각뿔을 밑면에 평행한 평면으로 잘라서 생기는 두 다면체 중에서 각뿔이 아닌 쪽의 입체도형

> 참고 각뿔대에서 서로 평행한 두 면을 밑면이라 하고, 밑면이 아닌 면을 옆면이라고 한다. 또 두 밑면에 수직인 선분의 길이를 각뿔대의 높이라고 한다. 이때 각뿔대의 옆면은 모두 사다리꼴이다.

다면체	n각기둥	n각뿔	n각뿔대
겨냥도	삼각기둥　사각기둥 ⋯	삼각뿔　사각뿔 ⋯	삼각뿔대　사각뿔대 ⋯
밑면의 개수	2	1	2
밑면의 모양	n각형	n각형	n각형
옆면의 모양	직사각형	삼각형	사다리꼴
면의 개수 ➡ 몇 면체?	$n+2$ ➡ $(n+2)$면체	$n+1$ ➡ $(n+1)$면체	$n+2$ ➡ $(n+2)$면체

↳ (면의 개수)=(옆면의 개수)+(밑면의 개수)

개념 확인 다음 표의 빈칸을 알맞게 채우시오.

겨냥도			
이름			
옆면의 모양			
면 개수			
모서리의 개수			
꼭짓점의 개수			

> **보충**
> 다면체의 면, 모서리, 꼭짓점의 개수
>
> | 다면체 | n각기둥 | n각뿔 | n각뿔대 |
> |---|---|---|---|
> | 면 | $n+2$ | $n+1$ | $n+2$ |
> | 모서리 | $3n$ | $2n$ | $3n$ |
> | 꼭짓점 | $2n$ | $n+1$ | $2n$ |

필수 문제 **2** 다음 다면체 중 면의 개수가 가장 많은 것은?

다면체의 꼭짓점, 모서리, 면의 개수

① 삼각뿔대   ② 오각기둥   ③ 직육면체
④ 칠각뿔   ⑤ 오각뿔대

2-1 다음 다면체 중 면의 개수와 꼭짓점의 개수가 같은 것은?

① 사각뿔대   ② 육각기둥   ③ 육각뿔
④ 팔각뿔대   ⑤ 구각기둥

1 다음 보기의 입체도형 중 다면체는 모두 몇 개인지 구하시오.

（보기）
ㄱ. 직육면체   ㄴ. 삼각뿔대   ㄷ. 원뿔   ㄹ. 팔각기둥
ㅁ. 원기둥   ㅂ. 구   ㅅ. 사각뿔   ㅇ. 정육면체

2 다음 중 육면체를 모두 고르면? (정답 2개)

① 사각기둥   ② 오각기둥   ③ 오각뿔
④ 육각뿔   ⑤ 육각뿔대

3 다음 중 다면체와 그 옆면의 모양을 짝 지은 것으로 옳지 <u>않은</u> 것은?

① 삼각기둥 – 직사각형   ② 사각뿔 – 삼각형   ③ 삼각뿔대 – 사다리꼴
④ 정육면체 – 정사각형   ⑤ 오각뿔 – 오각형

● 조건을 모두 만족시키는 입체도형 구하기
옆면의 모양, 밑면의 모양 등 입체도형의 성질을 이용하여 그 종류를 결정한다.

4 다음 조건을 모두 만족시키는 입체도형을 구하려고 한다. 물음에 답하시오.

（조건）
㈎ 두 밑면은 서로 평행하다.
㈏ 옆면의 모양은 직사각형이 아닌 사다리꼴이다.
㈐ 팔면체이다.

(1) 조건 ㈎, ㈏에서 이 입체도형은 각기둥, 각뿔, 각뿔대 중 어느 것인지 말하시오.

(2) 주어진 조건을 모두 만족시키는 입체도형을 구하시오.

한번더

+1

5 다음 조건을 모두 만족시키는 다면체는?

（조건）
㈎ 두 밑면은 서로 평행하다.
㈏ 옆면의 모양은 직사각형이다.
㈐ 꼭짓점의 개수는 14이다.

① 육각기둥   ② 칠각기둥   ③ 칠각뿔대
④ 팔각기둥   ⑤ 팔각뿔대

02 정다면체

• 정답과 해설 41쪽

1 정다면체

다음 조건을 모두 만족시키는 다면체를 **정다면체**라고 한다.

(1) 모든 면이 합동인 정다각형이다.

(2) 각 꼭짓점에 모인 면의 개수가 같다. ─┐ 두 조건 중 어느 하나만 만족시키는 다면체는 정다면체가 아니다.

2 정다면체의 종류

정사면체, 정육면체, 정팔면체, 정십이면체, 정이십면체의 다섯 가지뿐이다. ← 101쪽 〈개념 플러스〉 참고

정다면체	정사면체	정육면체	정팔면체	정십이면체	정이십면체
겨냥도					
면의 모양	정삼각형	정사각형	정삼각형	정오각형	정삼각형
한 꼭짓점에 모인 면의 개수	3	3	4	3	5
면의 개수	4	6	8	12	20
모서리의 개수	6	12	12	30	30
꼭짓점의 개수	4	8	6	20	12

필수 문제

정다면체의 이해

1 다음 조건을 만족시키는 정다면체를 오른쪽 보기에서 모두 고르시오.

(1) 면의 모양이 정삼각형인 정다면체

(2) 면의 모양이 정오각형인 정다면체

(3) 한 꼭짓점에 모인 면의 개수가 3인 정다면체

(4) 한 꼭짓점에 모인 면의 개수가 4인 정다면체

〈보기〉
ㄱ. 정사면체   ㄴ. 정육면체
ㄷ. 정팔면체   ㄹ. 정십이면체
ㅁ. 정이십면체

1-1 다음 조건을 모두 만족시키는 다면체를 구하시오.

〈조건〉
㈎ 모든 면이 합동인 정삼각형이다.
㈏ 각 꼭짓점에 모인 면의 개수는 4이다.

1-2 정육면체의 면의 개수를 a, 정팔면체의 모서리의 개수를 b, 정이십면체의 꼭짓점의 개수를 c라고 할 때, $a+b+c$의 값을 구하시오.

● 정답과 해설 42쪽

3 정다면체의 전개도

(1)

정사면체

(2)

정육면체

(3)

정팔면체

(4)

정십이면체

(5)

정이십면체

참고 정다면체의 전개도를 이용하여 직접 정다면체를 만들어 본다. (➡ 교재 뒷부분 참조)

개념 확인 다음 그림과 같은 전개도로 정다면체를 만들 때, □ 안에 알맞은 것을 쓰시오.

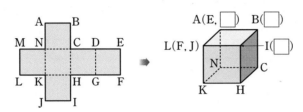

(1) 전개도로 만든 정다면체의 이름은 [   ]이다.

(2) 점 A와 겹치는 꼭짓점은 점 E, 점 [ ]이고, $\overline{AB}$와 겹치는 모서리는 [   ]이다.

필수 문제 2

정다면체의 전개도

▶주어진 전개도의 면의 개수로 부터 어떤 정다면체가 만들어 지는지 알 수 있다.

오른쪽 그림과 같은 전개도로 만든 정다면체에 대하여 다음 물음에 답하시오.

(1) 이 정다면체의 이름을 말하시오.

(2) 점 A와 겹치는 꼭짓점을 구하시오.

(3) $\overline{CD}$와 겹치는 모서리를 구하시오.

(4) $\overline{BJ}$와 평행한 모서리를 구하시오.

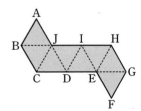

2-1 오른쪽 그림과 같은 전개도로 만든 정다면체에 대하여 다음 물음에 답하시오.

(1) 이 정다면체의 이름을 말하시오.

(2) $\overline{AB}$와 꼬인 위치에 있는 모서리를 구하시오.

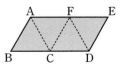

정다면체가 다섯 가지뿐인 이유

정다면체는 입체도형이므로
① 한 꼭짓점에 3개 이상의 면이 모여야 하고,
② 한 꼭짓점에 모인 각의 크기의 합은 360°보다 작아야 한다.

이때 정다면체가 되는 경우를 면의 모양과 한 꼭짓점에 모인 면의 개수에 따라 살펴보자.

(1) 면의 모양이 정삼각형인 경우

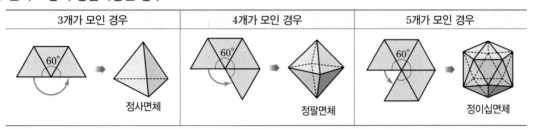

3개가 모인 경우	4개가 모인 경우	5개가 모인 경우
정사면체	정팔면체	정이십면체

⇨ 한 꼭짓점에 6개 이상의 정삼각형이 모이면 그 꼭짓점에 모인 각의 크기의 합이 360°이거나 360°보다 크게 되어 정다면체를 만들 수 없다.

(2) 면의 모양이 정사각형인 경우

3개가 모인 경우

정육면체

⇨ 한 꼭짓점에 4개 이상의 정사각형이 모이면 그 꼭짓점에 모인 각의 크기의 합이 360°이거나 360°보다 크게 되어 정다면체를 만들 수 없다.

(3) 면의 모양이 정오각형인 경우

3개가 모인 경우

정십이면체

⇨ 한 꼭짓점에 4개 이상의 정오각형이 모이면 그 꼭짓점에 모인 각의 크기의 합이 360°보다 크게 되어 정다면체를 만들 수 없다.

(4) 면의 모양이 정육각형, 정칠각형, 정팔각형, …인 경우
면의 모양이 정육각형, 정칠각형, 정팔각형, …이면 한 꼭짓점에 모인 면의 개수가 3일 때, 그 꼭짓점에 모인 각의 크기의 합이 360°이거나 360°보다 크게 되어 정다면체를 만들 수 없다.

따라서 정다면체의 종류는 정사면체, 정육면체, 정팔면체, 정십이면체, 정이십면체의 다섯 가지뿐이다.

● 정답과 해설 42쪽

1 다음 중 정다면체에 대한 아래 표의 ①~⑤에 들어갈 것으로 옳지 <u>않은</u> 것은?

정다면체	정사면체	정육면체	정팔면체	정십이면체	①
면의 모양	정삼각형	②	정삼각형	③	정삼각형
한 꼭짓점에 모인 면의 개수	④	3	4	⑤	5

① 정이십면체   ② 정사각형   ③ 정삼각형

④ 3   ⑤ 3

2 다음 조건을 모두 만족시키는 다면체를 구하시오.

조건

㈎ 모든 면이 합동인 정다각형이다.

㈏ 각 꼭짓점에 모인 면의 개수가 3으로 같다.

㈐ 모서리의 개수가 30이다.

3 다음 중 정다면체에 대한 설명으로 옳지 <u>않은</u> 것을 모두 고르면? (정답 2개)

① 모든 면이 합동인 정다각형이다.

② 종류는 다섯 가지뿐이다.

③ 정사면체의 꼭짓점의 개수는 6이다.

④ 정사면체, 정팔면체, 정이십면체는 면의 모양이 모두 같다.

⑤ 한 꼭짓점에 모인 면의 개수가 4인 정다면체는 정육면체와 정팔면체이다.

4 다음 중 오른쪽 그림과 같은 전개도로 만든 정다면체에 대한 설명으로 옳은 것은?

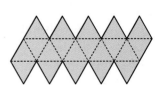

① 이 정다면체의 이름은 정십이면체이다.

② 모든 면의 모양은 평행사변형이다.

③ 정다면체 중 꼭짓점의 개수가 가장 많다.

④ 한 꼭짓점에 모인 면의 개수는 5이다.

⑤ 모서리의 개수는 20이다.

03 회전체

• 정답과 해설 42쪽

1 회전체

(1) **회전체**: 평면도형을 한 직선 l을 축으로 하여 1회전 시킬 때 생기는 입체도형

　① **회전축**: 회전시킬 때 축이 되는 직선 l

　② **모선**: 회전하여 옆면을 만드는 선분

(2) **원뿔대**: 원뿔을 밑면에 평행한 평면으로 잘라서 생기는 두 입체도형 중에서 원뿔이 아닌 쪽의
　입체도형

(3) **회전체의 종류**: 원기둥, 원뿔, 원뿔대, 구 등이 있다.

회전체	원기둥	원뿔	원뿔대	구
겨냥도				
회전시킨 평면도형	직사각형	직각삼각형	사다리꼴	반원

참고 구의 옆면은 구분할 수 없고, 선분이 아닌 곡선을 회전시킨 것이므로 구에서는 모선을 생각하지 않는다.

필수 문제

회전체의 이해

1 다음 보기 중 회전체를 모두 고르시오.

(보기)
ㄱ. (원기둥)　　ㄴ. (사각뿔)　　ㄷ. (원뿔대)　　ㄹ. (삼각기둥)　　ㅁ. (구)

1-1 다음 보기 중 회전체를 모두 고르시오.

(보기)
| ㄱ. 삼각기둥 | ㄴ. 원기둥 | ㄷ. 사각뿔 | ㄹ. 정육면체 |
| ㅁ. 원뿔 | ㅂ. 오각뿔대 | ㅅ. 정십이면체 | ㅇ. 구 |

▶ 회전체를 그리는 방법
❶ 회전축을 대칭축으로 하는 선대칭도형을 그린다.
❷ ❶의 도형을 회전축에 수직인 평면으로 잘랐을 때 생기는 면이 원이 되도록 회전체를 그린다.

1-2 다음 평면도형을 직선 l을 회전축으로 하여 1회전 시킬 때 생기는 회전체를 그리시오.

(1) 　　　(2) 　　　(3)

• 정답과 해설 42쪽

2 회전체의 성질

(1) 회전체를 회전축에 수직인 평면으로 자른 단면의 경계는 항상 원이다.

⌐ 입체도형을 평면으로 자를 때 생기는 면

(2) 회전체를 회전축을 포함하는 평면으로 자른 단면은

　① 모두 합동이고,

　② 회전축에 대한 선대칭도형이다. ← 한 직선을 따라 접었을 때 완전히 겹치는 도형을 선대칭도형이라고 한다.

회전체	원기둥	원뿔	원뿔대	구
회전축에 수직인 평면으로 자른 단면의 경계	원	원	원	원
회전축을 포함하는 평면으로 자른 단면	직사각형	이등변삼각형	사다리꼴	원

개념 확인 다음 중 회전체에 대한 설명으로 옳은 것은 ○표, 옳지 <u>않은</u> 것은 ×표를 ( ) 안에 쓰시오.

(1) 회전체를 회전축을 포함하는 평면으로 자른 단면의 경계는 항상 원이다.　(　)

(2) 회전체를 회전축을 포함하는 평면으로 자른 단면은 선대칭도형이다.　(　)

(3) 회전체를 회전축에 수직인 평면으로 자른 단면은 모두 합동인 원이다.　(　)

필수 문제 ②

회전체를 평면으로 자를 때 생기는 단면의 모양

다음 중 회전체와 그 회전체를 회전축을 포함하는 평면으로 자를 때 생기는 단면의 모양을 짝 지은 것으로 옳지 <u>않은</u> 것은?

① 원기둥 − 직사각형　　② 구 − 원　　　　③ 원뿔 − 직각삼각형

④ 반구 − 반원　　　　　⑤ 원뿔대 − 사다리꼴

2-1 오른쪽 그림은 어떤 회전체를 회전축에 수직인 평면으로 자른 단면과 회전축을 포함하는 평면으로 자른 단면을 차례로 나타낸 것이다. 이 회전체를 구하시오.

2-2 다음 회전체 중 회전축을 포함하는 평면으로 자르거나 회전축에 수직인 평면으로 자를 때 생기는 단면의 모양이 같은 것은?

① 원기둥　　② 원뿔　　　③ 반구　　　④ 구　　　⑤ 원뿔대

3 회전체의 전개도

회전체	원기둥	원뿔	원뿔대
겨냥도	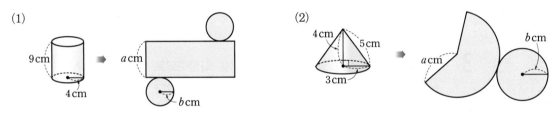		
전개도	(밑면인 원의 둘레의 길이) ＝(옆면인 직사각형의 가로의 길이)	(밑면인 원의 둘레의 길이) ＝(옆면인 부채꼴의 호의 길이)	밑면인 두 원의 둘레의 길이는 각각 전개도의 옆면에서 곡선으로 된 두 부분의 길이와 같다.

참고 구는 전개도를 그릴 수 없다.

 개념 확인 다음 그림과 같은 회전체의 전개도에서 a, b의 값을 각각 구하시오.

(1)

(2)

필수 문제 **3** 오른쪽 그림은 원뿔대와 그 전개도이다. 이때 a, b, c의 값을 각각 구하시오.

회전체의 전개도

▶ 원기둥, 원뿔, 원뿔대의 전개도
• 원기둥

(○)   (×)
• 원뿔

(○)   (×)
• 원뿔대

(○)   (×)

3-1 오른쪽 그림과 같은 원뿔의 전개도에서 옆면인 부채꼴의 호의 길이를 구하시오.

1 다음 중 회전체가 <u>아닌</u> 것을 모두 고르면? (정답 2개)

① 원뿔　　　② 원기둥　　　③ 삼각뿔대　　　④ 정육면체　　　⑤ 구

2 다음 중 주어진 평면도형을 직선 l을 회전축으로 하여 1회전 시킬 때 생기는 입체도형으로 옳지 <u>않은</u> 것은?

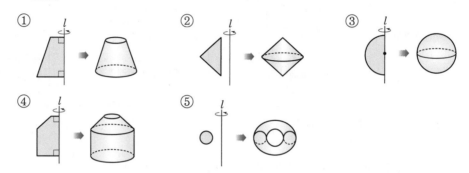

3 오른쪽 그림과 같은 평면도형을 직선 l을 회전축으로 하여 1회전 시킬 때 생기는 회전체를 회전축을 포함하는 평면으로 잘랐다. 이때 단면의 넓이를 구하시오.

4 오른쪽 그림과 같은 전개도로 만든 원기둥에서 밑면인 원의 반지름의 길이를 구하시오.

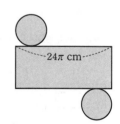

5 다음 중 회전체에 대한 설명으로 옳지 <u>않은</u> 것은?

① 구를 평면으로 자른 단면은 항상 원이다.
② 원기둥을 회전축에 수직인 평면으로 자른 단면은 원이다.
③ 원뿔대를 회전축에 수직인 평면으로 자른 단면은 모두 합동이다.
④ 원뿔을 회전축을 포함하는 평면으로 자른 단면은 이등변삼각형이다.
⑤ 구를 평면으로 자른 단면의 넓이는 구의 중심을 지나도록 잘랐을 때 가장 크다.

1 다음 중 입체도형과 그 다면체의 이름을 짝 지은 것으로 옳지 <u>않은</u> 것은?

① 사각뿔대 — 육면체
② 칠각기둥 — 구면체
③ 구각뿔 — 십일면체
④ 팔각기둥 — 십면체
⑤ 십각뿔대 — 십이면체

2 사각기둥의 모서리의 개수를 a, 오각뿔의 꼭짓점의 개수를 b, 육각뿔대의 면의 개수를 c라고 할 때, $a+b-c$의 값을 구하시오.

3 다음 중 다면체와 그 옆면의 모양을 바르게 짝 지은 것은?

① 삼각뿔대 — 삼각형
② 사각뿔 — 사각형
③ 사각뿔대 — 직사각형
④ 오각기둥 — 오각형
⑤ 육각기둥 — 직사각형

4 면의 개수, 꼭짓점의 개수, 모서리의 개수의 합이 50인 각뿔대를 구하시오.

5 다음 보기 중 다면체에 대한 설명으로 옳은 것을 모두 고른 것은?

(보기)
ㄱ. 육각기둥은 팔면체이다.
ㄴ. 팔각뿔의 모서리의 개수는 9이다.
ㄷ. 면의 개수가 가장 적은 다면체는 사면체이다.
ㄹ. 각뿔의 면의 개수와 꼭짓점의 개수는 같다.
ㅁ. 각뿔대의 두 밑면은 서로 평행하고 합동이다.

① ㄱ, ㄴ   ② ㄱ, ㅁ   ③ ㄴ, ㄹ
④ ㄱ, ㄷ, ㄹ ⑤ ㄷ, ㄹ, ㅁ

6 오른쪽 그림은 각 면이 모두 합동인 정삼각형으로 이루어진 입체도형이다. 이 입체도형이 정다면체가 아닌 이유를 설명하시오.

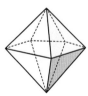

7 다음 보기 중 그 값이 가장 큰 것과 가장 작은 것을 차례로 고르시오.

(보기)
ㄱ. 정사면체의 모서리의 개수
ㄴ. 정육면체의 모서리의 개수
ㄷ. 정팔면체의 면의 개수
ㄹ. 정십이면체의 꼭짓점의 개수
ㅁ. 정이십면체의 꼭짓점의 개수

8 다음 조건을 모두 만족시키는 다면체를 구하시오.

(조건)
(개) 각 꼭짓점에 모인 면의 개수가 같다.
(내) 모든 면이 합동인 정삼각형이다.
(대) 모서리의 개수는 30이다.

9 다음 중 정다면체에 대한 설명으로 옳지 <u>않은</u> 것은?

① 각 면이 모두 합동인 정다각형이다.
② 정다면체의 면의 모양은 정삼각형, 정사각형, 정육각형뿐이다.
③ 각 꼭짓점에 모인 면의 개수가 모두 같다.
④ 정팔면체의 모서리의 개수는 12이다.
⑤ 한 꼭짓점에 모인 각의 크기의 합은 항상 360°보다 작다.

10 오른쪽 그림과 같은 전개도로 만든 정팔면체에서 다음 중 $\overline{\text{AJ}}$와 꼬인 위치에 있는 모서리가 <u>아닌</u> 것은?

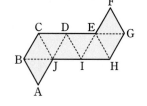

① $\overline{\text{BC}}$ ② $\overline{\text{CD}}$ ③ $\overline{\text{DE}}$
④ $\overline{\text{EG}}$ ⑤ $\overline{\text{HE}}$

11 다음 중 오른쪽 그림과 같은 전개도로 만든 정다면체에 대한 설명으로 옳지 <u>않은</u> 것은?

① 평행한 면이 존재한다.
② 꼭짓점의 개수는 20이다.
③ 정팔면체와 모서리의 개수가 같다.
④ 한 꼭짓점에 모인 면의 개수는 3이다.
⑤ 정다면체 중에서 꼭짓점의 개수가 가장 많다.

12 다음 조건에 맞는 입체도형을 보기에서 모두 고른 것 중 옳은 것을 모두 고르면? (정답 2개)

(보기)
ㄱ. 오각기둥   ㄴ. 원뿔대   ㄷ. 사각뿔
ㄹ. 원뿔   ㅁ. 구   ㅂ. 삼각뿔대
ㅅ. 정사면체   ㅇ. 정육면체 ㅈ. 팔각뿔

① 다면체: ㄱ, ㄷ, ㅁ, ㅂ, ㅅ, ㅇ, ㅈ
② 회전체: ㄴ, ㄹ, ㅁ
③ 옆면의 모양이 직사각형이 아닌 사다리꼴인 입체도형: ㄴ, ㅂ, ㅇ
④ 두 밑면이 서로 합동인 입체도형: ㄱ, ㄴ, ㅂ, ㅇ
⑤ 각 면이 모두 합동이고, 각 꼭짓점에 모인 면의 개수가 같은 다면체: ㅅ, ㅇ

13 오른쪽 그림의 △ABC에서 변 AB를 회전축으로 하여 1회전 시킬 때 생기는 회전체는?

①   ②

③   ④   ⑤

14 원뿔대를 회전축에 수직인 평면으로 자를 때 생기는 단면의 모양은?

① 사다리꼴　　② 부채꼴　　③ 직사각형
④ 원　　　　　⑤ 이등변삼각형

15 다음 중 오른쪽 그림과 같은 원뿔을 자를 때 생기는 단면의 모양이 될 수 없는 것은?

①　　②

③　　④　　⑤

16 오른쪽 그림과 같은 평면도형을 직선 l을 회전축으로 하여 1회전 시킬 때 생기는 회전체를 회전축에 수직인 평면으로 잘랐다. 이때 자른 단면 중 넓이가 가장 작은 단면의 넓이를 구하시오.

17 오른쪽 그림과 같이 $\overline{AB}=\overline{AC}$인 이등변삼각형 ABC를 변 BC를 회전축으로 하여 1회전 시켰다. 이때 생기는 회전체를 회전축을 포함하는 평면으로 자를 때 생기는 단면의 모양은?

① 직사각형　　② 정사각형　　③ 마름모
④ 원　　　　　⑤ 이등변삼각형

18 오른쪽 그림과 같은 전개도로 만든 원뿔대의 두 밑면 중 큰 원의 반지름의 길이를 구하시오.

19 다음 보기 중 회전체에 대한 설명으로 옳지 <u>않은</u> 것을 모두 고르시오.

〔보기〕
ㄱ. 회전체를 회전축에 수직인 어느 평면으로 잘라도 그 단면은 항상 합동이다.
ㄴ. 직각삼각형의 한 변을 회전축으로 하여 1회전 시키면 항상 원뿔이 된다.
ㄷ. 원뿔과 원기둥에서 회전하면서 옆면을 만드는 선분을 모선이라고 한다.
ㄹ. 회전체를 회전축을 포함하는 평면으로 자른 단면은 항상 다각형이다.
ㅁ. 구의 회전축은 무수히 많다.

유제를 따라 풀어 보고, 실전 문제로 연습해 보세요.

따라 해보자

예제 1 면의 개수가 10인 각뿔대의 모서리의 개수를 a, 꼭짓점의 개수를 b라고 할 때, $a-b$의 값을 구하시오.

풀이 과정

[1단계] **각뿔대 구하기**

면의 개수가 10인 각뿔대를 n각뿔대라고 하면
$n+2=10$ ∴ $n=8$, 즉 팔각뿔대

[2단계] **a, b의 값 구하기**

팔각뿔대의 모서리의 개수는 $8\times3=24$이고,
꼭짓점의 개수는 $8\times2=16$이므로
$a=24$, $b=16$

[3단계] **$a-b$의 값 구하기**

∴ $a-b=24-16=8$

답 8

유제 1 꼭짓점의 개수가 24인 각기둥의 면의 개수를 a, 모서리의 개수를 b라고 할 때, $a+b$의 값을 구하시오.

풀이 과정

[1단계] **각기둥 구하기**

[2단계] **a, b의 값 구하기**

[3단계] **$a+b$의 값 구하기**

답

예제 2 오른쪽 그림과 같은 전개도로 만든 원뿔의 밑면의 넓이를 구하시오.

풀이 과정

[1단계] **밑면인 원의 반지름의 길이 구하기**

밑면인 원의 반지름의 길이를 r cm라고 하면
(부채꼴의 호의 길이)=(밑면인 원의 둘레의 길이)이므로
$2\pi\times6\times\dfrac{150}{360}=2\pi r$, $5\pi=2\pi r$ ∴ $r=\dfrac{5}{2}$

즉, 밑면인 원의 반지름의 길이는 $\dfrac{5}{2}$ cm이다.

[2단계] **밑면인 원의 넓이 구하기**

따라서 전개도로 만든 원뿔의 밑면인 원의 넓이는
$\pi\times\left(\dfrac{5}{2}\right)^2=\dfrac{25}{4}\pi\,(\text{cm}^2)$

답 $\dfrac{25}{4}\pi\ \text{cm}^2$

유제 2 오른쪽 그림과 같은 전개도로 만든 원뿔의 밑면의 넓이를 구하시오.

풀이 과정

[1단계] **밑면인 원의 반지름의 길이 구하기**

[2단계] **밑면인 원의 넓이 구하기**

답

연습해 보자

1 다음 조건을 모두 만족시키는 다면체는 몇 면체인지 구하시오.

(조건)

㈎ 밑면의 대각선의 개수는 5이다.

㈏ 밑면의 개수는 1이다.

㈐ 옆면의 모양은 삼각형이다.

풀이 과정

답

2 한 꼭짓점에 모인 면의 개수가 4인 정다면체의 꼭짓점의 개수를 x, 면의 모양이 정오각형인 정다면체의 모서리의 개수를 y라고 할 때, $x+y$의 값을 구하시오.

풀이 과정

답

3 오른쪽 그림과 같은 직사각형을 직선 l을 회전축으로 하여 1회전 시킬 때 생기는 회전체를 회전축에 수직인 평면으로 잘랐다. 이때 생기는 단면의 모양을 그리고, 그 단면의 넓이를 구하시오.

풀이 과정

답

4 오른쪽 그림과 같은 원뿔대 모양의 종이컵의 전개도에서 옆면을 만드는 데 사용된 종이의 둘레의 길이를 구하시오.

풀이 과정

답

☑ 이 단원에서 배운 개념을 잘 기억하고 있는지 체크해 보세요.

☐

• $\overset{①}{\boxed{}\boxed{}\boxed{}}$: 각뿔을 밑면에 평행한 평면으로 잘라서 생기는 두 다면체 중 각뿔이 아닌 쪽의 입체도형

↩ 97 쪽

☐   ○ ○ ○

• n각기둥, n각뿔대의 면의 개수는 $n+2$이다.
$\overset{②}{(\bigcirc, \times)}$

• n각뿔의 꼭짓점의 개수는 $n+1$이다.
$\overset{③}{(\bigcirc, \times)}$

• n각기둥, n각뿔, n각뿔대의 모서리의 개수는 모두 $3n$이다.
$\overset{④}{(\bigcirc, \times)}$

↩ 97 쪽

☐

• 정다면체: 모든 면이 $\overset{⑤}{\boxed{}\boxed{}}$ 인 정다각형이고, 각 꼭짓점에 모인 $\overset{⑥}{\boxed{}}$ 의 개수가 같은 다면체

↩ 99 쪽

☐   ✕

• 정다면체와 정다면체의 한 꼭짓점에 모인 면의 개수 연결하기

⑦ 정사면체 •

⑧ 정육면체 •   • (개) 3

⑨ 정팔면체 •

⑩ 정십이면체 •   • (나) 4

⑪ 정이십면체 •   • (대) 5

↩ 99 쪽

☐   ○ ○ ○

• 회전체를 회전축에 수직인 평면으로 자른 단면의 경계는 항상 $\overset{⑫}{\boxed{}}$ 이다.

• 회전체를 회전축을 포함하는 평면으로 자른 단면은 모두 $\overset{⑬}{\boxed{}\boxed{}}$ 이고, 회전축에 대한 $\overset{⑭}{\boxed{}\boxed{}\boxed{}}$ 도형이다.

↩ 104 쪽

☐

• 회전체와 회전체를 회전축을 포함하는 평면으로 자른 단면 연결하기

⑮ 원기둥 •   • (개) 이등변삼각형

⑯ 원뿔 •   • (나) 직사각형

⑰ 원뿔대 •   • (대) 사다리꼴

⑱ 구 •   • (래) 원

↩ 104 쪽

다면체와 회전체

다면체

모든 면이 다각형이니까 다면체구나!

"각뿔을 잘라서 각뿔대를 만들자!"

두 밑면은 평행, 합동
옆면은 직사각형
사각기둥

옆면은 삼각형
밑면 1개
사각뿔

두 밑면은 평행하지만 합동이 아님
옆면은 사다리꼴
사각뿔대

정다면체

① 모든 면이 합동인 정다각형이다.
② 각 꼭짓점에 모인 면의 개수가 같다.

"정다면체는 5가지뿐!"

정사면체   **정육면체**   **정팔면체**   **정십이면체**   **정이십면체**

회전체

원기둥   **원뿔**   **구**

직사각형을 회전시키면 원기둥

직각삼각형을 회전시키면 원뿔

반원을 회전시키면 구

→ 회전체를 회전축에 수직인 평면으로 자른 단면의 경계 : 원
회전체를 회전축을 포함하는 평면으로 자른 단면 : 선대칭도형

6

입체도형의 겉넓이와 부피

준비 학습

초6 직육면체의 겉넓이

1 오른쪽 그림과 같은 전개도를 접어서 만들 수 있는 직육면체의 겉넓이를 구하시오.

초6 직육면체의 부피

2 오른쪽 그림과 같은 정육면체의 부피는?

① $36\,\text{cm}^3$ ② $72\,\text{cm}^3$

③ $108\,\text{cm}^3$ ④ $144\,\text{cm}^3$

⑤ $216\,\text{cm}^3$

01 기둥의 겉넓이와 부피

● 정답과 해설 46쪽

1 기둥의 겉넓이

기둥의 겉넓이는 전개도를 이용하여 다음과 같이 구한다.

(기둥의 겉넓이)=(밑넓이)×2+(옆넓이)

└→ 기둥의 밑면은 2개이다.

 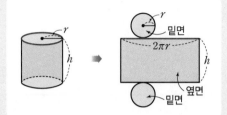

참고 밑면인 원의 반지름의 길이가 r이고, 높이가 h인 원기둥의 겉넓이를 S라고 하면
$$S=\pi r^2 \times 2 + 2\pi r \times h = 2\pi r^2 + 2\pi rh$$

개념
확인

오른쪽 그림과 같은 원기둥과 그 전개도에서
다음을 구하시오.

(1) ㉠, ㉡, ㉢에 알맞은 값
(2) 원기둥의 밑넓이
(3) 원기둥의 옆넓이
(4) 원기둥의 겉넓이

용어

입체도형에서
• 밑넓이: 한 밑면의 넓이
• 옆넓이: 옆면 전체의 넓이

필수 **문제**

기둥의 겉넓이 구하기

1 다음 그림과 같은 기둥의 겉넓이를 구하시오.

(1)

(2)

 여러 가지 다각형의 넓이

1-1 다음 그림과 같은 기둥의 겉넓이를 구하시오.

(1)

(2)

---

2 기둥의 부피

기둥의 밑넓이를 S, 높이를 h, 부피를 V라고 하면

(기둥의 부피)=(밑넓이)×(높이)

$$\therefore V=Sh$$

참고 밑면인 원의 반지름의 길이가 r이고, 높이가 h인 원기둥의 부피를 V라고 하면
$$V=Sh=\pi r^2 \times h=\pi r^2 h$$

 오른쪽 그림과 같은 원기둥에서 다음을 구하시오.

(1) 밑넓이

(2) 높이

(3) 부피

용어
• h height(높이)의 첫 글자
• S square(넓이)의 첫 글자
• V volume(부피)의 첫 글자

필수 문제

 다음 그림과 같은 기둥의 부피를 구하시오.

기둥의 부피 구하기

(1)

(2)

(3)

▶(구멍이 뚫린 입체도형의 부피)
=(큰 원기둥의 부피)
 −(작은 원기둥의 부피)

2-1 오른쪽 그림과 같이 구멍이 뚫린 입체도형에 대하여 다음을
구하시오.

(1) 큰 원기둥의 부피

(2) 작은 원기둥의 부피

(3) 구멍이 뚫린 입체도형의 부피

1 오른쪽 그림과 같은 전개도로 만든 삼각기둥의 겉넓이는?

① 172 cm²   ② 184 cm²   ③ 196 cm²
④ 208 cm²   ⑤ 220 cm²

2 겉넓이가 96 cm²인 정육면체의 한 모서리의 길이를 구하시오.

3 오른쪽 그림은 밑면의 반지름의 길이가 4 cm, 높이가 10 cm인 원기둥을 회전축을 포함하는 평면으로 잘라서 만든 입체도형이다. 이 입체도형의 겉넓이를 구하시오.

4 오른쪽 그림과 같은 사각형을 밑면으로 하는 사각기둥의 높이가 4 cm일 때, 이 사각기둥의 부피를 구하시오.

5 오른쪽 그림과 같이 밑넓이가 20 cm²인 육각기둥의 부피가 180 cm³일 때, 이 육각기둥의 높이는?

① 9 cm   ② 15 cm   ③ 18 cm
④ 21 cm   ⑤ 24 cm

6 오른쪽 그림과 같이 구멍이 뚫린 입체도형의 부피를 구하시오.

02 뿔의 겉넓이와 부피

● 정답과 해설 47쪽

1 뿔의 겉넓이

뿔의 겉넓이는 전개도를 이용하여 다음과 같이 구한다.

(뿔의 겉넓이)=(밑넓이)+(옆넓이)

참고 밑면인 원의 반지름의 길이가 r이고, 모선의 길이가 l인 원뿔의 겉넓이를 S라고 하면

$$S=\pi r^2+\frac{1}{2}\times l\times 2\pi r=\pi r^2+\pi rl$$

2 뿔대의 겉넓이

(뿔대의 겉넓이)=(두 밑면의 넓이의 합)+(옆넓이)

개념 확인 오른쪽 그림과 같은 원뿔과 그 전개도에서 다음을 구하시오.

(1) ㉠, ㉡, ㉢에 알맞은 값
(2) 원뿔의 밑넓이
(3) 원뿔의 옆넓이
(4) 원뿔의 겉넓이

필수 문제

뿔의 겉넓이 구하기

1 다음 그림과 같은 뿔의 겉넓이를 구하시오. (단, (1)에서 옆면은 모두 합동이다.)

(1)

(2)

1-1 다음 그림과 같은 뿔의 겉넓이를 구하시오. (단, (1)에서 옆면은 모두 합동이다.)

(1)

(2)

▶ (원뿔대의 옆넓이)
  =(큰 부채꼴의 넓이)
  −(작은 부채꼴의 넓이)

2 오른쪽 그림과 같은 원뿔대의 겉넓이를 구하려고 한다. 다음을 구하시오.

(1) 작은 밑면의 넓이

(2) 큰 밑면의 넓이

(3) 옆넓이

(4) 겉넓이

2-1 오른쪽 그림과 같이 두 밑면은 모두 정사각형이고, 옆면은 모두 합동인 사각뿔대의 겉넓이는?

① $64\,cm^2$　　　② $75\,cm^2$　　　③ $80\,cm^2$

④ $85\,cm^2$　　　⑤ $94\,cm^2$

● 정답과 해설 47쪽

3 뿔의 부피

뿔의 밑넓이를 S, 높이를 h, 부피를 V라고 하면

(뿔의 부피)$=\dfrac{1}{3}\times$(기둥의 부피)

$\qquad\qquad=\dfrac{1}{3}\times$(밑넓이)$\times$(높이)

$\therefore V=\dfrac{1}{3}Sh$

뿔 모양의 그릇에 물을 가득 채운 후 밑면이 합동이고 높이가 같은 기둥 모양의 그릇에 옮겨 부으면 기둥 모양의 그릇을 세 번만에 가득 채울 수 있다. 즉, 뿔의 부피는 기둥의 부피의 $\dfrac{1}{3}$임을 알 수 있다.

참고 밑면인 원의 반지름의 길이가 r이고, 높이가 h인 원뿔의 부피를 V라고 하면

$$V=\dfrac{1}{3}\times\pi r^2\times h=\dfrac{1}{3}\pi r^2 h$$

4 뿔대의 부피

(뿔대의 부피)=(큰 뿔의 부피)−(작은 뿔의 부피)

 = −

필수 문제 ③ 다음 그림과 같은 뿔의 부피를 구하시오.

뿔의 부피 구하기

▶ (뿔의 부피)
$= \frac{1}{3} \times$ (밑넓이) $\times$ (높이)

(1)

(2)

3-1 오른쪽 그림과 같은 사각뿔의 부피가 $112\,cm^3$일 때, h의 값을 구하시오.

3-2 높이가 $12\,cm$이고 부피가 $36\pi\,cm^3$인 원뿔의 밑면인 원의 반지름의 길이를 구하시오.

필수 문제 ④ 오른쪽 그림과 같이 두 밑면이 모두 정사각형인 사각뿔대의 부피를 구하려고 한다. 다음을 구하시오.

뿔대의 부피 구하기

▶ • 각뿔대의 부피

• 원뿔대의 부피

(1) 큰 사각뿔의 부피

(2) 작은 사각뿔의 부피

(3) 사각뿔대의 부피

4-1 오른쪽 그림과 같은 원뿔대의 부피를 구하시오.

1 오른쪽 그림과 같이 밑면은 정사각형이고, 옆면은 모두 합동인 사각뿔의 겉넓이를 구하시오.

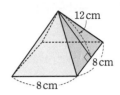

2 오른쪽 그림과 같은 전개도로 만든 원뿔에서 다음을 구하시오.

(1) 옆면인 부채꼴의 호의 길이

(2) 밑면인 원의 반지름의 길이

(3) 원뿔의 겉넓이

3 오른쪽 그림은 한 모서리의 길이가 6 cm인 정육면체에서 세 꼭짓점을 지나는 삼각뿔을 잘라 내고 남은 입체도형이다. 다음을 구하시오.

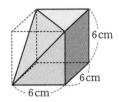

(1) 처음 정육면체의 부피

(2) 잘라 낸 삼각뿔의 부피

(3) 남은 입체도형의 부피

● 원뿔 모양의 빈 그릇에 물을 채우는 데 걸리는 시간
(그릇의 부피)
÷(시간당 채우는 물의 부피)

4 오른쪽 그림과 같은 원뿔 모양의 빈 그릇에 1초에 3π cm³씩 물을 넣으면 몇 초 후에 처음으로 물이 가득 차겠는가? (단, 그릇의 두께는 생각하지 않는다.)

① 40초 후   ② 50초 후   ③ 60초 후

④ 70초 후   ⑤ 80초 후

5 오른쪽 그림과 같은 평면도형을 직선 l을 회전축으로 하여 1회전 시킬 때 생기는 입체도형의 겉넓이와 부피를 차례로 구하시오.

03 구의 겉넓이와 부피

● 정답과 해설 48쪽

1 구의 겉넓이

반지름의 길이가 r인 구의 겉넓이를 S라고 하면

(구의 겉넓이)$=4\times$(반지름의 길이가 r인 원의 넓이)

$\qquad\qquad\quad=4\times\pi r^2$

$\qquad\therefore S=4\pi r^2$

구 모양의 오렌지 한 개를 구의 중심을 지나도록 반으로 잘라서 단면과 크기가 같은 원 네 개를 그린다.

오렌지 한 개의 껍질을 잘게 잘라 원을 채우면 원 네 개를 채울 수 있다. 즉, 구의 겉넓이는 반지름의 길이가 같은 원의 넓이의 4배임을 알 수 있다.

 개념 확인 다음은 구와 끈을 이용하여 구의 겉넓이를 알아보는 과정이다. ☐ 안에 알맞은 것을 쓰시오.

> 오른쪽 그림과 같이 반지름의 길이가 r인 구의 겉면을 끈으로 감은 후 그 끈을 풀어 평면 위에 원 모양으로 만들면 그 원의 반지름의 길이는 $2r$가 된다. 즉, 반지름의 길이가 r인 구의 겉넓이는 반지름의 길이가 $2r$인 원의 넓이와 같다.
>
>
>
> $\therefore$ (구의 겉넓이)$=\pi\times(\boxed{})^2=\boxed{}\pi r^2$

필수 문제 **1** 다음 그림과 같은 입체도형의 겉넓이를 구하시오.

구의 겉넓이 구하기

▸반지름의 길이가 r인
- (구의 겉넓이)$=4\pi r^2$
- (반구의 겉넓이)
$=\dfrac{1}{2}\times 4\pi r^2+\pi r^2=3\pi r^2$
　　　　↑
　　　잘린 단면인 원의 넓이

(1)
2 cm

(2)
10 cm

1-1 오른쪽 그림은 반지름의 길이가 4 cm인 구의 $\dfrac{1}{4}$을 잘라 내고 남은 입체도형이다. 이 입체도형의 겉넓이를 구하시오.

4 cm
4 cm

2 구의 부피

반지름의 길이가 r인 구의 부피를
V라고 하면

(구의 부피)$=\dfrac{2}{3}\times$(원기둥의 부피)

$\qquad\qquad=\dfrac{2}{3}\times$(밑넓이)$\times$(높이)

$\qquad\qquad=\dfrac{2}{3}\times\pi r^2\times 2r$

$\therefore V=\dfrac{4}{3}\pi r^3$

구 모양의 그릇에 물을 가득 채운 후 구가 꼭 맞게 들어가는 원기둥 모양의 그릇에 물을 옮겨 부으면 원기둥 모양의 그릇의 높이의 $\dfrac{2}{3}$를 채울 수 있다. 즉, 구의 부피는 원기둥의 부피의 $\dfrac{2}{3}$임을 알 수 있다.

필수 문제　　② 다음 그림과 같은 입체도형의 부피를 구하시오.

구의 부피 구하기

▶반지름의 길이가 r인
  • (구의 부피)$=\dfrac{4}{3}\pi r^3$
  • (반구의 부피)$=\dfrac{1}{2}\times\dfrac{4}{3}\pi r^3$
  　　　　　　$=\dfrac{2}{3}\pi r^3$

(1)
2 cm

(2)
12 cm

2-1 오른쪽 그림과 같은 입체도형의 부피를 구하시오.

4 cm
5 cm
3 cm

▶아르키메데스는 원기둥 안에 꼭 맞게 들어 있는 원뿔, 구에 대하여 원뿔, 구, 원기둥 사이의 부피의 비가 항상 다음과 같음을 알아냈다.
(원뿔) : (원기둥)$=1:3$
(구) : (원기둥)$=2:3$
⇨ (원뿔) : (구) : (원기둥)
　　$=1:2:3$

2-2 오른쪽 그림과 같이 밑면인 원의 반지름의 길이가 3 cm이고, 높이가 6 cm인 원기둥 안에 구가 꼭 맞게 들어 있을 때, 다음을 구하시오.
(단, 부피의 비는 가장 간단한 자연수의 비로 나타내시오.)

3 cm
6 cm

(1) 원기둥의 부피
(2) 구의 부피
(3) 원기둥과 구의 부피의 비

1 겉넓이가 144π cm^{2}인 구의 반지름의 길이를 구하시오.

2 오른쪽 그림과 같은 입체도형의 겉넓이는?

① 45π cm^2 ② 49π cm^2 ③ 53π cm^2

④ 57π cm^2 ⑤ 61π cm^2

3 오른쪽 그림은 반지름의 길이가 4 cm인 구의 $\frac{1}{8}$을 잘라 내고 남은 입체도형이다. 이 입체도형의 부피를 구하시오.

4 오른쪽 그림과 같은 평면도형을 직선 l을 회전축으로 하여 1회전 시킬 때 생기는 입체도형의 부피는?

① 36π cm^3 ② 48π cm^3 ③ 128π cm^3

④ 252π cm^3 ⑤ 288π cm^3

입체도형 한눈에 정리하기

입체도형		회전시킨 평면도형	겨냥도	전개도	겉넓이	부피
다면체	각기둥				(밑넓이)×2 +(옆넓이)	(밑넓이)×(높이)
	각뿔				(밑넓이)+(옆넓이)	$\frac{1}{3}$×(밑넓이)×(높이)
	각뿔대				(두 밑면의 넓이의 합) +(옆넓이)	(큰 각뿔의 부피) -(작은 각뿔의 부피)
회전체	원기둥	직사각형			$2\pi r^2+2\pi rh$	$\pi r^2 h$
	원뿔	직각삼각형			$\pi r^2+\pi rl$	$\frac{1}{3}\pi r^2 h$
	원뿔대	사다리꼴			(두 밑면의 넓이의 합) +(옆넓이)	(큰 원뿔의 부피) -(작은 원뿔의 부피)
	구	반원			$4\pi r^2$	$\frac{4}{3}\pi r^3$

1 오른쪽 그림과 같은 삼각기둥의 겉넓이가 60 cm²일 때, 이 삼각기둥의 높이는?

① 2 cm   ② 3 cm

③ 4 cm   ④ 5 cm

⑤ 6 cm

2 오른쪽 그림과 같이 밑면이 부채꼴인 기둥의 겉넓이를 구하시오.

3 오른쪽 그림과 같은 전개도로 만든 원기둥의 부피를 구하시오.

4 오른쪽 그림과 같은 입체도형의 부피를 구하시오.

5 오른쪽 그림은 사각뿔과 사각기둥을 붙여서 만든 입체도형이다. 이 입체도형의 겉넓이를 구하시오. (단, 사각뿔의 옆면은 모두 합동이다.)

6 오른쪽 그림과 같은 입체도형의 겉넓이는?

① 20π cm²

② 24π cm²

③ 30π cm²

④ 36π cm²

⑤ 44π cm²

7 오른쪽 그림과 같이 밑면인 원의 반지름의 길이가 3 cm인 원뿔을 꼭짓점 O를 중심으로 6바퀴 굴렸더니 원래의 자리로 돌아왔다. 이 원뿔의 겉넓이를 구하시오.

8 오른쪽 그림과 같이 두 밑면은 모두 정사각형이고, 옆면은 모두 합동인 사각뿔대의 겉넓이를 구하시오.

9 오른쪽 그림과 같은 전개도로 만든 원뿔대의 옆넓이는?

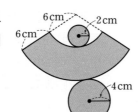

① $12\pi \text{ cm}^2$

② $16\pi \text{ cm}^2$

③ $28\pi \text{ cm}^2$

④ $36\pi \text{ cm}^2$

⑤ $48\pi \text{ cm}^2$

12 직육면체 모양의 그릇에 물을 가득 채운 후 오른쪽 그림과 같이 그릇을 기울였더니 남아 있는 물의 부피가 63 cm^3이었다. 이때 x의 값은? (단, 그릇의 두께는 생각하지 않는다.)

① 1　　　② 2　　　③ 3

④ 4　　　⑤ 5

10 오른쪽 그림과 같이 한 변의 길이가 24 cm인 정사각형 모양의 색종이를 점선을 따라 접었을 때 만들어지는 삼각뿔의 부피를 구하시오.

13 오른쪽 그림의 사각뿔에서 위쪽 사각뿔과 아래쪽 사각뿔대의 부피의 비를 가장 간단한 자연수의 비로 나타내시오.

11 오른쪽 그림과 같이 한 모서리의 길이가 4 cm인 정육면체를 세 꼭짓점 B, G, D를 지나는 평면으로 자를 때 생기는 삼각뿔 G−BCD의 부피를 구하시오.

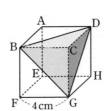

14 오른쪽 그림과 같은 원뿔대의 부피를 구하시오.

⭐ 중요

15 오른쪽 그림과 같은 평면도형을 직선 l을 회전축으로 하여 1회전 시킬 때 생기는 입체도형의 부피는?

① $142\pi \ cm^3$ ② $150\pi \ cm^3$
③ $158\pi \ cm^3$ ④ $160\pi \ cm^3$
⑤ $164\pi \ cm^3$

16 겉넓이가 $147\pi \ cm^2$인 반구의 반지름의 길이는?

① $5 \ cm$ ② $6 \ cm$ ③ $7 \ cm$
④ $8 \ cm$ ⑤ $9 \ cm$

17 지름의 길이가 $7 \ cm$인 구 모양의 야구공의 겉면은 다음 그림과 같이 서로 합동인 두 조각의 가죽으로 이루어져 있다. 이때 가죽 한 조각의 넓이를 구하시오.

18 다음 그림과 같은 원뿔 모양의 그릇에 담긴 물의 부피가 반지름의 길이가 $8 \ cm$인 구의 부피와 같다고 할 때, 원뿔 모양의 그릇에 담긴 물의 높이를 구하시오. (단, 그릇의 두께는 생각하지 않는다.)

19 다음 그림과 같이 반지름의 길이가 $3 \ cm$인 구 모양의 쇠구슬 한 개를 녹여 반지름의 길이가 $1 \ cm$인 구 모양의 쇠구슬을 만들려고 할 때, 쇠구슬은 몇 개까지 만들 수 있는가?

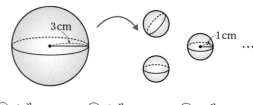

① 4개 ② 6개 ③ 9개
④ 27개 ⑤ 64개

20 오른쪽 그림과 같이 부피가 $108\pi \ cm^3$인 원기둥 모양의 통 안에 구 2개가 꼭 맞게 들어 있다. 이 통에서 구 2개를 제외한 빈 공간의 부피는?

(단, 통의 두께는 생각하지 않는다.)

① $18\pi \ cm^3$ ② $24\pi \ cm^3$
③ $36\pi \ cm^3$ ④ $48\pi \ cm^3$
⑤ $54\pi \ cm^3$

따라 해보자

예제 1 오른쪽 그림과 같이 구멍이 뚫린 입체도형의 부피를 구하시오.

유제 1 오른쪽 그림과 같이 구멍이 뚫린 입체도형의 부피를 구하시오.

풀이 과정

[1단계] 큰 사각기둥의 부피 구하기

(큰 사각기둥의 부피)$=(6\times6)\times7=252(cm^3)$

[2단계] 작은 사각기둥의 부피 구하기

(작은 사각기둥의 부피)$=(2\times2)\times7=28(cm^3)$

[3단계] 구멍이 뚫린 입체도형의 부피 구하기

∴ (구멍이 뚫린 입체도형의 부피)

$=$(큰 사각기둥의 부피)$-$(작은 사각기둥의 부피)

$=252-28=224(cm^3)$

답 $224\,cm^3$

풀이 과정

[1단계] 큰 원기둥의 부피 구하기

[2단계] 작은 원기둥의 부피 구하기

[3단계] 구멍이 뚫린 입체도형의 부피 구하기

답

예제 2 오른쪽 그림과 같은 평면도형을 직선 l을 회전축으로 하여 1회전 시킬 때 생기는 입체도형의 겉넓이를 구하시오.

유제 2 오른쪽 그림과 같은 평면도형을 직선 l을 회전축으로 하여 1회전 시킬 때 생기는 입체도형의 겉넓이를 구하시오.

풀이 과정

[1단계] 입체도형의 겨냥도 그리기

주어진 평면도형을 직선 l을 회전축으로 하여 1회전 시킬 때 생기는 입체도형은 오른쪽 그림과 같다.

[2단계] 입체도형의 겉넓이 구하기

∴ (겉넓이)$=\dfrac{1}{2}\times(4\pi\times3^2)+\dfrac{1}{2}\times5\times(2\pi\times3)$

$=18\pi+15\pi=33\pi(cm^2)$

답 $33\pi\,cm^2$

풀이 과정

[1단계] 입체도형의 겨냥도 그리기

[2단계] 입체도형의 겉넓이 구하기

답

연습해 보자

1 오른쪽 그림은 큰 직육면체에서 작은 직육면체를 잘라 내고 남은 입체도형이다. 이 입체도형의 겉넓이를 구하시오.

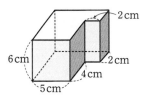

풀이 과정

답

2 오른쪽 그림과 같은 전개도로 만든 원뿔의 겉넓이가 36π cm²일 때, 이 원뿔의 전개도에서 부채꼴의 중심각의 크기를 구하시오.

풀이 과정

답

3 오른쪽 그림과 같이 반지름의 길이가 6 cm인 반구 위에 반지름의 길이가 3 cm인 반구를 중심이 일치하도록 포개어 놓았을 때, 이 입체도형의 부피를 구하시오.

풀이 과정

답

4 오른쪽 그림과 같이 아랫부분이 원기둥 모양인 병에 물의 높이가 12 cm가 되도록 물을 넣은 후, 이 병을 거꾸로 하여 물의 수면이 병의 밑면과 평행이 되도록 세웠더니 물이 없는 부분의 높이가 10 cm가 되었다. 이 병에 물을 가득 채웠을 때, 물의 부피를 구하시오. (단, 병의 두께는 생각하지 않는다.)

풀이 과정

답

● 정답과 해설 11쪽

☑ 이 단원에서 배운 개념을 잘 기억하고 있는지 체크해 보세요.

- (각기둥의 겉넓이)=(밑넓이)×①□+(옆넓이)
- (각기둥의 부피)=(밑넓이)×(②□□)

↩ 116, 117 쪽

- (원기둥의 겉넓이)=$2\pi r^2$+③□
- (원기둥의 부피)=④□

↩ 116, 117 쪽

- (각뿔의 겉넓이)=(밑넓이)+(옆넓이)
- (각뿔의 부피)=⑤□×(밑넓이)×(높이)

↩ 119, 120 쪽

- (원뿔의 겉넓이)=πr^2+⑥□
- (원뿔의 부피)=⑦□

↩ 119, 120 쪽

- (뿔대의 겉넓이)
  =(두 밑면의 넓이의 합)+(옆넓이)
- (뿔대의 부피)
  =(큰 뿔의 부피)−(작은 뿔의 부피)

↩ 119, 120 쪽

- (구의 겉넓이)=⑧□
- (구의 부피)=⑨□

↩ 123, 124 쪽

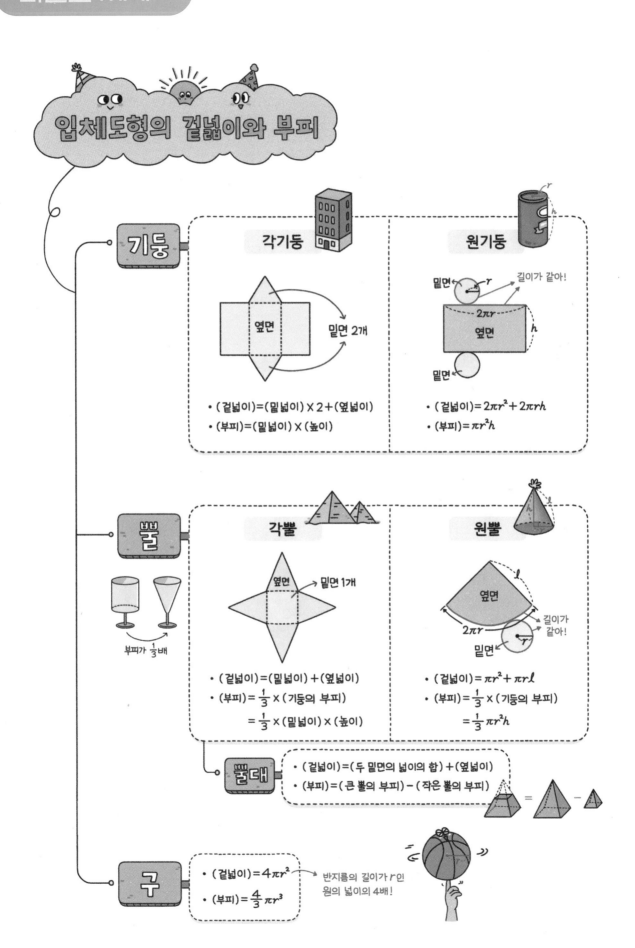

입체도형의 겉넓이와 부피

기둥

각기둥

옆면
밑면 2개

• (겉넓이)=(밑넓이)×2+(옆넓이)
• (부피)=(밑넓이)×(높이)

원기둥

밑면 r
길이가 같아!
$2\pi r$
옆면 h
밑면

• (겉넓이)=$2\pi r^2 + 2\pi rh$
• (부피)=$\pi r^2 h$

뿔

부피가 $\frac{1}{3}$배

각뿔

옆면
밑면 1개

• (겉넓이)=(밑넓이)+(옆넓이)
• (부피)=$\frac{1}{3}$×(기둥의 부피)
  =$\frac{1}{3}$×(밑넓이)×(높이)

원뿔

옆면 ℓ
$2\pi r$
길이가 같아!
밑면 r

• (겉넓이)=$\pi r^2 + \pi r\ell$
• (부피)=$\frac{1}{3}$×(기둥의 부피)
  =$\frac{1}{3}\pi r^2 h$

뿔대

• (겉넓이)=(두 밑면의 넓이의 합)+(옆넓이)
• (부피)=(큰 뿔의 부피)-(작은 뿔의 부피)

구

• (겉넓이)=$4\pi r^2$
• (부피)=$\frac{4}{3}\pi r^3$

반지름의 길이가 r인 원의 넓이의 4배!

7 자료의 정리와 해석

준비 학습

이전에 배운 내용

초3~4
• 막대그래프, 꺾은선그래프

초5~6
• 평균
• 비와 비율
• 비율 그래프

이번에 배울 내용

O1 대푯값

O2 줄기와 잎 그림, 도수분포표

O3 히스토그램과 도수분포다각형

O4 상대도수와 그 그래프

이후에 배울 내용

중2
• 확률

중3
• 산포도
• 상자그림과 산점도

초5 평균

1 다음 표는 어느 미술관의 지난주 일주일 동안의 입장객 수를 조사하여 나타낸 것이다. 지난주 일주일 동안의 입장객 수의 평균을 구하시오.

미술관의 입장객 수

요일	월	화	수	목	금	토	일
입장객 수(명)	65	60	55	70	80	100	95

초4 막대그래프

2 오른쪽 막대그래프는 민아네 반 학생들을 대상으로 가장 좋아하는 색을 조사하여 나타낸 것이다. 다음을 구하시오.

가장 좋아하는 색

(1) 가장 많은 학생이 좋아하는 색

(2) 반 전체 학생 수

초6 원그래프

3 오른쪽 원그래프는 어느 학교 학생 60명의 혈액형을 조사하여 나타낸 것이다. 각 혈액형에 해당하는 학생 수를 구하시오.

A형: _____   B형: _____

O형: _____   AB형: _____

1 대푯값

(1) **변량**: 성적, 키 등과 같은 자료를 수량으로 나타낸 것

(2) **대푯값**: 자료 전체의 중심 경향이나 특징을 대표적으로 나타내는 값

2 대푯값의 종류

(1) **평균**: 변량의 총합을 변량의 개수로 나눈 값 → (평균)$=\dfrac{(변량의 총합)}{(변량의 개수)}$

(2) **중앙값**: 자료의 변량을 작은 값부터 크기순으로 나열했을 때, 한가운데 있는 값

    ① 변량의 개수가 홀수이면 한가운데 있는 값이 중앙값이다. → $\dfrac{n+1}{2}$번째 변량

    ② 변량의 개수가 짝수이면 한가운데 있는 두 값의 평균이 중앙값이다.

                      ↳ $\dfrac{n}{2}$번째와 $\left(\dfrac{n}{2}+1\right)$번째 변량의 평균

(3) **최빈값**: 자료의 변량 중에서 가장 많이 나타난 값

    이때 최빈값은 자료에 따라 2개 이상일 수도 있다.

개념 확인 다음 자료의 평균을 구하시오.

(1) 4, 8, 3, 3, 7

(2) 16, 12, 11, 18, 16, 11

> **용어**
> • **중앙**(中 가운데, 央 가운데)**값**
> 자료를 크기순으로 늘어놓았을 때 한가운데 있는 값
> • **최빈**(最 가장, 頻 자주)**값**
> 가장 자주 나타나는 값

필수 문제 **1** 다음 자료는 우주네 반 학생 9명이 통학하는 데 걸리는 시간을 조사하여 나타낸 것이다. 이 자료의 중앙값과 최빈값을 각각 구하시오.

대푯값 구하기

(단위: 분)

> 6, 10, 13, 13, 17, 21, 22, 24, 28

1-1 다음 자료는 예나네 반 학생 8명의 신발 크기를 조사하여 나타낸 것이다. 이 자료의 중앙값과 최빈값을 각각 구하시오.

(단위: mm)

> 250, 230, 240, 235, 250, 255, 250, 235

 최빈값은 숫자로 나타낼 수 없는 자료의 대푯값으로 유용하다.

1-2 오른쪽 표는 어느 중학교 학생 30명을 대상으로 좋아하는 영화 장르를 조사하여 나타낸 것이다. 이 자료의 최빈값을 구하시오.

영화 장르	학생 수(명)
액션	16
SF	5
코미디	3
드라마	4
공포	2

• 정답과 해설 52쪽

필수 문제 ② **대푯값이 주어질 때, 변량 구하기**

다음은 6개의 변량을 작은 값부터 크기순으로 나열한 것이다. 이 자료의 중앙값이 10일 때, x의 값을 구하시오.

> 4, 7, x, 11, 12, 15

2-1 다음 자료의 최빈값이 4일 때, 중앙값을 구하시오.

> 1, 2, 4, 6, 8, a, 5

3 적절한 대푯값 찾기

(1) 자료의 변량 중에 매우 크거나 매우 작은 극단적인 값이 있는 경우

➡ 평균은 극단적인 값에 영향을 많이 받으므로 대푯값으로 평균보다 중앙값이 적절하다.

(2) 자료의 변량이 중복되어 나타나거나 수로 주어지지 않은 경우

➡ 대푯값으로 최빈값이 적절하다. → 선호도 조사에 주로 쓰인다.

필수 문제 ③ **적절한 대푯값 찾기**

다음 자료는 연우네 반 학생 10명이 일주일 동안 가족과 대화한 시간을 조사하여 나타낸 것이다. 이 자료의 평균, 중앙값을 각각 구하고, 평균과 중앙값 중 이 자료의 대푯값으로 어느 것이 적절한지 말하시오.

(단위: 분)

> 70, 65, 95, 73, 90, 100, 75, 92, 600, 80

▶ 가장 많이 판매된 옷의 치수, 신발의 크기 또는 인기 있는 영화, 스포츠 등을 조사할 때는 최빈값이 대푯값으로 적절하다.

3-1 다음 자료는 어느 옷 가게에서 하루 동안 판매된 티셔츠의 치수를 조사하여 나타낸 것이다. 이 가게에서 가장 많이 준비해야 할 티셔츠의 치수를 정하려고 할 때, 평균, 중앙값, 최빈값 중 이 자료의 대푯값으로 가장 적절한 것을 말하고, 그 값을 구하시오.

(단위: 호)

> 90, 95, 85, 80, 95, 85, 90,
> 100, 95, 90, 100, 95, 105, 95

1 다음 자료는 지민이네 반 학생 9명이 가지고 있는 필기구의 개수를 조사하여 나타낸 것이다. 이 자료의 중앙값을 a개, 최빈값을 b개라고 할 때, $a+b$의 값을 구하시오.

(단위: 개)

> 10, 6, 8, 9, 5, 3, 8, 8, 6

2 오른쪽 표는 우찬이네 반 학생 20명이 연주할 수 있는 악기를 조사하여 나타낸 것이다. 이 자료의 최빈값을 구하시오.

악기	학생 수(명)
피아노	6
첼로	2
플루트	7
기타	a
드럼	1

3 다음 자료는 석진이네 반 학생 8명의 하루 동안의 수면 시간을 조사하여 나타낸 것이다. 이 자료의 평균과 최빈값이 서로 같다고 할 때, x의 값을 구하시오.

(단위: 시간)

> 6, 9, 10, 7, x, 7, 4, 7

4 다음 자료 중 평균보다 중앙값을 대푯값으로 사용하기에 가장 적절한 것은?

① 5, 7, 8, 6, 9, 4
② 7, 7, 7, 10, 10
③ 10, 10, 10, 10, 10, 10
④ 100, 110, 120, 130, 140
⑤ 3, 300, 330, 360, 390, 320

02 줄기와 잎 그림, 도수분포표

정답과 해설 53쪽

1 줄기와 잎 그림

자료의 전체적인 분포 상태를 파악하기 위해 다음과 같은 방법으로 나타낸 그림을 **줄기와 잎 그림**이라고 한다.

❶ 변량을 자릿수를 기준으로 줄기와 잎으로 구분한다.

❷ 세로선을 긋고, 세로선의 왼쪽에 줄기를 작은 수부터 세로로 쓴다.

❸ 세로선의 오른쪽에 각 줄기에 해당되는 잎을 작은 수부터 일정한 간격을 두고 가로로 쓴다. 이때 중복되는 변량의 잎은 중복된 횟수만큼 쓴다.

❹ 줄기 a와 잎 b를 그림 위에 $a|b$로 나타내고 그 뜻을 설명한다.

주의 줄기는 중복되는 수를 한 번만 쓰고, 잎은 중복되는 수를 모두 쓴다.

〈자료〉
(단위: kg)

| 26 | 24 | 34 | 27 | 39 |
| 28 | 30 | 42 | 26 | 37 |

↓

〈줄기와 잎 그림〉

세로선 ─┐   (2|4는 24 kg)

줄기	잎
2	4 6 6 7 8
3	0 4 7 9
4	2

십의 자리의 숫자   일의 자리의 숫자

필수 문제 **1**

줄기와 잎 그림

▸ 줄기와 잎 그림에서
(변량의 개수)
=(전체 잎의 개수)

다음 자료는 설하네 반 학생들의 1분당 맥박 수를 조사하여 나타낸 것이다. 이 자료에 대한 줄기와 잎 그림을 완성하고, 물음에 답하시오.

(단위: 회)

83	76	68	80	69
73	84	71	69	82
68	72	79	67	79

⇨

1분당 맥박 수
(6|7은 67회)

줄기	잎
6	7

(1) 잎이 가장 적은 줄기를 구하시오.

(2) 반 전체 학생은 몇 명인지 구하시오.

(3) 1분당 맥박 수가 5번째로 높은 학생의 맥박 수를 구하시오.

(4) 1분당 맥박 수가 70회 미만인 학생은 몇 명인지 구하시오.

1-1 오른쪽 줄기와 잎 그림은 어느 스포츠 센터의 수영반 회원들의 나이를 조사하여 나타낸 것이다. 다음 물음에 답하시오.

(1) 전체 회원은 몇 명인지 구하시오.

(2) 나이가 7번째로 적은 회원의 나이를 구하시오.

(3) 나이가 50세 이상인 회원은 몇 명인지 구하시오.

(4) 나이가 50세 이상인 회원은 전체의 몇 %인지 구하시오.

회원들의 나이
(2|3은 23세)

줄기	잎
2	3 5 8 9
3	1 3 5 7 8 9
4	0 2 3 3 4 6 7 8
5	0 1 4 7 8
6	2

▸ 백분율: 기준량을 100으로 할 때 비교하는 양의 비율

2 도수분포표

(1) **계급**: 변량을 일정한 간격으로 나눈 구간

계급의 크기: 구간의 너비, 즉 계급의 양 끝 값의 차

(2) **도수**: 각 계급에 속하는 변량의 개수

(3) **도수분포표**: 자료를 몇 개의 계급으로 나누고 각 계급의
도수를 나타낸 표

> **참고** 도수분포표는 변량의 개수가 많은 자료의 분포 상태를 파악할 때
> 편리하지만, 각 계급에 속하는 변량의 정확한 값은 알 수 없다.

> **주의** 계급, 계급의 크기, 도수는 항상 단위를 포함하여 쓴다.

〈자료〉
(단위: kg)

| 26 | 24 | 34 | 27 | 39 |
| 28 | 30 | 42 | 26 | 37 |

↓

〈도수분포표〉

무게(kg)	상자 수(개)
20^{이상} ~ 25^{미만}	1
25 ~ 30	4
30 ~ 35	2
35 ~ 40	2
40 ~ 45	1
합계	10

계급 ← (무게) / 도수 ← (상자 수)

3 도수분포표를 만드는 방법

❶ 주어진 자료에서 가장 작은 변량과 가장 큰 변량을 찾는다.

❷ ❶에서 찾은 두 변량이 속하는 구간을 일정한 간격으로 나
누어 계급을 정한다.
  계급의 크기가 모두 같게 한다. ←

❸ 각 계급에 속하는 변량의 개수를 세어 각 계급의 도수와 그 합을 구한다.

> **참고** 계급의 개수가 너무 많거나 너무 적으면 자료의 분포 상태를 파악하기 어려우므로
> 계급의 개수는 보통 5~15 정도로 정한다.

개념 확인

다음 자료는 혁이네 반 학생들이 1년 동안 읽은 책의 수를 조사하여 나타
낸 것이다. 이 자료에 대한 도수분포표를 완성하시오.

(단위: 권)

9	11	5	17	10
11	24	21	12	19
10	18	7	22	18

➡

책의 수(권)	학생 수(명)	
5^{이상} ~ 10^{미만}	////	3
합계		

용어
• **도수** (度 횟수, 數 수)
  횟수를 기록한 숫자
• **도수분포표**
  도수의 분포 상태를 나타낸 표

변량의 개수를 셀 때는 /, //, ///, ////, ////.
또는 一, T, F, F, 正으로 나타내면 편
리하다.

필수 문제 ② 다음 자료는 민수네 반 학생 20명의 가슴둘레를 조사하여 나타낸 것이다. 이 자료에 대한 도
도수분포표 만들기 수분포표를 완성하고, 물음에 답하시오.

▸계급이 a 이상 b 미만일 때
  (계급의 크기)=$b-a$
▸도수분포표에서
  (변량의 개수)=(도수의 총합)

(단위: cm)

62	75	79	76	69
70	72	65	74	78
73	66	72	67	73
74	60	68	71	69

⇨

가슴둘레(cm)	학생 수(명)
60^{이상} ~ 65^{미만}	
합계	

(1) 계급의 개수를 구하시오.

(2) 계급의 크기를 구하시오.

(3) 가슴둘레가 65 cm인 민수가 속하는 계급의 도수를 구하시오.

2-1 다음 자료는 어느 환경 보호 활동에 참가한 자원 봉사자 18명의 나이를 조사하여 나타낸 것이다. 물음에 답하시오.

(단위: 세)

32	45	16	23	31	18	28	36	19
46	35	21	34	43	39	37	28	20

(1) 위의 자료를 10세에서 시작하고 계급의 크기가 10세인 도수분포표로 나타내시오.

(2) 도수가 가장 큰 계급을 구하시오.

(3) 나이가 21세인 참가자가 속하는 계급의 도수를 구하시오.

나이(세)	참가자 수(명)
합계	

필수 **문제** ③

도수분포표의 분석

▶ ★번째로 많은(적은) 변량이 속하는 계급 구하기
가장 많은(적은) 계급에서부터 차례로 도수를 더한 값이 처음으로 ★과 같거나 ★보다 커질 때의 계급이다.

오른쪽 도수분포표는 식품 40개의 $100\,g$당 열량을 조사하여 나타낸 것이다. 다음 물음에 답하시오.

(1) A의 값을 구하시오.

(2) 열량이 $500\,kcal$ 이상 $700\,kcal$ 미만인 식품은 몇 개인지 구하시오.

(3) 열량이 8번째로 높은 식품이 속하는 계급을 구하시오.

열량(kcal)	식품 수(개)
$100^{이상}\sim 200^{미만}$	4
200 ~ 300	7
300 ~ 400	A
400 ~ 500	10
500 ~ 600	8
600 ~ 700	2
합계	40

3-1 오른쪽 도수분포표는 어느 반 학생들의 일주일 동안의 운동 시간을 조사하여 나타낸 것이다. 다음 보기 중 옳은 것을 모두 고르시오.

（보기）
ㄱ. 계급의 크기는 10분이다.
ㄴ. 반 전체 학생은 35명이다.
ㄷ. 운동 시간이 14번째로 짧은 학생이 속하는 계급은 90분 이상 120분 미만이다.
ㄹ. 운동 시간이 2시간 이상인 학생은 전체의 $20\,\%$이다.

운동 시간(분)	학생 수(명)
$0^{이상}\sim 30^{미만}$	1
30 ~ 60	3
60 ~ 90	10
90 ~ 120	14
120 ~ 150	5
150 ~ 180	2
합계	

▶ 도수분포표에서의 백분율
(각 계급의 백분율)
$=\dfrac{(그\ 계급의\ 도수)}{(도수의\ 총합)}$
$\times 100(\%)$

1 오른쪽 줄기와 잎 그림은 호진이네 반 학생들의 수학 수행평가 점수를 조사하여 나타낸 것이다. 다음 보기 중 옳은 것을 모두 고르면? (정답 2개)

수학 수행평가 점수
(0|6은 6점)

줄기	잎
0	6 7 9
1	0 2 5 6 9
2	0 0 0 4 6 7
3	0 2 2 3 5 7 8
4	0 1 2 6

① 학생 수가 가장 많은 점수대는 30점대이다.

② 점수가 10점 미만인 학생은 전체의 15 %이다.

③ 점수가 6번째로 높은 학생의 점수는 37점이다.

④ 수학 수행평가 점수의 중앙값과 최빈값은 같다.

⑤ 호진이의 점수가 33점일 때, 호진이보다 점수가 높은 학생은 3명이다.

2 오른쪽 도수분포표는 유정이네 반 학생 20명의 하루 동안의 이모티콘 사용 건수를 조사하여 나타낸 것이다. 다음 물음에 답하시오.

사용 건수(건)	학생 수(명)
10이상 ~ 20미만	2
20 ~ 30	4
30 ~ 40	6
40 ~ 50	5
50 ~ 60	3
합계	20

(1) 계급의 크기를 a건, 계급의 개수를 b라고 할 때, $a-b$의 값을 구하시오.

(2) 이모티콘 사용 건수가 5번째로 적은 학생이 속하는 계급을 구하시오.

(3) 이모티콘 사용 건수가 40건 이상인 학생은 전체의 몇 %인지 구하시오.

3 오른쪽 도수분포표는 어느 등산 동호회 회원들이 1년 동안 등산한 횟수를 조사하여 나타낸 것이다. 다음 보기 중 옳지 않은 것을 모두 고르시오.

등산 횟수(회)	회원 수(명)
5이상 ~ 10미만	5
10 ~ 15	
15 ~ 20	4
20 ~ 25	3
25 ~ 30	1
합계	20

─(보기)─

ㄱ. 도수가 가장 큰 계급은 10회 이상 15회 미만이다.

ㄴ. 1년 동안 등산을 가장 많이 한 회원은 29회를 하였다.

ㄷ. 등산 횟수가 4번째로 많은 회원이 속하는 계급은 20회 이상 25회 미만이다.

ㄹ. 등산을 15회 미만 한 회원은 전체의 55 %이다.

03 히스토그램과 도수분포다각형

● 정답과 해설 54쪽

1 히스토그램

도수분포표를 다음과 같은 방법으로 나타낸 그래프를 **히스토그램**이
라고 한다.

❶ 가로축에 각 계급의 양 끝 값을 차례로 표시한다.

❷ 세로축에 도수를 차례로 표시한다.

❸ 각 계급의 크기를 가로로 하고, 그 계급의 도수를 세로로 하는
직사각형을 차례로 그린다.

2 히스토그램의 특징

(1) 자료의 전체적인 분포 상태를 한눈에 알아볼 수 있다.

(2) (모든 직사각형의 넓이의 합) = {(계급의 크기)×(각 계급의 도수)의 총합}

(계급의 크기)×(도수의 총합)

(3) 직사각형의 가로의 길이는 일정하므로 각 직사각형의 넓이는 각 계급의 도수에 정비례한다.

개념 확인 다음 도수분포표는 지연이네 반 학생들이 가지고 있는 펜의 수를 조사하여 나
타낸 것이다. 이 도수분포표를 히스토그램으로 나타내시오.

용어
히스토그램 (histogram)
역사를 뜻하는 history와 그림을
뜻하는 접미어 −gram의 합성어
이다.

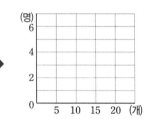

펜의 수(개)	학생 수(명)
0이상~ 5미만	1
5 ~10	4
10 ~15	6
15 ~20	3
합계	14

필수 문제 ❶

히스토그램

▶ 직사각형의 넓이는 단위를 쓰
지 않는다.

오른쪽 히스토그램은 민정이네 반 학생들의 영어 말하기 대회
점수를 조사하여 나타낸 것이다. 다음을 구하시오.

(1) 계급의 크기

(2) 점수가 12점 이상 16점 미만인 학생 수

(3) 모든 직사각형의 넓이의 합

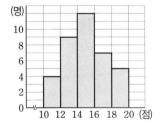

▶ 히스토그램에서
(계급의 개수)
=(직사각형의 개수)

1-1 오른쪽 히스토그램은 준서네 반 학생들이 1년 동안 성
장한 키를 조사하여 나타낸 것이다. 다음을 구하시오.

(1) 계급의 개수

(2) 반 전체 학생 수

(3) 모든 직사각형의 넓이의 합

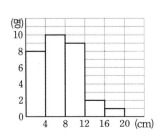

3 도수분포다각형

히스토그램을 이용하여 다음과 같은 방법으로 나타낸 그래프를 **도수분포다각형**이라고 한다.

❶ 히스토그램에서 각 직사각형의 윗변의 중앙에 점을 찍는다.

❷ 히스토그램의 양 끝에 도수가 0인 계급이 하나씩 더 있는 것으로 생각하고 그 중앙에 점을 찍는다. → 계급의 개수를 셀 때는 포함하지 않는다.

❸ ❶, ❷에서 찍은 점을 선분으로 연결한다.

참고 도수분포다각형은 히스토그램을 그리지 않고 도수분포표로부터 직접 그릴 수도 있다.

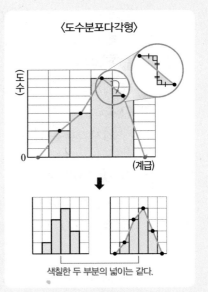

4 도수분포다각형의 특징

(1) 자료의 전체적인 분포 상태를 한눈에 알아볼 수 있다.

(2) (도수분포다각형과 가로축으로 둘러싸인 부분의 넓이)
  =(히스토그램의 모든 직사각형의 넓이의 합)
  =(계급의 크기)×(도수의 총합)

(3) 두 개 이상의 자료의 분포를 함께 나타낼 수 있어 그 특징을 비교할 때 히스토그램보다 편리하다.

개념 확인 오른쪽 도수분포표는 하니네 반 학생들이 등교하는 데 걸리는 시간을 조사하여 나타낸 것이다. 이 도수분포표를 히스토그램과 도수분포다각형으로 나타내시오.

걸리는 시간(분)	학생 수(명)
5이상~ 10미만	3
10 ~ 15	6
15 ~ 20	4
20 ~ 25	2
합계	15

필수 문제 2 도수분포다각형

오른쪽 도수분포다각형은 지혜네 반 학생들이 가지고 있는 인형의 수를 조사하여 나타낸 것이다. 다음 물음에 답하시오.

(1) 도수가 가장 큰 계급을 구하시오.

(2) 인형이 8개 이상인 학생은 전체의 몇 %인지 구하시오.

2-1 오른쪽 도수분포다각형은 어느 반 학생들의 턱걸이 횟수를 조사하여 나타낸 것이다. 다음 물음에 답하시오.

(1) 턱걸이 횟수가 7번째로 많은 학생이 속하는 계급을 구하시오.

(2) 도수분포다각형과 가로축으로 둘러싸인 부분의 넓이를 구하시오.

1 오른쪽 히스토그램은 어느 반 학생 50명의 던지기 기록을 조사하여 나타낸 것이다. 다음 물음에 답하시오.

(1) 계급의 개수를 구하시오.

(2) 던지기 기록이 26 m인 학생이 속하는 계급의 도수를 구하시오.

(3) 던지기 기록이 30 m 미만인 학생은 전체의 몇 %인지 구하시오.

(4) 10번째로 멀리 던진 학생이 속하는 계급을 구하시오.

2 오른쪽 히스토그램은 유미네 반 학생들의 발 길이를 조사하여 나타낸 것이다. 도수가 가장 큰 계급의 직사각형의 넓이와 도수가 가장 작은 계급의 직사각형의 넓이의 합은?

① 14　　　　② 35　　　　③ 50

④ 60　　　　⑤ 70

3 오른쪽 도수분포다각형은 의건이네 반 학생들의 과학 시험 성적을 조사하여 나타낸 것이다. 다음 물음에 답하시오.

(1) 다음 중 도수분포다각형에서 알 수 <u>없는</u> 것은?

　① 계급의 크기

　② 반 전체 학생 수

　③ 성적이 5번째로 좋은 학생의 점수

　④ 성적이 72점인 학생이 속하는 계급

　⑤ 성적이 60점 미만인 학생 수

(2) 과학 시험 성적이 80점 이상 90점 미만인 학생은 전체의 몇 %인지 구하시오.

(3) 도수분포다각형과 가로축으로 둘러싸인 부분의 넓이를 구하시오.

4 오른쪽 도수분포다각형은 어느 중학교 1학년 1반과 2반 학생들의 오래 매달리기 기록을 조사하여 함께 나타낸 것이다. 다음 보기 중 옳은 것을 모두 고르시오.

┌─(보기)────────────────────────────────┐
│ ㄱ. 1반 학생 수가 2반 학생 수보다 많다.   │
│ ㄴ. 기록이 가장 좋은 학생은 1반에 있다.   │
│ ㄷ. 기록이 16초 이상 17초 미만인 학생은 1반보다 2반이 │
│   더 많다.   │
│ ㄹ. 2반이 1반보다 기록이 상대적으로 더 좋은 편이다.   │
└──┘

● 찢어진 히스토그램 또
는 도수분포다각형
① 문제에서 주어진 조건
을 이용하여 도수의
총합을 구한다.
② 도수의 총합을 이용
하여 찢어진 부분에
속하는 계급의 도수
를 구한다.

5 오른쪽 히스토그램은 승재네 반 학생들이 작년 한 해 동안 읽은 책의 수를 조사하여 나타낸 것인데 일부가 찢어져 보이지 않는다. 읽은 책이 16권 이상인 학생이 전체의 36 %일 때, 다음을 구하시오.

(1) 반 전체 학생 수

(2) 읽은 책이 8권 이상 12권 미만인 학생 수

한번더
+1

6 오른쪽 도수분포다각형은 어느 도시의 일정 기간 동안 하루 중 최고 기온을 조사하여 나타낸 것인데 일부가 찢어져 보이지 않는다. 기온이 20 ℃ 미만인 날이 전체의 25 %일 때, 기온이 22 ℃ 이상 24 ℃ 미만인 날은 며칠인지 구하시오.

04 상대도수와 그 그래프

● 정답과 해설 55쪽

1 상대도수

(1) 상대도수: 도수분포표에서 도수의 총합에 대한 각 계급의 도수의 비율

➡ (어떤 계급의 상대도수) $= \dfrac{(\text{그 계급의 도수})}{(\text{도수의 총합})}$ ← 보통 소수로 나타낸다.

(2) 상대도수의 분포표: 각 계급의 상대도수를 나타낸 표

2 상대도수의 특징

(1) 각 계급의 상대도수는 0 이상 1 이하의 수이고, 그 총합은 항상 1이다.

(2) 각 계급의 상대도수는 그 계급의 도수에 정비례한다.

(3) 도수의 총합이 다른 두 집단의 분포를 비교할 때 편리하다.

〈상대도수의 분포표〉

수학 점수(점)	학생 수(명)	상대도수
60^{이상}~ 70^{미만}	②	$\frac{2}{8}=0.25$
70 ~ 80	2	$\frac{2}{8}=0.25$
80 ~ 90	3	$\frac{3}{8}=0.375$
90 ~100	1	$\frac{1}{8}=0.125$
합계	⑧	1

개념 확인

오른쪽 상대도수의 분포표는 어느 동아리 학생 20명이 1년 동안 공연을 관람한 횟수를 조사하여 나타낸 것이다. ☐ 안에 알맞은 수를 쓰시오.

공연 관람 횟수(회)	학생 수(명)	상대도수
0^{이상}~ 2^{미만}	3	$\frac{3}{20}=0.15$
2 ~ 4	5	$\frac{\square}{20}=\square$
4 ~ 6	10	☐
6 ~ 8	2	☐
합계	20	☐

용어

상대(相 서로, 對 대하다) **도수**
전체에 대한 상대적 크기를 나타낸 도수

필수 문제

상대도수의 분포표

▶ • (어떤 계급의 상대도수)
$= \dfrac{(\text{그 계급의 도수})}{(\text{도수의 총합})}$

• (어떤 계급의 도수)
$=$ (도수의 총합)
$\times$(그 계급의 상대도수)

• (도수의 총합)
$= \dfrac{(\text{그 계급의 도수})}{(\text{어떤 계급의 상대도수})}$

1 오른쪽 상대도수의 분포표는 현우네 반 학생 40명의 점심 식사 시간을 조사하여 나타낸 것이다. 다음 물음에 답하시오.

(1) A, B, C, D, E의 값을 각각 구하시오.

(2) 점심 식사 시간이 10번째로 짧은 학생이 속하는 계급의 상대도수를 구하시오.

시간(분)	학생 수(명)	상대도수
5^{이상}~ 10^{미만}	4	A
10 ~ 15	6	0.15
15 ~ 20	B	0.3
20 ~ 25	C	0.25
25 ~ 30	8	D
합계	40	E

1-1 오른쪽 상대도수의 분포표는 우영이네 중학교 1학년 학생 400명의 키를 조사하여 나타낸 것이다. 다음 물음에 답하시오.

(1) A, B, C, D, E의 값을 각각 구하시오.

(2) 키가 155 cm 미만인 학생은 전체의 몇 %인지 구하시오.

▶(어떤 도수가 차지하는 백분율)
$=$(그 계급의 상대도수)$\times 100$

키(cm)	학생 수(명)	상대도수
145^{이상}~ 150^{미만}	60	A
150 ~ 155	B	0.25
155 ~ 160	120	C
160 ~ 165	D	0.2
165 ~ 170	40	0.1
합계	400	E

3 상대도수의 분포를 나타낸 그래프

(1) 상대도수의 분포를 나타낸 그래프

　상대도수의 분포표를 히스토그램이나 도수분포다각형 모양으로 나타낸 그래프

(2) 상대도수의 분포를 나타낸 그래프를 그리는 방법

❶ 가로축에 각 계급의 양 끝 값을 차례로 표시한다.

❷ 세로축에 상대도수를 차례로 표시한다.

❸ 히스토그램이나 도수분포다각형 모양으로 그린다.

참고 ・(상대도수의 그래프와 가로축으로 둘러싸인 부분의 넓이)
　＝(계급의 크기)×(상대도수의 총합)＝(계급의 크기)
　　　　　　　　＝1

〈상대도수의 분포를 나타낸 그래프〉

개념 확인

다음 상대도수의 분포표는 예린이네 반 학생들이 한 학기 동안 봉사 활동을 한 시간을 조사하여 나타낸 것이다. 이 표를 도수분포다각형 모양의 그래프로 나타내시오.

봉사 활동 시간(시간)	상대도수
5^{이상}~ 10^{미만}	0.1
10　~ 15	0.4
15　~ 20	0.25
20　~ 25	0.2
25　~ 30	0.05
합계	1

필수 문제　❷

상대도수의 분포를 나타낸 그래프

오른쪽 그래프는 어느 전시회에 입장한 관람객 40명의 나이에 대한 상대도수의 분포를 나타낸 것이다. 다음 물음에 답하시오.

(1) 도수가 가장 작은 계급을 구하시오.

(2) 나이가 20세 이상 24세 미만인 계급의 도수를 구하시오.

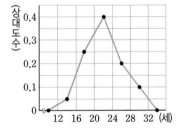

2-1 오른쪽 그래프는 어느 극장에서 1년 동안 상영한 영화 80편의 상영 시간에 대한 상대도수의 분포를 나타낸 것이다. 다음 물음에 답하시오.

(1) 도수가 가장 큰 계급의 상대도수를 구하시오.

(2) 상영 시간이 110분 미만인 영화는 몇 편인지 구하시오.

4 도수의 총합이 다른 두 집단의 분포 비교

도수의 총합이 다른 두 집단의 분포 상태를 비교할 때는

(1) 각 계급의 도수를 그대로 비교하는 것보다 상대도수를 구하여 비교하는 것이 더 적절하다.

(2) 두 자료에 대한 상대도수의 분포를 그래프로 함께 나타내면 두 자료의 분포 상태를 한눈에 비교할 수 있다.

예 두 반의 영어 성적에 대한 상대도수의 분포를 함께 나타낸 오른쪽 그래프에서

① 영어 성적이 60점 이상 70점 미만인 계급의 상대도수는 1반이 2반보다 크다.
➡ 영어 성적이 60점 이상 70점 미만인 학생의 비율은 1반이 2반보다 높다.

② 2반에 대한 그래프가 1반에 대한 그래프보다 전체적으로 오른쪽으로 치우쳐 있다.
➡ 영어 성적은 2반이 1반보다 상대적으로 더 좋다.

개념
확인

오른쪽 상대도수의 분포표는 어느 학교 1학년 여학생 40명과 남학생 25명의 앉은키를 조사하여 함께 나타낸 것이다. 다음 물음에 답하시오.

(1) 상대도수의 분포표를 완성하시오.

(2) 앉은키가 75 cm 이상 80 cm 미만인 학생의 비율은 여학생과 남학생 중 어느 쪽이 더 낮은지 구하시오.

앉은키(cm)	여학생		남학생	
	학생 수 (명)	상대 도수	학생 수 (명)	상대 도수
75이상 ~ 80미만	6	0.15	4	
80 ~ 85	8			0.2
85 ~ 90		0.4	7	
90 ~ 95	10			0.36
합계	40	1	25	

필수 문제
도수의 총합이 다른
두 집단의 분포 비교

3 오른쪽 그래프는 어느 진로 체험에 참가한 A 중학교 학생 100명과 B 중학교 학생 200명의 만족도에 대한 상대도수의 분포를 함께 나타낸 것이다. 다음 물음에 답하시오.

(1) 만족도가 50점 이상 60점 미만인 계급에서 두 중학교의 학생 수의 차를 구하시오.

(2) 두 중학교 중 만족도가 60점 미만인 학생의 비율이 더 높은 학교는 어느 곳인지 말하시오.

(3) 두 중학교 중 만족도가 상대적으로 더 높은 학교는 어느 곳인지 말하시오.

3-1 오른쪽 그래프는 A 정류장과 B 정류장에서 사람들이 버스를 기다리는 시간에 대한 상대도수의 분포를 함께 나타낸 것이다. 다음 물음에 답하시오.

(1) B 정류장보다 A 정류장의 상대도수가 더 큰 계급은 모두 몇 개인지 구하시오.

(2) 두 정류장 중 버스를 기다리는 시간이 상대적으로 더 적은 정류장은 어느 곳인지 말하시오.

1 다음 중 상대도수에 대한 설명으로 옳은 것은 ○표, 옳지 <u>않은</u> 것은 ×표를 (   ) 안에 쓰시오.

(1) 어떤 계급의 상대도수는 그 계급의 도수를 도수의 총합으로 나눈 값이다.　　　　 (   )

(2) 상대도수의 총합은 도수의 총합에 따라 다르다.　　　　　　　　　　　　　　 (   )

(3) 각 계급의 상대도수는 그 계급의 도수에 정비례한다.　　　　　　　　　　　 (   )

(4) 상대도수의 분포를 나타낸 도수분포다각형 모양의 그래프와 가로축으로 둘러싸인 부분
의 넓이는 1이다.　　　　　　　　　　　　　　　　　　　　　　　　　　　 (   )

2 오른쪽 히스토그램은 여진이네 반 학생들의 한문 성적을 조사
하여 나타낸 것이다. 한문 성적이 85점인 학생이 속하는 계급
의 상대도수를 구하시오.

3 승욱이네 반 학생들의 시력을 조사하여 나타낸 도수분포표에서 도수가 8명인 계급의 상대도
수가 0.2이었을 때, 승욱이네 반 전체 학생은 몇 명인지 구하시오.

4 오른쪽 상대도수의 분포표는 어느 과일 가게에서 파는 토마토
60개의 무게를 조사하여 나타낸 것이다. 다음 물음에 답하시오.

(1) 무게가 60 g 이상 80 g 미만인 토마토는 전체의 몇 %인지
구하시오.

(2) 무게가 50 g 이상 60 g 미만인 토마토는 몇 개인지 구하시오.

토마토 무게(g)	상대도수
40^{이상}~ 50^{미만}	0.1
50　~ 60	
60　~ 70	0.3
70　~ 80	0.25
80　~ 90	0.2
합계	1

5 오른쪽 상대도수의 분포표는 어느 연극 동호회 회원들
의 하루 동안의 TV 시청 시간을 조사하여 나타낸 것
이다. 다음 물음에 답하시오.

(1) 전체 회원은 몇 명인지 구하시오.

(2) A, B, C, D, E의 값을 각각 구하시오.

시청 시간(분)	회원 수(명)	상대도수
10^{이상}~ 20^{미만}	7	0.14
20　~ 30	A	0.4
30　~ 40	10	B
40　~ 50	C	D
50　~ 60	5	0.1
합계		E

6 오른쪽 그래프는 어느 콘서트장에 입장한 관객 200명의 입장 대기 시간에 대한 상대도수의 분포를 나타낸 것이다. 다음을 구하시오.

(1) 입장 대기 시간이 50분 이상인 관객 수

(2) 입장 대기 시간이 40번째로 적은 관객이 속하는 계급의 상대도수

7 오른쪽 그래프는 어느 중학교 1학년 학생들의 몸무게에 대한 상대도수의 분포를 나타낸 것인데 일부가 찢어져 보이지 않는다. 몸무게가 45 kg 이상 50 kg 미만인 학생이 70명일 때, 다음을 구하시오.

(1) 전체 학생 수

(2) 몸무게가 50 kg 이상 55 kg 미만인 계급의 상대도수

(3) 몸무게가 50 kg 이상 55 kg 미만인 학생 수

8 오른쪽 도수분포표는 어느 중학교 남학생과 여학생의 국어 성적을 조사하여 함께 나타낸 것이다. 남학생과 여학생 중 국어 성적이 80점 이상 90점 미만인 학생의 비율은 어느 쪽이 더 높은지 말하시오.

국어 성적(점)	학생 수(명)	
	남학생	여학생
50이상 ~ 60미만	11	5
60 ~ 70	22	15
70 ~ 80	34	16
80 ~ 90	15	8
90 ~ 100	18	6
합계	100	50

9 오른쪽 그래프는 어느 중학교 1학년 학생 200명과 2학년 학생 150명의 하루 동안의 음악 감상 시간에 대한 상대도수의 분포를 함께 나타낸 것이다. 다음 보기 중 옳은 것을 모두 고르시오.

(보기)

ㄱ. 음악 감상 시간이 90분 이상 120분 미만인 학생은 1학년이 더 많다.

ㄴ. 음악 감상 시간은 1학년이 2학년보다 상대적으로 더 긴 편이다.

ㄷ. 1학년과 2학년에 대한 각각의 그래프와 가로축으로 둘러싸인 부분의 넓이는 서로 같다.

1 다음 자료는 어느 도시의 일주일 동안 하루 중 최고 기온을 조사하여 나타낸 것이다. 이 자료의 평균, 중앙값, 최빈값의 대소 관계는?

(단위: ℃)

$$23, \quad 26, \quad 27, \quad 24, \quad 26, \quad 22, \quad 20$$

① (평균)=(중앙값)=(최빈값)
② (평균)=(중앙값)<(최빈값)
③ (평균)<(중앙값)=(최빈값)
④ (평균)<(중앙값)<(최빈값)
⑤ (중앙값)=(최빈값)<(평균)

2 다음 자료는 학생 7명의 1년 동안의 자율 동아리 활동 시간을 조사하여 나타낸 것이다. 이 자료의 평균과 최빈값이 서로 같다고 할 때, x의 값은?

(단위: 시간)

$$77, \quad 81, \quad 82, \quad 81, \quad 78, \quad x, \quad 81$$

① 77   ② 80   ③ 81
④ 82   ⑤ 87

3 3개의 변량 2, 5, a의 중앙값이 5이고, 3개의 변량 10, 16, a의 중앙값이 10일 때, 다음 중 자연수 a의 값이 될 수 <u>없는</u> 것은?

① 5   ② 6   ③ 8
④ 10   ⑤ 11

4 다음 세 자료 A, B, C에 대한 설명으로 옳은 것을 보기에서 모두 고른 것은?

자료 A	4, 5, 6, 7, 8, 9, 100
자료 B	2, 3, 4, 5, 6, 7, 8, 9, 10
자료 C	11, 12, 13, 13, 13, 13, 14, 14, 14

〔보기〕
ㄱ. 자료 A는 평균을 대푯값으로 정하는 것이 가장 적절하다.
ㄴ. 자료 B는 평균이나 중앙값을 대푯값으로 정하는 것이 적절하다.
ㄷ. 자료 C는 중앙값과 최빈값이 같다.

① ㄷ   ② ㄱ, ㄴ   ③ ㄱ, ㄷ
④ ㄴ, ㄷ   ⑤ ㄱ, ㄴ, ㄷ

5 아래 줄기와 잎 그림은 은정이네 반 학생들이 1분 동안 실시한 팔굽혀펴기 기록을 조사하여 나타낸 것이다. 다음 중 옳은 것은?

팔굽혀펴기 기록

(0|4는 4회)

줄기	잎
0	4 5 6 7 8 9
1	0 1 2 3 4 6 6 8
2	1 1 2 5 7 9 9
3	3 3 4 6 8
4	2 5

① 잎이 가장 많은 줄기는 2이다.
② 반 전체 학생 수는 27이다.
③ 팔굽혀펴기 기록이 24회인 학생이 있다.
④ 팔굽혀펴기 기록이 30회 이상인 학생은 7명이다.
⑤ 팔굽혀펴기 기록이 10번째로 적은 학생의 기록은 12회이다.

★ 중요

6 다음 줄기와 잎 그림은 어느 반 남학생과 여학생이 한 달 동안 즉석식품을 먹은 횟수를 조사하여 함께 나타낸 것이다. 물음에 답하시오.

즉석식품을 먹은 횟수

(1|3은 13회)

잎(남학생)	줄기	잎(여학생)
8 6 5	1	3 9
8 7 7 5 5 1	2	0 5 6
9 5 3 2	3	0 1 1 2 4 5
1 0	4	1 2 2 3

(1) 즉석식품을 먹은 횟수가 6번째로 많은 학생은 남학생인지 여학생인지 말하시오.

(2) 즉석식품을 먹은 횟수가 39회인 학생은 이 반에서 먹은 횟수가 많은 편인지 적은 편인지 말하시오.

7 오른쪽 도수분포표는 동우네 반 학생 30명이 어떤 과제를 수행하기 위해 인터넷을 사용한 시간을 조사하여 나타낸 것이다. 다음 물음에 답하시오.

사용 시간(분)	학생 수(명)
30^{이상}~ 50^{미만}	3
50 ~ 70	7
70 ~ 90	11
90 ~110	
110 ~130	1
합계	30

(1) 도수가 두 번째로 큰 계급을 구하시오.

(2) 인터넷을 사용한 시간이 90분 이상인 학생은 전체의 몇 %인지 구하시오.

8 오른쪽 도수분포표는 유나네 반 학생들의 줄넘기 기록을 조사하여 나타낸 것이다. 줄넘기 기록이 80회 이상 100회 미만인 학생이 전체의 35 %일 때, $A-B$의 값을 구하시오.

줄넘기 기록(회)	학생 수(명)
40^{이상}~ 60^{미만}	6
60 ~ 80	8
80 ~100	A
100 ~120	B
120 ~140	2
합계	40

9 오른쪽 도수분포표는 어느 반 학생들의 일주일 동안의 통화 시간을 조사하여 나타낸 것이다. 통화 시간이 40분 이상인 학생 수가 40분 미만인 학생 수의 2배일 때, 통화 시간이 20분 이상 40분 미만인 학생은 몇 명인지 구하시오.

통화 시간(분)	학생 수(명)
0^{이상}~ 20^{미만}	4
20 ~ 40	
40 ~ 60	
60 ~ 80	7
80 ~100	3
합계	27

10 오른쪽 히스토그램은 현주네 반 학생들의 키를 조사하여 나타낸 것이다. 다음 중 옳지 <u>않은</u> 것은?

① 계급의 크기는 10 cm 이다.

② 반 전체 학생은 32명이다.

③ 도수가 7명 이하인 계급의 개수는 3이다.

④ 키가 12번째로 작은 학생이 속하는 계급은 150 cm 이상 160 cm 미만이다.

⑤ 모든 직사각형의 넓이의 합은 300이다.

11 오른쪽 히스토그램은 승민이네 반 학생들의 멀리뛰기 기록을 조사하여 나타낸 것인데 일부가 찢어져 보이지 않는다. 기록이 190 cm 미만인 학생이 전체의 28 %일 때, 다음 물음에 답하시오.

(1) 반 전체 학생은 몇 명인지 구하시오.

(2) 기록이 210 cm 미만인 학생 수와 210 cm 이상인 학생 수의 비가 4 : 1일 때, 190 cm 이상 200 cm 미만인 계급의 도수를 구하시오.

12 오른쪽 도수분포다각형은 은수네 반 학생들이 자유투를 13회 던져 성공한 횟수를 조사하여 나타낸 것이다. 다음 보기 중 옳지 않은 것을 모두 고르시오.

┌─ 보기 ─────────────────────────────┐
ㄱ. 반 전체 학생은 32명이다.
ㄴ. 계급의 크기는 2회이고, 계급의 개수는 7이다.
ㄷ. 자유투 성공 횟수가 7회 미만인 학생은 7명이다.
ㄹ. 자유투 성공 횟수가 10번째로 많은 학생이 속하는 계급은 7회 이상 9회 미만이다.
└───────────────────────────────────┘

13 다음 중 옳지 않은 것을 모두 고르면? (정답 2개)

① 줄기와 잎 그림에서는 실제 변량의 정확한 값을 알 수 없다.

② 도수분포표에서 계급의 개수가 많을수록 자료의 분포 상태를 알기 쉽다.

③ 히스토그램에서 각 직사각형의 가로의 길이는 일정하다.

④ 도수분포다각형과 가로축으로 둘러싸인 부분의 넓이는 히스토그램의 모든 직사각형의 넓이의 합과 같다.

⑤ 변량의 개수가 다른 두 자료의 분포를 비교할 때 상대도수의 분포표를 이용하면 편리하다.

14 오른쪽 도수분포다각형은 어느 극장에서 1년 동안 공연한 연극들의 공연 시간을 조사하여 나타낸 것이다. 이때 도수가 가장 큰 계급의 상대도수를 구하시오.

15 오른쪽 그래프는 어느 동물원에 있는 동물 80마리의 나이에 대한 상대도수의 분포를 나타낸 것이다. 나이가 16번째로 많은 동물이 속하는 계급의 상대도수는?

① 0.05   ② 0.15   ③ 0.2
④ 0.25   ⑤ 0.3

16 아래 상대도수의 분포표는 민환이네 반 학생들의 공 던지기 기록을 조사하여 나타낸 것인데 일부가 찢어 져 보이지 않는다. 다음을 구하시오.

던지기 기록(m)	학생 수(명)	상대도수
0이상~10미만	2	0.05
10 ~20	12	
20 ~30		
30 ~40		
40 ~50		
합계		

(1) 반 전체 학생 수

(2) 기록이 $10\,m$인 학생이 속하는 계급의 상대도수

17 다음 상대도수의 분포표는 A 제품과 B 제품을 구매 한 고객의 나이를 조사하여 함께 나타낸 것이다. A 제품을 구매한 고객은 1800명, B 제품을 구매한 고 객은 2200명일 때, 물음에 답하시오.

(단, 한 고객당 하나의 제품만 구매할 수 있다.)

나이(세)	상대도수	
	A 제품	B 제품
10이상~20미만	0.09	0.16
20 ~30	0.18	0.17
30 ~40	0.22	0.18
40 ~50	0.31	0.26
50 ~60	0.2	0.23
합계	1	1

(1) A, B 두 제품 중 20대 고객들이 더 많이 구매 한 제품을 구하시오.

(2) A, B 두 제품의 구매 고객 수가 같은 계급을 구하시오.

18 도수의 총합의 비가 1 : 2인 두 집단에서 어떤 계급 의 도수의 비가 5 : 4일 때, 이 계급의 상대도수의 비 를 가장 간단한 자연수의 비로 나타내시오.

19 아래 그래프는 어느 중학교 1학년 여학생과 남학생 의 일주일 동안의 운동 시간에 대한 상대도수의 분 포를 함께 나타낸 것이다. 다음 보기 중 옳은 것을 모두 고르시오.

──(보기)──
ㄱ. 운동 시간은 여학생이 남학생보다 상대적으 로 더 긴 편이다.

ㄴ. 남학생의 상대도수가 여학생의 상대도수보다 더 큰 계급은 5시간 이상 6시간 미만, 6시간 이상 7시간 미만이다.

ㄷ. 여학생과 남학생의 전체 학생 수가 각각 100, 125일 때, 운동 시간이 4시간 이상 5시간 미 만인 학생은 여학생보다 남학생이 더 많다.

ㄹ. 운동 시간이 5시간 이상인 남학생은 남학생 전체의 26 %이다.

🔹 유제를 따라 풀어 보고, 실전 문제로 연습해 보세요.

따라 해보자

예제 1
다음 자료는 수지네 반 학생 9명의 가방 속 공책의 수를 조사하여 나타낸 것이다. 이 자료의 평균이 9권, 최빈값이 10권일 때, 중앙값을 구하시오. (단, $a<b$)

(단위: 권)

$$7, \quad 6, \quad 10, \quad 10, \quad 7, \quad 8, \quad 12, \quad a, \quad b$$

풀이 과정

1단계 평균을 이용하여 $a+b$의 값 구하기

평균이 9권이므로 $\dfrac{7+6+10+10+7+8+12+a+b}{9}=9$

$a+b+60=81$ ∴ $a+b=21$

2단계 최빈값을 이용하여 a, b의 값 구하기

최빈값이 10권이므로 a, b 중 적어도 하나는 10이어야 한다.
이때 $a<b$이므로 $a=10$, $b=11$

3단계 중앙값 구하기

따라서 변량을 작은 값부터 크기순으로 나열하면
6, 7, 7, 8, ⑩, 10, 10, 11, 12이므로 중앙값은 10권이다.

🖐 **10권**

유제 1
다음 자료는 은지네 반 학생 7명이 쪽지 시험에서 맞힌 문항 수를 조사하여 나타낸 것이다. 이 자료의 평균이 5개, 최빈값이 6개일 때, 중앙값을 구하시오. (단, $a<b$)

(단위: 개)

$$4, \quad 1, \quad a, \quad b, \quad 10, \quad 6, \quad 5$$

풀이 과정

1단계 평균을 이용하여 $a+b$의 값 구하기

2단계 최빈값을 이용하여 a, b의 값 구하기

3단계 중앙값 구하기

🖐

예제 2
오른쪽 그래프는 진로반 학생들의 면담 시간에 대한 상대도수의 분포를 나타낸 것이다. 상대도수가 가장 큰 계급의 도수가 15명일 때, 면담 시간이 30분 미만인 학생은 몇 명인지 구하시오.

풀이 과정

1단계 전체 학생 수 구하기

상대도수가 가장 큰 계급은 30분 이상 40분 미만이므로

$$(\text{전체 학생 수})=\dfrac{15}{0.3}=50$$

2단계 면담 시간이 30분 미만인 학생 수 구하기

면담 시간이 30분 미만인 계급의 상대도수의 합은
0.1+0.14=0.24이므로
구하는 학생은 $50\times0.24=12$(명)

🖐 **12명**

유제 2
오른쪽 그래프는 어느 반 학생들의 던지기 기록에 대한 상대도수의 분포를 나타낸 것이다. 기록이 10 m 이상 15 m 미만인 학생이 2명일 때, 기록이 30 m 이상인 학생은 몇 명인지 구하시오.

풀이 과정

1단계 전체 학생 수 구하기

2단계 기록이 30 m 이상인 학생 수 구하기

🖐

▶ 모든 문제는 풀이 과정을 자세히 서술한 후 답을 쓰세요.

연습해 보자

1 다음 자료는 현서네 가족의 6개월 동안의 월별 전기 사용량을 조사하여 나타낸 것이다. 물음에 답하시오.

(단위: kWh)

750, 230, 190, 210, 200, 220

(1) 평균, 중앙값을 각각 구하시오.

(2) 평균과 중앙값 중 이 자료의 대푯값으로 어느 것이 적절한지 말하고, 그 이유를 설명하시오.

풀이 과정

(1)

(2)

답 (1)　　　　　　　　　(2)

2 다음 줄기와 잎 그림은 영서네 반 학생들의 몸무게를 조사하여 나타낸 것이다. 전체 학생 수와 몸무게가 5번째로 가벼운 학생의 몸무게를 차례로 구하시오.

몸무게

(4|1은 41 kg)

줄기	잎
4	1　3　5　6　7　9
5	0　1　4　5　5　6　8
6	1　2　5　7　9
7	0　2　3　3

풀이 과정

답

3 오른쪽 히스토그램은 독서반 학생들이 지난 학기 동안 읽은 책의 수를 조사하여 나타낸 것이다. 읽은 책의 수가 상위 30 % 이내에 속하려면 몇 권 이상의 책을 읽어야 하는지 구하시오.

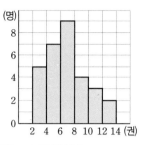

풀이 과정

답

4 다음 상대도수의 분포표는 은석이네 학교 컴퓨터 동아리 부원들의 1분당 칠 수 있는 한글 타자 수를 조사하여 나타낸 것이다. 1분당 한글 타자 수가 300타 이상인 부원은 전체의 몇 %인지 구하시오.

한글 타자 수(타)	부원 수(명)	상대도수
150^{이상} ~ 200^{미만}	5	0.1
200　~ 250		0.24
250　~ 300	18	
300　~ 350	11	
350　~ 400		0.08
합계		1

풀이 과정

답

✅ 이 단원에서 배운 개념을 잘 기억하고 있는지 체크해 보세요.

☐

• 자료의 변량을 작은 값부터 크기순으로 나열했을 때, 한가운데 있는 값
 ⇨ ① ☐☐☐

• 자료의 변량 중에서 가장 많이 나타난 값
 ⇨ ② ☐☐☐

↩ 136 쪽

☐ ○ ○ ○

자료의 변량 중에 매우 크거나 매우 작은 극단적인 값이 있으면 대푯값으로 ③ (평균, 중앙값)이 적절하다.

↩ 137 쪽

☐ ✕

• 변량을 일정한 간격으로 나눈 구간을 ④ ☐☐ (이)라 하고, 구간의 너비를 계급의 크기라고 한다.

• 각 계급에 속하는 변량의 개수를 ⑤ ☐☐ (이)라고 한다.

↩ 140 쪽

☐

히스토그램에서
(모든 직사각형의 넓이의 합)
 = (계급의 크기) × (도수의 총합)
⇨ 각 직사각형의 넓이는 각 계급의 ⑥ ☐☐ 에 정비례한다.

↩ 143 쪽

☐ ○ ○ ○

히스토그램에서 각 직사각형의 윗변의 중앙에 점을 찍어서 그리는 그래프를 ⑦ ☐☐☐☐☐☐☐☐ (이)라고 한다.
⇨ 두 개 이상의 자료의 분포를 비교할 때 히스토그램보다 편리하다. ⑧ (○, ✕)

↩ 144 쪽

☐ ✕

• 상대도수의 총합은 항상 ⑨ ☐ 이다.

• 각 계급의 상대도수는 그 계급의 ⑩ ☐☐ 에 정비례한다.

↩ 147 쪽

자료의 정리와 해석

대푯값

변량 ① 1, 1, 2, 3, 5, 8의 대푯값

$$\frac{1+1+1+2+3+5+8}{7} = 3 \quad \overset{평균}{} \quad 2 \overset{중앙값}{1,1,1,2,3,5,8} \quad 111 \overset{최빈값}{,2,3,5,8}$$

1반의 수학 성적 (단위: 점)

51	60	62	89	66
74	53	54	62	75

줄기와 잎 그림

수학 성적 (5|1은 51점)

줄기	잎
5	1 3 4
6	0 2 2 6
7	4 5
8	9

↑ 십의 자리   ↑ 일의 자리

도수분포표

수학 성적(점)	학생 수(명)
50이상 ~ 60미만	3
60이상 ~ 70미만	4
70이상 ~ 80미만	2
80이상 ~ 90미만	1
합계	10

계급   도수

그래프 →

히스토그램

(명)

50 60 70 80 90 (점)

도수분포다각형

(명)

50 60 70 80 90 (점)

/자료의 분포 상태가\ 아주 잘 보여!

상대도수와 그 그래프

· (어떤 계급의 상대도수) = $\dfrac{(그\ 계급의\ 도수)}{(도수의\ 총합)}$

· 상대도수의 총합은 항상 1이다.

· 도수의 총합이 다른 두 자료의 분포 상태를 비교할 때 이용한다.

/2반의 성적이\ 상대적으로 더 좋아!

(상대도수)   1반 2반

(성적)

MEMO

정다면체의 전개도

❶ 정사면체

❷ 정육면체

❸ 정팔면체

응용+문제L

❹ 정십이면체

❺ 정이십면체

중학 수학 고민 끝!

비상 수학 시리즈로 해결

〇 중학 수학 교재 가이드 〇

			기초	기본	응용	심화
단기 완성 개념서	2015개정 2022개정	교과서 개념잡기	기초 문제로 빠르게 교과서 개념 이해			
연산서	2015개정 2022개정	개념+연산	연산 문제의 반복 학습을 통해 개념 완성			
기본서 + 수준별 문제	2015개정 2022개정	개념+유형 라이트	이해하기 쉬운 개념 정리와 수준별 문제로 기초 완성			
	2015개정 2022개정	개념+유형 파워	이해하기 쉬운 개념 정리와 유형별 기출 문제로 내신 완벽 대비			
	2015개정	개념+유형 탑		다양한 고난도 문제로 문제 해결력 향상		
유형서	2015개정	만렙	다양한 유형의 빈출 문제로 내신 완성			
	[신간] 2022개정	유형 만렙	기출 중심의 필수 유형 문제로 실력 완성			
심화서	2015개정	최고득점 수학		까다로운 내신 문제, 고난도 문제를 통한 문제 해결력 완성		
	[신간] 2022개정	수학의 신		다양한 고난도 문제와 종합 사고력 문제로 최고 수준 달성		
시험 대비	2015개정	내공의 힘	효율적인 학습이 가능하도록 핵심 위주로 단기간 내신 완벽 대비			
	[신간] 2022개정	한끝 기출 PICK	상, 최상 수준의 문제까지 내신 기출 최다 수록			
	2015개정 2022개정	수학만 기출문제집	유형별, 난도별 기출 문제로 중간, 기말 시험 대비			

＋ 개념·플러스·유형·시리즈 개념과 유형이 하나로! 가장 효과적인 수학 공부 방법을 제시합니다.

비상교재
누리집에
방문해보세요

https://book.visang.com/
발간 이후에 발견되는 오류 중학교재 〉 학습자료실 〉 정오표
본 교재의 정답 중학교재 〉 학습자료실 〉 정답과해설

개념 + 유형

유형편

기초
탄탄 LITE

중학 수학

1·2

WHY

왜 유형편 라이트를
보아야 하나요?

다양한 유형의 문제를 기초부터 반복하여 연습할 수 있도록
구성하였으므로 앞으로 배울 내용을 예습하거나
부족한 유형을 학습하려는 친구라면 누구나 꼭 갖고 있어야 할 교재입니다.
아무리 기초가 부족하더라도 이 한 권만 내 것으로 만든다면 상위권으로 도약할 수 있습니다.

유형편 라이트의 구성

● 문제 풀이 비법을 담은
　내용 정리

● 부족한 유형은
　한 번 더 연습

● 자주 출제되는 문제는
　두 번씩 보는
　쌍둥이 기출문제

● 쌍둥이 기출문제 중
　핵심 문제만을 모아
　단원 마무리

● 꼼꼼하게 짚어주는
　단계별 연습 문제

● 핵심 기출문제와
　서술형 문제

● 발전된 유형은
　한 걸음 더 연습

CONTENTS 차례

1 기본 도형

01

점, 선, 면, 각

● 정답과 해설 13쪽

유형 1 점, 선, 면 / 직선, 반직선, 선분

(1) 점, 선, 면은 도형을 구성하는 기본 요소이다.
  └→ 점이 움직인 자리는 선이 되고, 선이 움직인 자리는 면이 된다.
  ① **교점**: 선과 선 또는 선과 면이 만나서 생기는 점
  ② **교선**: 면과 면이 만나서 생기는 선

(2) 직선, 반직선, 선분

직선 AB	반직선 AB	선분 AB
●———● A B	----●———● A(시작점) B(방향)	●———● A B
$\overleftrightarrow{AB}(=\overleftrightarrow{BA})$	$\overrightarrow{AB}(\neq\overrightarrow{BA})$	$\overline{AB}(=\overline{BA})$

참고 한 점을 지나는 직선은 무수히 많지만 서로 다른 두 점을 지나는 직선은 오직 하나뿐이다.

---

1 다음 중 옳은 것은 ○표, 옳지 <u>않은</u> 것은 ×표를 ( ) 안에 쓰시오.

(1) 도형의 기본 요소에는 점, 선, 면이 있다.
( )

(2) 선은 무수히 많은 점으로 이루어져 있다.
( )

(3) 선과 선이 만나면 교선이 생긴다. ( )

2 오른쪽 그림의 직육면체에서 교점의 개수와 교선의 개수를 구하시오.

교점: _____

교선: _____

3 다음 주어진 점을 지나는 직선을 가능한 한 그리고, 그 개수를 구하시오.

(1)　　　　　　　(2)

4 오른쪽 그림의 세 점 A, B, C에 대하여 다음 도형을 그리시오.

A●　　　●C
　　●B

(1) $\overline{AB}$　　(2) $\overrightarrow{AC}$　　(3) $\overleftrightarrow{BC}$

5 다음 도형을 기호로 나타내시오.

(1) 　　_____

(2) 　　_____

(3) 　　_____

(4) 　　_____

6 오른쪽 그림과 같이 직선 l 위에 세 점 A, B, C가 있을 때, 다음 □ 안에 =, ≠ 중 알맞은 것을 쓰시오.

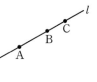

(1) $\overrightarrow{AC}$ □ $\overrightarrow{BC}$　　(2) $\overrightarrow{BA}$ □ $\overrightarrow{BC}$

(3) $\overline{AB}$ □ $\overline{BA}$　　(4) $\overleftrightarrow{CA}$ □ $\overleftrightarrow{CB}$

유형 2 두 점 사이의 거리 / 선분의 중점　　　　　　　　　　

(1) **두 점 A, B 사이의 거리**: 서로 다른 두 점 A, B 를 잇는 무수히 많은 선 중에서 길이가 가장 짧은 선인 선분 AB의 길이

➡ $\overline{AB}=3\,cm$
└→ $\overline{AB}$는 선분 AB의 길이를 나타내기도 한다.

(2) **선분의 중점**: 선분 AB 위의 한 점 M에 대하여 $\overline{AM}=\overline{MB}$일 때, 점 M을 선분 AB의 중점이라고 한다.

➡ $\overline{AM}=\overline{MB}=\dfrac{1}{2}\overline{AB}$

$\overline{AB}=2\overline{AM}=2\overline{MB}$

---

1 오른쪽 그림에서 다음을 구하시오.

(1) 두 점 B, D 사이의 거리　＿＿＿＿＿

(2) 두 점 A, B 사이의 거리　＿＿＿＿＿

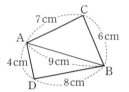

---

2 다음 그림에서 점 M이 $\overline{AB}$의 중점일 때, ☐ 안에 알맞은 수를 쓰시오.

(1)

⇨ $\overline{AM}$의 길이는 $\overline{AB}$의 길이의 ☐ 배이므로

$\overline{AM}=\boxed{}\ \overline{AB}=\boxed{}\ (cm)$

(2)

⇨ $\overline{AB}$의 길이는 $\overline{AM}$의 길이의 ☐ 배이므로

$\overline{AB}=\boxed{}\ \overline{AM}=\boxed{}\ (cm)$

---

3 오른쪽 그림에서 두 점 M, N이 각각 $\overline{AB}$, $\overline{AM}$의 중점일 때, 다음 ☐ 안에 알맞은 수를 쓰시오.

(1) $\overline{AM}=\overline{MB}=\boxed{}\ \overline{AB}$

(2) $\overline{AN}=\overline{NM}=\boxed{}\ \overline{AM}=\boxed{}\ \overline{AB}$

(3) $\overline{AB}=\boxed{}\ \overline{AM}=\boxed{}\ \overline{AN}$

(4) $\overline{AN}=4\,cm$이면 $\overline{AM}=\boxed{}\ cm$, $\overline{AB}=\boxed{}\ cm$

---

4 오른쪽 그림에서 두 점 M, N이 각각 $\overline{AB}$, $\overline{BC}$의 중점일 때, 다음 물음에 답하시오.

(1) $\overline{AC}$의 길이는 $\overline{MN}$의 길이의 몇 배인지 구하시오.　＿＿＿＿＿

(2) $\overline{AC}=12\,cm$일 때, $\overline{MN}$의 길이를 구하시오.　＿＿＿＿＿

유형 3 각

(1) 각 AOB: 한 점 O에서 시작하는 두 반직선 OA, OB로 이루어진 도형

기호 ∠AOB, ∠BOA, ∠O, ∠a
➡ 각을 나타내기도 하고, 그 각의 크기를 나타내기도 한다.

참고 ∠AOB는 보통 크기가 작은 쪽의 각을 말한다.

(2) 각의 분류

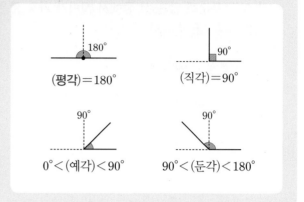

---

1 다음 보기 중 오른쪽 사각형 ABCD에서 ∠a를 점 A, B, C, D, O를 사용하여 기호로 나타낸 것으로 옳은 것을 모두 고르시오.

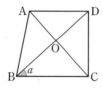

〔보기〕
ㄱ. ∠OBC   ㄴ. ∠DOC   ㄷ. ∠AOD
ㄹ. ∠CBD   ㅁ. ∠CBO   ㅂ. ∠COB

2 다음 각도가 예각이면 '예', 직각이면 '직', 둔각이면 '둔', 평각이면 '평'을 ( ) 안에 쓰시오.

(1) 80°   (   )

(2) 110°   (   )

(3) 55°   (   )

(4) 90°   (   )

(5) 180°   (   )

3 다음 그림에서 ∠x의 크기를 구하려고 할 때, ☐ 안에 알맞은 수를 쓰시오.

(1)

⇨ ∠x+120°=☐°
∴ ∠x=☐°

(2)

⇨ 45°+∠x+55°=☐°
∴ ∠x=☐°

4 다음 그림에서 ∠x의 크기를 구하시오.

(1)

_____

(2)

_____

유형 4 맞꼭지각

개념편 13쪽

(1) **교각**: 두 직선이 한 점에서 만날 때 생기는 네 개의 각

(2) **맞꼭지각**: 교각 중에서 서로 마주 보는 각

(3) **맞꼭지각의 성질**: 맞꼭지각의 크기는 서로 같다.

$\angle a = \angle c$, $\angle b = \angle d$ $\qquad\qquad$ $\angle x = \angle y$ $\qquad\qquad$ $\angle w = \angle z$

---

1 오른쪽 그림과 같이 세 직선이 한 점에서 만날 때, 다음 각의 맞꼭지각을 구하시오.

(1) $\angle AOC$ _____

(2) $\angle COF$ _____

(3) $\angle AOE$ _____

(4) $\angle AOD$ _____

(5) $\angle BOE$ _____

(6) $\angle DOF$ _____

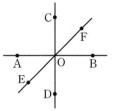

---

2 다음 그림과 같이 두 직선이 한 점에서 만날 때, $\angle x$, $\angle y$의 크기를 각각 구하려고 한다. ☐ 안에 알맞은 것을 쓰시오.

(1)

⇨ 맞꼭지각의 크기는 서로 같으므로

$\angle x = \boxed{}°$

이때 $\angle x + \angle y = \boxed{}°$이므로 $\angle y = \boxed{}°$

(2)

⇨ 맞꼭지각의 크기는 서로 같으므로

$2\angle x - 30° = \angle \boxed{}$ $\quad \therefore \ \angle x = \boxed{}°$

이때 $\angle x + \angle y = \boxed{}°$이므로 $\angle y = \boxed{}°$

---

3 다음 그림에서 x의 값을 구하시오.

(1)

_____

(2)

_____

---

4 다음 그림에서 $\angle x$의 크기를 구하시오. _____

유형 5 직교, 수직이등분선, 수선의 발 　　　　　　　　　　　　　　　　　　개념편 14쪽

(1) 두 직선 l과 m이 **직교한다** 또는 서로 수직이다.
　➡ 두 직선의 교각이 직각이다. 　**기호** $l \perp m$

(2) 직선 l이 선분 AB의 **수직이등분선**이다.
　➡ $l \perp \overline{AB}$, $\overline{AM} = \overline{MB}$

선분 AB의 수직이등분선

(3) 직선 l 밖의 점 P에서 직선 l에 내린 **수선의 발**
　➡ 점 P에서 직선 l에 수선을 그었을 때 생기는 교점 H
　참고 (점 P와 직선 l 사이의 거리)$=\overline{PH}$

수선의 발 / 점 P와 직선 l 사이의 거리

---

1 오른쪽 그림의 두 직선에 대하여 다음 물음에 답하시오.

(1) 직선 AB와 직교하는 직선을 구하시오. ＿＿＿＿＿＿＿＿＿

(2) 직선 AB와 직선 CD 사이의 관계를 기호로 나타내시오. ＿＿＿＿＿＿＿＿＿

(3) 선분 CD의 수직이등분선을 구하시오. ＿＿＿＿＿＿＿＿＿

(4) 점 B에서 직선 CD에 내린 수선의 발을 구하시오. ＿＿＿＿＿＿＿＿＿

(5) 점 A와 직선 CD 사이의 거리를 나타내는 선분을 구하시오. ＿＿＿＿＿＿＿＿＿

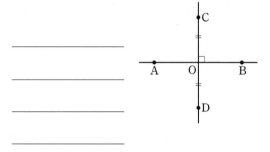

[2~3] 주어진 그림에서 다음을 구하시오.

2

(1) 점 A에서 $\overline{BC}$에 내린 수선의 발 ＿＿＿＿＿＿

(2) 점 D에서 $\overline{AB}$에 내린 수선의 발 ＿＿＿＿＿＿

(3) 점 A와 $\overline{BC}$ 사이의 거리를 나타내는 선분 ＿＿＿＿＿＿

3
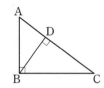

(1) 점 C에서 $\overline{AB}$에 내린 수선의 발 ＿＿＿＿＿＿

(2) 점 B에서 $\overline{AC}$에 내린 수선의 발 ＿＿＿＿＿＿

(3) 점 B와 $\overline{AC}$ 사이의 거리를 나타내는 선분 ＿＿＿＿＿＿

---

4 오른쪽 그림에서 $\overline{PB} \perp l$이고 $\overline{PA}=13\,cm$, $\overline{PB}=6\,cm$, $\overline{PC}=10\,cm$일 때, 점 P와 직선 l 사이의 거리를 구하시오. ＿＿＿＿＿＿

쌍둥이 01

1 다음 중 점, 선, 면에 대한 설명으로 옳지 <u>않은</u> 것은?

① 면은 무수히 많은 선으로 이루어져 있다.

② 한 점을 지나는 직선은 무수히 많다.

③ 서로 다른 두 점을 지나는 직선은 하나뿐이다.

④ 서로 다른 세 점이 있을 때, 이 세 점을 모두 지나는 직선은 항상 존재한다.

⑤ 서로 다른 두 점을 잇는 선 중에서 길이가 가장 짧은 것은 그 두 점을 잇는 선분이다.

2 다음 중 옳은 것을 모두 고르면? (정답 2개)

① 점이 움직인 자리는 항상 직선이 된다.

② 선이 움직인 자리는 면이 된다.

③ 평면과 평면이 만나면 교점이 생긴다.

④ 교선은 곡선이 될 수도 있다.

⑤ 삼각기둥에서 교점의 개수는 모서리의 개수와 같다.

쌍둥이 02

3 오른쪽 그림의 오각뿔에서 교점의 개수를 a, 교선의 개수를 b라고 할 때, $a+b$의 값은?

① 14 　　② 15

③ 16 　　④ 17

⑤ 18

4 오른쪽 그림의 육각기둥에서 교점의 개수를 x, 교선의 개수를 y라고 할 때, $y-x$의 값을 구하시오.

쌍둥이 03

5 다음 그림과 같이 직선 l 위에 세 점 A, B, C가 있을 때, 반직선 AC와 같은 반직선은?

① $\overrightarrow{AB}$ 　　② $\overrightarrow{BC}$ 　　③ $\overrightarrow{BA}$

④ $\overrightarrow{CA}$ 　　⑤ $\overrightarrow{CB}$

6 아래 그림과 같이 직선 l 위에 네 점 A, B, C, D가 있을 때, 다음 중 옳지 <u>않은</u> 것을 모두 고르면?

(정답 2개)

① $\overline{AB}=\overline{BA}$ 　　② $\overrightarrow{BC}=\overrightarrow{BD}$

③ $\overrightarrow{CA}=\overrightarrow{AC}$ 　　④ $\overleftrightarrow{AD}=\overrightarrow{AD}$

⑤ $\overleftrightarrow{CD}=\overleftrightarrow{DC}$

쌍둥이 04

7 오른쪽 그림과 같이 한 직선 위에 있 지 않은 세 점 A, B, C에 대하여 다 음을 구하시오.

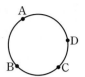

(1) 두 점을 이은 서로 다른 직선의 개수

(2) 두 점을 이은 서로 다른 반직선의 개수

8 오른쪽 그림과 같이 원 위에 4개의 점 A, B, C, D가 있을 때, 다음을 구하시오.

(1) 두 점을 이은 서로 다른 선분의 개수

(2) 두 점을 이은 서로 다른 반직선의 개수

쌍둥이 05

9 다음 그림에서 두 점 M, N이 각각 $\overline{AB}$, $\overline{BC}$의 중 점이고 $\overline{AB}=12\,cm$, $\overline{MN}=10\,cm$일 때, $\overline{BC}$의 길 이는?

① 7 cm   ② 8 cm   ③ 9 cm
④ 10 cm   ⑤ 11 cm

10 다음 그림에서 두 점 M, N이 각각 $\overline{AB}$, $\overline{BC}$의 중점 이고 $\overline{MN}=15\,cm$일 때, $\overline{AC}$의 길이를 구하시오.

풀이 과정

답

쌍둥이 06

11 오른쪽 그림에서 ∠x의 크기 는?

① 40°   ② 50°
③ 60°   ④ 70°
⑤ 80°

12 오른쪽 그림에서 ∠x의 크 기를 구하시오.

13 오른쪽 그림에서 ∠a, ∠b의 크기를 각각 구하시오.

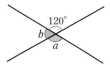

14 오른쪽 그림에서 x의 값은?

① 10   ② 20

③ 30   ④ 40

⑤ 50

15 오른쪽 그림에서 ∠x의 크기는?

① 50°   ② 60°

③ 70°   ④ 80°

⑤ 90°

16 오른쪽 그림에서 x의 값을 구하시오.

17 오른쪽 그림에서 ∠x의 크기를 구하시오.

18 오른쪽 그림에서 x의 값을 구하시오.

19 다음 중 오른쪽 그림의 직사각형에 대한 설명으로 옳은 것을 모두 고르면? (정답 2개)

① $\overline{AB}$와 $\overline{BC}$는 직교한다.

② $\overline{BC}$는 $\overline{AD}$의 수선이다.

③ $\overline{AD}$와 $\overline{CD}$의 교점은 점 C이다.

④ 점 D에서 $\overline{AB}$에 내린 수선의 발은 점 B이다.

⑤ 점 A와 $\overline{BC}$ 사이의 거리는 3 cm이다.

20 다음 중 오른쪽 그림의 사다리꼴에 대한 설명으로 옳지 <u>않은</u> 것은?

① $\overline{AB}\perp\overline{BC}$이다.

② 점 A와 $\overline{BC}$ 사이의 거리는 4 cm이다.

③ 점 C에서 $\overline{AB}$에 내린 수선의 발은 점 B이다.

④ 점 D와 $\overline{BC}$ 사이의 거리는 6 cm이다.

⑤ $\overline{AD}$와 직교하는 선분은 $\overline{AB}$이다.

02 점, 직선, 평면의 위치 관계

● 정답과 해설 15쪽

유형 6 점과 직선(평면)의 위치 관계 / 두 직선의 위치 관계 　　　　　개념편 16~18쪽

(1) 점과 직선의 위치 관계
　① 점이 직선 위에 있다.
　　↳ 직선이 점을 지난다.
　② 점이 직선 위에 있지 않다.
　　↳ 직선이 점을 지나지 않는다.

(2) 점과 평면의 위치 관계
　① 점이 평면 위에 있다.
　　↳ 평면이 점을 포함한다.
　② 점이 평면 위에 있지 않다.
　　↳ 평면이 점을 포함하지 않는다.

(3) 두 직선의 위치 관계

평면에서 두 직선의 위치 관계
　① 한 점에서 만난다.　② 일치한다.　③ 평행하다.
　　　　　　　　　　　　　　　　　　　　　　　기호 *l // m*

공간에서 두 직선의 위치 관계
　④ **꼬인 위치**에 있다. → 서로 만나지도 않고 평행하지도 않다.

---

1 오른쪽 그림에서 다음을 모두 구하시오.

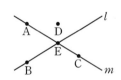

(1) 직선 *l* 위에 있는 점 ＿＿＿＿＿＿

(2) 직선 *m* 위에 있는 점 ＿＿＿＿＿＿

(3) 직선 *l* 위에 있지 않은 점 ＿＿＿＿＿＿

(4) 두 직선 *l*, *m* 중 어느 직선 위에도 있지 않은 점

　＿＿＿＿＿＿

2 오른쪽 그림의 삼각기둥에서 다음을 모두 구하시오.

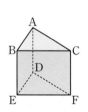

(1) 모서리 AB 위에 있는 꼭짓점 ＿＿＿＿＿＿

(2) 모서리 EF 위에 있지 않은 꼭짓점

　＿＿＿＿＿＿

(3) 꼭짓점 C를 지나는 모서리 ＿＿＿＿＿＿

(4) 면 BEFC 위에 있지 않은 꼭짓점

3 오른쪽 그림의 직육면체에서 다음을 모두 구하시오.

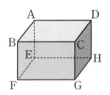

(1) 모서리 BC와 한 점에서 만나는 모서리 ＿＿＿＿＿＿

(2) 모서리 BC와 평행한 모서리 ＿＿＿＿＿＿

(3) 모서리 BC와 꼬인 위치에 있는 모서리

　＿＿＿＿＿＿

4 오른쪽 그림의 삼각뿔에서 다음을 구하시오.

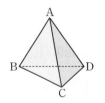

(1) 모서리 AB와 꼬인 위치에 있는 모서리

　＿＿＿＿＿＿

(2) 모서리 AC와 꼬인 위치에 있는 모서리

　＿＿＿＿＿＿

(3) 모서리 AD와 꼬인 위치에 있는 모서리

　＿＿＿＿＿＿

유형 7 직선과 평면의 위치 관계 / 두 평면의 위치 관계

(1) **공간에서 직선과 평면의 위치 관계**
① 한 점에서 만난다.   ② 포함된다.   ③ 평행하다.

기호 $l /\!/ P$

(2) **직선과 평면의 수직**

직선 l과 평면 P의 교점 H를 지나는 평면 P 위의 모든 직선이 직선 l과 수직이면

➡ $l \perp P$

점 A와 평면 P 사이의 거리

(3) **공간에서 두 평면의 위치 관계**
① 한 직선에서 만난다.   ② 일치한다.   ③ 평행하다.

기호 $P /\!/ Q$

(4) **두 평면의 수직**

평면 P가 평면 Q와 수직인 직선 l을 포함하면

➡ $P \perp Q$

---

1 오른쪽 그림의 삼각기둥에서 다음을 모두 구하시오.

(1) 모서리 AD를 포함하는 면

_____

(2) 모서리 AD와 수직인 면 _____

(3) 모서리 AD와 평행한 면 _____

2 오른쪽 그림의 직육면체에서 다음을 모두 구하시오.

(1) 면 ABCD에 포함되는 모서리

_____

(2) 면 ABCD와 한 점에서 만나는 모서리

_____

(3) 면 BFGC와 수직인 모서리 _____

(4) 면 EFGH와 평행한 모서리 _____

3 오른쪽 그림의 직육면체에서 다음을 모두 구하시오.

(1) 면 ABCD와 면 BFGC의 교선

_____

(2) 면 BFGC와 한 모서리에서 만나는 면

_____

(3) 면 CGHD와 수직인 면

_____

(4) 면 AEHD와 평행한 면

_____

직육면체에서 생각하면 편리해!

4 다음 중 공간에서 서로 다른 두 직선 l, m과 서로 다른 세 평면 P, Q, R에 대한 설명으로 옳은 것은 ○표, 옳지 않은 것은 ×표를 ( ) 안에 쓰시오.

(1) 두 직선 l과 m이 만나지 않으면 $l /\!/ m$이다.

( )

(2) $l \perp P$, $m \perp P$이면 $l /\!/ m$이다.   ( )

(3) $P \perp Q$, $P \perp R$이면 $Q \perp R$이다.   ( )

쌍둥이 01

1 오른쪽 그림의 삼각기둥에서 모서리 BC와 꼬인 위치에 있는 모서리는 모두 몇 개인가?

① 1개 ② 2개

③ 3개 ④ 4개

⑤ 5개

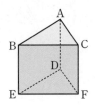

2 오른쪽 그림의 직육면체에서 모서리 AB와 꼬인 위치에 있는 모서리를 모두 구하시오.

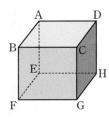

쌍둥이 02

3 다음 중 오른쪽 그림의 삼각기둥에 대한 설명으로 옳지 <u>않은</u> 것은?

① $\overline{\text{AB}} /\!/ \overline{\text{DE}}$이다.

② $\overline{\text{AC}} \perp \overline{\text{AD}}$이다.

③ 면 DEF와 평행한 모서리는 3개이다.

④ 면 ABC와 수직인 면은 3개이다.

⑤ 모서리 AD와 꼬인 위치에 있는 모서리는 3개이다.

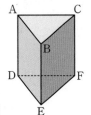

4 다음 중 오른쪽 그림과 같이 밑면이 정오각형인 오각기둥에 대한 설명으로 옳은 것은?

① $\overline{\text{AB}}$와 수직인 모서리는 4개이다.

② $\overleftrightarrow{\text{AB}}$와 $\overleftrightarrow{\text{CD}}$는 꼬인 위치에 있다.

③ $\overline{\text{BG}}$와 평행한 면은 1개이다.

④ 면 BGHC와 수직인 면은 4개이다.

⑤ 면 ABCDE와 $\overline{\text{CH}}$는 수직이다.

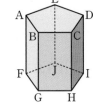

쌍둥이 03

5 다음 보기 중 공간에서 서로 다른 세 직선 l, m, n과 서로 다른 세 평면 P, Q, R에 대한 설명으로 옳은 것을 모두 고르시오.

〔보기〕

ㄱ. $l /\!/ m$, $l /\!/ n$이면 $m \perp n$이다.

ㄴ. $l \perp P$, $l \perp Q$이면 $P /\!/ Q$이다.

ㄷ. $P /\!/ Q$, $P \perp R$이면 $Q \perp R$이다.

6 다음 중 공간에서 위치 관계에 대한 설명으로 옳은 것은?

① 한 평면에 평행한 서로 다른 두 직선은 수직이다.

② 한 평면에 평행한 서로 다른 두 평면은 평행하다.

③ 한 평면에 수직인 서로 다른 두 평면은 평행하다.

④ 한 직선에 수직인 서로 다른 두 직선은 평행하다.

⑤ 한 직선에 평행한 서로 다른 두 평면은 평행하다.

03 동위각과 엇각

유형 8 동위각과 엇각 / 평행선의 성질

개념편 24~25쪽

(1) 한 평면 위의 서로 다른 두 직선 l, m이 다른 한 직선 n과 만날 때

 ① **동위각**: 같은 위치에 있는 각

 ➡ $\angle a$와 $\angle e$, $\angle b$와 $\angle f$, $\angle c$와 $\angle g$, $\angle d$와 $\angle h$

② **엇각**: 엇갈린 위치에 있는 각

 ➡ $\angle b$와 $\angle h$, $\angle c$와 $\angle e$
↳ 엇각은 두 직선 l, m 사이에 있는 각에 대해서만 생각한다.

(2) **평행선의 성질**: 평행한 두 직선이 다른 한 직선과 만날 때

① 동위각의 크기는 서로 같다.

 ➡ $l /\!/ m$이면 $\underset{\text{동위각}}{\angle a = \angle b}$

② 엇각의 크기는 서로 같다.

 ➡ $l /\!/ m$이면 $\underset{\text{엇각}}{\angle c = \angle d}$

---

1 오른쪽 그림과 같이 세 직선이 만날 때, 다음 □ 안에 알맞은 것을 쓰시오.

(1) $\angle a$의 동위각: $\angle d = \boxed{}°$

(2) $\angle b$의 동위각: $\angle\boxed{} = \boxed{}°$

(3) $\angle d$의 엇각: $\angle\boxed{} = \boxed{}°$

(4) $\angle e$의 엇각: $\boxed{}°$

2 다음 그림에서 $l /\!/ m$일 때, $\angle a \sim \angle c$의 크기를 각각 구하시오.

(1)

(2)

[3~5] 다음 그림에서 $l /\!/ m$, $p /\!/ q$일 때, $\angle x$, $\angle y$의 크기를 각각 구하시오.

3

_____

4

_____

삼각형의 세 각의 크기의 합이 $180°$임을 이용해 봐!

5

_____

유형 9 두 직선이 평행하기 위한 조건　　　　개념편 25쪽

서로 다른 두 직선이 다른 한 직선과 만날 때
(1) 동위각의 크기가 서로 같으면 두 직선은 평행하다.

➡ $\angle a = \angle b$이면 $l \,/\!/\, m$
　　동위각

(2) 엇각의 크기가 서로 같으면 두 직선은 평행하다.

➡ $\angle c = \angle d$이면 $l \,/\!/\, m$
　　엇각

---

1 다음 그림에서 $\angle x$의 크기를 구하고, 두 직선 l, m이 평행한지 평행하지 않은지 말하시오.

(1) 120°, 60°, x

_____

(2) 120°, 70°, x

_____

(3) 80°, 100°, x

_____

(4) 50°, 130°, x

_____

---

2 다음 보기 중 두 직선 l, m이 평행한 것을 모두 고르시오.　_____

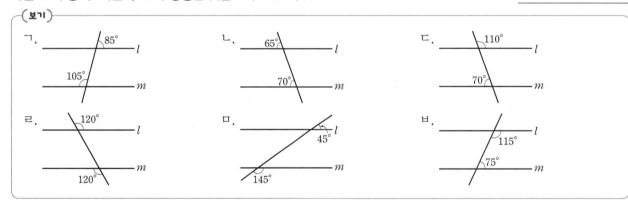

ㄱ. 85°, 105°　　ㄴ. 65°, 70°　　ㄷ. 110°, 70°

ㄹ. 120°, 120°　　ㅁ. 45°, 145°　　ㅂ. 115°, 75°

---

3 다음 중 오른쪽 그림에 대한 설명으로 옳은 것은 ○표, 옳지 <u>않은</u> 것은 ×표를 ( ) 안에 쓰시오.

(1) $l \,/\!/\, m$이면 $\angle a = \angle e$이다.　　　　(　)

(2) $\angle c = \angle f$이면 $l \,/\!/\, m$이다.　　　　(　)

(3) $l \,/\!/\, m$이면 $\angle b = \angle g$이다.　　　　(　)

(4) $\angle c = \angle e$이면 $l \,/\!/\, m$이다.　　　　(　)

유형 **10** 평행선에서 보조선을 그어 각의 크기 구하기

$l \parallel m$이고 꺾인 점이 있으면 그 점을 지나면서 두 직선 l, m에 평행한 보조선을 그어 각의 크기를 구한다.

(1) 보조선을 1개 긋는 경우

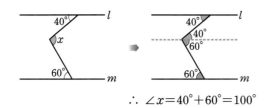

$$\therefore \angle x = 40° + 60° = 100°$$

(2) 보조선을 2개 긋는 경우

$$\therefore \angle x = 20° + 45° = 65°$$

[1~4] 다음 그림에서 $l \parallel m$일 때, $\angle x$의 크기를 구하시오.

1

_____

2

_____

3

_____

4

_____

[5~8] 다음 그림에서 $l \parallel m$일 때, $\angle x$의 크기를 구하시오.

5

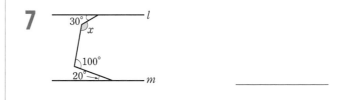

_____

6

_____

7

_____

8

_____

쌍둥이 01

1 오른쪽 그림과 같이 세 직선 l, m, n이 만날 때, 다음 중 옳은 것은?

① $\angle a$와 $\angle d$는 서로 맞꼭지각이다.

② $\angle b$의 동위각은 $\angle h$이다.

③ $\angle d$의 엇각은 $\angle g$이다.

④ $\angle e$의 엇각은 $\angle c$이다.

⑤ $\angle g$의 동위각은 $\angle b$이다.

2 오른쪽 그림과 같이 세 직선 l, m, n이 만날 때, 다음 중 옳지 않은 것은?

① $\angle a$의 동위각의 크기는 $110°$이다.

② $\angle b$의 엇각의 크기는 $70°$이다.

③ $\angle c$의 엇각의 크기는 $70°$이다.

④ 두 직선 l, m이 평행하면 $\angle b$와 $\angle f$의 크기는 같다.

⑤ $\angle c=110°$이면 두 직선 l, m은 평행하다.

쌍둥이 02

3 오른쪽 그림에서 $l /\!/ m$일 때, $\angle x+\angle y$의 크기는?

① $100°$ ② $120°$

③ $130°$ ④ $150°$

⑤ $180°$

4 오른쪽 그림에서 $l /\!/ m$일 때, $\angle x-\angle y$의 크기를 구하시오.

쌍둥이 03

5 오른쪽 그림에서 $l /\!/ m$일 때, $\angle x$의 크기는?

① $25°$ ② $30°$

③ $35°$ ④ $40°$

⑤ $45°$

6 오른쪽 그림에서 $l /\!/ m$일 때, $\angle x$의 크기는?

① $15°$ ② $17°$

③ $20°$ ④ $23°$

⑤ $25°$

쌍둥이 04

7 다음 중 두 직선 l, m이 평행하지 <u>않은</u> 것은?

8 다음 보기 중 두 직선 l, m이 평행한 것을 모두 고르시오.

(보기)

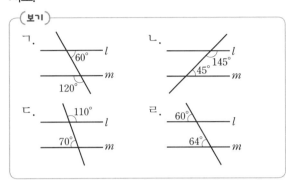

쌍둥이 05

9 오른쪽 그림에서 $l /\!/ m$일 때, $\angle x$의 크기를 구하시오.

10 오른쪽 그림에서 $l /\!/ m$일 때, $\angle x$의 크기를 구하시오.

쌍둥이 06

11 오른쪽 그림에서 $l /\!/ m$일 때, $\angle x$의 크기는?

① 40°   ② 45°

③ 50°   ④ 55°

⑤ 60°

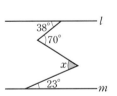

12 오른쪽 그림에서 $l /\!/ m$일 때, $\angle x$의 크기를 구하시오.

서술형

풀이 과정

답

단원 마무리

쌍둥이 기출문제 중에서 연습이 더 필요한 문제들로 구성하였습니다.

1 오른쪽 그림에서 점 B는 $\overline{AC}$의 중점이고 점 C는 $\overline{BD}$의 중점이다. $\overline{AD}=24$ cm일 때, $\overline{AB}$의 길이를 구하시오.

🔗 두 점 사이의 거리

2 오른쪽 그림에서 $\angle COE = \angle DOB = 90°$, $\angle BOE = 50°$일 때, $\angle x$의 크기를 구하시오.

🔗 평각, 직각을 이용하여 각의 크기 구하기

3 오른쪽 그림에서 x의 값은?

① 15   ② 18   ③ 20

④ 22   ⑤ 25

🔗 맞꼭지각의 성질의 활용

4 다음 중 오른쪽 그림의 사각뿔에서 모서리 AB와 만나지도 않고 평행하지도 않은 모서리를 모두 고르면? (정답 2개)

① $\overline{AE}$ ② $\overline{BC}$ ③ $\overline{BE}$

④ $\overline{CD}$ ⑤ $\overline{DE}$

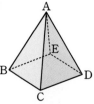

🔗 공간에서 두 직선의 위치 관계

5 다음 중 오른쪽 그림의 직육면체에 대한 설명으로 옳은 것은?

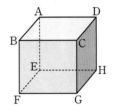

🔗 공간에서 여러 가지 위치 관계

① $\overline{AB}$와 $\overline{DH}$는 수직으로 만난다.

② 면 ABCD와 $\overline{EH}$는 평행하다.

③ 서로 평행한 면은 총 2쌍이다.

④ $\overline{BC}$와 꼬인 위치에 있는 모서리는 2개이다.

⑤ 면 ABFE와 수직인 모서리는 2개이다.

6 오른쪽 그림에서 엇각끼리 바르게 짝 지은 것을 모두 고르면?

(정답 2개)

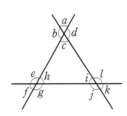

🔗 동위각과 엇각

① $\angle a$와 $\angle e$ ② $\angle b$와 $\angle h$

③ $\angle c$와 $\angle j$ ④ $\angle d$와 $\angle i$

⑤ $\angle e$와 $\angle g$

서술형

7 오른쪽 그림에서 $l /\!/ m$일 때, x의 값을 구하시오.

풀이 과정

🔗 평행선의 성질을 이용하여 각의 크기 구하기

답

8 오른쪽 그림에서 $l /\!/ m$일 때, $\angle x$의 크기를 구하시오.

🔗 평행선에서 보조선을 그어 각의 크기 구하기

2

작도와 합동

01 삼각형의 작도

(1) **작도**: 눈금 없는 자와 컴퍼스만을 사용하여 도형을 그리는 것
　① **눈금 없는 자**: 두 점을 이어 선분을 그리거나 주어진 선분을 연장할 때 사용
　② **컴퍼스**: 원을 그리거나 주어진 선분의 길이를 재어 다른 곳으로 옮길 때 사용
(2) $\overline{AB}$와 길이가 같은 $\overline{CD}$의 작도

---

1 다음 보기 중 작도할 때 사용하는 도구를 모두 고르시오. ＿＿＿＿＿＿

　보기
　ㄱ. 컴퍼스　　　　　ㄴ. 각도기
　ㄷ. 삼각자　　　　　ㄹ. 눈금 없는 자

2 다음 중 옳은 것은 ○표, 옳지 <u>않은</u> 것은 ×표를 ( ) 안에 쓰시오.

　(1) 선분을 연장할 때는 눈금 없는 자를 사용한다.
　　　　　　　　　　　　　　　　　　(　)

　(2) 두 점을 연결하는 선분을 그릴 때는 컴퍼스를 사용한다.　　　　　　　　　　　(　)

　(3) 선분의 길이를 재어 다른 직선 위로 옮길 때는 눈금 없는 자를 사용한다. 　 (　)

　(4) 두 선분의 길이를 비교할 때는 컴퍼스를 사용한다. 　　　　　　　　　　　(　)

3 다음 그림과 같이 두 점 A, B를 지나는 직선 l 위에 $\overline{AB}=\overline{BC}$인 점 C를 잡을 때 사용하는 도구를 말하시오. ＿＿＿＿＿＿

　　●———●———— l ➡ ●———●———●— l
　　A　　B　　　　　　 A　　B　　C

4 다음은 선분 AB와 길이가 같은 선분 PQ를 작도하는 과정이다. ☐ 안에 알맞은 것을 쓰시오.

　❶ 눈금 없는 자를 사용하여 직선을 긋고 그 위에 점 ☐를 잡는다.
　❷ 컴퍼스를 사용하여 ☐의 길이를 잰다.
　❸ 점 ☐를 중심으로 반지름의 길이가 ☐인 원을 그려 ❶의 직선과의 교점을 ☐라고 하면 선분 PQ가 작도된다.

5 다음은 선분 AB를 점 B의 방향으로 연장한 후 $\overline{AC}=2\overline{AB}$가 되는 선분 AC를 작도하는 과정이다. 작도 순서를 바르게 나열하시오. ＿＿＿＿＿＿

　㉠ 컴퍼스를 사용하여 $\overline{AB}$의 길이를 잰다.
　㉡ 점 B를 중심으로 반지름의 길이가 $\overline{AB}$인 원을 그려 $\overline{AB}$의 연장선과의 교점을 C라고 하면 $\overline{AC}=2\overline{AB}$이다.
　㉢ 눈금 없는 자를 사용하여 $\overline{AB}$를 점 B의 방향으로 연장한다.

유형 2 크기가 같은 각의 작도

(1) ∠XOY와 크기가 같고 $\overrightarrow{PQ}$를 한 변으로 하는 ∠DPQ의 작도

(2) 점 P를 지나고 직선 l에 평행한 직선 m의 작도

➡ ∠CQD=∠APB이므로 $l \parallel m$

---

1 다음은 ∠XOY와 크기가 같고 $\overrightarrow{PQ}$를 한 변으로 하는 각을 작도하는 과정이다. ⬜ 안에 알맞은 것을 쓰시오.

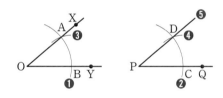

❶ 점 O를 중심으로 적당한 크기의 원을 그려 $\overrightarrow{OX}$, $\overrightarrow{OY}$와의 교점을 각각 ⬜, ⬜라고 한다.

❷ 점 P를 중심으로 반지름의 길이가 $\overline{OA}$인 원을 그려 $\overrightarrow{PQ}$와의 교점을 ⬜라고 한다.

❸ $\overline{AB}$의 길이를 잰다.

❹ 점 C를 중심으로 반지름의 길이가 ⬜인 원을 그려 ❷의 원과의 교점을 D라고 한다.

❺ $\overrightarrow{PD}$를 그으면 ∠DPQ가 작도된다.

2 오른쪽 그림은 직선 l 밖의 한 점 P를 지나고 직선 l과 평행한 직선을 작도하는 과정이다. 다음 ⬜ 안에 알맞은 것을 쓰시오.

(1) 작도 순서는 ⬜ → ㉢ → ⬜ → ㉠ → ⬜ → ㉤

(2) 위의 작도 과정은 '서로 다른 두 직선이 다른 한 직선과 만날 때, ⬜의 크기가 서로 같으면 두 직선은 평행하다.'는 성질을 이용한 것이다.

3 오른쪽 그림은 직선 l 밖의 한 점 P를 지나고 직선 l과 평행한 직선을 작도하는 과정이다. 다음 ⬜ 안에 알맞은 것을 쓰시오.

(1) 작도 순서는 ㉢ → ⬜ → ㉡ → ⬜ → ㉣ → ⬜

(2) 위의 작도 과정은 '서로 다른 두 직선이 다른 한 직선과 만날 때, ⬜의 크기가 서로 같으면 두 직선은 평행하다.'는 성질을 이용한 것이다.

유형 3 삼각형 / 삼각형의 세 변의 길이 사이의 관계 　　　　　　　　　　 **개념편 41쪽**

(1) 삼각형 ABC를 기호로 △ABC와 같이 나타낸다.

(2) 삼각형의 세 변의 길이 사이의 관계 → 삼각형이 될 수 있는 조건
　➡ (가장 긴 변의 길이)<(나머지 두 변의 길이의 합)

1 오른쪽 그림의 △ABC에서 다음을 구하시오.

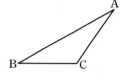

(1) ∠A의 대변　　　_____

(2) ∠B의 대변　　　_____

(3) ∠C의 대변　　　_____

(4) $\overline{AB}$의 대각　　　_____

(5) $\overline{BC}$의 대각　　　_____

(6) $\overline{AC}$의 대각　　　_____

2 오른쪽 그림의 △ABC에서 다음을 구하시오.

(1) ∠A의 대변의 길이　　　_____

(2) ∠C의 대변의 길이　　　_____

(3) $\overline{AC}$의 대각의 크기　　　_____

3 다음 중 삼각형의 세 변의 길이가 될 수 있는 것은 ○표, 될 수 <u>없는</u> 것은 ×표를 (　) 안에 쓰시오.

(1) 1 cm, 3 cm, 6 cm　　　　　　　　（　　）

(2) 2 cm, 7 cm, 9 cm　　　　　　　　（　　）

(3) 4 cm, 4 cm, 5 cm　　　　　　　　（　　）

(4) 5 cm, 6 cm, 13 cm　　　　　　　　（　　）

(5) 6 cm, 8 cm, 12 cm　　　　　　　　（　　）

(6) 7 cm, 9 cm, 15 cm　　　　　　　　（　　）

(7) 8 cm, 10 cm, 10 cm　　　　　　　　（　　）

(8) 11 cm, 12 cm, 24 cm　　　　　　　　（　　）

유형 4 삼각형의 작도
개념편 42쪽

(1) 세 변의 길이가 주어질 때

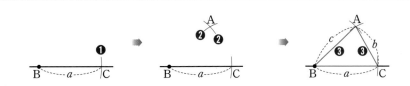

(2) 두 변의 길이와 그 끼인각의 크기가 주어질 때

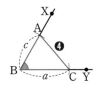

(3) 한 변의 길이와 그 양 끝 각의 크기가 주어질 때

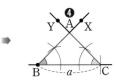

1 다음 그림과 같이 변의 길이와 각의 크기가 주어졌을 때, △ABC를 하나로 작도할 수 있는 것은 ○표, 작도할 수 없는 것은 ×표를 ( ) 안에 쓰시오.

(1)
( )

(2)
( )

(3)
( )

(4)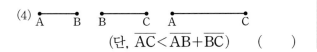
(단, $\overline{AC} < \overline{AB} + \overline{BC}$) ( )

2 다음은 세 변의 길이가 a, b, c인 삼각형을 작도하는 과정이다. □ 안에 알맞은 것을 보기에서 골라 쓰시오.

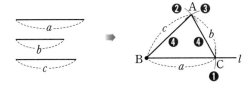

❶ 직선 l 위에 점 B를 잡고 길이가 a가 되도록 점 □를 잡는다.

❷ 점 B를 중심으로 하고 반지름의 길이가 □인 원을 그린다.

❸ 점 C를 중심으로 하고 반지름의 길이가 □인 원을 그린다.

❹ 두 원의 교점을 □라고 하고, 두 점 A와 B, 두 점 A와 C를 각각 이으면 △ABC가 작도된다.

(보기)

a, b, c, A, B, C

삼각형이 하나로 정해지는 경우	삼각형이 하나로 정해지지 않는 경우

(1) 세 변의 길이가 주어진 경우
  ↳ (가장 긴 변의 길이)<(나머지 두 변의 길이의 합)이어야 한다.
	(1) (가장 긴 변의 길이)≥(나머지 두 변의 길이의 합)
	  ➡ 삼각형이 그려지지 않는다.

(2) 두 변의 길이와 그 끼인각의 크기가 주어진 경우	(2) 두 변의 길이와 그 끼인각이 아닌 다른 한 각의 크기가 주어진 경우 ➡ 삼각형이 그려지지 않거나, 1개 또는 2개로 그려진다.
(3) 한 변의 길이와 그 양 끝 각의 크기가 주어진 경우	(3) 세 각의 크기가 주어진 경우 ➡ 모양은 같고 크기가 다른 삼각형이 무수히 많이 그려진다.

1 다음 중 △ABC가 하나로 정해지는 것은 ○표, 하나로 정해지지 <u>않는</u> 것은 ×표를 ( ) 안에 쓰고, 그 이유를 쓰시오.

(1) $\overline{AB}=3\,cm$, $\overline{BC}=7\,cm$, $\overline{CA}=2\,cm$ (   )
이유: _____
_____

(2) $\overline{AB}=5\,cm$, $\overline{BC}=4\,cm$, $\overline{CA}=8\,cm$ (   )
이유: _____
_____

(3) $\overline{BC}=4\,cm$, $\overline{CA}=3\,cm$, $\angle B=40°$ (   )
이유: _____
_____

(4) $\overline{BC}=3\,cm$, $\overline{CA}=8\,cm$, $\angle C=100°$ (   )
이유: _____
_____

(5) $\overline{BC}=5\,cm$, $\angle B=50°$, $\angle C=70°$ (   )
이유: _____
_____

(6) $\overline{AB}=5\,cm$, $\angle A=30°$, $\angle C=60°$ (   )
이유: _____
_____

(7) $\angle A=30°$, $\angle B=70°$, $\angle C=80°$ (   )
이유: _____
_____

2 $\overline{AB}$와 $\overline{AC}$의 길이가 주어졌을 때, 다음 중 △ABC가 하나로 정해지기 위해 필요한 나머지 한 조건이 될 수 있는 것은 ○표, 될 수 <u>없는</u> 것은 ×표를 ( ) 안에 쓰시오.
(단, $\overline{AB}+\overline{AC}>\overline{BC}$이고, $\overline{BC}$가 가장 긴 변이다.)

(1) $\overline{BC}$ (   )

(2) $\angle A$ (   )

(3) $\angle B$ (   )

(4) $\angle C$ (   )

쌍둥이 01

1 다음 중 작도할 때의 눈금 없는 자와 컴퍼스의 용도를 보기에서 골라 바르게 짝 지은 것은?

┌─(보기)─────────────────────┐
ㄱ. 원을 그린다.
ㄴ. 서로 다른 두 점을 연결한다.
ㄷ. 선분의 길이를 재어 옮긴다.
ㄹ. 선분의 연장선을 긋는다.
└────────────────────────────┘

	눈금 없는 자	컴퍼스
①	ㄱ, ㄴ	ㄷ, ㄹ
②	ㄱ, ㄷ	ㄴ, ㄹ
③	ㄱ, ㄹ	ㄴ, ㄷ
④	ㄴ, ㄷ	ㄱ, ㄹ
⑤	ㄴ, ㄹ	ㄱ, ㄷ

2 다음 중 작도에 대한 설명으로 옳지 <u>않은</u> 것을 모두 고르면? (정답 2개)

① 눈금 있는 자는 사용하지 않는다.
② 각의 크기를 옮길 때는 각도기를 사용한다.
③ 선분의 길이를 옮길 때는 컴퍼스를 사용한다.
④ 선분의 길이를 잴 때는 자를 사용한다.
⑤ 직선이나 선분을 그릴 때는 눈금 없는 자를 사용한다.

쌍둥이 02

3 아래 그림은 ∠XOY와 크기가 같고 $\overrightarrow{PQ}$를 한 변으로 하는 각을 작도하는 과정이다. 다음 중 작도 순서를 바르게 나열한 것은?

 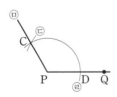

① ㉠ → ㉡ → ㉢ → ㉣ → ㉤
② ㉠ → ㉢ → ㉡ → ㉣ → ㉤
③ ㉡ → ㉠ → ㉣ → ㉤ → ㉢
④ ㉡ → ㉣ → ㉠ → ㉢ → ㉤
⑤ ㉡ → ㉤ → ㉢ → ㉠ → ㉣

4 아래 그림은 ∠XOY와 크기가 같고 $\overrightarrow{PQ}$를 한 변으로 하는 각을 작도한 것이다. 다음 중 옳지 <u>않은</u> 것은?

 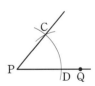

① $\overline{OA}=\overline{OB}$
② $\overline{AB}=\overline{CD}$
③ $\overline{OA}=\overline{PD}$
④ $\overline{OX}=\overline{PC}$
⑤ ∠AOB=∠CPD

5 아래 그림은 직선 l 밖의 한 점 P를 지나고 직선 l과 평행한 직선 m을 작도한 것이다. 다음 중 $\overline{AB}$와 길이가 같은 선분이 <u>아닌</u> 것을 모두 고르면? (정답 2개)

① $\overline{AC}$　　② $\overline{BC}$　　③ $\overline{PQ}$
④ $\overline{PR}$　　⑤ $\overline{QR}$

6 아래 그림은 직선 l 밖의 한 점 P를 지나고 직선 l과 평행한 직선을 작도하는 과정이다. 다음 중 옳지 <u>않</u>은 것은?

① $\overline{AC}=\overline{PQ}$
② $\overline{BC}=\overline{QR}$
③ $\angle QPR=\angle QRP$
④ 작도 순서는 ㉠ → ㉫ → ㉡ → ㉭ → ㉢ → ㉣이다.
⑤ '서로 다른 두 직선이 다른 한 직선과 만날 때, 엇각의 크기가 서로 같으면 두 직선은 평행하다.'는 성질을 이용한다.

7 다음 중 삼각형의 세 변의 길이가 될 수 <u>없는</u> 것은?

① $4\,cm,\ 3\,cm,\ 3\,cm$
② $5\,cm,\ 4\,cm,\ 2\,cm$
③ $7\,cm,\ 4\,cm,\ 2\,cm$
④ $8\,cm,\ 6\,cm,\ 6\,cm$
⑤ $9\,cm,\ 6\,cm,\ 4\,cm$

8 세 선분의 길이가 다음과 같이 주어질 때, 이를 세 변으로 하는 삼각형을 작도할 수 <u>없는</u> 것은?

① $1\,cm,\ 1\,cm,\ 1\,cm$
② $2\,cm,\ 2\,cm,\ 1\,cm$
③ $3\,cm,\ 4\,cm,\ 2\,cm$
④ $4\,cm,\ 4\,cm,\ 5\,cm$
⑤ $5\,cm,\ 2\,cm,\ 3\,cm$

쌍둥이 05

9 오른쪽 그림과 같이 $\overline{AB}$의 길이와 ∠A, ∠B의 크기가 주어졌을 때, 다음 보기 중 △ABC의 작도 순서로 옳은 것을 모두 고르시오.

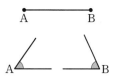

（보기）
ㄱ. $\overline{AB}$ → ∠A → ∠B
ㄴ. ∠A → ∠B → $\overline{AB}$
ㄷ. ∠B → ∠A → $\overline{AB}$
ㄹ. ∠A → $\overline{AB}$ → ∠B

10 오른쪽 그림과 같이 $\overline{AB}$, $\overline{BC}$의 길이와 ∠B의 크기가 주어졌을 때, △ABC의 작도 순서 중 가장 마지막에 해당하는 것은?

① $\overline{AB}$를 작도한다.
② $\overline{BC}$를 작도한다.
③ 두 점 A와 C를 잇는다.
④ ∠B를 작도한다.
⑤ ∠C를 작도한다.

쌍둥이 06

11 다음 보기 중 △ABC가 하나로 정해지는 것을 모두 고르시오.

（보기）
ㄱ. $\overline{AB}$=4 cm, $\overline{BC}$=5 cm, $\overline{CA}$=9 cm
ㄴ. $\overline{AB}$=7 cm, $\overline{BC}$=10 cm, ∠B=45°
ㄷ. $\overline{AB}$=8 cm, $\overline{CA}$=6 cm, ∠B=25°
ㄹ. $\overline{BC}$=5 cm, ∠A=35°, ∠C=60°

12 다음 중 △ABC가 하나로 정해지지 <u>않는</u> 것은?

① $\overline{AB}$=6 cm, $\overline{BC}$=12 cm, $\overline{CA}$=8 cm
② $\overline{AB}$=5 cm, $\overline{BC}$=7 cm, ∠B=60°
③ $\overline{AB}$=3 cm, ∠A=40°, ∠B=50°
④ $\overline{BC}$=4 cm, ∠A=30°, ∠B=70°
⑤ ∠A=40°, ∠B=60°, ∠C=80°

쌍둥이 07

13 $\overline{AB}$의 길이와 ∠B의 크기가 주어졌을 때, 다음 보기 중 △ABC가 하나로 정해지기 위해 필요한 나머지 한 조건이 될 수 <u>없는</u> 것을 고르시오.

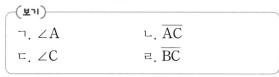

（보기）
ㄱ. ∠A   ㄴ. $\overline{AC}$
ㄷ. ∠C   ㄹ. $\overline{BC}$

14 ∠A의 크기가 주어졌을 때, 두 가지 조건을 추가하여 △ABC가 하나로 정해지도록 하려고 한다. 다음 중 필요한 조건으로 옳지 <u>않은</u> 것은?

① ∠B와 $\overline{AB}$ ② ∠B와 ∠C
③ ∠C와 $\overline{BC}$ ④ ∠C와 $\overline{AC}$
⑤ $\overline{AB}$와 $\overline{AC}$

O2 삼각형의 합동

• 정답과 해설 23쪽

△ABC와 △PQR가 서로 합동일 때, 이것을 기호로 △ABC≡△PQR와 같이 나타낸다.

➡ 두 도형이 서로 합동이면
• 대응변의 길이가 서로 같다.
• 대응각의 크기가 서로 같다.

참고 모양과 크기가 같아서 포개었을 때 완전히 겹치는 두 도형을 서로 합동이라고 한다.

---

1 아래 그림에서 △ABC≡△DEF일 때, 다음을 구하시오.

(1) $\overline{BC}$의 길이

⇨ $\overline{BC}$의 대응변은 ☐이므로 → △ABC≡△DEF

$\overline{BC}=$ ☐ cm

(2) $\overline{AB}$의 길이 　　　　＿＿＿＿＿＿

(3) ∠E의 크기 　　　　＿＿＿＿＿＿

(4) ∠F의 크기 　　　　＿＿＿＿＿＿

2 다음 그림에서 사각형 ABCD와 사각형 EFGH가 서로 합동일 때, a, b, c, x의 값을 각각 구하시오.

＿＿＿＿＿＿＿＿＿＿＿＿

3 다음 중 옳은 것은 ○표, 옳지 <u>않은</u> 것은 ×표를 ( ) 안에 쓰시오.

(1) 두 도형 A와 B가 서로 합동이면 기호로 A≡B와 같이 나타낸다. 　　　　(　)

(2) 합동인 두 도형은 대응각의 크기가 서로 같다. 　　　　(　)

(3) 합동인 두 도형은 넓이가 서로 같다. 　(　)

(4) 반지름의 길이가 같은 두 원은 서로 합동이다. 　　　　(　)

(5) 한 변의 길이가 같은 두 마름모는 서로 합동이다. 　　　　(　)

(6) 넓이가 같은 두 직사각형은 서로 합동이다. 　　　　(　)

(7) 넓이가 같은 두 정사각형은 서로 합동이다. 　　　　(　)

유형 7 삼각형의 합동 조건

(1) 대응하는 세 변의 길이가 각
각 같다.
➡ SSS 합동

(2) 대응하는 두 변의 길이가 각
각 같고, 그 끼인각의 크기가
같다. ➡ SAS 합동

(3) 대응하는 한 변의 길이가 같
고, 그 양 끝 각의 크기가 각
각 같다. ➡ ASA 합동

1 다음 그림의 △ABC와 △DEF가 서로 합동일 때,
합동 조건을 말하시오.

(1)

_____

(2)

_____

(3)

_____

2 오른쪽 그림의 △ABC와 합동
인 삼각형을 다음 보기에서 모
두 찾아 대응점의 순서를 맞추
어 쓰시오.

_____

(보기)

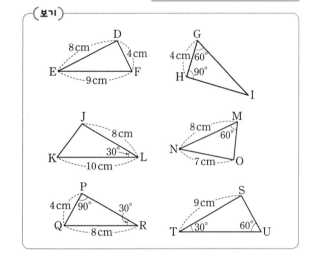

3 오른쪽 그림의 사각형
ABCD에서 ∠A=∠C,
∠ADB=∠DBC일 때,
다음 물음에 답하시오.

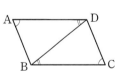

(1) 합동인 두 삼각형을 찾아 기호 ≡를 사용하여
나타내시오.

_____

(2) (1)에서 이용한 합동 조건을 말하시오.

_____

쌍둥이 01

1 다음 중 합동인 두 도형에 대한 설명으로 옳지 <u>않은</u> 것은?

① 넓이가 서로 같다.
② 대응변의 길이가 서로 같다.
③ 대응각의 크기가 서로 같다.
④ 모양은 같으나 크기는 다를 수 있다.
⑤ 한 도형을 다른 도형에 완전히 포갤 수 있다.

2 다음 중 두 도형이 항상 합동인 것을 모두 고르면?
(정답 2개)

① 넓이가 같은 두 정삼각형
② 한 변의 길이가 같은 두 평행사변형
③ 둘레의 길이가 같은 두 이등변삼각형
④ 둘레의 길이가 같은 두 원
⑤ 세 각의 크기가 같은 두 삼각형

쌍둥이 02

3 다음 그림에서 △ABC≡△PQR일 때, ∠C의 크기는?

① 30° ② 60° ③ 70°
④ 80° ⑤ 100°

4 다음 그림의 사각형 ABCD와 사각형 EFGH가 서로 합동일 때, x, y의 값을 각각 구하시오.

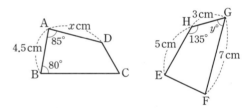

쌍둥이 03

5 다음 중 오른쪽 보기의 삼각형과 합동인 것은?

（보기）

①   ②

③   ④   ⑤

6 다음 보기 중 서로 합동인 두 삼각형을 찾고, 이때 이용된 합동 조건을 말하시오.

（보기）
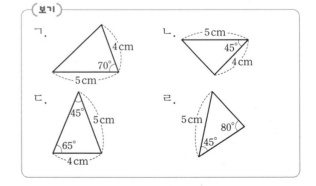

쌍둥이 04

7 아래 그림의 △ABC와 △DFE에서 $\overline{AB}=\overline{DF}$, $\overline{AC}=\overline{DE}$일 때, 다음 중 △ABC≡△DFE가 되기 위해 필요한 나머지 한 조건이 될 수 있는 것은?

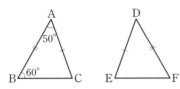

① $\overline{AC}=\overline{EF}$ ② $\overline{BC}=\overline{DE}$ ③ ∠D=50°

④ ∠E=50° ⑤ ∠F=60°

8 △ABC와 △DEF에서 $\overline{AB}=\overline{DE}$, ∠A=∠D일 때, 다음 중 △ABC≡△DEF가 되기 위해 필요한 나머지 한 조건이 될 수 있는 것을 모두 고르면?

(정답 2개)

① ∠B=∠E ② ∠B=∠F
③ $\overline{BC}=\overline{EF}$ ④ $\overline{AC}=\overline{DF}$
⑤ $\overline{BC}=\overline{DF}$

쌍둥이 05

9 오른쪽 그림에서 $\overline{AB}=\overline{CD}$, ∠B=∠C일 때, 다음은 △ABM≡△DCM임을 설명하는 과정이다. (가)~(다)에 알맞은 것을 구하시오.

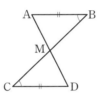

△ABM과 △DCM에서 $\overline{AB}=\overline{DC}$, ∠B=∠C,
∠AMB= ⬚(가) (맞꼭지각)이므로 ∠A= ⬚(나)
∴ △ABM≡△DCM (⬚(다) 합동)

10 오른쪽 그림에서 점 M은 $\overline{AD}$와 $\overline{BC}$의 교점이고 $\overline{AB}/\!/\overline{CD}$, $\overline{AM}=\overline{DM}$일 때, 다음 중 옳지 않은 것은?

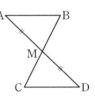

① $\overline{AB}=\overline{DC}$ ② $\overline{BM}=\overline{CM}$
③ $\overline{AD}=\overline{BC}$ ④ ∠ABM=∠DCM
⑤ ∠BAM=∠CDM

쌍둥이 06

11 오른쪽 그림에서 $\overline{OA}=\overline{OC}$, $\overline{AB}=\overline{CD}$일 때, 다음은 △AOD≡△COB임을 설명하는 과정이다. (가)~(라)에 알맞은 것을 구하시오.

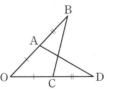

△AOD와 △COB에서
$\overline{OA}=$ ⬚(가), ⬚(나) $=\overline{OB}$, ⬚(다) 는 공통
∴ △AOD≡△COB (⬚(라) 합동)

12 오른쪽 그림에서 $\overline{OA}=\overline{OC}$, $\overline{AB}=\overline{CD}$이고 ∠O=32°, ∠D=50°일 때, 다음 물음에 답하시오.

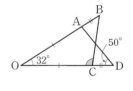

(1) △AOD와 합동인 삼각형을 찾고, 그 합동 조건을 말하시오.
(2) ∠OCB의 크기를 구하시오.

풀이 과정

(1)

(2)

🔑 (1)　　　　　　　(2)

쌍둥이 기출문제 중에서 연습이 더 필요한 문제들로 구성하였습니다.

1 오른쪽 그림은 선분 AB를 한 변으로 하는 정삼각형 ABC를 작도하는 과정이다. 다음 중 작도 순서를 바르게 나열한 것은?

① ㉠ → ㉡ → ㉢
② ㉠ → ㉢ → ㉡
③ ㉡ → ㉠ → ㉢
④ ㉢ → ㉠ → ㉡
⑤ ㉢ → ㉡ → ㉠

🔗 길이가 같은 선분의 작도

2 오른쪽 그림은 직선 l 밖의 한 점 P를 지나고 직선 l과 평행한 직선 m을 작도한 것이다. 다음 중 옳지 <u>않은</u> 것은?

① $\overline{AQ}=\overline{CP}$
② $\overline{AB}=\overline{CD}$
③ $\overline{AB}=\overline{CP}$
④ $\overleftrightarrow{QB}\,/\!/\,\overrightarrow{PD}$
⑤ $\angle AQB = \angle CPD$

🔗 평행선의 작도

3 삼각형의 세 변의 길이가 5, 9, a일 때, 다음 중 a의 값이 될 수 <u>없는</u> 것은?

① 7   ② 9   ③ 11   ④ 13   ⑤ 15

🔗 삼각형의 세 변의 길이 사이의 관계

4 다음 중 △ABC가 하나로 정해지는 것은?

① $\overline{AB}=4\,cm$, $\overline{BC}=5\,cm$, $\overline{CA}=10\,cm$
② $\overline{AB}=4\,cm$, $\overline{BC}=2\,cm$, $\angle A=35°$
③ $\overline{BC}=3\,cm$, $\overline{CA}=5\,cm$, $\angle A=60°$
④ $\overline{BC}=6\,cm$, $\angle A=30°$, $\angle C=75°$
⑤ $\angle A=40°$, $\angle B=55°$, $\angle C=85°$

🔗 삼각형이 하나로 정해지는 경우

5 ∠A=65°, ∠B=40°일 때, 다음 보기 중 △ABC가 하나로 정해지기 위해 필요한 나머지 한 조건이 될 수 있는 것을 모두 고르시오.

🔗 삼각형이 하나로 정해지는 경우

┌─〔보기〕
│ ㄱ. $\overline{AB}$=5 cm   ㄴ. $\overline{BC}$=6 cm   ㄷ. ∠C=75°   ㄹ. $\overline{CA}$=4 cm
└─

〔서술형〕

6 오른쪽 그림에서 △ABC≡△DEF일 때, $x+y$의 값을 구하시오.

〔풀이 과정〕

🔗 합동인 도형의 성질

〔답〕

7 다음 보기 중 오른쪽 그림의 △ABC와 합동인 삼각형은 모두 몇 개인지 구하시오.

🔗 합동인 삼각형 찾기

┌─〔보기〕
│
│
│
└─

8 오른쪽 그림에서 점 M은 $\overline{BC}$의 중점이고 $\overline{AC}$∥$\overline{BD}$일 때, 다음 중 옳지 않은 것은?

① △AMC≡△DMB   ② ∠ACM=∠DBM
③ $\overline{AC}$=$\overline{BD}$ ④ $\overline{AM}$=$\overline{DM}$
⑤ $\overline{AD}$=$\overline{BC}$

🔗 삼각형의 합동 조건

3 다각형

01 다각형

● 정답과 해설 27쪽

유형 1 다각형의 내각과 외각

개념편 58쪽

3개 이상의 선분으로 둘러싸인 평면도형을 다각형이라 하고, 변의 길이가 모두 같고 각의 크기가 모두 같은 다각형을 정다각형이라고 한다.

(1) **내각**: 다각형의 이웃한 두 변으로 이루어진 내부의 각

(2) **외각**: 다각형의 이웃한 두 변에서 한 변과 다른 변의 연장선으로 이루어진 각

(3) 다각형의 한 꼭짓점에서 (내각의 크기)+(외각의 크기)=180°이다.

1 다음 보기 중 다각형을 모두 고르시오. _____

(보기)

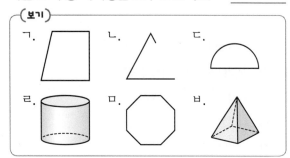

ㄱ. ㄴ. ㄷ.

ㄹ. ㅁ. ㅂ.

2 오른쪽 그림의 사각형 ABCD 에 대하여 옳은 것에 ○표를 하고, ☐ 안에 알맞은 수를 쓰시오.

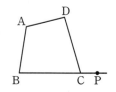

(1) ∠BCD는 ∠C의 (내각, 외각)이다.

(2) ∠DCP는 ∠C의 (내각, 외각)이다.

(3) ∠BCD+∠DCP=☐°

3 다음 다각형에서 ∠A의 외각의 크기를 구하시오.

(1)

⇨ (∠A의 외각의 크기)
= ☐° −50°= ☐°

(2)

_____

(3)

_____

4 다음 다각형에서 ∠x+∠y의 크기를 구하시오.

(1)

_____

(2)

_____

유형 2 삼각형의 내각과 외각의 크기

(1) 삼각형의 세 내각의 크기의 합은 180°이다.

➡ $\angle A + \angle B + \angle C = 180°$

(2) 삼각형의 한 외각의 크기는 그와 이웃하지 않는 두 내각의 크기의 합과 같다.

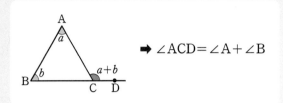

➡ $\angle ACD = \angle A + \angle B$

1 다음 그림에서 $\angle x$의 크기를 구하시오.

(1)

(2)

_____

2 다음 그림에서 x의 값을 구하시오.

(1)

(2)

_____

3 오른쪽 그림과 같은 삼각형의 세 내각의 크기의 비가
$\angle A : \angle B : \angle C = 3 : 4 : 5$일 때, 다음을 구하시오.

(1) $\angle A = 180° \times \dfrac{\boxed{}}{3+4+5} = \boxed{}°$

(2) $\angle B$의 크기 _____

(3) $\angle C$의 크기 _____

4 다음 그림에서 $\angle x$의 크기를 구하시오.

(1)

(2)

_____

5 다음 그림에서 $\angle x$의 크기를 구하시오.

(1)
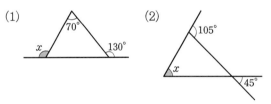

(2)

_____

6 다음 그림에서 $\angle x$의 크기를 구하시오.

(1)

(2)
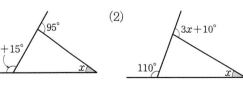

_____

한 걸음 **더** 연습   유형 2

1 오른쪽 그림의 △ABC에서 ∠BAD＝∠CAD일 때, 다음을 구하시오.

(1) ∠BAD의 크기 _____

(2) ∠x의 크기 _____

2 오른쪽 그림의 △ABC에서 ∠x의 크기를 구하려고 한다. 다음 ☐ 안에 알맞은 수를 쓰시오.

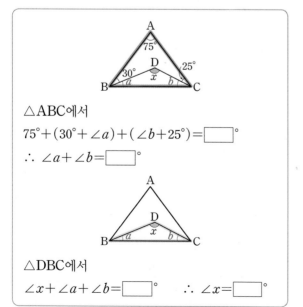

△ABC에서

$75°+(30°+∠a)+(∠b+25°)=$ ☐ °

∴ ∠a＋∠b＝ ☐ °

△DBC에서

∠x＋∠a＋∠b＝ ☐ °   ∴ ∠x＝ ☐ °

3 오른쪽 그림에서 $\overline{AB}=\overline{AC}=\overline{CD}$이고 ∠B＝30°일 때, ∠x의 크기를 구하려고 한다. 다음 ☐ 안에 알맞은 수를 쓰시오.

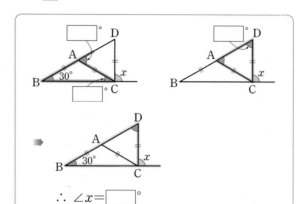

∴ ∠x＝ ☐ °

4 오른쪽 그림에서 ∠a＋∠b＋∠c＋∠d＋∠e의 크기를 구하려고 한다. 다음 ☐ 안에 알맞은 것을 쓰시오.

(☐)＋(☐)＋∠d＝180°

∴ ∠a＋∠b＋∠c＋∠d＋∠e＝ ☐ °

쌍둥이 01

1 오른쪽 그림에서 $\angle x$의 크기를 구하시오.

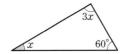

2 오른쪽 그림에서 x의 값을 구하시오.

쌍둥이 02

3 삼각형의 세 내각의 크기의 비가 $1:4:7$일 때, 가장 작은 내각의 크기는?

① $15°$ ② $20°$ ③ $30°$
④ $60°$ ⑤ $105°$

4 삼각형의 세 내각의 크기의 비가 $4:5:9$일 때, 가장 큰 내각의 크기와 가장 작은 내각의 크기의 차를 구하시오.

서술형

풀이 과정

답

쌍둥이 03

5 오른쪽 그림에서 $\angle x$의 크기는?

① $40°$ ② $45°$
③ $50°$ ④ $55°$
⑤ $60°$

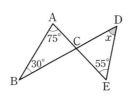

6 오른쪽 그림에서 $\angle x$의 크기를 구하시오.

쌍둥이 04

7 오른쪽 그림에서 $\angle x$의 크기는?

① $36°$ ② $43°$
③ $45°$ ④ $53°$
⑤ $63°$

8 오른쪽 그림에서 $\angle x$의 크기를 구하시오.

● 정답과 해설 28쪽

9 오른쪽 그림의 △ABC에서 $\overline{CD}$는 ∠C의 이등분선일 때, ∠x의 크기를 구하려고 한다. 다음을 구하시오.

(1) ∠BCD의 크기
(2) ∠x의 크기

10 오른쪽 그림의 △ABC에서 ∠BAD=∠CAD일 때, ∠x의 크기를 구하시오.

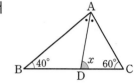

11 오른쪽 그림에서 점 D가 △ABC의 내부의 한 점일 때, ∠x의 크기를 구하시오.

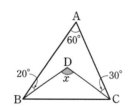

12 오른쪽 그림에서 점 D가 △ABC의 내부의 한 점일 때, ∠x의 크기를 구하시오.

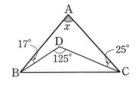

13 오른쪽 그림에서 $\overline{AB}=\overline{AC}=\overline{CD}$이고 ∠B=35°일 때, ∠$x$의 크기를 구하시오.

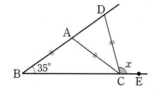

14 오른쪽 그림에서 $\overline{AB}=\overline{AC}=\overline{CD}$이고 ∠DCE=102°일 때, ∠$x$의 크기를 구하시오.

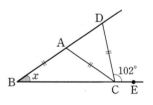

15 오른쪽 그림에서 ∠x의 크기는?

① 30° ② 35°
③ 40° ④ 45°
⑤ 50°

16 오른쪽 그림에서 ∠x의 크기를 구하시오.

대각선: 다각형에서 서로 이웃하지 않는 두 꼭짓점을 이은 선분

(1) n각형의 한 꼭짓점에서 그을 수 있는 대각선의 개수 ➡ $n-3$

(2) n각형의 대각선의 개수 ➡ $\dfrac{n(n-3)}{2}$

참고 n각형의 한 꼭짓점에서 대각선을 모두 그었을 때 생기는 삼각형의 개수 ➡ $n-2$

대각선

---

1 다음 다각형의 한 꼭짓점에서 그을 수 있는 대각선의 개수를 구하시오.

(1)   (2)

_____

2 다음 표의 빈칸을 알맞게 채우시오.

다각형	꼭짓점의 개수	한 꼭짓점에서 그을 수 있는 대각선의 개수	대각선의 개수
(1) 사각형			
(2) 오각형			
(3) 육각형			
(4) 칠각형			

3 다음 다각형의 대각선 개수를 구하시오.

(1) 십각형 _____

(2) 십이각형 _____

(3) 십오각형 _____

(4) 십구각형 _____

---

n각형으로 놓고, 조건을 만족시키는 n의 값을 구하자.

4 한 꼭짓점에서 그을 수 있는 대각선의 개수가 8인 다각형에 대하여 다음을 구하시오.

(1) 다각형의 이름 _____

(2) 다각형의 대각선의 개수 _____

5 다음은 대각선의 개수가 20인 다각형을 구하는 과정이다. ☐ 안에 알맞은 것을 쓰시오.

대각선의 개수가 20인 다각형을 n각형이라고 하면

$\dfrac{n(n-3)}{2}=$ ☐ 에서

$n(n-3)=$ ☐ $=$ ☐ $\times 5$이므로 $n=$ ☐

→ 차가 3인 두 자연수를 찾는다.

따라서 구하는 다각형은 ☐ 이다.

6 대각선의 개수가 65인 다각형을 구하시오.

_____

형광펜 들고 밑줄 쫙~

쌍둥이 01

1 팔각형의 한 꼭짓점에서 그을 수 있는 대각선의 개수를 a, 모든 대각선의 개수를 b라고 할 때, $a+b$의 값을 구하시오.

2 한 꼭짓점에서 그을 수 있는 대각선의 개수가 13인 다각형의 대각선의 개수는?

① 64   ② 70   ③ 88

④ 90   ⑤ 104

쌍둥이 02

3 대각선의 개수가 27인 다각형은?

① 칠각형   ② 팔각형   ③ 구각형

④ 십각형   ⑤ 십이각형

4 대각선의 개수가 44인 다각형의 꼭짓점의 개수를 구하시오.

쌍둥이 03

5 다음 조건을 모두 만족시키는 다각형을 구하시오.

（조건）

㈎ 한 꼭짓점에서 그을 수 있는 대각선의 개수는 15이다.

㈏ 모든 변의 길이가 같고, 모든 내각의 크기가 같다.

6 다음 조건을 모두 만족시키는 다각형은?

（조건）

㈎ 모든 변의 길이가 같고, 모든 내각의 크기가 같다.

㈏ 대각선의 개수는 14이다.

① 칠각형   ② 정칠각형   ③ 정팔각형

④ 십각형   ⑤ 정십각형

쌍둥이 04

7 다음 중 다각형에 대한 설명으로 옳지 <u>않은</u> 것은?

① 변의 개수가 가장 적은 다각형은 삼각형이다.

② 삼각형은 대각선을 그을 수 없다.

③ 다각형에서 서로 이웃하지 않는 두 꼭짓점을 이은 선분을 대각선이라고 한다.

④ n각형의 한 꼭짓점에서 그을 수 있는 대각선의 개수는 $n-2$이다.

⑤ 오각형의 대각선의 개수는 5이다.

8 다음 중 다각형에 대한 설명으로 옳은 것을 모두 고르면? (정답 2개)

① 다각형의 한 꼭짓점에서 내각의 크기와 외각의 크기의 합은 360°이다.

② 모든 내각의 크기가 같은 다각형은 정다각형이다.

③ 칠각형의 한 꼭짓점에서 그을 수 있는 대각선의 개수는 3이다.

④ 육각형과 정육각형의 대각선의 개수는 같다.

⑤ 다각형에서 한 내각의 외각은 2개이고 그 크기가 같다.

유형 **4** 다각형의 내각의 크기의 합

개념편 **64쪽**

n각형의 내각의 크기의 합은 $\overline{180° \times (n-2)}$이다.

┌→ 삼각형의 세 내각의 크기의 합

└→ 한 꼭짓점에서 대각선을 모두 그었을 때 생기는 삼각형의 개수

(오각형의 내각의 크기의 합)=180°×3=540°

1 다음 표의 빈칸을 알맞게 채우시오.

다각형	한 꼭짓점에서 대각선을 모두 그었을 때 생기는 삼각형의 개수	내각의 크기의 합
오각형	3	180°×3=540°
육각형		
칠각형		
팔각형		
⋮	⋮	⋮
n각형		

2 다음 다각형의 내각의 크기의 합을 구하시오.

(1) 십각형 _____

(2) 십이각형 _____

(3) 십오각형 _____

(4) 십팔각형 _____

n각형으로 놓고, 조건을 만족시키는 n의 값을 구하자.

3 내각의 크기의 합이 다음과 같은 다각형을 구하시오.

(1) 720° _____

(2) 1260° _____

(3) 1620° _____

(4) 2160° _____

4 다음 그림에서 ∠x의 크기를 구하시오.

(1)

105° x 100° 110°

_____

(2)

$x+40°$ $x+20°$ x 130° 110° 120°

_____

5 다음 그림에서 ∠x의 크기를 구하시오.

(1)

80° 100° 120° x 70°

_____

(2)

$x+30°$ 120° x $x+20°$ 40° 164°

_____

유형 5 **다각형의 외각의 크기의 합**

n각형의 외각의 크기의 합은 항상 **360°**이다.

1 다음은 다각형의 외각의 크기의 합을 구하는 과정이다. ☐ 안에 알맞은 수를 쓰시오.

다각형	삼각형	사각형	오각형
내각과 외각의 크기의 합	$180° \times 3$	$180° \times 4$	$180° \times \square$
내각의 크기의 합	$180° \times 1$	$180° \times 2$	$180° \times \square$
외각의 크기의 합	$180° \times 3$ $-180° \times 1$ $=360°$	$180° \times 4$ $-180° \times 2$ $=360°$	$180° \times \square$ $-180° \times \square$ $=\square°$

⇨ 다각형의 외각의 크기의 합은 항상 ☐°이다.

2 다음 다각형의 외각의 크기의 합을 구하시오.

(1) 팔각형 _____

(2) 십이각형 _____

3 다음 그림에서 ∠x의 크기를 구하시오.

(1)

_____

(2)

_____

4 다음 그림에서 ∠x의 크기를 구하시오.

(1)

_____

(2)

_____

5 다음 그림에서 ∠x의 크기를 구하시오.

(1)

_____

(2)

_____

(3)

_____

유형 6 정다각형의 한 내각과 한 외각의 크기   개념편 66쪽

(1) (정n각형의 한 내각의 크기)$=\dfrac{(정n각형의\ 내각의\ 크기의\ 합)}{n}=\dfrac{180°\times(n-2)}{n}$

(2) (정n각형의 한 외각의 크기)$=\dfrac{(정n각형의\ 외각의\ 크기의\ 합)}{n}=\dfrac{360°}{n}$

1 다음은 정십각형의 한 내각의 크기와 한 외각의 크기를 구하는 과정이다. ☐ 안에 알맞은 수를 쓰시오.

(1) 정십각형의 내각의 크기의 합은

$180°\times(☐-2)=180°\times☐=☐$°이므로

정십각형의 한 내각의 크기는 ☐°이다.

(2) 정십각형의 외각의 크기의 합은 ☐°이므로

정십각형의 한 외각의 크기는 ☐°이다.

2 다음 표의 빈칸을 알맞게 채우시오.

정다각형	한 내각의 크기
(1) 정오각형	$\dfrac{180°\times(5-2)}{☐}=☐$°
(2) 정팔각형	
(3) 정십오각형	

3 다음 표의 빈칸을 알맞게 채우시오.

정다각형	한 외각의 크기
(1) 정육각형	$\dfrac{360°}{☐}=☐$°
(2) 정구각형	
(3) 정십이각형	

정n각형으로 놓고, 조건을 만족시키는 n의 값을 구하자.

4 한 내각의 크기가 다음과 같은 정다각형을 구하시오.

(1) 140° _____

(2) 160° _____

5 한 외각의 크기가 다음과 같은 정다각형을 구하시오.

(1) 24° _____

(2) 18° _____

6 다음은 한 내각의 크기와 한 외각의 크기의 비가 3 : 1인 정다각형을 구하는 과정이다. ☐ 안에 알맞은 것을 쓰시오.

정다각형의 한 내각과 한 외각의 크기의 합이 180°이므로

(한 외각의 크기)$=180°\times\dfrac{☐}{3+1}=☐$°

구하는 정다각형을 정n각형이라고 하면

$\dfrac{360°}{n}=☐$°   ∴ $n=☐$

따라서 구하는 정다각형은 ☐이다.

쌍둥이 01

1 구각형은 한 꼭짓점에서 대각선을 모두 그으면 a개의 삼각형으로 나누어지므로 구각형의 내각의 크기의 합은 $b°$이다. 이때 $a+b$의 값을 구하시오.

2 한 꼭짓점에서 그을 수 있는 대각선의 개수가 4인 다각형의 내각의 크기의 합을 구하시오.

쌍둥이 02

3 내각의 크기의 합이 $1080°$인 다각형의 변의 개수는?

① 6   ② 7   ③ 8
④ 9   ⑤ 10

4 내각의 크기의 합이 $1440°$이고, 모든 변의 길이와 모든 내각의 크기가 각각 같은 다각형을 구하시오.

쌍둥이 03

5 오른쪽 그림에서 ∠x의 크기를 구하시오.

6 오른쪽 그림에서 ∠x의 크기를 구하시오.

쌍둥이 04

7 오른쪽 그림에서 ∠x의 크기는?

① 60°   ② 65°
③ 70°   ④ 75°
⑤ 80°

8 오른쪽 그림에서 ∠x의 크기는?

① 95°   ② 100°
③ 105°   ④ 110°
⑤ 115°

쌍둥이 05

9 대각선의 개수가 27인 정다각형의 이름과 이 정다각형의 한 내각의 크기를 차례로 구하시오.

(서술형)

풀이 과정

답

10 대각선의 개수가 9인 정다각형의 한 외각의 크기는?

① 24°　　② 30°　　③ 40°

④ 45°　　⑤ 60°

쌍둥이 06

11 한 외각의 크기가 36°인 정다각형은?

① 정십각형　　② 정십이각형　　③ 정십육각형

④ 정십팔각형　　⑤ 정이십각형

12 한 내각의 크기가 150°인 정다각형을 구하시오.

쌍둥이 07

13 한 내각의 크기와 한 외각의 크기의 비가 8 : 1인 정다각형을 구하려고 할 때, 다음을 구하시오.

(1) 한 외각의 크기

(2) 정다각형의 이름

14 한 내각의 크기와 한 외각의 크기의 비가 3 : 2인 정다각형은?

① 정오각형　　② 정팔각형　　③ 정구각형

④ 정십일각형　　⑤ 정십이각형

단원 마무리

쌍둥이 기출문제 중에서 연습이 더 필요한 문제들로 구성하였습니다.

1 오른쪽 그림에서 x의 값은?

① 30   ② 35   ③ 40

④ 45   ⑤ 50

삼각형의 내각과 외각
사이의 관계

2 오른쪽 그림에서 점 D가 △ABC의 내부의 한 점일 때, $\angle x$의 크기를 구하시오.

삼각형의 내각의 크기의
합의 활용

서술형

3 오른쪽 그림에서 $\overline{AB}=\overline{AC}=\overline{CD}$이고 $\angle DCE=108°$일 때, $\angle x$의 크기를 구하시오.

풀이 과정

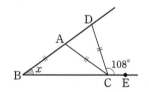

이등변삼각형의 성질을
이용하여 각의 크기
구하기

답

4 한 꼭짓점에서 대각선을 모두 그었을 때 생기는 삼각형의 개수가 9인 n각형의 대각선의 개수가 m일 때, $n+m$의 값을 구하시오.

다각형의 대각선의 개수

5 다음 조건을 모두 만족시키는 다각형을 구하시오.

조건

㈎ 모든 변의 길이가 같고, 모든 내각의 크기가 같다.

㈏ 대각선의 개수는 170이다.

대각선의 개수를 이용하
여 다각형 구하기

6 내각의 크기의 합이 $1980°$인 다각형의 꼭짓점의 개수는?

① 9   ② 10   ③ 11   ④ 12   ⑤ 13

🔗 다각형의 내각의 크기의 합

7 오른쪽 그림에서 $\angle x + \angle y$의 크기는?

① $126°$ ② $128°$ ③ $130°$
④ $132°$ ⑤ $134°$

🔗 다각형의 외각의 크기의 합

8 정이십각형의 한 내각의 크기를 $a°$, 정이십사각형의 한 외각의 크기를 $b°$라고 할 때, $a+b$의 값을 구하시오.

🔗 정다각형의 한 내각과 한 외각의 크기

9 한 내각의 크기가 $135°$인 정다각형의 한 꼭짓점에서 그을 수 있는 대각선의 개수를 구하시오.

서술형

10 한 내각의 크기와 한 외각의 크기의 비가 $2 : 1$인 정다각형을 구하시오.

풀이 과정

🔗 한 내각과 한 외각의 크기의 비가 주어진 정다각형

답

4 원과 부채꼴

01 원과 부채꼴

• 정답과 해설 34쪽

유형 1 원과 부채꼴
개념편 78쪽

호 AB($\widehat{AB}$)	할선	현 AB($\overline{AB}$)	부채꼴 AOB와 그 중심각 ∠AOB	현 AB와 호 AB로 이루어진 활꼴

참고 $\widehat{AB}$는 보통 길이가 짧은 쪽의 호를 나타낸다.

1 다음을 원 위에 나타내시오.

        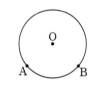

호 AB   현 AB   현 AB와 호 AB로   부채꼴 AOB   호 AB에 대한 중심각 또는
                    이루어진 활꼴   부채꼴 AOB의 중심각

2 오른쪽 그림과 같이 $\overline{BE}$가 지름인 원 O에서 다음을 기호로 나타내시오.

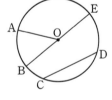

(1) 반지름 _____

(2) 현 _____

(3) 길이가 가장 긴 현 _____

(4) ∠AOB에 대한 호 _____

(5) $\widehat{AE}$에 대한 중심각 _____

(6) $\widehat{BE}$에 대한 중심각의 크기 _____

3 다음 중 옳은 것은 ○표, 옳지 <u>않은</u> 것은 ×표를 (   ) 안에 쓰시오.

(1) 현은 원 위의 두 점을 이은 직선이다. (   )

(2) 원의 현 중에서 가장 긴 것은 그 원의 지름이다. (   )

(3) 부채꼴은 원의 두 점을 이은 현과 호로 이루어진 도형이다. (   )

(4) 한 원에서 부채꼴과 활꼴이 같을 때, 그 모양은 반원이다. (   )

유형 **2** 부채꼴의 중심각의 크기와 호의 길이, 넓이, 현의 길이 사이의 관계   개념편 79~80쪽

한 원 또는 합동인 두 원에서
(1) 부채꼴의 중심각의 크기와 호의 길이, 넓이 사이의 관계
　① 중심각의 크기가 같은 두 부채꼴의 호의 길이와 넓이는 각각 같다.
　② 부채꼴의 호의 길이와 넓이는 각각 중심각의 크기에 정비례한다.
　참고 호의 길이 또는 넓이가 각각 같은 두 부채꼴은 그 중심각의 크기가 같다.

(2) 중심각의 크기와 현의 길이 사이의 관계
　① 중심각의 크기가 같은 두 현의 길이는 같다.
　② 현의 길이는 중심각의 크기에 정비례하지 않는다.
　참고 길이가 같은 두 현에 대한 중심각의 크기는 같다.

---

1 오른쪽 그림의 원 O에 대하여 다음 표의 빈칸을 알맞게 채우고, ☐ 안에 알맞은 것을 쓰시오.

중심각의 크기	호의 길이	부채꼴의 넓이
$\angle a$	2 cm	4 cm²
2배 $2\angle a$		
3배 $3\angle a$		
4배 $4\angle a$		

⇨ 부채꼴의 호의 길이와 넓이는 각각 중심각의 크기에 ☐☐한다.

[2~5] 다음 그림의 원 O에서 x의 값을 구하시오.

2 (1)

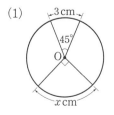
102°
102°
x cm
12 cm

(2)
8 cm
55°
x°
8 cm

_____   _____

3 (1)

3 cm
45°
x cm

(2)
2 cm
x°
120°
8 cm

_____   _____

4 (1)

4 cm²   60°
x°
8 cm²

(2)

x cm²
30°
12 cm²

_____   _____

5 (1)

6 cm
55°
55°
x cm

(2)
7 cm
O   30°
x°
7 cm

_____   _____

6 다음 중 한 원 또는 합동인 두 원에 대한 설명으로 옳은 것은 ○표, 옳지 <u>않은</u> 것은 ×표를 ( ) 안에 쓰시오.

(1) 중심각의 크기가 같은 두 호의 길이는 같다.
　　　　　　　　　　　　　　　　(　)

(2) 넓이가 같은 두 부채꼴의 중심각의 크기는 같다.
　　　　　　　　　　　　　　　　(　)

(3) 현의 길이는 중심각의 크기에 정비례한다.
　　　　　　　　　　　　　　　　(　)

(4) 길이가 같은 현에 대한 중심각의 크기는 같다.
　　　　　　　　　　　　　　　　(　)

쌍둥이 01

1 다음 보기 중 오른쪽 그림과 같이 $\overline{AC}$가 지름인 원 O에 대한 설명으로 옳은 것은 모두 몇 개인지 구하시오.

〔보기〕
ㄱ. 부채꼴 AOB에 대한 중심각은 ∠AOB이다.
ㄴ. $\overline{AC}$보다 길이가 긴 현이 있다.
ㄷ. $\overline{BC}$와 $\overparen{BC}$로 둘러싸인 도형은 활꼴이다.
ㄹ. ∠BOC에 대한 호는 $\overline{BC}$이다.

2 서로 다른 두 점 A, B가 원 O 위에 있을 때, 다음 중 옳은 것을 모두 고르면? (정답 2개)

① $\overline{OA}$와 $\overline{OB}$는 현이다.
② $\overparen{AB}$에 대한 중심각은 ∠AOB이다.
③ ∠AOB=180°일 때, $\overline{AB}$는 원 O의 지름이다.
④ $\overparen{AB}$와 두 반지름 OA, OB로 둘러싸인 도형은 활꼴이다.
⑤ 두 점 A, B를 양 끝 점으로 하는 원의 일부분은 부채꼴 AOB이다.

쌍둥이 02

3 오른쪽 그림의 원 O에서 $\overparen{AB}$에 대한 중심각의 크기를 구하시오.

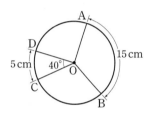

4 오른쪽 그림의 원 O에서 $\overparen{BC}$의 길이는?

① 3 cm   ② 5 cm
③ 7 cm   ④ 9 cm
⑤ 10 cm

쌍둥이 03

5 오른쪽 그림의 원 O에서 ∠AOB=60°, ∠COD=40°이고 부채꼴 AOB의 넓이가 3 cm²일 때, 부채꼴 COD의 넓이를 구하시오.

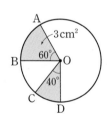

6 오른쪽 그림의 원 O에서 ∠AOB=20°이고 부채꼴 AOB의 넓이가 8 cm², 부채꼴 COD의 넓이가 24 cm²일 때, ∠x의 크기를 구하시오.

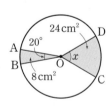

쌍둥이 04

7 오른쪽 그림의 원 O에서 $\overparen{AB} : \overparen{BC} : \overparen{CA}=2 : 6 : 7$일 때, ∠AOC의 크기를 구하시오.

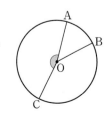

8 오른쪽 그림에서 $\overline{AC}$는 원 O의 가장 긴 현이고 $\overparen{AB} : \overparen{BC}=3 : 2$일 때, ∠BOC의 크기를 구하시오.

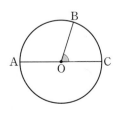

쌍둥이 05

9 오른쪽 그림의 원 O에서 $\overline{AB} /\!/ \overline{CD}$일 때, 다음은 $\widehat{AC}$의 길이를 구하는 과정이다. ☐ 안에 알맞은 수를 쓰시오.

$\overline{AB} /\!/ \overline{CD}$이므로 ∠AOC=☐° (엇각)

△OCD가 $\overline{OC}=\overline{OD}$인 이등변삼각형이므로

∠ODC=☐°

이때 삼각형의 세 내각의 크기의 합은 ☐°이므로

∠COD=☐°

호의 길이는 중심각의 크기에 정비례하므로

$\widehat{AC}$: 10=☐° : ☐°

따라서 $\widehat{AC}$의 길이는 ☐ cm이다.

10 오른쪽 그림의 원 O에서 $\overline{AB} /\!/ \overline{CD}$이고 ∠OCD=30°, $\overline{CD}=26$ cm일 때, $\widehat{BD}$의 길이를 구하시오.

서술형

풀이 과정

답

쌍둥이 06

11 오른쪽 그림의 반원 O에서 $\overline{AC} /\!/ \overline{OD}$이고 ∠BOD=20°, $\widehat{BD}=3$ cm일 때, $\widehat{AC}$의 길이를 구하시오.

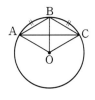

12 오른쪽 그림의 반원 O에서 $\overline{BD} /\!/ \overline{OC}$이고 ∠AOC=35°, $\widehat{BD}=22$ cm일 때, $\widehat{AC}$의 길이를 구하시오.

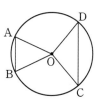

쌍둥이 07

13 오른쪽 그림의 원 O에서 $\widehat{AB}=\widehat{BC}$일 때, 다음 보기 중 옳은 것을 모두 고르시오.

보기

ㄱ. $\overline{AB}=\overline{BC}$ ㄴ. $\widehat{AC}=2\widehat{BC}$

ㄷ. $\overline{AC}=2\overline{AB}$ ㄹ. ∠AOC=2∠AOB

ㅁ. (부채꼴 AOC의 넓이)
     =2×(부채꼴 AOB의 넓이)

ㅂ. (△AOC의 넓이)=2×(△AOB의 넓이)

14 오른쪽 그림의 원 O에서 ∠COD=2∠AOB일 때, 다음 중 옳은 것은?

① $\overline{AB} /\!/ \overline{CD}$

② $\widehat{AB}=2\widehat{CD}$

③ $\overline{AB}=\dfrac{1}{2}\overline{CD}$

④ (△COD의 넓이)=2×(△AOB의 넓이)

⑤ (부채꼴 COD의 넓이)=2×(부채꼴 AOB의 넓이)

02 부채꼴의 호의 길이와 넓이

● 정답과 해설 36쪽

유형 3 원의 둘레의 길이와 넓이

개념편 83쪽

반지름의 길이가 r인 원의 둘레의 길이를 l, 넓이를 S라고 하면

$l = 2 \times (반지름의 길이) \times (원주율) = 2 \times r \times \pi = 2\pi r$

$S = (반지름의 길이) \times (반지름의 길이) \times (원주율) = r \times r \times \pi = \pi r^2$

$(원주율) = \dfrac{(원의\ 둘레의\ 길이)}{(원의\ 지름의\ 길이)}$

$= \pi \leftarrow$ '파이'라고 읽는다.

---

1 다음 그림과 같은 도형의 둘레의 길이 l과 넓이 S를 구하시오.

(1)

l: _____

S: _____

(2)

l: _____

S: _____

(3)

l: _____

S: _____

---

2 다음 그림에서 색칠한 부분의 둘레의 길이 l과 넓이 S를 구하시오.

(1)

l: _____

S: _____

(2)

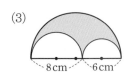

l: _____

S: _____

(3)

l: _____

S: _____

(4)

l: _____

S: _____

유형 4 부채꼴의 호의 길이와 넓이 　　　개념편 84~85쪽

(1) 반지름의 길이가 r, 중심각의 크기가 $x°$인 부채꼴의 호의 길이를 l, 넓이를 S라고 하면

$l=$(원의 둘레의 길이)$\times\dfrac{x}{360}=2\pi r\times\dfrac{x}{360}$

$S=$(원의 넓이)$\times\dfrac{x}{360}=\pi r^2\times\dfrac{x}{360}$ ← 중심각의 크기가 주어질 때 이용

(2) 반지름의 길이가 r, 호의 길이가 l인 부채꼴의 넓이를 S라고 하면　$S=\dfrac{1}{2}rl$ ← 중심각의 크기가 주어지지 않을 때 이용

1 다음 그림과 같은 부채꼴의 호의 길이 l과 넓이 S를 구하시오.

(1)

$l:$ ＿＿＿＿
$S:$ ＿＿＿＿

(2)

$l:$ ＿＿＿＿
$S:$ ＿＿＿＿

2 다음 그림과 같은 부채꼴의 중심각의 크기를 구하시오.

＿＿＿＿＿　＿＿＿＿＿

3 다음 그림과 같은 부채꼴의 넓이를 구하시오.

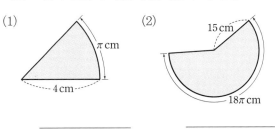

＿＿＿＿＿　＿＿＿＿＿

[4~5] 다음과 같은 조건이 주어진 부채꼴에 대하여 표의 빈칸을 알맞게 채우시오.

4

	반지름의 길이	호의 길이	부채꼴의 넓이
(1)		5π cm	25π cm²
(2)		4π cm	6π cm²

5

	반지름의 길이	호의 길이	부채꼴의 넓이
(1)	9 cm		6π cm²
(2)	10 cm		15π cm²

6 다음 그림에서 색칠한 부분의 둘레의 길이와 넓이를 구하시오.

(1) 둘레의 길이
⇨ ❶+❷+❸×2
= ＿＿＿＿＿＿

(2) 넓이
⇨ ＿ − ＿
= ＿＿＿＿＿＿

한 걸음 더 연습 유형 3~4

1 오른쪽 그림에서 색칠한 부분의 둘레의 길이 l과 넓이 S를 구하시오.

l: _____

S: _____

2 오른쪽 그림과 같이 반지름의 길이가 $5\,\mathrm{cm}$인 원 O에서 $\overarc{AB} : \overarc{BC} : \overarc{CA} = 2 : 3 : 4$일 때, 부채꼴 BOC의 호의 길이를 구하시오.

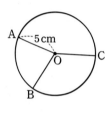

_____

3 오른쪽 그림과 같이 호의 길이가 $12\pi\,\mathrm{cm}$이고 넓이가 $60\pi\,\mathrm{cm}^2$인 부채꼴에 대하여 다음을 구하시오.

(1) 부채꼴의 반지름의 길이 _____

(2) 부채꼴의 중심각의 크기 _____

보조선을 그어 도형을 나누어 보자.

4 다음 그림에서 색칠한 부분의 넓이를 구하시오.

(1)

_____

(2)

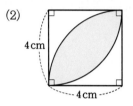

_____

보조선을 긋고, 도형의 일부분을 이동해 보자.

5 다음 그림에서 색칠한 부분의 넓이를 구하시오.

(1)

_____

(2)

_____

쌍둥이 01

1 오른쪽 그림에서 다음을 구하시오.

(1) 색칠한 부분의 둘레의 길이

(2) 색칠한 부분의 넓이

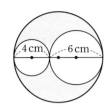

2 오른쪽 그림에서 색칠한 부분의 둘레의 길이와 넓이를 차례로 구하시오.

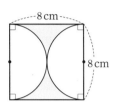

쌍둥이 02

3 오른쪽 그림과 같은 부채꼴의 둘레의 길이와 넓이를 차례로 구하시오.

4 오른쪽 그림과 같은 부채꼴의 둘레의 길이와 넓이를 차례로 구하시오.

쌍둥이 03

5 반지름의 길이가 $5\,\text{cm}$이고 호의 길이가 $4\pi\,\text{cm}$인 부채꼴의 중심각의 크기는?

① $80°$ ② $95°$ ③ $120°$

④ $126°$ ⑤ $144°$

6 반지름의 길이가 $3\,\text{cm}$이고 넓이가 $2\pi\,\text{cm}^2$인 부채꼴의 중심각의 크기는?

① $60°$ ② $65°$ ③ $70°$

④ $75°$ ⑤ $80°$

7 오른쪽 그림과 같이 넓이가 3π cm²이고 호의 길이가 π cm인 부채꼴의 반지름의 길이를 구하시오.

8 오른쪽 그림과 같이 반지름의 길이가 5 cm이고 넓이가 5π cm²인 부채꼴의 호의 길이는?

① π cm   ② 2π cm

③ 3π cm   ④ 4π cm

⑤ 5π cm

9 오른쪽 그림과 같은 부채꼴에서 색칠한 부분의 둘레의 길이와 넓이를 차례로 구하시오.

10 오른쪽 그림과 같은 부채꼴에서 색칠한 부분의 둘레의 길이와 넓이를 차례로 구하시오.

11 오른쪽 그림과 같이 반지름의 길이가 10 cm인 부채꼴에서 다음을 구하시오.

(서술형)

(1) 색칠한 부분의 둘레의 길이

(2) 색칠한 부분의 넓이

풀이 과정

(1)

(2)

12 오른쪽 그림과 같이 한 변의 길이가 8 cm인 정사각형에서 색칠한 부분의 둘레의 길이와 넓이를 차례로 구하시오.

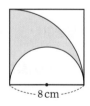

답 (1)   (2)

쌍둥이 07

13 오른쪽 그림과 같이 한 변의 길이가 9 cm인 정사각형에서 색칠한 부분의 둘레의 길이와 넓이를 차례로 구하시오.

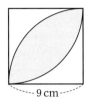

9 cm

14 오른쪽 그림과 같이 한 변의 길이가 6 cm인 정사각형에서 색칠한 부분의 둘레의 길이와 넓이를 차례로 구하시오.

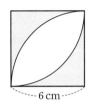

6 cm

쌍둥이 08

15 오른쪽 그림에서 색칠한 부분의 넓이는?

① 42 cm²   ② 45 cm²

③ 49 cm²   ④ 52 cm²

⑤ 54 cm²

14 cm

14 cm

16 오른쪽 그림에서 색칠한 부분의 넓이는?

① 32π cm²   ② 34π cm²

③ 36π cm²   ④ 38π cm²

⑤ 40π cm²

16 cm

쌍둥이 09

17 오른쪽 그림은 지름의 길이가 12 cm인 반원을 점 A를 중심으로 30°만큼 회전시킨 것이다. 이때 색칠한 부분의 넓이를 구하시오.

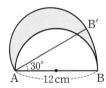

B′

30°

A   12 cm   B

18 오른쪽 그림은 반지름의 길이가 4 cm인 반원을 점 A를 중심으로 45°만큼 회전시킨 것이다. 이때 색칠한 부분의 넓이를 구하시오.

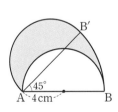

B′

45°

A   4 cm   B

단원 마무리

쌍둥이 기출문제 중에서 연습이 더 필요한 문제들로 구성하였습니다.

1 오른쪽 그림의 원 O에서 x, y의 값은?

① $x=4$, $y=80$ ② $x=4$, $y=100$

③ $x=9$, $y=80$ ④ $x=9$, $y=100$

⑤ $x=9$, $y=120$

🔗 중심각의 크기와 호의 길이

2 오른쪽 그림과 같이 $\overline{AB}$가 지름인 원 O에서 $\overset{\frown}{AC} : \overset{\frown}{CB} = 1 : 3$일 때, $\angle AOC$의 크기는?

① $36°$ ② $42°$ ③ $45°$

④ $50°$ ⑤ $60°$

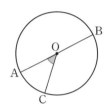

🔗 중심각의 크기와 호의 길이의 비

3 오른쪽 그림과 같이 $\overline{AB}$가 지름인 반원 O에서 $\overline{AC} /\!/ \overline{OD}$이고 $\angle BOD = 40°$, $\overset{\frown}{BD} = 6\,\text{cm}$일 때, $\overset{\frown}{AC}$의 길이를 구하시오.

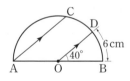

🔗 보조선을 그어 호의 길이 구하기

4 오른쪽 그림의 원 O에서 $\overline{AB} = \overline{CD} = \overline{DE}$이고 $\angle AOB = 40°$일 때, $\angle COE$의 크기는?

① $65°$ ② $70°$ ③ $75°$

④ $80°$ ⑤ $85°$

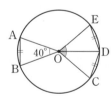

🔗 중심각의 크기와 현의 길이

5 오른쪽 그림에서 색칠한 부분의 둘레의 길이는?

① $8\pi\,\text{cm}$ ② $12\pi\,\text{cm}$ ③ $15\pi\,\text{cm}$

④ $16\pi\,\text{cm}$ ⑤ $(6\pi + 2)\,\text{cm}$

🔗 원의 둘레의 길이

6 반지름의 길이가 $12\,\mathrm{cm}$이고 넓이가 $54\pi\,\mathrm{cm}^2$인 부채꼴의 호의 길이는?

🔗 부채꼴의 호의 길이와 넓이

① $8\pi\,\mathrm{cm}$ ② $9\pi\,\mathrm{cm}$ ③ $10\pi\,\mathrm{cm}$

④ $12\pi\,\mathrm{cm}$ ⑤ $15\pi\,\mathrm{cm}$

7 서술형

오른쪽 그림과 같이 호의 길이가 $14\pi\,\mathrm{cm}$이고 넓이가 $126\pi\,\mathrm{cm}^2$인 부채꼴의 중심각의 크기를 구하시오.

풀이 과정

🔗 호의 길이를 알 때, 부채꼴의 넓이

답

8 오른쪽 그림과 같은 부채꼴에서 색칠한 부분의 둘레의 길이는?

🔗 색칠한 부분의 둘레의 길이 구하기

① $(5\pi+3)\,\mathrm{cm}$ ② $\left(\dfrac{26}{5}\pi+3\right)\mathrm{cm}$

③ $(5\pi+6)\,\mathrm{cm}$ ④ $\left(\dfrac{26}{5}\pi+6\right)\mathrm{cm}$

⑤ $(6\pi+6)\,\mathrm{cm}$

9 오른쪽 그림에서 색칠한 부분의 넓이를 구하시오.

🔗 색칠한 부분의 넓이 구하기

5 다면체와 회전체

01 다면체

● 정답과 해설 40쪽

개념편 96~97쪽

유형 **1** 다면체

(1) **다면체**: 다각형인 면으로만 둘러싸인 입체도형

> 예 각기둥, 각뿔 등

> 참고 둘러싸인 면의 개수에 따라 사면체, 오면체, 육면체, ...라고 한다.

(2) **각뿔대**: 각뿔을 밑면에 평행한 평면으로 잘라서 생기는 두 다면체 중에서 각뿔이 아닌 쪽의 입체도형

> 참고 밑면의 모양에 따라 삼각뿔대, 사각뿔대, 오각뿔대, ...라고 한다.

1 다음 표의 빈칸을 알맞게 채우시오.

입체도형							
다면체이면 ○, 다면체가 아니면 ×							

2 각기둥에 대한 다음 표의 빈칸을 알맞게 채우시오.

입체도형					n각기둥
이름	삼각기둥				
몇 면체?		육면체			$(n+2)$면체
모서리의 개수				18	
꼭짓점의 개수			10		$2n$

3 각뿔에 대한 다음 표의 빈칸을 알맞게 채우시오.

입체도형					n각뿔
이름	삼각뿔				
몇 면체?		오면체			
모서리의 개수				12	
꼭짓점의 개수			6		

4 각뿔대에 대한 다음 표의 빈칸을 알맞게 채우시오.

입체도형					n각뿔대
이름	삼각뿔대				
몇 면체?		육면체			
모서리의 개수				18	
꼭짓점의 개수			10		

5 다음 입체도형은 몇 면체인지 구하시오.

(1) 칠각기둥 _____

(2) 팔각뿔 _____

(3) 구각뿔대 _____

6 다음 입체도형의 옆면의 모양을 구하시오.

(1) 육각기둥 _____

(2) 오각뿔 _____

(3) 육각뿔대 _____

7 다음 입체도형의 꼭짓점의 개수와 모서리의 개수를 차례로 구하시오.

(1) 팔각기둥 _____

(2) 구각뿔 _____

(3) 칠각뿔대 _____

[8~10] 다음 조건을 모두 만족시키는 다면체를 구하시오.

8
─(조건)─
㈎ 두 밑면은 서로 평행하다.
㈏ 두 밑면은 합동이다.
㈐ 옆면의 모양은 직사각형이다.
㈑ 십면체이다.

_____

9
─(조건)─
㈎ 두 밑면은 서로 평행하다.
㈏ 옆면의 모양은 직사각형이
아닌 사다리꼴이다.
㈐ 꼭짓점의 개수는 12이다.

_____

10
─(조건)─
㈎ 밑면의 개수는 1이다.
㈏ 옆면의 모양은 삼각형이다.
㈐ 모서리의 개수는 10이다.

_____

쌍둥이 01

1 다음 중 다면체가 <u>아닌</u> 것은?

① 삼각뿔 ② 사각뿔대 ③ 오각기둥
④ 직육면체 ⑤ 원뿔

2 다음 보기의 입체도형 중 다면체의 개수를 구하시오.

보기
ㄱ. 원기둥 ㄴ. 사각뿔 ㄷ. 정육면체
ㄹ. 오각뿔대 ㅁ. 구 ㅂ. 원뿔

쌍둥이 02

3 오른쪽 그림의 입체도형은 몇 면체
인가?

① 사면체 ② 오면체
③ 육면체 ④ 칠면체
⑤ 팔면체

4 다음 중 칠면체인 것은?

① 사각뿔대 ② 삼각뿔 ③ 삼각뿔대
④ 오각기둥 ⑤ 오각뿔

쌍둥이 03

5 다음 중 다면체와 그 꼭짓점의 개수를 바르게 짝 지
은 것은?

① 오각뿔 − 7 ② 정육면체 − 6
③ 오각뿔대 − 10 ④ 육각기둥 − 8
⑤ 십각뿔 − 10

6 다음 다면체 중 모서리의 개수가 가장 많은 것은?

① 오각기둥 ② 육각뿔 ③ 사각뿔대
④ 사각뿔 ⑤ 삼각기둥

쌍둥이 04

7 삼각기둥의 면의 개수를 a, 오각뿔의 모서리의 개수
를 b, 사각뿔대의 꼭짓점의 개수를 c라고 할 때,
$a+b-c$의 값은?

① 6 ② 7 ③ 8
④ 9 ⑤ 10

8 육각기둥의 모서리의 개수를 a, 칠각뿔의 면의 개수
를 b, 십각뿔대의 꼭짓점의 개수를 c라고 할 때,
$a+b+c$의 값을 구하시오.

서술형

풀이 과정

답

쌍둥이 05

9 모서리의 개수가 24인 각기둥의 면의 개수는?

① 6   ② 7   ③ 8
④ 9   ⑤ 10

10 꼭짓점의 개수가 18인 각뿔대의 밑면의 모양은?

① 육각형   ② 칠각형   ③ 팔각형
④ 구각형   ⑤ 십각형

쌍둥이 06

11 다음 중 다면체와 그 옆면의 모양을 바르게 짝 지은 것은?

① 삼각기둥 – 삼각형   ② 사각뿔대 – 사다리꼴
③ 오각뿔 – 사각형   ④ 육각뿔대 – 직사각형
⑤ 칠각기둥 – 칠각형

12 다음 다면체 중 옆면의 모양이 사각형이 아닌 것은?

① 삼각뿔대   ② 오각기둥   ③ 직육면체
④ 육각뿔   ⑤ 칠각뿔대

쌍둥이 07

13 다음 중 다면체에 대한 설명으로 옳은 것을 모두 고르면? (정답 2개)

① 사각기둥은 육면체이다.
② 육각뿔의 꼭짓점의 개수는 12이다.
③ 각뿔대의 옆면의 모양은 삼각형이다.
④ 각기둥의 두 밑면은 서로 평행하지 않다.
⑤ 사면체는 삼각형인 면으로만 둘러싸여 있다.

14 다음 중 각뿔대에 대한 설명으로 옳지 않은 것을 모두 고르면? (정답 2개)

① 두 밑면은 서로 평행하다.
② 옆면의 모양은 직사각형이다.
③ n각뿔대의 꼭짓점의 개수는 $2n$이다.
④ n각뿔대의 면의 개수는 $n+2$이다.
⑤ n각뿔대의 모서리의 개수는 $2n$이다.

쌍둥이 08

15 다음 조건을 모두 만족시키는 입체도형은?

─(조건)─
㈎ 면의 개수는 6이다.
㈏ 옆면의 모양은 직사각형이 아닌 사다리꼴이다.
㈐ 두 밑면은 서로 평행하다.

① 삼각뿔대   ② 삼각기둥   ③ 사각뿔대
④ 사각기둥   ⑤ 오각뿔

16 다음 조건을 모두 만족시키는 다면체를 구하시오.

─(조건)─
㈎ 밑면의 개수는 1이다.
㈏ 옆면의 모양은 삼각형이다.
㈐ 모서리의 개수는 16이다.

02 정다면체

● 정답과 해설 42쪽

유형 2 정다면체

개념편 99쪽

(1) **정다면체**: 다음 조건을 모두 만족시키는 다면체
  ① 모든 면이 합동인 정다각형이다.
  ② 각 꼭짓점에 모인 면의 개수가 같다. ┐ 두 조건 중 어느 하나만 만족시키는 다면체는 정다면체가 아니다.
(2) **정다면체의 종류**: 정사면체, 정육면체, 정팔면체, 정십이면체, 정이십면체의 다섯 가지뿐이다.

---

1 정다면체의 겨냥도를 보고, 다음 표의 빈칸을 알맞게 채우시오.

겨냥도					
이름	정사면체				
면의 모양			정삼각형		
한 꼭짓점에 모인 면의 개수					5
면의 개수				12	20
모서리의 개수		12			
꼭짓점의 개수	4		6		

2 다음 중 정다면체에 대한 설명으로 옳은 것은 ○표, 옳지 <u>않은</u> 것은 ×표를 ( ) 안에 쓰시오.

(1) 정다면체의 종류는 무수히 많다. ( )

(2) 정다면체의 각 면은 모두 합동이고 면의 모양은 모두 정다각형이다. ( )

(3) 정다면체의 한 면이 될 수 있는 다각형은 정삼각형, 정사각형, 정오각형이다. ( )

(4) 정다면체의 이름은 정다면체를 둘러싸고 있는 정다각형의 모양에 따라 결정된다. ( )

(5) 각 꼭짓점에 모인 면의 개수가 같은 다면체를 정다면체라고 한다. ( )

[3~4] 다음 조건을 모두 만족시키는 정다면체를 구하시오.

3
┌─ 조건 ─
│ ⑺ 모든 면이 합동인 정삼각형이다.
│ ⒩ 한 꼭짓점에 모인 면의 개수는 3이다.

4
┌─ 조건 ─
│ ⑺ 한 꼭짓점에 모인 면의 개수는 3이다.
│ ⒩ 모서리의 개수는 12이다.

유형 ③ 정다면체의 전개도

개념편 100쪽

	정사면체	정육면체	정팔면체	정십이면체	정이십면체
겨냥도					
전개도					

참고 정다면체의 전개도에서 면의 개수를 세면 정다면체의 종류를 알 수 있다.

1 오른쪽 그림과 같은 전개도로 만든 정다면체에 대하여 다음 ☐ 안에 알맞은 것을 쓰고 물음에 답하시오.

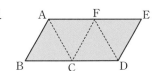

(1) 이 정다면체의 겨냥도를 그리시오.

(2) 이 정다면체의 이름은 ☐이다.

(3) 점 A와 겹치는 꼭짓점은 점 ☐, $\overline{AB}$와 겹치는 모서리는 ☐이다.

(4) 꼭짓점의 개수는 ☐, 모서리의 개수는 ☐이다.

2 오른쪽 그림과 같은 전개도로 만든 정다면체에 대하여 다음 물음에 답하시오.

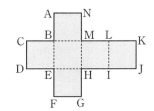

(1) 이 정다면체의 겨냥도를 그리시오.

(2) 이 정다면체의 이름을 말하시오. _____

(3) $\overline{CD}$와 꼬인 위치에 있는 모서리의 개수를 구하시오. _____

(4) 꼭짓점의 개수와 모서리의 개수를 차례로 구하시오. _____

3 오른쪽 그림과 같은 전개도로 만든 정다면체에 대하여 다음 물음에 답하시오.

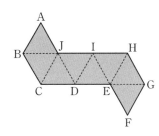

(1) 이 정다면체의 겨냥도를 그리시오.

(2) 이 정다면체의 이름을 말하시오. _____

(3) 점 A와 겹치는 꼭짓점과 $\overline{BC}$와 겹치는 모서리를 차례로 구하시오. _____

(4) 꼭짓점의 개수와 모서리의 개수를 차례로 구하시오. _____

(5) 한 꼭짓점에 모인 면의 개수를 구하시오. _____

● 정답과 해설 42쪽

쌍둥이 01

1 정육면체의 모서리의 개수를 a, 정팔면체의 꼭짓점의 개수를 b라고 할 때, $a+b$의 값을 구하시오.

2 정십이면체의 꼭짓점의 개수를 a, 정이십면체의 모서리의 개수를 b라고 할 때, $2a+b$의 값을 구하시오.

쌍둥이 02

3 다음 조건을 모두 만족시키는 다면체의 모서리의 개수를 구하시오.

(조건)
㈎ 모든 면이 합동인 정삼각형이다.
㈏ 각 꼭짓점에 모인 면의 개수는 4이다.

4 다음 조건을 모두 만족시키는 다면체의 꼭짓점의 개수를 a, 모서리의 개수를 b라고 할 때, $a+b$의 값을 구하시오.

(조건)
㈎ 모든 면이 합동인 정삼각형이다.
㈏ 각 꼭짓점에 모인 면의 개수는 5이다.

쌍둥이 03

5 다음 중 정다면체에 대한 설명으로 옳지 <u>않은</u> 것은?

① 정다면체의 종류는 다섯 가지뿐이다.
② 각 꼭짓점에 모인 면의 개수가 같다.
③ 면의 모양은 정삼각형, 정사각형, 정육각형의 세 가지이다.
④ 각 면은 모두 합동인 정다각형이다.
⑤ 정사면체, 정팔면체, 정이십면체는 면의 모양이 모두 같다.

6 다음 보기 중 정다면체에 대한 설명으로 옳은 것을 모두 고르시오.

(보기)
ㄱ. 정다면체의 모든 모서리의 길이는 같다.
ㄴ. 모든 정다면체는 평행한 면이 있다.
ㄷ. 정다면체의 한 꼭짓점에 모인 각의 크기 합은 360°이다.
ㄹ. 모든 정다면체는 한 꼭지점에서 3개 이상의 면이 만난다.

쌍둥이 04

7 오른쪽 그림과 같은 전개도로 만든 정육면체에서 $\overline{ED}$와 겹치는 모서리는?

① $\overline{AN}$ ② $\overline{LK}$
③ $\overline{HI}$ ④ $\overline{IJ}$
⑤ $\overline{KJ}$

8 오른쪽 그림과 같은 전개도로 만든 정팔면체에 대하여 다음 중 $\overline{AB}$와 꼬인 위치에 있는 모서리가 <u>아닌</u> 것은?

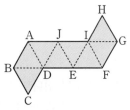

① $\overline{CD}$ ② $\overline{GH}$ ③ $\overline{HI}$
④ $\overline{IE}$ ⑤ $\overline{JD}$

O3 회전체

개념편 103쪽

유형 **4** 회전체

(1) **회전체**: 평면도형을 한 직선 l을 축으로 하여 1회전 시킬 때 생기는 입체도형 예 원기둥, 원뿔, 구 등

(2) **원뿔대**: 원뿔을 밑면에 평행한 평면으로 잘라서 생기는 두 입체도형 중에서 원뿔이 아닌 쪽의 입체도형

1 다음 보기 중 회전체를 모두 고르시오. _____

보기

ㄱ.   ㄴ.   ㄷ.   ㄹ.   ㅁ.   ㅂ.

2 다음 그림과 같은 평면도형을 직선 l을 회전축으로 하여 1회전 시킬 때 생기는 회전체를 그리시오.

평면도형				
회전체				

3 다음 그림과 같은 평면도형을 직선 l을 회전축으로 하여 1회전 시킬 때 생기는 회전체의 겨냥도를 보기에서 고르시오.

(1)
(2)
(3)

보기

ㄱ.   ㄴ.   ㄷ.

_____   _____   _____

유형 5 회전체의 성질

개념편 104쪽

(1) 회전체를 회전축에 수직인 평면으로 자른 단면

➡ 단면의 경계는 항상 원이다.

(2) 회전체를 회전축을 포함하는 평면으로 자른 단면

➡ 단면은 모두 합동이고, 회전축에 대한 <u>선대칭</u> <u>도형</u>이다.
└─→ 한 직선을 따라 접었을 때 완전히 겹치는 도형

1 다음 회전체와 그 회전체를 회전축에 수직인 평면으로 자른 단면을 바르게 연결하시오.

(1) 구 •　　　　　• ㉠ 직사각형

(2) 원뿔 •　　　　　• ㉡ 이등변삼각형

(3) 원기둥 •　　　　• ㉢ 사다리꼴

(4) 원뿔대 •　　　　• ㉣ 원

2 다음 회전체와 그 회전체를 회전축을 포함하는 평면으로 자른 단면을 바르게 연결하시오.

(1) 구 •　　　　　• ㉠ 직사각형

(2) 원뿔 •　　　　　• ㉡ 이등변삼각형

(3) 원기둥 •　　　　• ㉢ 사다리꼴

(4) 원뿔대 •　　　　• ㉣ 원

[3~4] 다음 그림과 같은 평면도형을 직선 l을 회전축으로 하여 1회전 시킬 때 생기는 회전체에 대하여 물음에 답하시오.

3

(1) 이 회전체의 이름을 말하시오. ＿＿＿＿＿＿

(2) 이 회전체를 회전축에 수직인 평면으로 자를 때 생기는 단면의 모양을 말하고, 그 단면의 넓이를 구하시오. ＿＿＿＿＿＿

(3) 이 회전체를 회전축을 포함하는 평면으로 자를 때 생기는 단면의 모양을 말하고, 그 단면의 넓이를 구하시오. ＿＿＿＿＿＿

4

(1) 이 회전체의 이름을 말하시오. ＿＿＿＿＿＿

(2) 이 회전체를 회전축을 포함하는 평면으로 자를 때 생기는 단면의 모양을 말하고, 그 단면의 넓이를 구하시오. ＿＿＿＿＿＿

유형 6 회전체의 전개도

회전체	원기둥	원뿔	원뿔대
전개도	(밑면인 원의 둘레의 길이) =(옆면인 직사각형의 가로의 길이)	(밑면인 원의 둘레의 길이) =(옆면인 부채꼴의 호의 길이)	밑면인 두 원의 둘레의 길이는 각각 전개도의 옆면에서 곡선으로 된 두 부분의 길이와 같다.

참고 구의 전개도는 그릴 수 없다.

1 다음 그림과 같은 회전체의 전개도에서 a, b의 값을 각각 구하시오.

(1)

(2)

(3)

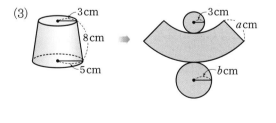

2 다음은 원기둥의 전개도에서 밑면인 원의 반지름의 길이를 구하는 과정이다. ☐ 안에 알맞은 수를 쓰시오.

밑면인 원의 반지름의 길이를 r cm라고 하면

$2\pi r=$☐ $\quad \therefore r=$☐

따라서 밑면인 원의 반지름의 길이는 ☐ cm이다.

3 다음은 원뿔의 전개도에서 옆면인 부채꼴의 호의 길이를 구하는 과정이다. ☐ 안에 알맞은 것을 쓰시오.

(옆면인 부채꼴의 호의 길이)

=(밑면인 원의 ☐의 길이)

$=2\pi \times$☐$=$☐(cm)

쌍둥이 01

1 다음 중 회전체가 <u>아닌</u> 것은?

① 원뿔대   ② 원기둥   ③ 오각기둥
④ 구   ⑤ 원뿔

2 다음 보기 중 회전체를 모두 고른 것은?

(보기)

ㄱ. 삼각기둥   ㄴ. 원뿔대   ㄷ. 구
ㄹ. 정팔면체   ㅁ. 정사각뿔   ㅂ. 원기둥

① ㄱ, ㄴ, ㄷ   ② ㄱ, ㄴ, ㄹ   ③ ㄴ, ㄷ, ㅁ
④ ㄴ, ㄷ, ㅂ   ⑤ ㄹ, ㅁ, ㅂ

쌍둥이 02

3 오른쪽 그림의 입체도형은 다음 중 어떤 평면도형을 1회전 시킬 때 생기는 것인가?

① ②

③ ④ ⑤

4 다음 중 주어진 평면도형을 직선 l을 회전축으로 하여 1회전 시킬 때 생기는 입체도형으로 옳은 것을 모두 고르면? (정답 2개)

① ②

③ ④

⑤

쌍둥이 03

5 다음 중 회전체와 그 회전체를 회전축을 포함하는 평면으로 자를 때 생기는 단면의 모양을 짝 지은 것으로 옳지 <u>않은</u> 것은?

① 원기둥 – 정사각형
② 원뿔 – 이등변삼각형
③ 구 – 원
④ 원뿔대 – 사다리꼴
⑤ 반구 – 반원

6 다음 중 회전체 A를 평면 B로 자를 때 생기는 단면의 모양 C를 바르게 짝 지은 것은?

	A	B	C
①	원뿔	회전축을 포함하는 평면	정삼각형
②	원뿔대	회전축을 포함하는 평면	직사각형
③	구	회전축을 포함하는 평면	원
④	반구	회전축에 수직인 평면	반원
⑤	원기둥	회전축에 수직인 평면	직사각형

쌍둥이 04

7 오른쪽 그림과 같은 사다리꼴을 직선 l을 회전축으로 하여 1회전 시킬 때 생기는 회전체를 회전축을 포함하는 평면으로 잘랐다. 이때 단면의 넓이는?

① 50 cm² ② 52 cm² ③ 54 cm²
④ 56 cm² ⑤ 58 cm²

8 오른쪽 그림과 같은 직사각형을 직선 l을 회전축으로 하여 1회전 시킬 때 생기는 회전체를 회전축에 수직인 평면으로 잘랐다. 이때 단면의 넓이를 구하시오.

쌍둥이 05

9 오른쪽 그림과 같은 전개도로 만든 원기둥에서 밑면인 원의 반지름의 길이는?

① 2 cm ② 3 cm
③ $\dfrac{7}{2}$ cm ④ 4 cm
⑤ $\dfrac{9}{2}$ cm

10 오른쪽 그림과 같은 원뿔의 전개도에서 옆면인 부채꼴의 호의 길이를 구하시오.

쌍둥이 06

11 다음 중 회전체에 대한 설명으로 옳지 <u>않은</u> 것은?

① 평면도형을 한 직선을 회전축으로 하여 1회전 시킬 때 생기는 입체도형을 회전체라고 한다.
② 회전체를 회전축에 수직인 평면으로 자른 단면의 경계는 항상 원이다.
③ 원기둥을 회전축에 평행한 평면으로 자른 단면은 항상 정사각형이다.
④ 회전체를 회전축을 포함하는 평면으로 자른 단면은 회전축에 대한 선대칭도형이다.
⑤ 원기둥, 원뿔, 원뿔대, 구는 모두 회전체이다.

12 다음 중 회전체에 대한 설명으로 옳지 <u>않은</u> 것을 모두 고르면? (정답 2개)

① 모든 회전체는 전개도를 그릴 수 있다.
② 구는 어떤 평면으로 잘라도 그 단면은 항상 합동인 원이다.
③ 원뿔을 회전축을 포함하는 평면으로 자른 단면은 모두 합동인 이등변삼각형이다.
④ 원뿔대를 회전축에 수직인 평면으로 자른 단면은 항상 원이다.
⑤ 직사각형의 한 변을 회전축으로 하여 1회전 시킬 때 생기는 회전체는 항상 원기둥이다.

쌍둥이 기출문제 중에서 연습이 더 필요한 문제들로 구성하였습니다.

1 다음 다면체 중 면의 개수가 가장 많은 것은?

① 오각기둥   ② 팔각뿔   ③ 정육면체

④ 육각뿔대   ⑤ 팔각기둥

🔗 다면체의 면의 개수

(서술형)

2 십면체인 각뿔의 모서리의 개수를 a, 꼭짓점의 개수를 b라고 할 때, $a-b$의 값을 구하시오.

(풀이 과정)

🔗 다면체의 꼭짓점, 모서리, 면의 개수

답

3 다음 조건을 모두 만족시키는 입체도형의 모서리의 개수를 구하시오.

(조건)

㈎ 꼭짓점의 개수는 14이다.

㈏ 옆면의 모양은 직사각형이다.

㈐ 두 밑면은 서로 평행하고 합동이다.

🔗 조건을 만족시키는 다면체 구하기

4 각 면이 정삼각형 또는 정사각형으로 이루어진 다면체에 대하여 다음 두 조건을 동시에 만족시키는 것을 모두 고르면? (정답 2개)

(조건)

㈎ 각 면이 모두 합동인 정다각형이다.

㈏ 각 꼭짓점에 모인 면의 개수가 모두 같다.

🔗 조건을 만족시키는 정다면체 구하기

①   ②   ③   ④   ⑤

5 다음 중 정다면체에 대한 설명으로 옳은 것은?

정다면체의 이해

① 각 면이 모두 합동인 정다각형으로 이루어진 다면체를 정다면체라고 한다.

② 한 꼭짓점에 모인 면의 개수가 4인 정다면체는 정이십면체이다.

③ 면의 모양이 정팔각형인 정다면체도 있다.

④ 정육면체와 정팔면체의 꼭짓점의 개수는 같다.

⑤ 모든 면이 정오각형인 정다면체의 한 꼭짓점에 모인 면의 개수는 3이다.

6 오른쪽 그림과 같은 사각형 ABCD를 1회전 시켜 원뿔대를 만들 때, 다음 중 회전축이 되는 선분은?

회전체

① $\overline{AB}$ ② $\overline{AD}$ ③ $\overline{BC}$
④ $\overline{BD}$ ⑤ $\overline{CD}$

7 오른쪽 그림과 같은 원뿔을 밑면에 수직인 평면으로 자른 단면 중 그 넓이가 가장 큰 단면의 넓이는?

회전체의 단면의 넓이

① $22 \, \text{cm}^2$ ② $24 \, \text{cm}^2$ ③ $26 \, \text{cm}^2$
④ $28 \, \text{cm}^2$ ⑤ $30 \, \text{cm}^2$

8 다음 보기 중 회전체에 대한 설명으로 옳은 것을 모두 고르시오.

회전체의 이해

ㄱ. 회전체를 회전축에 수직인 평면으로 자른 단면의 경계는 항상 원이다.

ㄴ. 회전체를 회전축을 포함하는 평면으로 자른 단면은 모두 합동이다.

ㄷ. 원뿔대를 회전축을 포함하는 평면으로 자른 단면은 원이다.

ㄹ. 원기둥은 회전축에 수직인 어떤 평면으로 잘라도 그 단면이 항상 합동이다.

ㅁ. 원뿔의 전개도에서 부채꼴의 반지름의 길이는 밑면인 원의 둘레의 길이와 같다.

6 입체도형의 겉넓이와 부피

01 기둥의 겉넓이와 부피

● 정답과 해설 46쪽

유형 1 기둥의 겉넓이

개념편 116쪽

(1) (각기둥의 겉넓이)=(밑넓이)×2+(옆넓이)

    기둥의 밑면은 2개이다. ↵   ↳ 옆면 전체의 넓이

(2) (원기둥의 겉넓이)=(밑넓이)×2+(옆넓이)

$$=\pi r^2 \times 2 + 2\pi r \times h$$

             ↳ 밑면인 원의 둘레의 길이

$$=2\pi r^2 + 2\pi rh$$

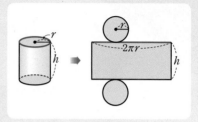

1 아래 그림과 같은 삼각기둥과 그 전개도에서 □ 안에 알맞은 수를 쓰고, 다음을 구하시오.

(1) 밑넓이 _____

(2) 옆넓이 _____

(3) 겉넓이 _____

2 아래 그림과 같은 원기둥과 그 전개도에서 □ 안에 알맞은 수를 쓰고, 다음을 구하시오.

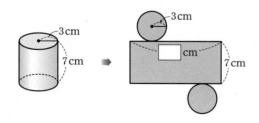

(1) 밑넓이 _____

(2) 옆넓이 _____

(3) 겉넓이 _____

3 다음 그림과 같은 기둥의 겉넓이를 구하시오.

(1)

_____

(2)

_____

(3)

_____

(4)

_____

유형 2 **기둥의 부피** 　　　　　　　　　　　　　　　　　　　　　　　　　　　**개념편 117쪽**

(1) (각기둥의 부피)
　＝(밑넓이)×(높이)
　＝Sh

(2) (원기둥의 부피)
　＝(밑넓이)×(높이)
　＝$\pi r^2 \times h$
　＝$\pi r^2 h$

---

1 다음 입체도형의 부피를 구하시오.

(1) 밑넓이가 $32\,cm^2$이고, 높이가 $5\,cm$인 삼각기둥

　＿＿＿＿＿＿＿＿

(2) 밑넓이가 $25\pi\,cm^2$이고, 높이가 $4\,cm$인 원기둥

　＿＿＿＿＿＿＿＿

2 다음 그림의 기둥에서 밑넓이, 높이, 부피를 구하시오.

(1)

(밑넓이)＝＿＿＿＿＿
(높이)＝＿＿＿＿＿
(부피)＝＿＿＿＿＿

(2)

(밑넓이)＝＿＿＿＿＿
(높이)＝＿＿＿＿＿
(부피)＝＿＿＿＿＿

(3)

(밑넓이)＝＿＿＿＿＿
(높이)＝＿＿＿＿＿
(부피)＝＿＿＿＿＿

(4)

(밑넓이)＝＿＿＿＿＿
(높이)＝＿＿＿＿＿
(부피)＝＿＿＿＿＿

3 밑면이 오른쪽 그림과 같고 높이가 $8\,cm$인 사각기둥에 대하여 다음을 구하시오.

(1) 밑넓이

　＿＿＿＿＿＿＿＿

(2) 부피

　＿＿＿＿＿＿＿＿

[4~5] 다음 그림과 같은 입체도형의 부피를 구하려고 한다. ☐ 안에 알맞은 수를 쓰시오.

4

(부피)＝(큰 원기둥의 부피)＋(작은 원기둥의 부피)
　＝☐＋☐
　＝☐(cm^3)

5

(부피)＝(큰 원기둥의 부피)－(작은 원기둥의 부피)
　＝☐－☐
　＝☐(cm^3)

쌍둥이 01

1 오른쪽 그림과 같은 삼각기둥의 겉넓이와 부피를 차례로 구하시오.

2 오른쪽 그림과 같은 사각기둥의 겉넓이와 부피를 차례로 구하시오.

쌍둥이 02

3 오른쪽 그림과 같은 원기둥의 겉넓이와 부피를 차례로 구하시오.

4 오른쪽 그림과 같은 직사각형을 직선 *l*을 회전축으로 하여 1회전 시킬 때 생기는 입체도형의 겉넓이와 부피를 차례로 구하시오.

쌍둥이 03

5 오른쪽 그림과 같은 전개도로 만든 삼각기둥의 부피는?

① 30 cm³
② 39 cm³
③ 45 cm³
④ 52 cm³
⑤ 60 cm³

6 오른쪽 그림과 같은 전개도로 만든 원기둥의 부피는?

① 48π cm³
② 52π cm³
③ 58π cm³
④ 64π cm³
⑤ 72π cm³

쌍둥이 04

7 오른쪽 그림과 같은 사각기둥의 겉넓이가 148 cm²일 때, h의 값은?

① 5   ② 6
③ 7   ④ 8
⑤ 9

8 〈서술형〉 오른쪽 그림과 같은 원기둥의 부피가 20π cm³일 때, 이 원기둥의 높이를 구하시오.

풀이 과정

🖊 답

쌍둥이 05

9 오른쪽 그림과 같이 원기둥을 반으로 자른 입체도형의 겉넓이와 부피를 차례로 구하시오.

10 오른쪽 그림과 같이 밑면이 부채꼴인 기둥의 겉넓이와 부피를 차례로 구하시오.

쌍둥이 06

11 오른쪽 그림과 같이 구멍이 뚫린 입체도형의 부피를 구하시오.

12 오른쪽 그림과 같이 구멍이 뚫린 입체도형의 부피를 구하시오.

02 뿔의 겉넓이와 부피

• 정답과 해설 48쪽

유형 3 뿔의 겉넓이 개념편 119~120쪽

(1) 뿔의 겉넓이

① (각뿔의 겉넓이)＝(밑넓이)＋(옆넓이)

② (원뿔의 겉넓이)＝(밑넓이)＋(옆넓이)

$$=\pi r^2 + \frac{1}{2} \times l \times \underline{2\pi r} = \pi r^2 + \pi rl$$
→ 밑면인 원의 둘레의 길이

(2) 뿔대의 겉넓이

(뿔대의 겉넓이)＝(두 밑면의 넓이의 합)＋(옆넓이)

---

1 아래 그림과 같이 밑면은 정사각형이고 옆면은 모두 합동인 사각뿔과 그 전개도에서 □ 안에 알맞은 수를 쓰고, 다음을 구하시오.

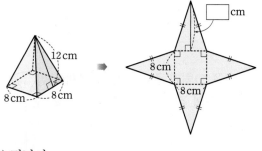

(1) 밑넓이 _____

(2) 옆넓이 _____

(3) 겉넓이 _____

3 아래 그림과 같은 원뿔과 그 전개도에서 □ 안에 알맞은 수를 쓰고, 다음을 구하시오.

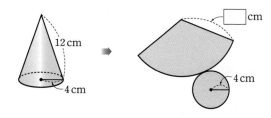

(1) 부채꼴의 호의 길이 _____

(2) 밑넓이 _____

(3) 옆넓이 _____

(4) 겉넓이 _____

2 다음 그림과 같이 밑면은 정사각형이고 옆면은 모두 합동인 사각뿔의 겉넓이를 구하시오.

(1)   (2)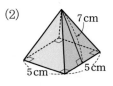

_____ _____

4 다음 그림과 같은 원뿔의 겉넓이를 구하시오.

(1)   (2)

_____ _____

5 오른쪽 그림과 같이 두 밑면은 모두 정사각형이고, 옆면은 모두 합동인 사각뿔대의 겉넓이를 구하려고 한다. ☐ 안에 알맞은 수를 쓰시오.

(1) (작은 밑면의 넓이)=☐(cm²)

(2) (큰 밑면의 넓이)=☐(cm²)

(3) (옆넓이)=(사다리꼴의 넓이)×4
    =☐×4
    =☐(cm²)

(4) (겉넓이)=(두 밑면의 넓이의 합)+(옆넓이)
    =☐+☐
    =☐(cm²)

6 다음 그림과 같이 두 밑면은 모두 정사각형이고, 옆면은 모두 합동인 사각뿔대의 겉넓이를 구하시오.

(1)

_____

(2)

_____

7 오른쪽 그림과 같은 원뿔대의 겉넓이를 구하려고 한다. ☐ 안에 알맞은 수를 쓰시오.

(1) (작은 밑면의 넓이)=☐(cm²)

(2) (큰 밑면의 넓이)=☐(cm²)

(3) (옆넓이)
    =(큰 부채꼴의 넓이)-(작은 부채꼴의 넓이)
    =☐-☐
    =☐(cm²)

(4) (겉넓이)=(두 밑면의 넓이의 합)+(옆넓이)
    =☐+☐
    =☐(cm²)

8 다음 그림과 같은 원뿔대의 겉넓이를 구하시오.

(1)

_____

(2)

_____

(1) 뿔의 부피

뿔과 기둥은 각각 밑면이 합동이고 높이가 같다.

➡ (뿔의 부피)$=\dfrac{1}{3}\times$(기둥의 부피)

　　　　　$=\dfrac{1}{3}\times$(밑넓이)$\times$(높이)

(2) 뿔대의 부피

➡ (뿔대의 부피)
　　$=$(큰 뿔의 부피)$-$(작은 뿔의 부피)

---

1 다음 입체도형의 부피를 구하시오.

(1) 밑넓이가 $48\,\text{cm}^2$이고, 높이가 $5\,\text{cm}$인 오각뿔

　　　　　　　　　_____

(2) 밑넓이가 $30\pi\,\text{cm}^2$이고, 높이가 $7\,\text{cm}$인 원뿔

　　　　　　　　　_____

2 다음 그림의 뿔에서 밑넓이, 높이, 부피를 구하시오.

(1)

(밑넓이)$=$ _____
(높이)$=$ _____
(부피)$=$ _____

(2)

(밑넓이)$=$ _____
(높이)$=$ _____
(부피)$=$ _____

(3)

(밑넓이)$=$ _____
(높이)$=$ _____
(부피)$=$ _____

(4)

(밑넓이)$=$ _____
(높이)$=$ _____
(부피)$=$ _____

3 다음 그림과 같은 뿔대의 부피를 구하려고 한다.
☐ 안에 알맞은 수를 쓰시오.

(1)

(부피)$=$(큰 사각뿔의 부피)$-$(작은 사각뿔의 부피)

　　$=\boxed{}-\boxed{}$

　　$=\boxed{}\,(\text{cm}^3)$

(2)

(부피)$=$(큰 원뿔의 부피)$-$(작은 원뿔의 부피)

　　$=\boxed{}-\boxed{}$

　　$=\boxed{}\,(\text{cm}^3)$

4 다음 그림과 같은 뿔대의 부피를 구하시오.

(1)

(2)

_____　　_____

쌍둥이 01

1 오른쪽 그림과 같이 밑면은 정사각형이고, 옆면은 모두 합동인 사각뿔의 겉넓이는?

① 27 cm² ② 31 cm²
③ 35 cm² ④ 39 cm²
⑤ 43 cm²

2 (서술형) 오른쪽 그림과 같이 밑면인 원의 반지름의 길이가 4 cm이고, 모선의 길이가 8 cm인 원뿔의 겉넓이를 구하시오.

풀이 과정

답

쌍둥이 02

3 오른쪽 그림과 같이 두 밑면은 모두 정사각형이고, 옆면은 모두 합동인 사각뿔대의 겉넓이는?

① 100 cm² ② 108 cm² ③ 117 cm²
④ 120 cm² ⑤ 125 cm²

4 오른쪽 그림과 같은 원뿔대의 겉넓이는?

① 90π cm²
② 99π cm²
③ 108π cm²
④ 117π cm²
⑤ 126π cm²

쌍둥이 03

5 다음 그림과 같은 입체도형의 부피를 구하시오.

(1)   (2)

6 다음 그림과 같은 입체도형의 부피를 구하시오.

(1)   (2)

쌍둥이 04

7 오른쪽 그림과 같은 직각삼각형을 직선 *l*을 회전축으로 하여 1회전 시킬 때 생기는 회전체에 대하여 다음 물음에 답하시오.

(서술형)

(1) 이 회전체의 겨냥도를 그리시오.

(2) 이 회전체의 부피를 구하시오.

(풀이 과정)

(1)

(2)

(답) (1)　　　　　　(2)

8 오른쪽 그림과 같은 평면도형을 직선 *l*을 회전축으로 하여 1회전 시킬 때 생기는 회전체의 부피는?

① 96π cm³　② 108π cm³
③ 112π cm³　④ 120π cm³
⑤ 128π cm³

쌍둥이 05

9 오른쪽 그림과 같이 직육면체를 세 꼭짓점 B, D, G를 지나는 평면으로 자를 때 생기는 삼각뿔 G−BCD에 대하여 다음을 구하시오.

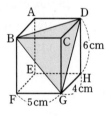

(1) △BCD의 넓이
(2) 삼각뿔 G−BCD의 부피

10 오른쪽 그림과 같이 한 모서리의 길이가 4 cm인 정육면체를 세 꼭짓점 B, D, G를 지나는 평면으로 자를 때 생기는 삼각뿔 G−BCD의 부피를 구하시오.

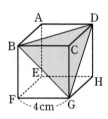

쌍둥이 06

11 오른쪽 그림과 같이 직육면체 모양의 그릇을 기울여 물을 담았을 때, 물의 부피를 구하시오. (단, 그릇의 두께는 생각하지 않는다.)

12 오른쪽 그림과 같이 직육면체 모양의 그릇을 기울여 물을 담았을 때, 물의 부피는?

(단, 그릇의 두께는 생각하지 않는다.)

① 2500 cm³　② 3500 cm³　③ 5000 cm³
④ 7500 cm³　⑤ 15000 cm³

03 구의 겉넓이와 부피

● 정답과 해설 51쪽

유형 5 구의 겉넓이

개념편 123쪽

반지름의 길이가 r인 구의 겉넓이를 S라고 하면

(구의 겉넓이)$=4\times$(반지름의 길이가 r인 원의 넓이)

$$=4\times\pi r^2$$

$$\therefore S=4\pi r^2$$

예 반지름의 길이가 3 cm인 구에서
(구의 겉넓이)$=4\pi\times3^2=36\pi\,(\text{cm}^2)$

참고 반지름의 길이가 r인 구의 겉넓이는 반지름의 길이가 $2r$인 원의 넓이와 같다.

$$\therefore \text{(구의 겉넓이)}=\pi\times(2r)^2=4\pi r^2$$

---

1 다음 그림과 같은 구의 겉넓이를 구하시오.

(1)

_____

(2)

_____

2 다음 그림과 같은 반구의 겉넓이를 구하시오.

(1)

⇨ (반구의 겉넓이)

$$=\frac{1}{2}\times\text{(구의 겉넓이)}+\text{(원의 넓이)}$$

$$=\boxed{}+\boxed{}=\boxed{}\,(\text{cm}^2)$$

(2)

3 오른쪽 그림과 같이 원뿔과 반구를 붙여서 만든 입체도형의 겉넓이를 구하려고 한다. 다음을 구하시오.

(1) 원뿔의 옆넓이

_____

(2) 반구 부분의 겉넓이

_____

(3) 입체도형의 겉넓이

_____

4 오른쪽 그림과 같이 반지름의 길이가 2 cm인 구의 $\frac{1}{4}$을 잘라 내고 남은 입체도형의 겉넓이를 구하려고 한다. 다음을 구하시오.

(1) 구의 겉넓이의 $\frac{3}{4}$

_____

(2) 잘린 단면의 넓이의 합

_____

(3) 입체도형의 겉넓이

_____

유형 6 **구의 부피**

개념편 124쪽

반지름의 길이가 r인 구의 부피를 V라고 하면

(구의 부피)$=\dfrac{2}{3}\times$(원기둥의 부피)

$\quad\quad\quad\quad\quad=\dfrac{2}{3}\times$(밑넓이)$\times$(높이)

$\quad\quad\quad\quad\quad=\dfrac{2}{3}\times\pi r^2\times 2r$

$\quad\therefore V=\dfrac{4}{3}\pi r^3$

참고 다음 그림과 같이 구 모양의 그릇에 물을 가득 채운 후 구가 꼭 맞게 들어가는 원기둥 모양의 그릇에 물을 옮겨 부으면 원기둥 모양의 그릇의 높이의 $\dfrac{2}{3}$를 채울 수 있다.

즉, 구의 부피는 원기둥의 부피의 $\dfrac{2}{3}$임을 알 수 있다.

$\therefore$ (구의 부피)$=\dfrac{2}{3}\times(\pi r^2\times 2r)=\dfrac{4}{3}\pi r^3$

1 다음 그림과 같은 구의 부피를 구하시오.

(1)

_____

(2)

_____

2 다음 그림과 같은 반구의 부피를 구하시오.

(1)

$\Rightarrow$ (반구의 부피)$=\dfrac{1}{2}\times$(구의 부피)

$\quad\quad\quad\quad\quad=\boxed{}$ (cm³)

(2)

_____

> 남은 입체도형의 부피는 구의 부피의 $\dfrac{7}{8}$임을 이용하자.

3 오른쪽 그림과 같이 반지름의 길이가 3 cm인 구의 $\dfrac{1}{8}$을 잘라 내고 남은 입체도형의 부피를 구하시오.

_____

4 오른쪽 그림과 같이 밑면인 원의 반지름의 길이가 2 cm이고, 높이가 4 cm인 원기둥 안에 원뿔과 구가 꼭 맞게 들어 있을 때, 다음 물음에 답하시오.

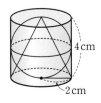

(1) 원뿔의 부피를 구하시오. _____

(2) 구의 부피를 구하시오. _____

(3) 원기둥의 부피를 구하시오. _____

(4) 원뿔, 구, 원기둥의 부피의 비를 가장 간단한 자연수의 비로 나타내시오. _____

쌍둥이 01

1 지름의 길이가 12 cm인 구의 겉넓이를 구하시오.

2 반지름의 길이가 8 cm인 구를 반으로 잘랐을 때 생기는 반구의 겉넓이를 구하시오.

쌍둥이 02

3 오른쪽 그림과 같이 원기둥 위에 반구를 포개어 놓은 입체도형의 겉넓이를 구하시오.

4 오른쪽 그림과 같이 반지름의 길이가 4 cm인 구의 $\frac{1}{8}$을 잘라 내고 남은 입체도형의 겉넓이를 구하시오.

쌍둥이 03

5 오른쪽 그림과 같이 반지름의 길이가 7 cm인 구의 $\frac{1}{4}$을 잘라 내고 남은 입체도형의 부피를 구하시오.

6 오른쪽 그림과 같이 반지름의 길이가 6 cm인 반구 위에 반지름의 길이가 4 cm인 반구를 중심이 일치하도록 포개어 놓은 입체도형의 부피를 구하시오.

쌍둥이 04

7 오른쪽 그림과 같이 반지름의 길이가 6 cm인 구가 원기둥 안에 꼭 맞게 들어 있다. 이때 구와 원기둥의 부피의 비를 가장 간단한 자연수의 비로 나타내시오.

8 오른쪽 그림과 같이 원기둥 안에 원뿔과 구가 꼭 맞게 들어 있다. 원뿔의 부피가 $\frac{16}{3}\pi$ cm³일 때, 원기둥의 부피를 구하시오.

1 오른쪽 그림과 같은 원기둥의 겉넓이는?

① $75\pi\ \text{cm}^2$ ② $80\pi\ \text{cm}^2$ ③ $95\pi\ \text{cm}^2$

④ $100\pi\ \text{cm}^2$ ⑤ $125\pi\ \text{cm}^2$

🔗 기둥의 겉넓이

2 오른쪽 그림과 같이 밑면이 부채꼴인 기둥의 부피를 구하시오.

🔗 기둥의 부피

3 오른쪽 그림과 같은 원뿔의 겉넓이가 $126\pi\ \text{cm}^2$일 때, 이 원뿔의 모선의 길이는?

① $12\ \text{cm}$ ② $14\ \text{cm}$ ③ $15\ \text{cm}$

④ $16\ \text{cm}$ ⑤ $18\ \text{cm}$

🔗 뿔의 겉넓이

4 오른쪽 그림과 같이 두 밑면은 모두 정사각형이고, 옆면은 모두 합동인 사각뿔대의 부피를 구하시오.

🔗 뿔대의 부피

5 오른쪽 그림과 같은 정육면체를 세 꼭짓점 A, F, C를 지나는 평면으로 자를 때 생기는 삼각뿔 F−ABC의 부피가 36 cm³일 때, 정육면체의 한 모서리의 길이를 구하시오.

풀이 과정

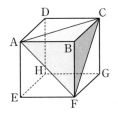

🔗 직육면체에서 잘라 낸 삼각뿔의 부피

답

6 오른쪽 그림과 같이 지름의 길이가 6 cm인 반구의 겉넓이는?

① 21π cm²　　② 24π cm²　　③ 27π cm²
④ 30π cm²　　⑤ 33π cm²

🔗 반구의 겉넓이

7 오른쪽 그림과 같은 입체도형의 부피는?

① 18π cm³　　② 36π cm³　　③ 45π cm³
④ 64π cm³　　⑤ 72π cm³

🔗 구의 부피

8 오른쪽 그림과 같이 밑면인 원의 반지름의 길이가 5 cm, 높이가 10 cm인 원기둥 모양의 그릇에 물이 가득 들어 있다. 이 그릇에 꼭 맞는 구 모양의 공을 넣었을 때, 그릇에 남아 있는 물의 부피는?
(단, 그릇의 두께는 생각하지 않는다.)

① 80π cm³　　　　② $\dfrac{250}{3}\pi$ cm³　　　　③ $\dfrac{500}{3}\pi$ cm³
④ 250π cm³　　　⑤ 500π cm³

🔗 원뿔, 구, 원기둥의 부피 사이의 관계

7 자료의 정리와 해석

01 대푯값

● 정답과 해설 54쪽

유형 1 중앙값과 최빈값

개념편 136~137쪽

(1) **변량**: 성적, 키 등과 같은 자료를 수량으로 나타낸 것

(2) **대푯값**: 자료 전체의 중심 경향이나 특징을 대표적으로 나타내는 값 → 대푯값에는 평균, 중앙값, 최빈값 등이 있으며 그 중에서 평균이 대푯값으로 가장 많이 쓰인다.

(3) **중앙값**: 자료의 변량을 작은 값부터 크기순으로 나열했을 때, 한가운데 있는 값으로 변량의 개수가
  ① 홀수이면 ➡ 한가운데 있는 값
  ② 짝수이면 ➡ 한가운데 있는 두 값의 평균

(4) **최빈값**: 자료의 변량 중에서 가장 많이 나타난 값으로, 자료에 따라 2개 이상일 수도 있다.

---

1 다음 자료의 중앙값을 구하시오.

(1) 8, 7, 3, 3, 9 _____

(2) 6, 2, 10, 4, 1, 11 _____

(3) 12, 19, 17, 25, 17, 12, 13 _____

(4) 23, 16, 19, 15, 9, 15, 14, 20 _____

2 다음 자료의 최빈값을 구하시오.

(1) 13, 8, 5, 8, 14, 12, 6, 8, 14 _____

(2) 235, 265, 240, 270, 240, 260, 255, 250, 245 _____

(3) 11, 9, 13, 11, 7, 9, 11, 13, 9 _____

3 다음 표는 준희네 반 학생 20명의 혈액형을 조사하여 나타낸 것이다. 이 자료의 최빈값을 구하시오.

혈액형	A형	B형	O형	AB형	합계
학생 수(명)	3	7	8	2	20

4 다음은 자료의 변량을 작은 값부터 크기순으로 나열한 것이다. 자료의 중앙값이 [ ] 안의 수와 같을 때, x의 값을 구하시오.

(1) 3, 7, x, 13 [9] _____

(2) 2, 3, 5, x, 7, 10 [6] _____

(3) 4, 6, 9, x, 16, 19 [10.5] _____

적절한 대푯값 찾기 →다른 변량에 비해 매우 크거나 매우 작은 값
• 자료에 극단적인 값이 있는 경우
  ⇨ 평균은 극단적인 값에 영향을 많이 받으므로 대푯값으로 평균보다 중앙값이 적절하다.
• 가장 많이 나타난 값이 필요한 경우
  ⇨ 대푯값으로 최빈값이 적절하다.

5 평균, 중앙값, 최빈값 중 다음 자료의 대푯값으로 가장 적절한 것을 말하시오.

> 210, 170, 250, 230, 190, 26

쌍둥이 기출문제

🔵 형광펜 들고 밑줄 쫙~

쌍둥이 01

1 다음 표는 남준이가 일주일 동안 컴퓨터를 사용한 시간을 조사하여 나타낸 것이다. 이 자료의 중앙값과 최빈값을 각각 구하시오.

요일	월	화	수	목	금	토	일
사용 시간(시간)	1	4	3	2	3	4	4

2 다음 자료는 학생 10명이 하루 동안 발표한 횟수를 조사하여 나타낸 것이다. 이 자료의 중앙값과 최빈값을 각각 구하시오.

(단위: 회)

> 1, 3, 5, 2, 3, 4, 2, 1, 2, 3

쌍둥이 02

3 다음은 6개의 변량을 작은 값부터 크기순으로 나열한 것이다. 이 자료의 중앙값이 12일 때, x의 값을 구하시오.

> 5, 11, x, 13, 14, 30

4 다음은 8개의 변량을 작은 값부터 크기순으로 나열한 것이다. 이 자료의 중앙값이 248일 때, 물음에 답하시오.

> 239, 243, 244, 246, x, 250, 251, 255

(1) x의 값을 구하시오.
(2) 이 자료의 최빈값을 구하시오.

쌍둥이 03

5 다음 자료는 어느 중학교 야구팀이 7번의 경기에서 얻은 점수를 조사하여 나타낸 것이다. 이 자료의 평균과 최빈값이 서로 같다고 할 때, x의 값을 구하시오.

(단위: 점)

> 6, 7, x, 6, 9, 5, 6

6 5개의 변량을 작은 값부터 크기순으로 나열하였더니 4, 5, 8, x, 12이었다. 이 자료의 평균과 중앙값이 서로 같다고 할 때, x의 값은?

① 8   ② 9   ③ 10
④ 11   ⑤ 12

쌍둥이 04

7 다음 자료는 어느 도시의 6년 동안의 3월 강수량을 조사하여 나타낸 것이다. 물음에 답하시오.

(단위: mm)

> 24, 20, 35, 38, 37, 230

(1) 평균과 중앙값을 각각 구하시오.
(2) 평균과 중앙값 중 이 자료의 대푯값으로 어느 것이 적절한지 말하시오.

8 다음 자료는 어느 가게에서 하루 동안 판매된 옷의 치수를 조사하여 나타낸 것이다. 이 가게에서 가장 많이 준비해야 할 옷의 치수를 정하려고 할 때, 평균, 중앙값, 최빈값 중 이 자료의 대푯값으로 가장 적절한 것을 말하고, 그 값을 구하시오.

(단위: 호)

> 95, 90, 100, 105, 85,
> 90, 95, 100, 90, 90

02 줄기와 잎 그림, 도수분포표

• 정답과 해설 55쪽

개념편 139 쪽

유형 2 줄기와 잎 그림

줄기와 잎 그림: 자료를 줄기와 잎으로 구분하여 나타낸 그림

〈자료〉
(단위: 회)

| 72 | 68 | 88 | 76 |
| 84 | 94 | 82 | 88 |

줄기(십의 자리)   잎(일의 자리)

〈줄기와 잎 그림〉
(6|8은 68회)

줄기	잎
6	8
7	2 6
8	2 4 8 8
9	4

중복되는 수를 한 번만 쓴다.   중복되는 수를 모두 쓴다.

[1~2] 다음 자료는 준호네 아파트에 사는 주민들의 나이를 조사하여 나타낸 것이다. 물음에 답하시오.

(단위: 세)

17	16	11	24	37	29	41	38
36	37	23	44	33	42	10	13
38	57	21	40	24	35	15	52

1 위의 자료에 대한 다음 줄기와 잎 그림을 완성하시오.

주민들의 나이
(1|0은 10세)

줄기	잎
1	0
2	

2 1의 줄기와 잎 그림에 대하여 다음 ☐ 안에 알맞은 것을 쓰시오.

(1) 줄기는 ☐의 자리의 숫자, 잎은 ☐의 자리의 숫자이다.

(2) 줄기는 1, 2, ☐, ☐, ☐이고, 잎의 개수는 총 ☐이다. → (변량의 개수)=(전체 잎의 개수)

(3) 줄기가 2인 잎은 1, ☐, ☐, ☐, ☐이다.

[3~6] 오른쪽 줄기와 잎 그림은 희주네 반 학생들의 제기차기 기록을 조사하여 나타낸 것이다. 다음 물음에 답하시오.

제기차기 기록
(0|1은 1회)

줄기	잎
0	1 2 4 8
1	0 1 2 4 6 7
2	0 3 4 5 7 9 9
3	1 2 5

3 잎이 가장 많은 줄기를 구하시오.

_____

4 반 전체 학생은 몇 명인지 구하시오.

_____

5 제기차기 기록이 10회 이상 20회 미만인 학생은 몇 명인지 구하시오.

_____

6 제기차기를 가장 많이 한 학생과 가장 적게 한 학생의 기록의 차를 구하시오.

_____

유형 3 도수분포표

도수분포표: 자료를 몇 개의 계급으로 나누고 각 계급의 도수를 나타낸 표

[1~2] 다음 자료는 어느 반 학생들이 여름 방학 동안 봉사 활동을 한 시간을 조사하여 나타낸 것이다. 물음에 답하시오.

(단위: 시간)

9	16	10	7	13	5	8	11	4
3	11	15	12	8	18	6	10	7
10	7	4	6	13	12	8	10	11

1 위의 자료에 대한 다음 도수분포표를 완성하시오.

봉사 활동 시간(시간)	학생 수(명)	
$0^{이상}$ ~ $4^{미만}$		
4 ~ 8		
8 ~ 12		
12 ~ 16	卌	5
16 ~ 20		
합계		

2 1의 도수분포표에 대하여 다음 ☐ 안에 알맞은 수를 쓰시오.

(1) 계급의 개수는 ☐이다.

(2) 계급의 크기는 ☐시간이다.

(3) 도수가 가장 큰 계급은 도수가 ☐명인
☐시간 이상 ☐시간 미만이다.

[3~6] 다음 도수분포표는 은규네 반 학생들이 1년 동안 도서관에서 대출한 책의 수를 조사하여 나타낸 것이다. 물음에 답하시오.

대출한 책의 수(권)	학생 수(명)
$0^{이상}$ ~ $6^{미만}$	4
6 ~ 12	2
12 ~ 18	6
18 ~ 24	10
24 ~ 30	8
합계	30

3 계급의 크기를 구하시오. _____

4 대출한 책의 수가 13권인 학생이 속하는 계급을 구하시오. _____

5 대출한 책의 수가 18권 이상인 학생은 몇 명인지 구하시오. _____

6 대출한 책의 수가 6번째로 적은 학생이 속하는 계급을 구하시오. _____

쌍둥이 01

1 다음 줄기와 잎 그림은 호연이네 반 학생들의 수학 성적을 조사하여 나타낸 것이다. 물음에 답하시오.

수학 성적

(5|0은 50점)

줄기	잎
5	0 1 6 7
6	2 3 5 7 8
7	0 2 3 6 7 8 9 9 9
8	1 2 3 4 4 5 7 9
9	5 7 8

(1) 학생 수가 가장 많은 점수대를 구하시오.

(2) 수학 성적이 6번째로 높은 학생의 수학 성적을 구하시오.

(3) 수학 성적이 77점 이상 84점 이하인 학생은 몇 명인지 구하시오.

(4) 수학 성적의 중앙값과 최빈값을 각각 구하시오.

2 아래 줄기와 잎 그림은 의현이네 반 학생들의 하루 동안의 인터넷 사용 시간을 조사하여 나타낸 것이다. 다음 중 옳지 <u>않은</u> 것은?

인터넷 사용 시간

(1|4는 14분)

줄기	잎
1	4 5 6
2	1 3 4 6 7 9
3	2 2 3 4 5 6 7
4	0 1 5 8

① 잎이 가장 적은 줄기는 1이다.

② 반 전체 학생은 20명이다.

③ 인터넷 사용 시간이 가장 긴 학생의 인터넷 사용 시간은 48분이다.

④ 인터넷 사용 시간이 34분 이상인 학생은 전체의 30 %이다.

⑤ 인터넷 사용 시간이 4번째로 적은 학생의 인터넷 사용 시간은 21분이다.

쌍둥이 02

3 다음은 도수분포표에 대한 용어를 설명한 것이다. ☐ 안에 알맞은 것을 차례로 나열한 것은?

> 변량을 일정한 간격으로 나눈 구간을 ☐, 계급의 양 끝 값의 차를 ☐(이)라고 한다. 그리고 각 계급에 속하는 변량의 개수를 그 계급의 ☐라고 한다.

① 계급의 크기, 계급, 도수

② 변량, 계급, 계급의 크기

③ 변량, 계급의 크기, 도수

④ 계급, 계급의 크기, 도수

⑤ 계급, 변량, 계급의 크기

4 다음 중 옳지 <u>않은</u> 것을 모두 고르면? (정답 2개)

① 줄기와 잎 그림에서 변량의 최댓값을 알 수 있다.

② 변량을 나눈 구간의 너비를 계급의 개수라고 한다.

③ 줄기와 잎 그림에서 줄기에는 중복되는 수를 한 번만 쓴다.

④ 도수분포표에서 각 변량의 정확한 값을 알 수 있다.

⑤ 각 계급에 속하는 도수를 조사하여 나타낸 표를 도수분포표라고 한다.

5 오른쪽 도수분포표는 어느 병원에서 지난주에 태어난 신생아 15명의 태어날 때의 몸무게를 조사하여 나타낸 것이다. 다음 물음에 답하시오.

몸무게(kg)	신생아 수(명)
2.0^{이상}~ 2.5^{미만}	1
2.5 ~3.0	
3.0 ~3.5	5
3.5 ~4.0	4
4.0 ~4.5	3
합계	15

(1) 계급의 개수를 구하시오.

(2) 계급의 크기를 구하시오.

(3) 몸무게가 2.5 kg 이상 3.0 kg 미만인 신생아는 몇 명인지 구하시오.

(4) 몸무게가 8번째로 무거운 신생아가 속하는 계급을 구하시오.

(5) 몸무게가 3.0 kg 미만인 신생아는 전체의 몇 % 인지 구하시오.

6 오른쪽 도수분포표는 어느 야구팀의 한 투수가 30회의 경기에 출전하여 각 경기에서 던진 공의 개수를 조사하여 나타낸 것이다. 다음 중 옳지 않은 것을 모두 고르면? (정답 2개)

공의 개수(개)	경기 수(회)
10^{이상}~20^{미만}	2
20 ~30	3
30 ~40	x
40 ~50	9
50 ~60	6
60 ~70	3
합계	30

① 계급의 크기는 10개이다.
② x의 값은 7이다.
③ 도수가 가장 큰 계급은 60개 이상 70개 미만이다.
④ 던진 공이 40개 미만인 경기 수는 12이다.
⑤ 던진 공이 50개 이상인 경기는 전체의 20 %이다.

7 오른쪽 도수분포표는 아린이네 반 학생 35명의 공 던지기 기록을 조사하여 나타낸 것이다. 기록이 24 m 이상 28 m 미만인 학생이 전체의 20 %일 때, 다음을 구하시오.

던지기 기록(m)	학생 수(명)
20^{이상}~24^{미만}	2
24 ~28	
28 ~32	14
32 ~36	
36 ~40	4
합계	35

(1) 기록이 24 m 이상 28 m 미만인 학생 수

(2) 기록이 32 m 이상 36 m 미만인 학생 수

8 (서술형) 오른쪽 도수분포표는 어느 놀이공원 방문객 30명의 입장 대기 시간을 조사하여 나타낸 것이다. 대기 시간이 15분 이상인 방문객이 전체의 40 %일 때, A, B의 값을 각각 구하시오.

대기 시간(분)	방문객 수(명)
0^{이상}~ 5^{미만}	3
5 ~10	6
10 ~15	A
15 ~20	B
20 ~25	4
합계	30

풀이 과정

03 히스토그램과 도수분포다각형

● 정답과 해설 57쪽

개념편 143쪽

유형 4 히스토그램

(1) **히스토그램**: 도수분포표의 각 계급의 크기를 가로로, 그 계급의 도수를 세로로 하는 직사각형으로 나타낸 그래프
(2) **히스토그램의 특징**
　① (모든 직사각형의 넓이의 합)
　　= {(계급의 크기)×(각 계급의 도수)의 총합}
　　= (계급의 크기)×(도수의 총합)
　② 각 직사각형의 넓이는 각 계급의 도수에 정비례한다.

〈도수분포표〉

공부 시간(분)	학생 수(명)
10이상~ 20미만	1
20 ～30	2
30 ～40	4
40 ～50	3
합계	10

〈히스토그램〉

---

1 다음 도수분포표는 어느 반 학생들의 발 크기를 조사하여 나타낸 것이다. 이 도수분포표를 히스토그램으로 나타내시오.

발 크기(mm)	학생 수(명)
240이상~ 245미만	3
245 ～250	7
250 ～255	12
255 ～260	11
260 ～265	5
265 ～270	2
합계	40

[2~6] 오른쪽 히스토그램은 은화네 반 학생들의 주말 동안의 컴퓨터 사용 시간을 조사하여 나타낸 것이다. 다음 물음에 답하시오.

2 계급의 크기와 계급의 개수를 차례로 구하시오.　──────────

3 도수가 가장 작은 계급을 구하시오.　──────────

4 반 전체 학생은 몇 명인지 구하시오.　──────────

5 컴퓨터 사용 시간이 120분 이상 180분 미만인 학생은 전체의 몇 %인지 구하시오.　──────────

6 모든 직사각형의 넓이의 합을 구하시오.　──────────

유형 5 도수분포다각형

개념편 144쪽

(1) **도수분포다각형**: 히스토그램에서 각 직사각형의 윗변의 중앙에 점을 찍어 선분으로 연결하여 나타낸 그래프

(2) **도수분포다각형의 특징**

① (도수분포다각형과 가로축으로 둘러싸인 부분의 넓이)
= (히스토그램의 모든 직사각형의 넓이의 합)
= (계급의 크기) × (도수의 총합)

② 두 개 이상의 자료를 비교할 때 히스토그램보다 편리하다.

〈도수분포다각형〉
두 삼각형의 넓이는 같다.

양 끝에 도수가 0인 계급이 하나씩 더 있다고 생각한다.

---

1 다음 도수분포표는 어느 지역의 일정 기간 동안의 최저 기온을 조사하여 나타낸 것이다. 이 도수분포표를 히스토그램과 도수분포다각형으로 각각 나타내시오.

최저 기온(℃)	날수(일)
18^{이상} ~ 20^{미만}	4
20 ~ 22	8
22 ~ 24	10
24 ~ 26	6
26 ~ 28	2
합계	30

[2~6] 오른쪽 도수분포다각형은 어느 동네에서 한 가구당 일주일 동안 모은 재활용품의 양을 조사하여 나타낸 것이다. 다음 물음에 답하시오.

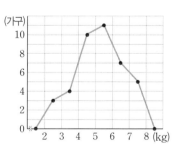

2 계급의 크기와 계급의 개수를 차례로 구하시오. _____

3 도수가 가장 큰 계급을 구하시오. _____

4 이 동네는 전체 몇 가구인지 구하시오. _____

5 모은 재활용품의 양이 3 kg 이상 5 kg 미만인 가구는 전체의 몇 %인지 구하시오. _____

6 도수분포다각형과 가로축으로 둘러싸인 부분의 넓이를 구하시오. _____

[1~5] 오른쪽 히스토그램은 민호네 반 학생들의 국사 성적을 조사하여 나타낸 것이다. 다음 물음에 답하시오.

1 반 전체 학생은 몇 명인지 구하시오.

_____

2 국사 성적이 75점인 학생이 속하는 계급의 도수를 구하시오.

_____

3 국사 성적이 5번째로 높은 학생이 속하는 계급을 구하시오.

_____

4 국사 성적이 70점 미만인 학생은 전체의 몇 %인지 구하시오.

_____

5 모든 직사각형의 넓이의 합을 구하시오.

_____

[6~10] 오른쪽 도수분포다각형은 혜나네 반 학생들의 1분당 맥박수를 조사하여 나타낸 것이다. 다음 물음에 답하시오.

6 반 전체 학생은 몇 명인지 구하시오.

_____

7 1분당 맥박수가 87회인 학생이 속하는 계급의 도수를 구하시오.

_____

8 1분당 맥박수가 9번째로 낮은 학생이 속하는 계급을 구하시오.

_____

9 1분당 맥박수가 85회 이상인 학생은 전체의 몇 %인지 구하시오.

_____

10 도수분포다각형과 가로축으로 둘러싸인 부분의 넓이를 구하시오.

_____

정답과 해설 58쪽

학교 시험에 꼭 나오는 **기출문제 BEST 04**

형광펜 들고 밑줄 쫙~

쌍둥이 01

1 오른쪽 히스토그램은 승현이네 반 학생들이 하루 동안 마시는 우유의 양을 조사하여 나타낸 것이다. 다음 보기 중 이 그래프에서 알 수 있는 것을 모두 고르시오. _____

（보기）

ㄱ. 계급의 크기
ㄴ. 반 전체 학생 수
ㄷ. 우유를 가장 많이 마시는 학생이 마신 우유의 양
ㄹ. 마신 우유의 양이 4번째로 적은 학생이 속하는 계급
ㅁ. 우유를 400 mL 미만으로 마신 학생이 전체에서 차지하는 비율

2 오른쪽 히스토그램은 어느 전시회의 관람객의 관람 시간을 조사하여 나타낸 것이다. 다음 중 옳은 것을 모두 고르면?
(정답 2개)

① 전체 관람객 수는 30이다.
② 관람 시간이 5번째로 많은 관람객이 속하는 계급은 30분 이상 40분 미만이다.
③ 관람 시간이 30분 미만인 관람객은 전체의 36 % 이다.
④ 가장 적게 관람한 관람객은 15분을 관람했다.
⑤ 모든 직사각형의 넓이의 합은 250이다.

쌍둥이 02

3 오른쪽 히스토그램은 수아네 반 학생 35명의 키를 조사하여 나타낸 것인데 일부가 찢어져 보이지 않는다. 다음 물음에 답하시오.

(1) 키가 160 cm 이상 170 cm 미만인 학생은 몇 명인지 구하시오.

(2) 키가 160 cm 이상인 학생은 전체의 몇 %인지 구하시오.

4 오른쪽 히스토그램은 현지네 반 학생 40명의 일주일 동안의 운동 시간을 조사하여 나타낸 것인데 일부가 찢어져 보이지 않는다. 운동 시간이 7시간 이상 8시간 미만인 학생은 전체의 몇 %인지 구하시오.

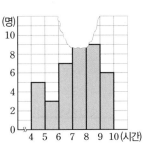

서술형

풀이 과정

答

쌍둥이 기출문제 | 113

쌍둥이 03

5 오른쪽 도수분포다각형은 독서반 학생들의 한 달 동안의 도서관 방문 횟수를 조사하여 나타낸 것이다. 다음 보기 중 옳지 <u>않은</u> 것을 모두 고르시오.

〈보기〉

ㄱ. 독서반 전체 학생은 35명이다.

ㄴ. 도수가 두 번째로 큰 계급은 20회 이상 24회 미만이다.

ㄷ. 방문 횟수가 22회인 학생이 속하는 계급의 도수는 5명이다.

ㄹ. 방문 횟수가 12회 미만인 학생은 전체의 15 % 이다.

6 오른쪽 도수분포다각형은 수지네 반 학생들의 영어 성적을 조사하여 나타낸 것이다. 다음 중 옳지 <u>않은</u> 것은?

① 반 전체 학생은 45명이다.

② 도수가 가장 큰 계급은 70점 이상 80점 미만이다.

③ 영어 성적이 11번째로 낮은 학생이 속하는 계급은 60점 이상 70점 미만이다.

④ 영어 성적이 80점 이상인 학생은 14명이다.

⑤ 도수분포다각형과 가로축으로 둘러싸인 부분의 넓이는 470이다.

쌍둥이 04

7 오른쪽 도수분포다각형은 어느 여행 동아리 회원 40명이 1년 동안 국내 여행을 다녀온 횟수를 조사하여 나타낸 것인데 일부가 찢어져 보

이지 않는다. 국내 여행을 다녀온 횟수가 8회 이상 10회 미만인 학생이 전체의 25 %일 때, 다음 물음에 답하시오.

(1) 국내 여행을 다녀온 횟수가 8회 이상 10회 미만인 회원은 몇 명인지 구하시오.

(2) 국내 여행을 다녀온 횟수가 6회 이상 8회 미만인 회원은 몇 명인지 구하시오.

8 (서술형) 오른쪽 도수분포다각형은 어느 사생 대회에 참여한 학생 45명의 성적을 조사하여 나타낸 것인데 일부가 찢어져 보이지

않는다. 대회 성적이 70점 이상 80점 미만인 학생이 전체의 20 %일 때, 대회 성적이 60점 이상 70점 미만인 학생은 몇 명인지 구하시오.

(풀이 과정)

04 상대도수와 그 그래프

• 정답과 해설 59쪽

유형 6 상대도수 / 상대도수의 분포표

상대도수: (어떤 계급의 상대도수)$=\dfrac{(\text{그 계급의 도수})}{(\text{도수의 총합})}$

〈상대도수의 분포표〉

이용 횟수(회)	학생 수(명)	상대도수
10^{이상}~12^{미만}	1	$\dfrac{1}{20}=0.05$
12 ~14	3	$\dfrac{3}{20}=0.15$
14 ~16	6	$\dfrac{6}{20}=0.3$
16 ~18	10	$\dfrac{10}{20}=0.5$
합계	20	1

각 계급의 상대도수는 그 계급의 도수에 정비례한다.

상대도수의 총합은 항상 1이다.

[1~2] 다음 상대도수의 분포표는 어느 중학교 학생 50명의 줄넘기 기록을 조사하여 나타낸 것이다. 물음에 답하시오.

줄넘기 기록(회)	학생 수(명)	상대도수
80^{이상}~100^{미만}	4	0.08
100 ~120	6	
120 ~140	16	
140 ~160	14	
160 ~180	8	
180 ~200	2	
합계	50	A

1 위의 표의 빈칸을 알맞게 채우시오.

2 A의 값을 구하시오. _____

3 다음 ☐ 안에 알맞은 수를 쓰시오.

(1) 어떤 계급의 상대도수가 0.3이고 도수의 총합이 30일 때

⇨ (그 계급의 도수)$=30 \times$ ☐ $=$ ☐

(2) 어떤 계급의 도수가 12, 상대도수가 0.48일 때

⇨ (도수의 총합)$=\dfrac{12}{☐}=$ ☐

[4~6] 다음 상대도수의 분포표는 논술반 학생들의 국어 성적을 조사하여 나타낸 것이다. 물음에 답하시오.

국어 성적(점)	학생 수(명)	상대도수
75^{이상}~ 80^{미만}	3	B
80 ~ 85	4	0.2
85 ~ 90	6	0.3
90 ~ 95	C	0.25
95 ~100	D	0.1
합계	A	1

4 A, B, C, D의 값을 각각 구하시오.

_____

5 도수가 가장 큰 계급의 상대도수를 구하시오.

_____

6 국어 성적이 75점 이상 80점 미만인 학생은 전체의 몇 %인지 구하시오.

_____

유형 7 상대도수의 분포를 나타낸 그래프

개념편 148쪽

점수(점)	상대도수
50^{이상}~ 60^{미만}	0.05
60 ~ 70	0.15
70 ~ 80	0.45
80 ~ 90	0.25
90 ~100	0.1
합계	1

➡ (상대도수의 그래프와 가로축으로 둘러싸인 부분의 넓이)
=(계급의 크기)×(상대도수의 총합)$_{=1}$
=(계급의 크기)

→ 히스토그램이나 도수분포다각형과 같은 모양으로 그린다.

[1~3] 다음 상대도수의 분포표는 경선이네 중학교 학생 150명의 몸무게를 조사하여 나타낸 것이다. 물음에 답하시오.

몸무게(kg)	상대도수
35^{이상}~ 40^{미만}	0.08
40 ~45	0.18
45 ~50	0.34
50 ~55	0.26
55 ~60	0.12
60 ~65	0.02
합계	1

1 위의 상대도수의 분포표를 도수분포다각형 모양의 그래프로 나타내시오.

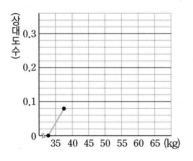

2 몸무게가 60 kg 이상 65 kg 미만인 학생은 몇 명인지 구하시오.

3 몸무게가 40 kg 이상 50 kg 미만인 학생은 전체의 몇 %인지 구하시오.

[4~7] 다음 그래프는 은정이네 중학교 학생 60명의 키에 대한 상대도수의 분포를 나타낸 것이다. 물음에 답하시오.

4 도수가 가장 작은 계급의 상대도수를 구하시오.

5 상대도수가 가장 큰 계급의 도수를 구하시오.

6 키가 160 cm 미만인 학생은 전체의 몇 %인지 구하시오.

7 키가 170 cm 이상인 학생은 몇 명인지 구하시오.

유형 **8** 도수의 총합이 다른 두 집단의 분포 비교

개념편 149쪽

도수의 총합이 다른 두 집단의 분포를 비교할 때는
(1) 각 계급의 도수를 그대로 비교하는 것보다 상대도수를 구하여 비교하는 것이 더 적절하다.
(2) 두 자료에 대한 상대도수의 분포를 그래프로 함께 나타내면 두 자료의 분포 상태를 한눈에 비교할 수 있다.

[1~3] 다음 상대도수의 분포표는 A 중학교 학생 250명과 B 중학교 학생 200명이 등교하는 데 걸리는 시간을 조사하여 나타낸 것이다. 물음에 답하시오.

걸리는 시간(분)	A 중학교		B 중학교	
	학생 수(명)	상대도수	학생 수(명)	상대도수
$10^{이상} \sim 20^{미만}$	20	0.08	4	0.02
20 ~30	45		10	
30 ~40	75		60	
40 ~50	65		64	
50 ~60	40		50	
60 ~70	5		12	
합계	250		200	

1 위의 상대도수의 분포표를 완성하시오.

2 A, B 두 중학교의 상대도수가 같은 계급을 구하시오.

_____

3 A, B 두 중학교 중 등교하는 데 걸리는 시간이 40분 이상 50분 미만인 학생의 비율이 더 높은 학교는 어느 곳인지 말하시오. _____

[4~6] 다음 그래프는 어느 반 A 모둠과 B 모둠의 일주일 동안의 공부 시간에 대한 상대도수의 분포를 함께 나타낸 것이다. 물음에 답하시오.

4 A, B 두 모둠 중 공부 시간이 7시간 미만인 학생의 비율이 더 높은 모둠은 어느 곳인지 말하시오.

_____

5 A 모둠보다 B 모둠의 상대도수가 더 큰 계급을 모두 구하시오.

_____

6 A, B 두 모둠 중 공부 시간이 상대적으로 더 많은 모둠은 어느 곳인지 말하시오. _____

쌍둥이 01

1 오른쪽 히스토그램은 윤정이네 반 학생들의 체육 실기 점수를 조사하여 나타낸 것이다. 다음 물음에 답하시오.

(1) 반 전체 학생은 몇 명인지 구하시오.

(2) 체육 실기 점수가 28점인 학생이 속하는 계급의 상대도수를 구하시오.

2 오른쪽 도수분포다각형은 어느 버스에 탄 승객들이 버스를 기다린 시간을 조사하여 나타낸 것이다. 다음 물음에 답하시오.

(1) 전체 승객은 몇 명인지 구하시오.

(2) 버스를 기다린 시간이 11분인 승객이 속하는 계급의 상대도수를 구하시오.

쌍둥이 02

3 다음 상대도수의 분포표는 어느 수영반 학생들의 50 m 자유형 기록을 조사하여 나타낸 것이다. 물음에 답하시오.

자유형 기록(초)	학생 수(명)	상대도수
15^{이상}~ 16^{미만}	4	A
16 ~17	B	0.3
17 ~18	16	0.4
18 ~19		0.15
19 ~20	2	
합계		C

(1) 수영반 전체 학생은 몇 명인지 구하시오.

(2) A, B, C의 값을 각각 구하시오.

(3) 50 m 자유형 기록이 18초 이상인 학생은 전체의 몇 %인지 구하시오.

4 다음 상대도수의 분포표는 어느 학교 1학년 학생들이 1분 동안 실시한 윗몸일으키기 기록을 조사하여 나타낸 것이다. 물음에 답하시오.

윗몸일으키기 기록(회)	학생 수(명)	상대도수
0^{이상}~ 10^{미만}	15	A
10 ~20	36	0.24
20 ~30	B	0.3
30 ~40		C
40 ~50	24	0.16
합계		1

(1) 1학년 전체 학생은 몇 명인지 구하시오.

(2) A, B, C의 값을 각각 구하시오.

(3) 윗몸일으키기 기록이 30회 미만인 학생은 전체의 몇 %인지 구하시오.

쌍둥이 03

5 오른쪽 그래프는 어느 반 학생 25명의 멀리뛰기 기록에 대한 상대도수의 분포를 나타낸 것이다. 다음 물음에 답하시오.

(1) 상대도수가 가장 큰 계급의 도수를 구하시오.

(2) 기록이 5번째로 좋은 학생이 속하는 계급의 상대도수를 구하시오.

6 오른쪽 그래프는 어느 산에서 자라고 있는 나무 60그루의 나이에 대한 상대도수의 분포를 나타낸 것이다. 다음 물음에 답하시오.

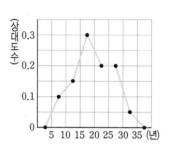

(1) 상대도수가 가장 작은 계급의 도수를 구하시오.

(2) 나이가 17번째로 적은 나무가 속하는 계급의 상대도수를 구하시오.

쌍둥이 04

7 오른쪽 그래프는 어느 반 학생들의 과학 성적에 대한 상대도수의 분포를 나타낸 것인데 일부가 찢어져 보이지 않는다. 과학 성적이 70점 이상 80점 미만인 학생이 10명일 때, 다음 물음에 답하시오.

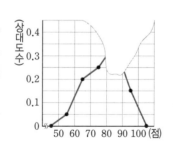

(1) 반 전체 학생은 몇 명인지 구하시오.

(2) 과학 성적이 80점 이상 90점 미만인 학생은 몇 명인지 구하시오.

8 (서술형) 오른쪽 그래프는 어느 중학교 1학년 4반 학생들의 일주일 동안의 독서 시간에 대한 상대도수의 분포를 나타낸 것인데 일부가 찢어져 보이지 않는다. 독서 시간이 8시간 이상 10시간 미만인 학생이 4명일 때, 독서 시간이 6시간 이상 8시간 미만인 학생은 몇 명인지 구하시오.

풀이 과정

쌍둥이 **05**

9 다음 도수분포표는 윤진이네 중학교 1학년과 2학년 독서 동아리 회원들이 한 달 동안 읽은 책의 수를 조사하여 함께 나타낸 것이다. 물음에 답하시오.

책의 수(권)	회원 수(명)	
	1학년	2학년
2^{이상}~ 4^{미만}	4	6
4 ~ 6	10	8
6 ~ 8	14	17
8 ~10	8	10
10 ~12	4	9
합계	40	50

(1) 두 학년 중 읽은 책의 수가 6권 이상 8권 미만인 회원의 비율이 더 높은 학년을 말하시오.

(2) 읽은 책의 수에 대한 회원의 비율이 1학년보다 2학년이 더 높은 계급의 개수를 구하시오.

10 다음 도수분포표는 A 중학교와 B 중학교의 역도부 학생들의 최고 기록을 조사하여 함께 나타낸 것이다. 물음에 답하시오.

최고 기록(kg)	학생 수(명)	
	A 중학교	B 중학교
100^{이상}~120^{미만}	2	3
120 ~140	11	9
140 ~160	5	5
160 ~180	4	2
180 ~200	3	1
합계	25	20

(1) 두 중학교 중 기록이 160 kg 이상 180 kg 미만인 학생의 비율이 더 높은 학교를 말하시오.

(2) 기록에 대한 학생의 비율이 A 중학교보다 B 중학교가 더 높은 계급의 개수를 구하시오.

쌍둥이 **06**

11 오른쪽 그래프는 어느 중학교 1반과 2반 학생들의 한 달 동안의 봉사 활동 시간에 대한 상대도수의 분포를 함께 나타낸 것이다. 다음 물음에 답하시오.

(1) 1반 학생이 전체 25명일 때, 1반에서 봉사 활동 시간이 16시간 이상인 학생은 몇 명인지 구하시오.

(2) 두 반 중 봉사 활동 시간이 상대적으로 더 긴 반을 말하시오.

12 오른쪽 그래프는 어느 중학교 1학년 남학생과 여학생의 100 m 달리기 기록에 대한 상대도수의 분포를 함께 나타낸 것이다. 다음 보기 중 옳은 것을 모두 고르시오.

─(보기)─

ㄱ. 전체 여학생 수가 50일 때, 기록이 17초인 학생이 속하는 계급의 여학생은 18명이다.

ㄴ. 남학생 중 기록이 16초 미만인 학생은 남학생 전체의 30 %이다.

ㄷ. 전체 남학생 수와 전체 여학생 수는 같다.

ㄹ. 기록이 14초 이상 16초 미만인 학생의 비율은 남학생이 여학생보다 더 높다.

ㅁ. 남학생과 여학생에 대한 각각의 그래프와 가로축으로 둘러싸인 부분의 넓이는 서로 같다.

쌍둥이 기출문제 중에서 연습이 더 필요한 문제들로 구성하였습니다.

1 다음 자료는 학생 10명의 한 달 동안의 운동 시간을 조사하여 나타낸 것이다. 이 자료의 중앙값과 최빈값을 각각 구하시오.

🔗 대푯값 구하기

(단위: 시간)

| 30, | 18, | 22, | 27, | 17, | 24, | 26, | 29, | 22, | 33 |

(서술형)

2 다음 자료는 어느 산악 동호회 회원 6명의 나이를 조사하여 나타낸 것이다. 이 자료의 최빈값이 38세일 때, 중앙값을 구하시오.

🔗 대푯값이 주어질 때, 변량 구하기

(단위: 세)

| 31, | 43, | 28, | x, | 34, | 38 |

풀이 과정

답

3 오른쪽 줄기와 잎 그림은 희수가 등록한 요가 동호회의 회원 20명의 나이를 조사하여 나타낸 것이다. 다음 중 옳은 것은?

🔗 줄기와 잎 그림

① 나이가 30세 이상인 회원은 9명이다.

② 회원 수가 가장 많은 줄기는 3이다.

③ 나이가 가장 적은 회원과 가장 많은 회원의 나이의 차는 25세이다.

④ 나이가 4번째로 적은 회원의 나이는 21세이다.

⑤ 나이가 26세 미만인 회원은 전체의 35 %이다.

회원들의 나이

(1|7은 17세)

줄기	잎
1	7 8 9
2	0 1 2 3 5 6 7
3	1 3 5 6 7 9
4	0 0 1 2

서술형

4 오른쪽 도수분포표는 어느 소극장에 입장한 관객 40명의 입장 대기 시간을 조사하여 나타낸 것이다. 대기 시간이 30분 미만인 관객이 전체의 75 %일 때, $A-B$의 값을 구하시오.

풀이 과정

대기 시간(분)	관객 수(명)
$0^{이상}$~$10^{미만}$	4
10 ~20	9
20 ~30	A
30 ~40	6
40 ~50	B
합계	40

🔗 도수분포표

답

5 오른쪽 히스토그램은 영화 감상반 학생들이 지난 학기 동안 영화를 관람한 횟수를 조사하여 나타낸 것인데 일부가 찢어져 보이지 않는다. 영화 관람 횟수가 9회 미만인 학생이 전체의 40 %일 때, 영화 관람 횟수가 9회 이상 12회 미만인 학생은 몇 명인지 구하시오.

🔗 찢어진 히스토그램

6 오른쪽 도수분포다각형은 지민이네 중학교 학생 50명의 신발 크기를 조사하여 나타낸 것이다. 다음 중 옳은 것을 모두 고르면? (정답 2개)

① 계급의 개수는 8이다.

② 계급의 크기는 10 mm이다.

③ 도수가 10명인 계급은 250 mm 이상 260 mm 미만이다.

④ 신발 크기가 240 mm 이상 250 mm 미만인 학생은 전체의 30 %이다.

⑤ 신발 크기가 16번째로 큰 학생이 속하는 계급은 260 mm 이상 270 mm 미만이다.

🔗 도수분포다각형

7 오른쪽 상대도수의 분포표는 현재네 반 학생들의 통학 거리를 조사하여 나타낸 것이다. 다음 물음에 답하시오.

(1) 통학 거리가 2 km 미만인 학생은 전체의 몇 %인지 구하시오.

(2) 1학년 전체 학생이 200명일 때, 통학 거리가 4 km 이상 5 km 미만인 학생은 몇 명인지 구하시오.

통학 거리(km)	상대도수
0^{이상}~ 1^{미만}	0.36
1 ~2	0.28
2 ~3	0.23
3 ~4	0.11
4 ~5	
합계	1

🔗 상대도수의 분포표

8 오른쪽 그래프는 어느 상자에 들어 있는 감자 50개의 무게에 대한 상대도수의 분포를 나타낸 것이다. 무게가 10번째로 무거운 감자가 속하는 계급의 상대도수를 구하시오.

🔗 상대도수의 분포를 나타낸 그래프

9 오른쪽 그래프는 어느 중학교 여학생과 남학생의 멀리 뛰기 기록에 대한 상대도수의 분포를 함께 나타낸 것이다. 다음 중 옳은 것은?

① 전체 여학생 수는 40이다.

② 기록이 160 cm 이상 180 cm 미만인 학생의 비율은 여학생이 더 높다.

③ 여학생 중 도수가 가장 큰 계급은 100 cm 이상 120 cm 미만이다.

④ 기록은 남학생이 여학생보다 상대적으로 더 좋은 편이다.

⑤ 여학생과 남학생에 대한 각각의 그래프와 가로축으로 둘러싸인 부분의 넓이는 남학생에 대한 그래프 쪽이 더 크다.

🔗 도수의 총합이 다른 두 집단의 분포 비교

MEMO

개념﹢유형

개념과 유형이 하나로

기초
탄탄 LITE

정답과 해설

중학 수학

1·2

📖 책 속의 가접 별책 (특허 제 0557442호)

'정답과 해설'은 본책에서 쉽게 분리할 수 있도록 제작되었으므로
유통 과정에서 분리될 수 있으나 파본이 아닌 정상 제품입니다.

visang

우리는 남다른 상상과 혁신으로
교육 문화의 새로운 전형을 만들어
모든 이의 행복한 경험과 성장에 기여한다

ABOVE IMAGINATION

우리는 남다른 상상과 혁신으로
교육 문화의 새로운 전형을 만들어
모든 이의 행복한 경험과 성장에 기여한다

1. 기본 도형

01 점, 선, 면, 각

P. 8

필수 문제 ① (1) 교점: 4, 교선: 6
(2) 교점: 6, 교선: 9

1-1 (1) 13 (2) 20

P. 9

개념 확인 (1) $\overline{PQ}$ (또는 $\overline{QP}$) (2) $\overrightarrow{PQ}$
(3) $\overrightarrow{QP}$ (4) $\overleftrightarrow{PQ}$ (또는 $\overleftrightarrow{QP}$)

필수 문제 ② ③

2-1 $\overleftrightarrow{AB}$와 $\overrightarrow{BC}$, $\overrightarrow{CB}$와 $\overrightarrow{BC}$, $\overrightarrow{CA}$와 $\overrightarrow{CB}$

P. 10

개념 확인 (1) 4 cm (2) 6 cm

필수 문제 ③ (1) $\frac{1}{2}$ (2) 4 (3) 10, 5

3-1 ④

3-2 (1) 6 cm (2) 3 cm (3) 9 cm

P. 12

개념 확인 (1) ∠BAC, ∠CAB, ∠DAC, ∠CAD
(2) ∠DCB, ∠BCD

필수 문제 ④ (1) 100° (2) 20°

4-1 (1) 35° (2) 30°

P. 13

개념 확인 (1) ∠COD (2) ∠AOB
(3) ∠AOE (4) ∠AOC

필수 문제 ⑤ (1) ∠$x=60°$, ∠$y=120°$
(2) ∠$x=40°$, ∠$y=75°$

5-1 (1) 15 (2) 30

5-2 (1) 75 (2) 40

P. 14

개념 확인 (1) 5 cm (2) 90°

필수 문제 ⑥ (1) $\overline{AB}$ (2) 점 A (3) 4 cm

6-1 ㄱ, ㄴ

STEP 1 쏙쏙 개념 익히기

P. 11

1 ㄴ, ㄹ **2** ④ **3** 2개 **4** 3, 6, 3
5 9 cm **6** 9 cm

STEP 1 쏙쏙 개념 익히기

P. 15

1 ∠$x=40°$, ∠$y=50°$ **2** ③ **3** 30
4 ④ **5** 90° **6** 45°

02 점, 직선, 평면의 위치 관계

P. 16

필수 문제 ① ㄴ, ㄹ

1-1 (1) 점 B, 점 C   (2) $\overline{AD}$, $\overline{CD}$

필수 문제 ② (1) 점 A, 점 B, 점 E, 점 F
(2) 면 ABCD, 면 BFGC, 면 CGHD

2-1 (1) 면 ABD, 면 BCD   (2) 점 D

P. 17

필수 문제 ③ (1) $\overline{AB}$, $\overline{CD}$ (2) $\overline{AB}/\!/\overline{DC}$, $\overline{AD}/\!/\overline{BC}$

3-1 ㄴ, ㄷ

3-2 (1) $\overleftrightarrow{ED}$ (2) $\overleftrightarrow{BC}$, $\overleftrightarrow{CD}$, $\overleftrightarrow{EF}$, $\overleftrightarrow{FA}$

P. 18

개념 확인 (1) 평행하다.
(2) 한 점에서 만난다.
(3) 꼬인 위치에 있다.

필수 문제 ④ (1) $\overline{AC}$, $\overline{AD}$, $\overline{BC}$, $\overline{BE}$
(2) $\overline{DE}$
(3) $\overline{CF}$, $\overline{DF}$, $\overline{EF}$

4-1 ㄴ, ㄹ

4-2 2개

P. 19

필수 문제 ⑤ (1) $\overline{AE}$, $\overline{BF}$, $\overline{CG}$, $\overline{DH}$
(2) 면 ABCD, 면 ABFE
(3) $\overline{EF}$, $\overline{FG}$, $\overline{GH}$, $\overline{HE}$

5-1 ㄱ, ㄹ

5-2 3 cm

P. 20

필수 문제 ⑥ (1) 면 ABCD, 면 ABFE
(2) 면 ABFE, 면 BFGC, 면 CGHD,
면 AEHD
(3) 면 ABCD, 면 BFGC, 면 EFGH,
면 AEHD
(4) 면 ABCD

6-1 ㄱ, ㄴ, ㄷ

6-2 ①, ⑤

STEP 1 쏙쏙 개념 익히기

P. 21~22

1 ①, ③   **2** ㄴ, ㄷ, ㄹ **3** ㄱ, ㄹ   **4** ②, ④
5 4
6 (1) $\overline{CG}$, $\overline{DH}$, $\overline{EH}$, $\overline{FG}$, $\overline{GH}$ (2) $\overleftrightarrow{AE}$, $\overleftrightarrow{BF}$
7 $m \perp P$ **8** (1) ×   (2) ×

03 동위각과 엇각

P. 24

필수 문제 ① (1) $\angle e$ (2) $\angle g$ (3) $\angle h$ (4) $\angle g$

1-1 (1) $\angle d$, $80°$ (2) $\angle f$, $100°$

1-2 (1) $\angle f$, $\angle j$ (2) $\angle e$, $\angle i$

P. 25~26

개념 확인 (1) $100°$ (2) $100°$

필수 문제 ② (1) $\angle x=65°$, $\angle y=115°$
(2) $\angle x=55°$, $\angle y=81°$

2-1 (1) 30   (2) 60

필수 문제 ③ ㄷ, ㅁ

3-1 $l/\!/n$, $p/\!/q$

필수 문제 ④ (1) $\angle x=30°$, $\angle y=60°$ (2) $\angle x=60°$

4-1 (1) $35°$ (2) $65°$

STEP 1 쓱쓱 개념 익히기 P. 27~28

1 ⑤

2 (1) ∠x=85°, ∠y=130° (2) ∠x=70°, ∠y=60°

3 40° **4** ㄱ, ㄷ

5 (1) 40° (2) 16° **6** (1) 120 (2) 100

7 (1) ∠ABC, ∠ACB (2) 80° **8** 110°

STEP 2 탄탄 단원 다지기 P. 29~31

1 19 **2** ④ **3** (1) 8 cm (2) 2 cm **4** ③

5 50° **6** ④ **7** ③ **8** ㄱ, ㄴ, ㅁ

9 ②, ⑤ **10** ② **11** 9 **12** ④ **13** ④

14 면 A, 면 C, 면 E, 면 F **15** ②, ③ **16** ④

17 ①, ⑤ **18** 35°

STEP 3 쓱쓱 서술형 완성하기 P. 32~33

〈과정은 풀이 참조〉

따라 해보자 유제1 24 cm 유제2 70°

연습해 보자 **1** 4, 10, 6 **2** 0

3 (1) $\overline{JC}$, $\overline{HE}$ (2) $\overline{JH}$, $\overline{CE}$

4 132°

개념 Review P. 34

① 교점 ② 교선 ③ $\frac{1}{2}$ ④ 맞꼭지각

⑤ ∠c ⑥ ∠d ⑦ 같다 ⑧ ⊥

⑨ $\overline{MB}$ (또는 $\overline{BM}$) ⑩ M ⑪ $\overline{CD}$

⑫ 꼬인 위치 ⑬ × ⑭ 동위각 ⑮ 엇각

2. 작도와 합동

01 삼각형의 작도

P. 38

필수 문제 ① ㄴ

1-1 ①

P. 39

필수 문제 ② ㉠ → ㉢ → ㉡ → ㉣ → ㉤

2-1 ②, ⑤

2-2 (1) ㉣, ㉢, ㉤

(2) 서로 다른 두 직선이 다른 한 직선과 만날 때, 동위각의 크기가 서로 같으면 두 직선은 평행하다.

STEP 1 쓱쓱 개념 익히기 P. 40

1 눈금 없는 자: ㄴ, ㄷ, 컴퍼스: ㄱ, ㄹ

2 ㉢ → ㉠ → ㉡ **3** ①, ④ **4** ④

P. 41

개념 확인 (1) $\overline{BC}$ (2) $\overline{AC}$ (3) $\overline{AB}$

(4) ∠C (5) ∠A (6) ∠B

필수 문제 ③ ③

3-1 ④

P. 42

필수 문제 ④ ㉢ → ㉡ → ㉠

4-1 ⑤

필수 문제 **5** ③, ④

5-1 ③

1 ⑤   **2** ⑤   **3** ③, ④

4 (가) ∠B (나) c (다) a **5** ㄱ, ㄷ   **6** ⑤

7 ②   **8** 1개

O2 삼각형의 합동

개념 확인   (1) $\overline{PQ}$ (2) $\overline{QR}$ (3) $\overline{RP}$

(4) ∠P   (5) ∠Q   (6) ∠R

필수 문제 **1**   (1) 6 cm   (2) 120°

1-1   ㄱ, ㄷ

필수 문제 **2**   △ABC≡△DFE, ASA 합동

2-1 ④

2-2   ㄱ, ㅁ, ㅂ

1 ①   **2** ①, ⑤   **3** ②, ⑤

4 (1) (가) $\overline{CD}$ (나) $\overline{AC}$ (다) SSS   (2) 70°

1 ②   **2** ㄷ → ㄴ → ㄱ   **3** ⑤   **4** ④

5 5개   **6** ⑤   **7** ④   **8** 3개   **9** ⑤

10 68   **11** ㄴ, ㄹ   **12** ③, ⑤   **13** ①, ⑤   **14** ②

15 ③   **16** ㄱ, ㄴ, ㅁ

17 (1) △BCE≡△DCF   (2) 20 cm

〈과정은 풀이 참조〉

따라 해보자   유제 1 $\overline{AC}$의 길이, ∠B의 크기, ∠C의 크기

유제 2   SAS 합동

연습해 보자   **1**   (1) ㉠ → ㉢ → ㉣ → ㉤ → ㉡ → ㉢

(2) 서로 다른 두 직선이 다른 한 직선과 만날 때, 엇각의 크기가 서로 같으면 두 직선은 평행하다.

2 2개   **3** △DCE, SAS 합동

4 500 m

① (나)   ② (다)   ③ 작다   ④ <   ⑤ ×

⑥ ×   ⑦ ○   ⑧ ×   ⑨ ≡   ⑩ ASA

3. 다각형

01 다각형

P. 58

개념 확인 ②, ④

필수 문제 ① (1) 50° (2) 120°

1-1 (1) 55° (2) 80°

P. 59

필수 문제 ② (1) 100° (2) 35° (3) 30°

2-1 20

2-2 35°

P. 60

개념 확인 내각, 25, 60

필수 문제 ③ (1) 25° (2) 110°

3-1 (1) 30 (2) 20

P. 61

개념 확인

다각형	사각형	오각형	육각형	⋯	n각형
꼭짓점의 개수	4	5	6	⋯	n
한 꼭짓점에서 그을 수 있는 대각선의 개수	1	2	3	⋯	$n-3$
대각선의 개수	2	5	9	⋯	$\dfrac{n(n-3)}{2}$

필수 문제 ④ 27

4-1 (1) 십오각형 (2) 90

4-2 (1) 십이각형 (2) 54

STEP 1 쏙쏙 개념 익히기

P. 62~63

1 135°

2 (1) 40 (2) 60

3 (1) 20 (2) 30

4 80°

5 (1) 50° (2) 75°

6 ③

7 ①

8 ②

9 정십각형

02 다각형의 내각과 외각의 크기의 합

P. 64

필수 문제 ① (1) 1080° (2) 1620° (3) 2340°

1-1 70°

필수 문제 ② 칠각형

2-1 12

P. 65

필수 문제 ③ (1) 80° (2) 110°

3-1 (1) 80 (2) 85

3-2 128°

P. 66

필수 문제 ④ (1) 135°, 45° (2) 140°, 40° (3) 150°, 30°

4-1 60°

4-2 (1) 정십팔각형 (2) 정십오각형

STEP 1 쏙쏙 개념 익히기

P. 67~68

1 1448

2 6

3 (1) 80° (2) 90° (3) 40°

4 ⑤

5 ②

6 ③

7 (1) 120° (2) 정삼각형

8 정구각형

STEP 2 탄탄 단원 다지기

P. 69~71

1 ④　　　2 ∠A=40°, ∠B=60°, ∠C=80°
3 (1) 50° (2) 80°　　4 ∠x=65°, ∠y=110°
5 ⑤　　6 ④　　7 90°　　8 ③
9 (1) 7쌍 (2) 14쌍　10 ④　11 ⑤　12 ①
13 360°　14 ②　15 ⑤　16 ①　17 ③
18 ④　19 (1) 36° (2) 36°

STEP 3 쓱쓱 서술형 완성하기

P. 72~73

〈과정은 풀이 참조〉

따라 해보자　유제 1　50°　　유제 2　3240°

연습해 보자　1　22°　　　2　정십이각형
　　　　　　 3　75°　　　4　102°

개념 Review

P. 74

① 내각　② 외각　③ 180　④ 180
⑤ A(또는 B)　⑥ B(또는 A)　⑦ $n-3$
⑧ $n-2$　⑨ $\dfrac{n(n-3)}{2}$　⑩ $n-2$
⑪ $\dfrac{180° \times (n-2)}{n}$　⑫ 360°　⑬ $\dfrac{360°}{n}$

4. 원과 부채꼴

01 원과 부채꼴

P. 78

필수 문제 ❶

1-1　ㄱ, ㄹ

P. 79

필수 문제 ❷　(1) 16　(2) 100

2-1　(1) 9　(2) 50

2-2　150°

P. 80

개념 확인　반지름, ∠COD, ≡, SAS, $\overline{CD}$

필수 문제 ❸　(1) 8　(2) 35

3-1　90°

3-2　ㄱ, ㄴ, ㄷ

STEP 1 쓱쓱 개념 익히기

P.81~82

1 ④　　2 180°　　3 40　　4 80°
5 9 cm²　6 30 cm　7 ②, ④　8 ①
9 28 cm

O2 부채꼴의 호의 길이와 넓이

P. 83

필수 문제 ① (1) 8π cm, 16π cm^2　(2) 14π cm, 21π cm^2

1-1 (1) $(5\pi+10)$ cm, $\dfrac{25}{2}\pi$ cm^2

(2) 18π cm, 27π cm^2

P. 84

개념 확인 (1) 4, 45, π　(2) 4, 45, 2π

필수 문제 ② (1) 5π cm, 15π cm^2　(2) 12π cm, 54π cm^2

2-1 2π cm, 12π cm^2

2-2 (1) $(4\pi+8)$ cm, 8π cm^2

(2) $(3\pi+12)$ cm, $(36-9\pi)$ cm^2

P. 85

개념 확인 2π, 6π

필수 문제 ③ (1) 10π cm^2　(2) 40π cm^2

3-1 (1) 6π cm^2　(2) 120π cm^2

3-2 5π cm

STEP 1 쏙쏙 개념 익히기

P.87

1 24π cm, 18π cm^2　　**2** (1) $\dfrac{25}{3}\pi$ cm^2　(2) $300°$

3 12 cm　**4** (1) $\dfrac{160}{3}\pi$ cm^2　(2) $(\pi-2)$ cm^2

5 6π cm, $(18\pi-36)$ cm^2　**6** 450 cm^2

STEP 2 탄탄 단원 다지기

P. 88~89

1 ②, ③　**2** $60°$　**3** 27 cm　**4** ③　**5** ④

6 30　**7** ①, ③　**8** 12π cm, 12π cm^2　**9** ④

10 ⑤　**11** ④　**12** ②　**13** $(14\pi+18)$ cm

14 $(200\pi-400)$ cm^2　　**15** $(36-6\pi)$ cm^2

16 9π cm, $(9\pi-18)$ cm^2

STEP 3 쓱쓱 서술형 완성하기

P. 90~91

〈과정은 풀이 참조〉

따라 해보자 유제 1 3 cm　　　유제 2 $(6\pi+16)$ cm

연습해 보자 **1** 48π cm^2　　**2** $\dfrac{27}{2}\pi$ cm^2

3 18π cm^2　　**4** 76π m^2

개념 Review

P. 92

① 호　　② 할선　　③ 현　　④ 정비례한다

⑤ 정비례하지 않는다　⑥ a, b　　⑦ a, b　　⑧ $2\pi r$

⑨ πr^2　　⑩ $\dfrac{1}{2}rl$

5. 다면체와 회전체

01 다면체

P. 96

필수 문제 1 ㄱ, ㄷ, ㄹ

1-1 ④

1-2 칠면체

P. 97

개념 확인

겨냥도	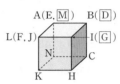		
이름	오각기둥	오각뿔	오각뿔대
옆면의 모양	직사각형	삼각형	사다리꼴
면의 개수	7	6	7
모서리의 개수	15	10	15
꼭짓점의 개수	10	6	10

필수 문제 2 ④

2-1 ③

STEP 1 쓱쓱 개념 익히기

P.98

1 5개   **2** ①, ③   **3** ⑤

4 (1) 각뿔대 (2) 육각뿔대   **5** ②

02 정다면체

P. 99

필수 문제 1 (1) ㄱ, ㄷ, ㅁ (2) ㄹ (3) ㄱ, ㄴ, ㄹ (4) ㄷ

1-1 정팔면체

1-2 30

P. 100

개념 확인

(1) 정육면체   (2) M, $\overline{ED}$

필수 문제 2 (1) 정팔면체 (2) 점 I (3) $\overline{GF}$
(4) $\overline{ED}$(또는 $\overline{EF}$)

2-1 (1) 정사면체 (2) $\overline{CF}$

STEP 1 쓱쓱 개념 익히기

P.102

1 ③   **2** 정십이면체   **3** ③, ⑤

4 ④

O3 회전체

P. 103

필수 문제 ❶ ㄱ, ㄷ, ㅁ

1-1 ㄴ, ㅁ, ㅇ

1-2 (1)   (2)   (3)

P. 104

개념 확인 (1) ✕ (2) ○ (3) ✕

필수 문제 ❷ ③

2-1 원기둥

2-2 ④

P. 105

개념 확인 (1) $a=9$, $b=4$ (2) $a=5$, $b=3$

필수 문제 ❸ $a=6$, $b=11$, $c=18\pi$

3-1 10π cm

STEP 1 쓱쓱 개념 익히기

P.106

1 ③, ④ **2** ② **3** $32\,\text{cm}^2$ **4** $12\,\text{cm}$

5 ③

STEP 2 탄탄 단원 다지기

P. 107~109

1 ③ **2** 10 **3** ⑤ **4** 팔각뿔대

5 ④

6 각 꼭짓점에 모인 면의 개수가 모두 같지 않다.

7 ㄹ, ㄱ **8** 정이십면체 **9** ② **10** ④

11 ③ **12** ②, ⑤ **13** ③ **14** ④ **15** ⑤

16 $16\pi\,\text{cm}^2$ **17** ③ **18** $\dfrac{8}{3}\,\text{cm}$

19 ㄱ, ㄴ, ㄹ

STEP 3 쓱쓱 서술형 완성하기

P. 110~111

〈과정은 풀이 참조〉

따라 해보자 유제 1 50   유제 2 $\dfrac{16}{9}\pi\,\text{cm}^2$

연습해 보자 **1** 육면체   **2** 36

3 $, 21\pi\,\text{cm}^2$

4 $(20\pi+14)\,\text{cm}$

개념 Review

P. 112

① 각뿔대 ② ○ ③ ○ ④ ✕ ⑤ 합동
⑥ 면 ⑦ (가) ⑧ (가) ⑨ (나) ⑩ (가)
⑪ (다) ⑫ 원 ⑬ 합동 ⑭ 선대칭 ⑮ (나)
⑯ (가) ⑰ (다) ⑱ (라)

6. 입체도형의 겉넓이와 부피

O1 기둥의 겉넓이와 부피

P. 116

개념 확인 (1) ㉠ 4 ㉡ 10 ㉢ 8π (2) $16\pi \, cm^2$
(3) $80\pi \, cm^2$ (4) $112\pi \, cm^2$

필수 문제 ❶ (1) $78 \, cm^2$ (2) $54\pi \, cm^2$

1-1 (1) $360 \, cm^2$ (2) $296 \, cm^2$

P. 117

개념 확인 (1) $4\pi \, cm^2$ (2) $4 \, cm$ (3) $16\pi \, cm^3$

필수 문제 ❷ (1) $240 \, cm^3$ (2) $180 \, cm^3$ (3) $72\pi \, cm^3$

2-1 (1) $80\pi \, cm^3$ (2) $20\pi \, cm^3$ (3) $60\pi \, cm^3$

STEP 1 쏙쏙 개념 익히기

P.118

1 ② **2** $4 \, cm$ **3** $(56\pi + 80) \, cm^2$
4 $64 \, cm^3$ **5** ① **6** $(900 - 40\pi) \, cm^3$

O2 뿔의 겉넓이와 부피

P. 119~120

개념 확인 (1) ㉠ 9 ㉡ 3 ㉢ 6π (2) $9\pi \, cm^2$
(3) $27\pi \, cm^2$ (4) $36\pi \, cm^2$

필수 문제 ❶ (1) $340 \, cm^2$ (2) $224\pi \, cm^2$

1-1 (1) $120 \, cm^2$ (2) $216\pi \, cm^2$

필수 문제 ❷ (1) $9\pi \, cm^2$ (2) $36\pi \, cm^2$
(3) $63\pi \, cm^2$ (4) $108\pi \, cm^2$

2-1 ④

P. 120~121

필수 문제 ❸ (1) $80 \, cm^3$ (2) $8\pi \, cm^3$

3-1 8

3-2 $3 \, cm$

필수 문제 ❹ (1) $384 \, cm^3$ (2) $48 \, cm^3$ (3) $336 \, cm^3$

4-1 $28\pi \, cm^3$

STEP 1 쏙쏙 개념 익히기

P.122

1 $256 \, cm^2$ **2** (1) $2\pi \, cm$ (2) $1 \, cm$ (3) $4\pi \, cm^2$
3 (1) $216 \, cm^3$ (2) $36 \, cm^3$ (3) $180 \, cm^3$
4 ② **5** $192\pi \, cm^2$, $228\pi \, cm^3$

O3 구의 겉넓이와 부피

P. 123

개념 확인 $2r$, 4

필수 문제 ❶ (1) $16\pi \, cm^2$ (2) $75\pi \, cm^2$

1-1 $64\pi \, cm^2$

필수 문제 ② (1) $\dfrac{32}{3}\pi\,\mathrm{cm}^3$ (2) $144\pi\,\mathrm{cm}^3$

     2-1 $30\pi\,\mathrm{cm}^3$

     2-2 (1) $54\pi\,\mathrm{cm}^3$ (2) $36\pi\,\mathrm{cm}^3$ (3) $3:2$

STEP 1 쓱쓱 **개념 익히기**   P.125

1 $6\,\mathrm{cm}$ **2** ④   **3** $\dfrac{224}{3}\pi\,\mathrm{cm}^3$ **4** ④

STEP 2 탄탄 **단원 다지기**   P. 127~129

1 ③   **2** $(64\pi+120)\,\mathrm{cm}^2$ **3** $72\pi\,\mathrm{cm}^3$

4 $12\pi\,\mathrm{cm}^3$ **5** $264\,\mathrm{cm}^2$ **6** ⑤   **7** $63\pi\,\mathrm{cm}^2$

8 $302\,\mathrm{cm}^2$ **9** ④   **10** $576\,\mathrm{cm}^3$ **11** $\dfrac{32}{3}\,\mathrm{cm}^3$

12 ③   **13** $1:7$ **14** $312\pi\,\mathrm{cm}^3$ **15** ③

16 ③   **17** $\dfrac{49}{2}\pi\,\mathrm{cm}^2$ **18** $32\,\mathrm{cm}$ **19** ④

20 ③

STEP 3 쓱쓱 **서술형 완성하기**   P. 130~131

〈과정은 풀이 참조〉

따라 해보자   유제 1 $168\pi\,\mathrm{cm}^3$ 유제 2 $96\pi\,\mathrm{cm}^2$

연습해 보자   **1** $224\,\mathrm{cm}^2$ **2** $120°$

         3 $162\pi\,\mathrm{cm}^3$ **4** $550\pi\,\mathrm{cm}^3$

개념 Review   P. 132

① 2   ② 높이   ③ $2\pi rh$ ④ $\pi r^2 h$ ⑤ $\dfrac{1}{3}$

⑥ πrl ⑦ $\dfrac{1}{3}\pi r^2 h$ ⑧ $4\pi r^2$ ⑨ $\dfrac{4}{3}\pi r^3$

---

7. 자료의 정리와 해석

01 대푯값

개념 확인   (1) 5   (2) 14

필수 문제 ① 중앙값: 17분, 최빈값: 13분

     1-1 중앙값: $245\,\mathrm{mm}$, 최빈값: $250\,\mathrm{mm}$

     1-2 액션

필수 문제 ② 9

     2-1 4

필수 문제 ③ 평균: 134분, 중앙값: 85분, 중앙값

     3-1 최빈값, 95호

STEP 1 쓱쓱 **개념 익히기**   P. 138

1 16   **2** 플루트   **3** 6   **4** ⑤

개념편

02 줄기와 잎 그림, 도수분포표

P. 139

필수 문제 ①

1분당 맥박 수

(6|7은 67회)

줄기	잎
6	7 8 8 9 9
7	1 2 3 6 9 9
8	0 2 3 4

(1) 8 　(2) **15명** 　(3) **79회** 　(4) **5명**

1-1 (1) **24명** 　(2) **35세** 　(3) **6명** 　(4) **25 %**

P. 140~141

개념 확인

책의 수(권)		학생 수(명)
5^{이상}~10^{미만}	///	3
10 ~ 15	///	5
15 ~ 20	////	4
20 ~ 25	///	3
합계		15

필수 문제 ②

가슴둘레(cm)	학생 수(명)
60^{이상}~65^{미만}	2
65 ~ 70	6
70 ~ 75	8
75 ~ 80	4
합계	20

(1) **4** 　(2) **5 cm** 　(3) **6명**

2-1 (1)

나이(세)	참가자 수(명)
10^{이상}~20^{미만}	3
20 ~ 30	5
30 ~ 40	7
40 ~ 50	3
합계	18

(2) **30세 이상 40세 미만** 　(3) **5명**

필수 문제 ③ (1) **9** 　(2) **10개**
(3) **500 kcal 이상 600 kcal 미만**

3-1 ㄴ, ㄹ

STEP 1 쏙쏙 개념 익히기

P. 142

1 ①, ③ 　**2** (1) 5 　(2) 20건 이상 30건 미만 　(3) 40 %
3 ㄴ, ㄹ

03 히스토그램과 도수분포다각형

P. 143

개념 확인

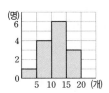

필수 문제 ① (1) **2점** 　(2) **21** 　(3) **74**

1-1 (1) **5** 　(2) **30** 　(3) **120**

P. 144

개념 확인

필수 문제 ② (1) **4개 이상 6개 미만** 　(2) **28 %**

2-1 (1) **12회 이상 15회 미만** 　(2) **120**

STEP 1 쏙쏙 개념 익히기

P. 145~146

1 (1) 6 　(2) 8명 　(3) 24 % 　(4) 40 m 이상 45 m 미만
2 ⑤ 　**3** (1) ③ 　(2) 30 % 　(3) 300
4 ㄷ, ㄹ 　**5** (1) 25 　(2) 7 　**6** 12일

O4 상대도수와 그 그래프

P. 147

개념 확인 (차례로) 5, 0.25, 0.5, 0.1, 1

필수 문제 1 (1) $A=0.1$, $B=12$, $C=10$,
$D=0.2$, $E=1$
(2) 0.15

1-1 (1) $A=0.15$, $B=100$, $C=0.3$,
$D=80$, $E=1$
(2) 40 %

P. 148

개념 확인

필수 문제 2 (1) 12세 이상 16세 미만 (2) 16명

2-1 (1) 0.4 (2) 12편

P. 149

개념 확인 (1)

앉은키(cm)	여학생		남학생	
	학생 수 (명)	상대 도수	학생 수 (명)	상대 도수
75이상 ~ 80미만	6	0.15	4	0.16
80 ~ 85	8	0.2	5	0.2
85 ~ 90	16	0.4	7	0.28
90 ~ 95	10	0.25	9	0.36
합계	40	1	25	1

(2) 여학생

필수 문제 3 (1) 12 (2) A 중학교 (3) B 중학교

3-1 (1) 3개 (2) A 정류장

STEP 1 쓱쓱 개념 익히기 P. 150~151

1 (1) ○ (2) × (3) ○ (4) ×   **2** 0.36
3 40명   **4** (1) 55 % (2) 9개
5 (1) 50명 (2) $A=20$, $B=0.2$, $C=8$, $D=0.16$, $E=1$
6 (1) 32 (2) 0.16   **7** (1) 350 (2) 0.4 (3) 140
8 여학생   **9** ㄱ, ㄷ

STEP 2 탄탄 단원 다지기 P. 152~155

1 ②   **2** ⑤   **3** ⑤   **4** ④   **5** ④
6 (1) 남학생 (2) 많은 편
7 (1) 90분 이상 110분 미만 (2) 30 %   **8** 4
9 5명   **10** ⑤   **11** (1) 25명 (2) 8명   **12** ㄴ, ㄹ
13 ①, ②   **14** 0.225   **15** ②   **16** (1) 40 (2) 0.3
17 (1) B 제품 (2) 30세 이상 40세 미만   **18** 5 : 2
19 ㄴ, ㄷ

STEP 3 쓱쓱 극극 서술형 완성하기 P. 156~157

〈과정은 풀이 참조〉

따라 해보자 유제1 5개   유제2 10명

연습해 보자
1 (1) 평균: 300 kWh, 중앙값: 215 kWh
(2) 중앙값, 이유는 풀이 참조
2 22, 47 kg   **3** 8권
4 30 %

개념 Review P. 158

① 중앙값 ② 최빈값 ③ 중앙값 ④ 계급 ⑤ 도수
⑥ 도수 ⑦ 도수분포다각형 ⑧ ○ ⑨ 1
⑩ 도수

개념편

개념편

01 점, 선, 면, 각

P. 8

필수 문제 ❶ (1) 교점: 4, 교선: 6
　　　　　　(2) 교점: 6, 교선: 9

1-1 (1) **13** (2) **20**
　　(1) 교점의 개수는 5이므로 $a=5$
　　　　교선의 개수는 8이므로 $b=8$
　　　　$\therefore a+b=5+8=13$
　　(2) 교점의 개수는 8이므로 $a=8$
　　　　교선의 개수는 12이므로 $b=12$
　　　　$\therefore a+b=8+12=20$

P. 9

개념 확인 (1) $\overrightarrow{PQ}$ (또는 $\overrightarrow{QP}$) (2) $\overrightarrow{PQ}$
　　　　　　(3) $\overrightarrow{QP}$ (4) $\overleftrightarrow{PQ}$ (또는 $\overleftrightarrow{QP}$)

필수 문제 ❷ ③
③ $\overrightarrow{BD}$와 $\overrightarrow{DB}$는 시작점과 뻗어 나가는 방향이 모두 다르므로 서로 다른 반직선이다.

2-1 $\overrightarrow{AB}$와 $\overrightarrow{BC}$, $\overrightarrow{CB}$와 $\overrightarrow{BC}$, $\overrightarrow{CA}$와 $\overrightarrow{CB}$

P. 10

개념 확인 (1) **4 cm** (2) **6 cm**
　　　　　　(1) (두 점 A, B 사이의 거리)$=\overline{AB}=4\,cm$
　　　　　　(2) (두 점 B, C 사이의 거리)$=\overline{BC}=6\,cm$

필수 문제 ❸ (1) $\dfrac{1}{2}$ (2) 4 (3) 10, 5

(1) 점 B는 $\overline{AC}$의 중점이므로 $\overline{AB}=\overline{BC}$
　　$\therefore \overline{AB}=\boxed{\dfrac{1}{2}}\overline{AC}$
(2) 점 C는 $\overline{AD}$의 중점이므로 $\overline{AC}=\overline{CD}$
　　$\therefore \overline{AD}=2\overline{AC}=2\times 2\overline{AB}=\boxed{4}\overline{AB}$
(3) $\overline{AC}=\dfrac{1}{2}\overline{AD}=\dfrac{1}{2}\times 20=\boxed{10}\,(cm)$
　　$\overline{AB}=\dfrac{1}{2}\overline{AC}=\dfrac{1}{2}\times 10=\boxed{5}\,(cm)$

3-1 ④

① 점 M은 $\overline{AB}$의 중점이므로 $\overline{AM}=\overline{MB}$
　　$\therefore \overline{AB}=2\overline{AM}$
② $\overline{AB}=\overline{BC}=\overline{CD}$이므로 $\overline{AD}=3\overline{AB}$
③ $\overline{AB}=\overline{BC}=\overline{CD}$이므로 $\overline{BC}=\dfrac{1}{3}\overline{AD}$
④ $\overline{AC}=2\overline{AB}=2\times 2\overline{AM}=4\overline{AM}$
⑤ $\overline{AB}=\overline{BC}=\overline{CD}$이므로
　　$\overline{BC}=\overline{CD}=\dfrac{1}{3}\overline{AD}$
　　$\therefore \overline{BD}=\overline{BC}+\overline{CD}=\dfrac{1}{3}\overline{AD}+\dfrac{1}{3}\overline{AD}=\dfrac{2}{3}\overline{AD}$
따라서 옳지 않은 것은 ④이다.

3-2 (1) **6 cm** (2) **3 cm** (3) **9 cm**

(1) 점 M은 $\overline{AB}$의 중점이므로
　　$\overline{AM}=\dfrac{1}{2}\overline{AB}$
　　　　　$=\dfrac{1}{2}\times 12=6\,(cm)$
(2) $\overline{MB}=\overline{AM}=6\,cm$이고 점 N은 $\overline{MB}$의 중점이므로
　　$\overline{MN}=\dfrac{1}{2}\overline{MB}$
　　　　　$=\dfrac{1}{2}\times 6=3\,(cm)$
(3) $\overline{AN}=\overline{AM}+\overline{MN}$
　　　　　$=6+3=9\,(cm)$

STEP 1 쓱쓱 **개념 익히기** **P. 11**

1 ㄴ, ㄹ	**2** ④	**3** 2개	**4** 3, 6, 3
5 9 cm	**6** 9 cm		

1 ㄴ. 교점은 선과 선 또는 선과 면이 만나는 경우에 생긴다.
ㄹ. 직육면체에서 교선의 개수는 모서리의 개수와 같다.

2 점 A를 지나는 교선의 개수는 각각 다음과 같다.
① 3　② 3　③ 3　④ 4　⑤ 3
따라서 나머지 넷과 다른 하나는 ④이다.

3 $\overrightarrow{AB}$와 같은 도형은 $\overrightarrow{AC}$, $\overrightarrow{AD}$의 2개이다.

4 두 점을 이어서 만들 수 있는 서로 다른 직선은
$\overleftrightarrow{AB}$, $\overleftrightarrow{BC}$, $\overleftrightarrow{CA}$의 3개이고,
서로 다른 반직선은
$\overrightarrow{AB}$, $\overrightarrow{AC}$, $\overrightarrow{BA}$, $\overrightarrow{BC}$, $\overrightarrow{CA}$, $\overrightarrow{CB}$의 6개이고,
서로 다른 선분은 $\overline{AB}$, $\overline{BC}$, $\overline{CA}$의 3개이다.

> **다른 풀이** 반직선, 선분의 개수 구하기
> 세 점이 한 직선 위에 있지 않으므로
> (반직선의 개수)=(직선의 개수)×2
> $\qquad\qquad\qquad\quad =3\times2=6$
> (선분의 개수)=(직선의 개수)=3

> **참고** 어느 세 점도 한 직선 위에 있지 않을 때, 두 점을 이어서 만들
> 수 있는 직선, 반직선, 선분 사이의 관계
> ⇨ • (직선의 개수)=(선분의 개수)
> ⠀⠀• (반직선의 개수)=(직선의 개수)×2
> ⠀⠀⠀⠀↳$\overrightarrow{AB}\neq\overrightarrow{BA}$ ⠀↳$\overline{AB}=\overline{BA}$

5 두 점 B, C가 각각 $\overline{AC}$, $\overline{BD}$의
중점이므로
$\overline{AB}=\overline{BC}=\overline{CD}$
이때 $\overline{AB}=\dfrac{1}{2}\overline{AC}=\dfrac{1}{2}\times6=3(cm)$이므로
$\overline{AD}=3\overline{AB}=3\times3=9(cm)$

6 두 점 M, N이 각각 $\overline{AC}$, $\overline{CB}$의
중점이므로
$\overline{MC}=\dfrac{1}{2}\overline{AC}$, $\overline{CN}=\dfrac{1}{2}\overline{CB}$
∴ $\overline{MN}=\overline{MC}+\overline{CN}=\dfrac{1}{2}\overline{AC}+\dfrac{1}{2}\overline{CB}$
$\qquad\quad =\dfrac{1}{2}(\overline{AC}+\overline{CB})=\dfrac{1}{2}\overline{AB}$
$\qquad\quad =\dfrac{1}{2}\times18=9(cm)$

P. 12

개념 확인 (1) ∠BAC, ∠CAB, ∠DAC, ∠CAD
⠀⠀⠀⠀⠀ (2) ∠DCB, ∠BCD

필수 문제 ④ (1) **100°** (2) **20°**
(1) $\angle x+80°=180°$ ⠀∴ $\angle x=100°$
(2) $\angle x+70°=90°$ ⠀∴ $\angle x=20°$

4-1 (1) **35°** (2) **30°**
(1) $55°+90°+\angle x=180°$ ⠀∴ $\angle x=35°$
(2) $\angle x+2\angle x=90°$, $3\angle x=90°$ ⠀∴ $\angle x=30°$

개념 확인 (1) ∠COD ⠀⠀⠀ (2) ∠AOB
⠀⠀⠀⠀⠀ (3) ∠AOE ⠀⠀⠀ (4) ∠AOC

필수 문제 ⑤ (1) **∠x=60°, ∠y=120°**
⠀⠀⠀⠀⠀⠀⠀ (2) **∠x=40°, ∠y=75°**
(1) $\angle x=60°$(맞꼭지각)
⠀$\angle y+60°=180°$ ⠀∴ $\angle y=120°$
(2) $\angle x=40°$(맞꼭지각)
⠀$65°+\angle x+\angle y=180°$에서
⠀$65°+40°+\angle y=180°$
⠀∴ $\angle y=75°$

5-1 (1) **15** (2) **30**
(1) 맞꼭지각의 크기는 서로 같으므로
⠀$x+25=4x-20$, $3x=45$
⠀∴ $x=15$
(2) 오른쪽 그림에서 맞꼭지각의 크기는
⠀서로 같으므로
⠀$(3x-10)+70+x=180$
⠀$4x=120$ ⠀∴ $x=30$

5-2 (1) **75** (2) **40**
(1) 맞꼭지각의 크기는 서로 같으므로
⠀$x+55=130$ ⠀∴ $x=75$
(2) 맞꼭지각의 크기는 서로 같으므로
⠀$(x+5)+90=3x+15$, $2x=80$
⠀∴ $x=40$

P. 14

개념 확인 (1) **5 cm** (2) **90°**
(1) $\overline{AO}=\overline{BO}$이므로
⠀$\overline{AO}=\dfrac{1}{2}\overline{AB}=\dfrac{1}{2}\times10=5(cm)$
(2) $\overline{AB}\perp\overleftrightarrow{PO}$이므로 ∠AOP=90°

필수 문제 ⑥ (1) $\overline{AB}$ (2) 점 A (3) **4 cm**
(3) (점 A와 $\overline{BC}$ 사이의 거리)=$\overline{AB}$=4 cm

6-1 ㄱ, ㄴ
ㄴ. 점 A와 $\overline{BC}$ 사이의 거리는 $\overline{AD}$의 길이와 같으므로
⠀12 cm이다.
ㄷ. $\overline{AB}$와 $\overline{AC}$가 서로 수직이 아니므로 점 C와 $\overline{AB}$ 사이
⠀의 거리는 $\overline{AC}$의 길이인 13 cm보다 짧다.
따라서 옳은 것은 ㄱ, ㄴ이다.

STEP 1 쏙쏙 개념 익히기

P. 15

1 $\angle x=40°$, $\angle y=50°$	**2** ③	**3** 30
4 ④	**5** 90°	**6** 45°

1 $\angle AOC=90°$이므로
$50°+\angle x=90°$ ∴ $\angle x=40°$
$\angle BOD=90°$이므로
$\angle x+\angle y=90°$에서
$40°+\angle y=90°$ ∴ $\angle y=50°$

2 $\angle y=180°\times\dfrac{3}{2+3+4}=180°\times\dfrac{3}{9}=60°$

3 오른쪽 그림에서 맞꼭지각의 크기는
서로 같으므로
$(3x-10)+2x+(x+10)=180$
$6x=180$ ∴ $x=30$

4 ④ 점 B에서 $\overleftrightarrow{PQ}$에 내린 수선의 발은 점 H이다.

5 $\angle AOB=\angle BOC=\angle x$,
$\angle COD=\angle DOE=\angle y$라고 하면
$2\angle x+2\angle y=180°$이므로
$\angle x+\angle y=90°$
∴ $\angle BOD=\angle x+\angle y=90°$

6 $\angle BOC=\angle x$, $\angle COD=\angle y$라고
하면
$\angle AOB=3\angle x$, $\angle DOE=3\angle y$
즉, $3\angle x+\angle x+\angle y+3\angle y=180°$
이므로 $4\angle x+4\angle y=180°$, $\angle x+\angle y=45°$
∴ $\angle BOD=\angle x+\angle y=45°$

---

02 점, 직선, 평면의 위치 관계

P. 16

필수 문제 ① ㄴ, ㄹ
ㄱ. 점 A는 직선 l 위에 있지 않다.
ㄷ. 직선 l은 점 B를 지난다.
따라서 옳은 것은 ㄴ, ㄹ이다.

1-1 (1) 점 B, 점 C (2) $\overline{AD}$, $\overline{CD}$

필수 문제 ② (1) 점 A, 점 B, 점 E, 점 F
(2) 면 ABCD, 면 BFGC, 면 CGHD

2-1 (1) 면 ABD, 면 BCD (2) 점 D

P. 17

필수 문제 ③ (1) $\overline{AB}$, $\overline{CD}$ (2) $\overline{AB}$ // $\overline{DC}$, $\overline{AD}$ // $\overline{BC}$

3-1 ㄴ, ㄷ
ㄱ. $\overleftrightarrow{AB}$와 $\overleftrightarrow{CD}$는 평행하지 않다.
ㄹ. $\overleftrightarrow{AB}$와 $\overleftrightarrow{BC}$의 교점은 점 B이다.
따라서 옳은 것은 ㄴ, ㄷ이다.

3-2 (1) $\overleftrightarrow{ED}$ (2) $\overleftrightarrow{BC}$, $\overleftrightarrow{CD}$, $\overleftrightarrow{EF}$, $\overleftrightarrow{FA}$
(1) $\overleftrightarrow{AB}$와 평행한, 즉 만나지 않는
직선은 $\overleftrightarrow{ED}$이다.
(2) $\overleftrightarrow{AB}$와 한 점에서 만나는 직선은
$\overleftrightarrow{BC}$, $\overleftrightarrow{CD}$, $\overleftrightarrow{EF}$, $\overleftrightarrow{FA}$이다.

P. 18

개념 확인 (1) 평행하다. (2) 한 점에서 만난다.
(3) 꼬인 위치에 있다.

필수 문제 ④ (1) $\overline{AC}$, $\overline{AD}$, $\overline{BC}$, $\overline{BE}$ (2) $\overline{DE}$
(3) $\overline{CF}$, $\overline{DF}$, $\overline{EF}$

4-1 ㄴ, ㄹ
ㄴ. 모서리 AD와 모서리 FG는 평행하다.
ㄷ. 모서리 CD와 한 점에서 만나는 모서리는
$\overline{BC}$, $\overline{CG}$, $\overline{AD}$, $\overline{DH}$의 4개이다.
ㄹ. 모서리 EH와 평행한 모서리는
$\overline{AD}$, $\overline{BC}$, $\overline{FG}$의 3개이다.
따라서 옳지 않은 것은 ㄴ, ㄹ이다.

4-2 2개
모서리 AE와 한 점에서 만나는 모서리는
$\overline{AB}$, $\overline{AC}$, $\overline{AD}$, $\overline{BE}$, $\overline{DE}$의 5개이고,
모서리 AE와 평행한 모서리는 없으므로
모서리 AE와 꼬인 위치에 있는 모서리는
$\overline{BC}$, $\overline{CD}$의 2개이다.

필수 문제 ⑤ (1) $\overline{AE}$, $\overline{BF}$, $\overline{CG}$, $\overline{DH}$
(2) 면 ABCD, 면 ABFE
(3) $\overline{EF}$, $\overline{FG}$, $\overline{GH}$, $\overline{HE}$

5-1 ㄱ, ㄹ
ㄴ. 면 ABFE와 모서리 DH는 평행하므로 만나지 않는다.
ㄷ. 면 AEHD와 평행한 모서리는 $\overline{BC}$, $\overline{BF}$, $\overline{FG}$, $\overline{CG}$의 4개이다.
ㄹ. 면 EFGH와 수직인 모서리는 $\overline{AE}$, $\overline{BF}$, $\overline{CG}$, $\overline{DH}$의 4개이다.
따라서 옳은 것은 ㄱ, ㄹ이다.

5-2 3 cm
점 A와 면 CBEF 사이의 거리는 $\overline{AC}$의 길이와 같으므로
$\overline{AC}=\overline{DF}=3\,cm$

필수 문제 ⑥ (1) 면 ABCD, 면 ABFE
(2) 면 ABFE, 면 BFGC, 면 CGHD, 면 AEHD
(3) 면 ABCD, 면 BFGC, 면 EFGH, 면 AEHD
(4) 면 ABCD

6-1 ㄱ, ㄴ, ㄷ
ㄱ. 면 DEF와 면 BEFC는 $\overline{EF}$에서 만난다.
ㄷ. 면 ABC와 평행한 면은 면 DEF의 1개이다.
ㄹ. 면 ABC와 수직인 면은 면 ABED, 면 BEFC, 면 ADFC의 3개이다.
따라서 옳은 것은 ㄱ, ㄴ, ㄷ이다.

6-2 ①, ⑤
면 AEGC와 수직인 면은 면 ABCD, 면 EFGH이다.

STEP
① 쓱쓱 쏙쏙 개념 익히기   P. 21~22

1 ①, ③   2 ㄴ, ㄷ, ㄹ 3 ㄱ, ㄹ   4 ②, ④
5 4
6 (1) $\overline{CG}$, $\overline{DH}$, $\overline{EH}$, $\overline{FG}$, $\overline{GH}$ (2) $\overleftrightarrow{AE}$, $\overleftrightarrow{BF}$
7 $m \perp P$ 8 (1) × (2) ×

1 ② 점 B는 직선 l 위에 있다.
④ 직선 l은 점 C를 지나지 않는다.
⑤ 평면 P는 점 D를 포함한다.
따라서 옳은 것은 ①, ③이다.

2 ㄱ. $\overleftrightarrow{AB}$와 $\overleftrightarrow{CD}$는 한 점에서 만난다.
따라서 옳은 것은 ㄴ, ㄷ, ㄹ이다.

3 ㄴ. $\overline{AD}$와 $\overline{DH}$는 한 점 D에서 만난다.
ㄷ. $\overline{CD}$와 $\overline{EF}$는 평행하다.
ㅁ. $\overline{FG}$와 $\overline{BC}$는 평행하다.
ㅂ. $\overline{GH}$와 $\overline{EH}$는 한 점 H에서 만난다.
따라서 바르게 짝 지은 것은 ㄱ, ㄹ이다.

4 ② 오른쪽 그림과 같이 $\overleftrightarrow{GF}$와 $\overleftrightarrow{HI}$는 한 점에서 만난다.
④ 면 DIJE와 $\overleftrightarrow{FJ}$는 한 점에서 만나지만 수직이 아니다.

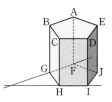

5 면 ABC와 평행한 면은
면 DEF의 1개이므로 $a=1$
면 ADEB와 수직인 면은
면 ABC, 면 BEFC, 면 DEF의 3개이므로 $b=3$
$\therefore a+b=1+3=4$

6 (1) $\overleftrightarrow{AB}$와 한 점에서 만나는 직선은
$\overleftrightarrow{AD}$, $\overleftrightarrow{AE}$, $\overleftrightarrow{BC}$, $\overleftrightarrow{BF}$, $\overleftrightarrow{CD}$
$\overleftrightarrow{AB}$와 평행한 직선은 $\overleftrightarrow{EF}$
따라서 $\overleftrightarrow{AB}$와 꼬인 위치에 있는 직선은
$\overleftrightarrow{CG}$, $\overleftrightarrow{DH}$, $\overleftrightarrow{EH}$, $\overleftrightarrow{FG}$, $\overleftrightarrow{GH}$
(2) 면 CGHD와 평행한 직선은 $\overleftrightarrow{AE}$, $\overleftrightarrow{BF}$

7 $l /\!/ m$, $l \perp P$이면 오른쪽 그림과 같이
$m \perp P$이다.

8 (1) $l \perp P$, $l \perp Q$이면 오른쪽 그림과 같이
$P /\!/ Q$이다.

(2) $l \perp m$, $m /\!/ P$이면 직선 l과 평면 P는 다음 그림과 같이 평행하거나 한 점에서 만날 수 있다.

평행하다.   한 점에서 만난다.

03 동위각과 엇각

P. 24

필수 문제 ① (1) ∠e (2) ∠g (3) ∠h (4) ∠g

1-1 (1) ∠d, 80° (2) ∠f, 100°
(1) ∠a의 동위각은 ∠d이다.
∠d=180°−100°=80°
(2) ∠b의 엇각은 ∠f이다.
∠f=100° (맞꼭지각)

1-2 (1) ∠f, ∠j (2) ∠e, ∠i

P. 25~26

개념 확인 (1) 100° (2) 100°
(1) l∥m이고 ∠a의 동위각의 크기가 100°이므로
∠a=100°
(2) l∥m이고 ∠b의 엇각의 크기가 100°이므로
∠b=100°

필수 문제 ② (1) ∠x=65°, ∠y=115°
(2) ∠x=55°, ∠y=81°
(1) l∥m이고 ∠x의 동위각의 크기가 65°이므로
∠x=65°
∠x+∠y=180°에서
65°+∠y=180° ∴ ∠y=115°
(2) l∥m이고 ∠x의 엇각의 크기가 55°이므로
∠x=55°
또 ∠y의 동위각의 크기가 81°이므로
∠y=81°

2-1 (1) 30 (2) 60
(1) 오른쪽 그림에서 l∥m이므로
2x+(x+90)=180
3x=90 ∴ x=30

(2) 오른쪽 그림에서 l∥m이므로
50+x+70=180
∴ x=60

필수 문제 ③ ㄷ, ㅁ

⇨ 동위각의 크기가 같지 않으므로 두 직선 l, m은 평행하지 않다.

⇨ 엇각의 크기가 같지 않으므로 두 직선 l, m은 평행하지 않다.

⇨ 동위각의 크기가 서로 같으므로 두 직선 l, m은 평행하다.
따라서 두 직선 l, m이 평행한 것은 ㄷ, ㅁ이다.

3-1 l∥n, p∥q
오른쪽 그림의 두 직선 l, n에서 엇각의 크기가 75°로 서로 같으므로 l∥n이다.
또 두 직선 p, q에서 동위각의 크기가 75°로 서로 같으므로 p∥q이다.

필수 문제 ④ (1) ∠x=30°, ∠y=60° (2) ∠x=60°
(1) l∥n이므로 ∠x=30° (엇각)
n∥m이므로 ∠y=60° (엇각)
(2) 오른쪽 그림과 같이
l∥m∥n인 직선 n을 그으면
∠x=40°+20°=60°

4-1 (1) 35° (2) 65°
(1) 오른쪽 그림과 같이
l∥m∥n인 직선 n을 그으면
∠x=90°−55°=35°
(2) 오른쪽 그림과 같이
l∥m∥n인 직선 n을 그으면
∠x=30°+35°=65°

1 ⑤
2 (1) $\angle x=85°$, $\angle y=130°$ (2) $\angle x=70°$, $\angle y=60°$
3 $40°$ **4** ㄱ, ㄷ
5 (1) $40°$ (2) $16°$ **6** (1) 120 (2) 100
7 (1) $\angle ABC$, $\angle ACB$ (2) $80°$ **8** $110°$

---

1 ④ $\angle a+\angle d=180°$에서
$110°+\angle d=180°$ $\therefore \angle d=70°$
⑤ $l /\!\!/ m$인 경우에만 $\angle e=\angle a=110°$(동위각)이다.
따라서 옳지 않은 것은 ⑤이다.

2 (1) $l /\!\!/ m$이므로
$\angle x=85°$(동위각), $\angle y=130°$(엇각)
(2) $l /\!\!/ m$이므로
$\angle y=60°$(동위각)
$\angle x+\angle y=130°$(엇각)에서
$\angle x+60°=130°$
$\therefore \angle x=70°$

3 오른쪽 그림에서 $l /\!\!/ m$이므로
$\angle x=80°$(동위각)
삼각형의 세 각의 크기의 합은
$180°$이므로
$\angle y+60°+\angle x=180°$에서
$\angle y+60°+80°=180°$ $\therefore \angle y=40°$
$\therefore \angle x-\angle y=80°-40°=40°$

4 ㄱ. ⇨ 동위각의 크기가 다르므로
두 직선 l, m은 평행하지 않다.

ㄴ. ⇨ 동위각의 크기가 서로 같으므로
두 직선 l, m은 평행하다.

ㄷ. ⇨ 동위각의 크기가 다르므로
두 직선 l, m은 평행하지 않다.

ㄹ. ⇨ 엇각의 크기가 서로 같으므로
두 직선 l, m은 평행하다.

따라서 두 직선 l, m이 평행하지 않은 것은 ㄱ, ㄷ이다.

---

5 (1) 오른쪽 그림과 같이
$l /\!\!/ m /\!\!/ n$인 직선 n을 그으면
$\angle x=70°-30°=40°$

(2) 오른쪽 그림과 같이
$l /\!\!/ m /\!\!/ n$인 직선 n을 그으면
$\angle x+4\angle x=80°$
$5\angle x=80°$ $\therefore \angle x=16°$

6 (1) 오른쪽 그림과 같이
$l /\!\!/ m /\!\!/ p /\!\!/ q$인 두 직선 p, q를
그으면
$x=70+50=120$

(2) 오른쪽 그림과 같이
$l /\!\!/ m /\!\!/ p /\!\!/ q$인 두 직선 p, q를
그으면
$x=65+35=100$

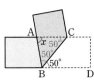

7 (1) 오른쪽 그림에서
$\angle ABC=\angle CBD=50°$(접은 각)
$\overline{AC} /\!\!/ \overline{BD}$이므로
$\angle ACB=\angle CBD=50°$(엇각)
따라서 $\angle CBD$와 크기가 같은 각은 $\angle ABC$, $\angle ACB$이다.

(2) $\angle ABC=\angle ACB=50°$이므로
삼각형 ABC에서
$\angle x+50°+50°=180°$ $\therefore \angle x=80°$

8 오른쪽 그림에서
$\angle DEG=\angle FEG=35°$(접은 각)
$\overline{AD} /\!\!/ \overline{BC}$이므로
$\angle EGF=\angle DEG=35°$(엇각)
따라서 삼각형 EFG에서
$35°+\angle x+35°=180°$ $\therefore \angle x=110°$

1 19   **2** ④   **3** (1) 8 cm (2) 2 cm   **4** ③
5 $50°$ **6** ④   **7** ③   **8** ㄱ, ㄴ, ㅁ
9 ②, ⑤   **10** ②   **11** 9   **12** ④   **13** ④
14 면 A, 면 C, 면 E, 면 F **15** ②, ③   **16** ④
17 ①, ⑤   **18** $35°$

1 교점의 개수는 7이므로 $a=7$
교선의 개수는 12이므로 $b=12$
$\therefore a+b=7+12=19$

2 ④ $\overrightarrow{CB}$와 $\overrightarrow{CD}$는 시작점은 같으나 뻗어 나가는 방향이 다르므로 서로 다른 반직선이다.

3 (1) 두 점 M, N이 각각 $\overline{AB}$, $\overline{BC}$의 중점이므로
$\overline{MB}=\dfrac{1}{2}\,\overline{AB}=\dfrac{1}{2}\times20=10(\text{cm})$
$\overline{BN}=\dfrac{1}{2}\,\overline{BC}=\dfrac{1}{2}\times12=6(\text{cm})$

이때 $\overline{MN}=\overline{MB}+\overline{BN}=10+6=16(\text{cm})$이고
점 P는 $\overline{MN}$의 중점이므로
$\overline{MP}=\dfrac{1}{2}\,\overline{MN}=\dfrac{1}{2}\times16=8(\text{cm})$
(2) $\overline{PB}=\overline{MB}-\overline{MP}=10-8=2(\text{cm})$

4 $2x+90+(x+30)=180$
$3x=60 \qquad \therefore x=20$

5 $\angle BOC=\angle x$, $\angle COD=\angle y$라고 하면
$\angle AOB=2\angle x$, $\angle COE=4\angle y$

$4\angle y=\angle y+90°$이므로
$3\angle y=90° \qquad \therefore \angle y=30°$
이때 $3\angle x+4\angle y=180°$이므로
$3\angle x=180°-4\angle y$에서
$3\angle x=60° \qquad \therefore \angle x=20°$
$\therefore \angle BOD=\angle x+\angle y=20°+30°=50°$

다른 풀이
$\angle COE=4\angle COD$이고
$\angle DOE=90°$이므로
$\angle COD=\dfrac{1}{3}\angle DOE=\dfrac{1}{3}\times90°=30°$
$\angle AOC=90°-\angle COD=90°-30°=60°$이고
$\angle AOB=2\angle BOC$이므로
$\angle BOC=\dfrac{1}{3}\angle AOC=\dfrac{1}{3}\times60°=20°$
$\therefore \angle BOD=\angle BOC+\angle COD$
$\qquad\qquad=20°+30°=50°$

6 두 직선 AB와 CD, AB와 EF, CD와 EF가 각각 만날 때 맞꼭지각이 2쌍씩 생기므로 모두 $2\times3=6$(쌍)이다.

다른 풀이
$\angle AOF$와 $\angle BOE$, $\angle AOC$와 $\angle BOD$,
$\angle COE$와 $\angle DOF$, $\angle AOD$와 $\angle BOC$, $\angle COF$와 $\angle DOE$, $\angle AOE$와 $\angle BOF$
의 6쌍이다.

7 오른쪽 그림에서 맞꼭지각의 크기는 서로 같으므로

$(3x-12)+(x+24)+2x=180$
$6x=168 \qquad \therefore x=28$

8 ㄷ. 점 C에서 $\overline{AB}$에 내린 수선의 발은 점 B이다.
ㄹ. 점 C와 $\overline{AB}$ 사이의 거리는 $\overline{BC}$의 길이와 같으므로 8cm 이다.
따라서 옳은 것은 ㄱ, ㄴ, ㅁ이다.

9 ② 직선 l은 점 E를 지난다.
④ 두 점 B, E는 직선 l 위에 있다.
⑤ 점 C는 직선 m 위에 있다.
따라서 옳지 않은 것은 ②, ⑤이다.

10 모서리 CG와 평행한 모서리는 $\overline{AE}$, $\overline{BF}$, $\overline{DH}$이고,
이 중 $\overline{BD}$와 꼬인 위치에 있는 모서리는 $\overline{AE}$이다.

11 면 ABCDEF와 수직인 모서리는
$\overline{AG}$, $\overline{BH}$, $\overline{CI}$, $\overline{DJ}$, $\overline{EK}$, $\overline{FL}$의 6개이므로 $x=6$
모서리 AB와 평행한 모서리는
$\overline{DE}$, $\overline{GH}$, $\overline{JK}$의 3개이므로 $y=3$
$\therefore x+y=6+3=9$

12 ① 한 직선 l에 평행한 서로 다른 두 직선 m, n은 오른쪽 그림과 같이 평행하다.

② 한 직선 l에 수직인 서로 다른 두 직선 m, n은 다음 그림과 같이 평행하거나 한 점에서 만나거나 꼬인 위치에 있을 수 있다.

평행하다.　　　　한 점에서 만난다.　　　꼬인 위치에 있다.

③ 한 평면 P에 평행한 서로 다른 두 직선 l, m은 다음 그림과 같이 평행하거나 한 점에서 만나거나 꼬인 위치에 있을 수 있다.

평행하다.　　　　한 점에서 만난다.　　　꼬인 위치에 있다.

④ 한 평면 P에 수직인 서로 다른 두 직선 l, m은 오른쪽 그림과 같이 평행하다.

⑤ 서로 만나지 않는 두 직선 l, m은 다음 그림과 같이 평행하거나 꼬인 위치에 있을 수 있다.

평행하다.　　　　꼬인 위치에 있다.

따라서 옳은 것은 ④이다.

참고　항상 평행한 위치 관계
• 한 직선에 평행한 서로 다른 모든 직선은 평행하다.
• 한 평면에 평행한 서로 다른 모든 평면은 평행하다.
• 한 직선에 수직인 서로 다른 모든 평면은 평행하다.
• 한 평면에 수직인 서로 다른 모든 직선은 평행하다.

13 ④ 모서리 AB와 한 점에서 만나는 면은
면 AED, 면 ADGC, 면 BEF, 면 BFGC의 4개이다.
⑤ 모서리 BE와 꼬인 위치에 있는 모서리는
$\overline{AC}$, $\overline{AD}$, $\overline{CG}$, $\overline{DG}$, $\overline{FG}$의 5개이다.
따라서 옳지 않은 것은 ④이다.

14 주어진 전개도로 만든 정육면체는 오른쪽
그림과 같으므로 면 B와 수직인 면은
면 A, 면 C, 면 E, 면 F이다.

15 ① $\angle a$의 동위각은 $\angle e$, $\angle l$이다.
④ $\angle d$의 엇각은 $\angle i$이다.
⑤ $\angle d$의 크기와 $\angle j$의 크기는 같은지 알 수 없다.
따라서 옳은 것은 ②, ③이다.

참고　삼각형을 이루는 세 직선에서 동위각(엇각)을 찾을 때는 다음 그림과 같이 직선의 일부를 지워서 생각하면 편리하다.

　(i)　　　　(ii)

16 오른쪽 그림에서 $l /\!/ m$이므로
$\angle x + 65° + (\angle x - 15°) = 180°$
$2\angle x = 130°$
$\therefore \angle x = 65°$

17 ②, ④ 동위각의 크기가 서로 같으면 $l /\!/ m$이다.
③ 엇각의 크기가 서로 같으면 $l /\!/ m$이다.
따라서 $l /\!/ m$이 되게 하는 조건이 아닌 것은 ①, ⑤이다.

18 오른쪽 그림과 같이
$l /\!/ m /\!/ p /\!/ q$인 두 직선 p, q를
그으면
$\angle x = 35°$ (엇각)

〈과정은 풀이 참조〉
따라 해보자　유제1 24 cm　　　유제2 70°
연습해 보자　**1** 4, 10, 6　　　**2** 0
3 (1) $\overline{JC}$, $\overline{HE}$　(2) $\overline{JH}$, $\overline{CE}$
4 132°

따라 해보자

유제 1　1단계　점 M이 $\overline{AB}$의 중점이므로 $\overline{AB} = 2\overline{MB}$
점 N이 $\overline{BC}$의 중점이므로 $\overline{BC} = 2\overline{BN}$
2단계　$\overline{AC} = \overline{AB} + \overline{BC} = 2\overline{MB} + 2\overline{BN}$
$= 2(\overline{MB} + \overline{BN}) = 2\overline{MN}$
$= 2 \times 12 = 24$(cm)

채점 기준		
1단계	$\overline{AB}$, $\overline{BC}$의 길이를 각각 $\overline{MB}$, $\overline{BN}$을 사용하여 나타내기 ··· 40 %	
2단계	$\overline{AC}$의 길이 구하기 ··· 60 %	

유제 2　1단계　오른쪽 그림과 같이 두 직선 l, m에 평행한 직선 n을 그으면

2단계　$l /\!/ n$이므로 $\angle a = 30°$(동위각)
$n /\!/ m$이므로 $\angle b = 40°$(엇각)
3단계　$\angle x = \angle a + \angle b$
$= 30° + 40° = 70°$

채점 기준		
1단계	$l /\!/ m /\!/ n$인 직선 n 긋기 ··· 30 %	
2단계	$\angle a$, $\angle b$의 크기 구하기 ··· 40 %	
3단계	$\angle x$의 크기 구하기 ··· 30 %	

연습해 보자

1　1단계　네 점 A, B, C, P 중 두 점을 이어서 만들 수 있는 서로 다른 직선은
$\overleftrightarrow{AB}$, $\overleftrightarrow{PA}$, $\overleftrightarrow{PB}$, $\overleftrightarrow{PC}$의 4개이고,
2단계　서로 다른 반직선은
$\overrightarrow{AB}$, $\overrightarrow{BA}$, $\overrightarrow{BC}$, $\overrightarrow{CB}$, $\overrightarrow{PA}$, $\overrightarrow{AP}$, $\overrightarrow{PB}$, $\overrightarrow{BP}$, $\overrightarrow{PC}$, $\overrightarrow{CP}$의 10개이고,
3단계　서로 다른 선분은
$\overline{AB}$, $\overline{AC}$, $\overline{BC}$, $\overline{PA}$, $\overline{PB}$, $\overline{PC}$의 6개이다.

채점 기준		
1단계	서로 다른 직선의 개수 구하기 ··· 30 %	
2단계	서로 다른 반직선의 개수 구하기 ··· 40 %	
3단계	서로 다른 선분의 개수 구하기 ··· 30 %	

2 1단계 맞꼭지각의 크기는 서로 같으므로
$$x+30=25+90 \quad \therefore x=85$$
2단계 $25+90+(y-20)=180 \quad \therefore y=85$
3단계 $\therefore x-y=85-85=0$

채점 기준		
1단계	x의 값 구하기	… 40 %
2단계	y의 값 구하기	… 40 %
3단계	$x-y$의 값 구하기	… 20 %

3 (1) 1단계 주어진 전개도로 만든 입체
도형은 오른쪽 그림과 같으
므로
2단계 $\overline{AB}$와 평행한 모서리는
$\overline{JC}$, $\overline{HE}$이다.
(2) 3단계 $\overline{AB}$와 꼬인 위치에 있는
모서리는 $\overline{JH}$, $\overline{CE}$이다.

채점 기준		
1단계	입체도형의 겨냥도 그리기	… 30 %
2단계	$\overline{AB}$와 평행한 모서리 구하기	… 30 %
3단계	$\overline{AB}$와 꼬인 위치에 있는 모서리 구하기	… 40 %

4 1단계 오른쪽 그림에서 $\overline{AD} /\!/ \overline{BC}$이
므로
$$\angle GFC = \angle EGF = 66° (엇각)$$
2단계 $\angle EFG = \angle GFC = 66°$

(접은 각)
3단계 삼각형 EFG에서
$$\angle GEF + 66° + 66° = 180° \quad \therefore \angle GEF = 48°$$
$$\therefore \angle x = 180° - \angle GEF = 180° - 48° = 132°$$

다른 풀이
$$\angle EFC = \angle EFG + \angle GFC$$
$$= 66° + 66° = 132°$$
이므로
$$\angle x = \angle EFC = 132° (엇각)$$

채점 기준		
1단계	$\angle GFC$의 크기 구하기	… 30 %
2단계	$\angle EFG$의 크기 구하기	… 30 %
3단계	$\angle x$의 크기 구하기	… 40 %

01 삼각형의 작도

P. 38

필수 문제 1 ㄴ

1-1 ①
선분 AC를 작도할 때는 직선 l 위에서 $\overline{AB}$의 길이를 한 번 옮기면 되므로 컴퍼스를 사용한다.

P. 39

필수 문제 2 ㉠ → ㉢ → ㉡ → ㉣ → ㉤

2-1 ②, ⑤
두 점 O, P를 중심으로 반지름의 길이가 같은 원을 각각 그리므로
$\overline{OX}=\overline{OY}=\overline{PC}=\overline{PD}$
점 C를 중심으로 반지름의 길이가 $\overline{XY}$인 원을 그리므로
$\overline{XY}=\overline{CD}$
따라서 $\overline{OX}$와 길이가 같은 선분이 아닌 것은 ②, ⑤이다.

2-2 (1) ㉣, ㉢, ㉥
(2) 서로 다른 두 직선이 다른 한 직선과 만날 때, 동위각의 크기가 서로 같으면 두 직선은 평행하다.

(1) 작도 순서는 다음과 같다.
㉤ 점 P를 지나는 직선을 그어 직선 l과의 교점을 Q라고 한다.
㉠ 점 Q를 중심으로 원을 그려 $\overrightarrow{PQ}$, 직선 l과의 교점을 각각 A, B라고 한다.
㉣ 점 P를 중심으로 반지름의 길이가 $\overline{QA}$인 원을 그려 $\overrightarrow{PQ}$와의 교점을 C라고 한다.
㉢ $\overline{AB}$의 길이를 잰다.
㉥ 점 C를 중심으로 반지름의 길이가 $\overline{AB}$인 원을 그려 ㉣의 원과의 교점을 D라고 한다.
㉡ $\overrightarrow{PD}$를 그으면 $l\,/\!/\,\overrightarrow{PD}$이다.

따라서 작도 순서는
㉤ → ㉠ → ㉣ → ㉢ → ㉥ → ㉡이다.

STEP 1 쓱쓱 개념 익히기
P. 40

1 눈금 없는 자: ㄴ, ㄷ, 컴퍼스: ㄱ, ㄹ
2 ㉢ → ㉠ → ㉡ **3** ①, ④   **4** ④

2 ㉢ $\overline{AB}$를 점 B의 방향으로 연장한다.
㉠ 컴퍼스를 사용하여 $\overline{AB}$의 길이를 잰다.
㉡ 점 B를 중심으로 하고 반지름의 길이가 $\overline{AB}$인 원을 그려 $\overrightarrow{AB}$와의 교점을 C라고 한다.
따라서 작도 순서는 ㉢ → ㉠ → ㉡이다.

3 ① 작도 순서는 ㉡ → ㉣ → ㉠ → ㉤ → ㉢이다.
② 점 O를 중심으로 적당한 크기의 원을 그리므로
$\overline{OA}=\overline{OB}$
③ 점 D를 중심으로 반지름의 길이가 $\overline{AB}$인 원을 그리므로
$\overline{AB}=\overline{CD}$
따라서 옳지 않은 것은 ①, ④이다.

4 ①, ⑤ ∠BAC=∠QPR이므로 동위각의 크기가 서로 같다.
∴ $l\,/\!/\,\overrightarrow{PR}$
② 두 점 A, P를 중심으로 반지름의 길이가 같은 원을 각각 그리므로
$\overline{AB}=\overline{AC}=\overline{PQ}=\overline{PR}$
③ 점 Q를 중심으로 반지름의 길이가 $\overline{BC}$인 원을 그리므로
$\overline{BC}=\overline{QR}$
따라서 옳지 않은 것은 ④이다.

P. 41

개념 확인 (1) $\overline{BC}$ (2) $\overline{AC}$ (3) $\overline{AB}$
(4) ∠C (5) ∠A (6) ∠B

필수 문제 3 ③
① $6<2+5$ ② $7<3+6$
③ $9=4+5$ ④ $10<6+8$
⑤ $17<7+15$
따라서 삼각형의 세 변의 길이가 될 수 없는 것은 ③이다.

3-1 ④
① $11>5+4$ ② $11>5+5$
③ $11=5+6$ ④ $11<5+9$
⑤ $17>5+11$
따라서 a의 값이 될 수 있는 것은 ④이다.

P. 42

필수 **문제 ④** ㉢ → ㉡ → ㉠

4-1 ⑤

한 변의 길이와 그 양 끝 각의 크기가 주어진 경우 한 변을 작도한 후 그 양 끝 각을 작도하거나 한 각을 작도한 후 한 변을 작도하고 다른 한 각을 작도해야 한다.

P. 43

필수 **문제 ⑤** ③, ④

① 세 변의 길이가 주어진 경우이지만 $6 > 2 + 3$이므로 삼각형이 그려지지 않는다.
② $\angle A$는 $\overline{AB}$와 $\overline{BC}$의 끼인각이 아니므로 삼각형이 하나로 정해지지 않는다.
③ 두 변의 길이와 그 끼인각의 크기가 주어진 경우이다.
④ 한 변의 길이와 그 양 끝 각의 크기가 주어진 경우이다.
⑤ 세 각의 크기가 주어지면 모양은 같고 크기가 다른 삼각형이 무수히 많이 그려진다.
따라서 △ABC가 하나로 정해지는 것은 ③, ④이다.

5-1 ③

① 세 변의 길이가 주어진 경우이고, 이때 $7 < 3 + 5$이므로 삼각형이 하나로 정해진다.
② 두 변의 길이와 그 끼인각의 크기가 주어진 경우이다.
③ $\angle B$는 $\overline{AC}$와 $\overline{BC}$의 끼인각이 아니므로 삼각형이 하나로 정해지지 않는다.
④ $\angle C = 180° - (95° + 40°) = 45°$이므로 한 변의 길이와 그 양 끝 각의 크기가 주어진 경우와 같다.
⑤ 한 변의 길이와 그 양 끝 각의 크기가 주어진 경우이다.
따라서 △ABC가 하나로 정해지지 않는 것은 ③이다.

STEP 1 쓱쓱 **개념 익히기**   P. 44~45

1 ⑤	**2** ⑤	**3** ③, ④
4 ㈎ $\angle B$ ㈏ c ㈐ a	**5** ㄱ, ㄷ	**6** ⑤
7 ②	**8** 1개	

1 ⑤ $\overline{BC} < \overline{AB} + \overline{CA}$

2 ① $5 < 3 + 4$ ② $7 < 4 + 7$
③ $10 < 4 + 8$ ④ $9 < 5 + 6$
⑤ $12 = 5 + 7$
따라서 삼각형을 그릴 수 없는 것은 ⑤이다.

3 ① $10 > 5 + 3$ ② $10 = 5 + 5$
③ $10 < 5 + 8$ ④ $10 < 5 + 10$
⑤ $16 > 5 + 10$
따라서 x의 값이 될 수 있는 것은 ③, ④이다.

5 두 변의 길이가 주어졌으므로 나머지 한 변인 $\overline{CA}$의 길이 또는 그 끼인각인 $\angle B$의 크기가 주어지면 △ABC가 하나로 정해진다.
따라서 나머지 한 조건이 될 수 있는 것은 ㄱ, ㄷ이다.

6 ① 세 변의 길이가 주어진 경우이고, 이때 $6 < 4 + 5$이므로 삼각형이 하나로 정해진다.
② 두 변의 길이와 그 끼인각의 크기가 주어진 경우이다.
③ 한 변의 길이와 그 양 끝 각의 크기가 주어진 경우이다.
④ $\angle A = 180° - (50° + 80°) = 50°$이므로 한 변의 길이와 그 양 끝 각의 크기가 주어진 경우와 같다.
⑤ 세 각의 크기가 주어지면 모양은 같고 크기가 다른 삼각형이 무수히 많이 그려진다.
따라서 △ABC가 하나로 정해지지 않는 것은 ⑤이다.

7 $3\,\mathrm{cm}, 4\,\mathrm{cm}, 5\,\mathrm{cm}$인 경우 ⇨ $5 < 3 + 4$ (○)
$3\,\mathrm{cm}, 4\,\mathrm{cm}, 7\,\mathrm{cm}$인 경우 ⇨ $7 = 3 + 4$ (×)
$3\,\mathrm{cm}, 5\,\mathrm{cm}, 7\,\mathrm{cm}$인 경우 ⇨ $7 < 3 + 5$ (○)
$4\,\mathrm{cm}, 5\,\mathrm{cm}, 7\,\mathrm{cm}$인 경우 ⇨ $7 < 4 + 5$ (○)
따라서 만들 수 있는 서로 다른 삼각형의 개수는 3이다.

8 $1\,\mathrm{cm}, 2\,\mathrm{cm}, 3\,\mathrm{cm}$인 경우 ⇨ $3 = 1 + 2$ (×)
$1\,\mathrm{cm}, 2\,\mathrm{cm}, 4\,\mathrm{cm}$인 경우 ⇨ $4 > 1 + 2$ (×)
$1\,\mathrm{cm}, 3\,\mathrm{cm}, 4\,\mathrm{cm}$인 경우 ⇨ $4 = 1 + 3$ (×)
$2\,\mathrm{cm}, 3\,\mathrm{cm}, 4\,\mathrm{cm}$인 경우 ⇨ $4 < 2 + 3$ (○)
따라서 만들 수 있는 서로 다른 삼각형은 1개이다.

02 삼각형의 합동

P. 46

개념 **확인**   (1) $\overline{PQ}$ (2) $\overline{QR}$ (3) $\overline{RP}$
(4) $\angle P$ (5) $\angle Q$ (6) $\angle R$

필수 **문제 ❶** (1) $6\,\mathrm{cm}$ (2) $120°$
(1) $\overline{AB} = \overline{EF} = 6\,\mathrm{cm}$
(2) $\angle B = \angle F = 120°$

1-1 ㄱ, ㄷ

ㄱ. ∠B=∠E=40°

ㄴ. ∠D=∠A=65°

ㄷ. ∠F=180°−(40°+65°)=75°

ㄹ, ㅂ. 알 수 없다.

ㅁ. $\overline{EF}=\overline{BC}=8\,cm$

따라서 옳은 것은 ㄱ, ㄷ이다.

P. 47

필수문제 ❷ △ABC≡△DFE, ASA 합동

△ABC에서 ∠B=180°−(75°+60°)=45°

△ABC와 △DFE에서

$\overline{AB}=\overline{DF}=8\,cm$, ∠A=∠D=75°, ∠B=∠F=45°

∴ △ABC≡△DFE (ASA 합동)

2-1 ④

보기의 삼각형에서 나머지 한 각의 크기는

180°−(90°+30°)=60°이므로 ④의 삼각형과 SAS 합동

이다.

2-2 ㄱ, ㅁ, ㅂ

ㄱ. $\overline{AC}=\overline{DF}$이면 대응하는 두 변의 길이가 각각 같고, 그

끼인각의 크기가 같으므로 SAS 합동이다.

ㅁ. ∠B=∠E이면 대응하는 한 변의 길이가 같고, 그 양

끝 각의 크기가 각각 같으므로 ASA 합동이다.

ㅂ. ∠C=∠F이면 ∠B=∠E이다.

즉, 대응하는 한 변의 길이가 같고, 그 양 끝 각의 크기

가 각각 같으므로 ASA 합동이다.

따라서 나머지 한 조건이 될 수 있는 것은 ㄱ, ㅁ, ㅂ이다.

STEP 1 쓱쓱 **개념 익히기** P. 48

1 ① **2** ①, ⑤ **3** ②, ⑤

4 (1) (개) $\overline{CD}$ (내) $\overline{AC}$ (대) SSS (2) 70°

1 ① $\overline{AC}$의 대응변은 $\overline{DF}$이다.

② $\overline{EF}=\overline{BC}=a$

④ ∠D=∠A=55°

⑤ ∠F=∠C=180°−(55°+80°)=45°

따라서 옳지 않은 것은 ①이다.

2 ㄱ에서 나머지 한 각의 크기는 180°−(50°+100°)=30°

즉, ㄱ과 ㄷ은 대응하는 한 변의 길이가 같고, 그 양 끝 각의

크기가 각각 같으므로 ASA 합동이다.

ㅂ에서 나머지 한 각의 크기는 180°−(110°+40°)=30°

즉, ㄹ과 ㅂ은 대응하는 두 변의 길이가 각각 같고, 그 끼인

각의 크기가 같으므로 SAS 합동이다.

따라서 바르게 짝 지은 것은 ①, ⑤이다.

3 $\overline{AB}=\overline{DE}$, $\overline{BC}=\overline{EF}$이므로

$\overline{AC}=\overline{DF}$이면 SSS 합동이고,

∠B=∠E이면 SAS 합동이다.

따라서 바르게 나열한 것은 ②, ⑤

이다.

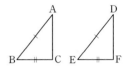

4 (2) △ABC≡△CDA이고, 합동인 두 삼각형에서 대응각의

크기가 서로 같으므로 ∠D=∠B=70°

STEP 2 탄탄 **단원 다지기** P. 49~51

1 ② **2** ㉢→㉡→㉠ **3** ⑤ **4** ④

5 5개 **6** ⑤ **7** ④ **8** 3개 **9** ⑤

10 68 **11** ㄴ, ㄹ **12** ③, ⑤ **13** ①, ⑤ **14** ②

15 ③ **16** ㄱ, ㄴ, ㅁ

17 (1) △BCE≡△DCF (2) 20 cm

1 ② 눈금 없는 자로는 길이를 잴 수 없으므로 작도에서 두 선

분의 길이를 비교할 때는 컴퍼스를 사용한다.

3 크기가 같은 각의 작도를 이용하여

∠AQB와 크기가 같은 ∠CPD를 작도

한 것으로 ∠AQB=∠CPD(동위각)

이면 $l /\!/ m$임을 이용한 것이다.

따라서 작도 과정에서 이용한 성질은

⑤이다.

4 ① 4<2+3 ② 8<4+6

③ 9<5+5 ④ 12=5+7

⑤ 10<10+10

따라서 삼각형의 세 변의 길이가 될 수 없는 것은 ④이다.

5 (i) 가장 긴 변의 길이가 a cm일 때, 즉 $a \geq 5$일 때

$a<3+5$, 즉 $a<8$이므로

a의 값이 될 수 있는 자연수는 5, 6, 7이다.

(ii) 가장 긴 변의 길이가 5 cm일 때, 즉 $a \leq 5$일 때

$5<3+a$이므로

a의 값이 될 수 있는 자연수는 3, 4, 5이다.

따라서 (i), (ii)에 의해 a의 값이 될 수 있는 자연수는 3, 4, 5,

6, 7의 5개이다.

6 두 변의 길이와 그 끼인각의 크기가 주어진 경우 한 각을 작도하고 두 변을 작도하거나 한 변을 작도한 후 한 각을 작도하고 다른 한 변을 작도해야 한다.

따라서 순서를 나열한 것으로 옳지 않은 것은 ⑤이다.

7 ① 세 변의 길이가 주어진 경우이지만 $8>3+4$이므로 삼각형이 그려지지 않는다.

② $\angle$C는 $\overline{AB}$와 $\overline{BC}$의 끼인각이 아니므로 삼각형이 하나로 정해지지 않는다.

③ $\angle$C는 $\overline{AB}$와 $\overline{CA}$의 끼인각이 아니므로 삼각형이 하나로 정해지지 않는다.

④ $\angle$A$=180°-(50°+70°)=60°$이므로 한 변의 길이와 그 양 끝 각의 크기가 주어진 경우와 같다.

⑤ 세 각의 크기가 주어지면 모양은 같고 크기가 다른 삼각형이 무수히 많이 그려진다.

따라서 △ABC가 하나로 정해지는 것은 ④이다.

8 삼각형의 세 각의 크기의 합은 180°이므로 (내)에 의해 나머지 한 각의 크기는

$180°-(40°+110°)=30°$

따라서 길이가 10 cm인 변의 양 끝 각의 크기에 따라 조건을 모두 만족시키는 서로 다른 삼각형은 다음 그림과 같이 3개이다.

9 ① 오른쪽 그림의 두 이등변삼각형은 한 변의 길이가 각각 3으로 같지만 합동은 아니다.

② 오른쪽 그림의 두 마름모는 한 변의 길이가 각각 7로 같지만 합동은 아니다.

③ 오른쪽 그림의 두 직각삼각형은 두 변의 길이가 각각 3, 4로 같지만 합동은 아니다.

④ 오른쪽 그림의 두 직사각형은 둘레의 길이가 각각 8로 같지만 합동은 아니다.

⑤ 오른쪽 그림과 같이 이등변삼각형을 밑변의 수직이등분선으로 나누어 만든 두 삼각형은 세 변의 길이가 각각 같으므로 SSS 합동 또는 SAS 합동이다.

참고 △ABH와 △ACH에서 $\overline{BH}=\overline{CH}$, $\overline{AH}$는 공통,

$\angle$AHB$=\angle$AHC$=90°$이므로 SAS 합동이다.

따라서 두 도형이 항상 합동인 것은 ⑤이다.

참고 항상 합동인 두 도형은 다음과 같다.

참고 항상 합동인 두 도형은 다음과 같다.

한 변의 길이가 같은 두 정다각형, 둘레의 길이가 같은 두 정다각형, 넓이가 같은 두 정다각형, 반지름의 길이가 같은 두 원, 넓이가 같은 두 원

10 $\angle$B$=\angle$F$=70°$이므로

$\angle$C$=360°-(105°+120°+70°)=65°$ ∴ $x=65$

$\overline{EH}=\overline{AD}=3$ cm이므로 $y=3$

∴ $x+y=65+3=68$

11

ㄴ. ⇨ ASA 합동   ㄹ. ⇨ ASA 합동

따라서 주어진 그림의 삼각형과 합동인 삼각형은 ㄴ, ㄹ이다.

12 ① SSS 합동   ② SAS 합동   ④ ASA 합동

따라서 △ABC≡△DEF라고 할 수 없는 것은 ③, ⑤이다.

13 $\angle$B$=\angle$F, $\angle$C$=\angle$E이면 $\angle$A$=\angle$D이므로 두 삼각형에서 한 쌍의 대응변의 길이가 같으면 ASA 합동이 된다.

②, ④ 대응변이 아니다.

따라서 조건이 될 수 있는 것은 ①, ⑤이다.

15 △ABD와 △CBD에서

$\overline{AB}=\overline{CB}$, $\overline{AD}=\overline{CD}$, $\overline{BD}$는 공통이므로

△ABD≡△CBD (SSS 합동)(⑤)

① $\angle$BAD$=\angle$BCD

② $\angle$ADB$=\angle$CDB

③ $\angle$ABD$=\angle$BDC인지는 알 수 없다.

④ $\angle$ABD$=\angle$CBD이므로

$\angle$ABC$=\angle$ABD$+\angle$DBC$=2\angle$DBC

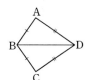

따라서 옳지 않은 것은 ③이다.

16 △ABM과 △DCM에서

$\overline{AM}=\overline{DM}$, $\angle$AMB$=\angle$DMC (맞꼭지각),

$\overline{AB}/\!/\overline{CD}$이므로 $\angle$BAM$=\angle$CDM (엇각)(ㅁ)

따라서 △ABM≡△DCM (ASA 합동)이므로

$\overline{AB}=\overline{CD}$ (ㄱ), $\overline{BM}=\overline{CM}$ (ㄴ)

17 ⑴ △BCE와 △DCF에서

사각형 ABCD가 정사각형이므로 $\overline{BC}=\overline{DC}$,

사각형 ECFG가 정사각형이므로 $\overline{CE}=\overline{CF}$,

$\angle$BCE$=\angle$DCF$=90°$

∴ △BCE≡△DCF (SAS 합동)

⑵ 합동인 두 삼각형에서 대응변의 길이가 서로 같으므로

$\overline{BE}=\overline{DF}=20$ cm

3 쓰쓰쓱쓱 서술형 완성하기

P. 52~53

〈과정은 풀이 참조〉

따라 해보자

유제 1 $\overline{AC}$의 길이, ∠B의 크기, ∠C의 크기

유제 2 SAS 합동

연습해 보자

1 (1) ㉠ → ㉤ → ㉣ → ㉾ → ㉢ → ㉡
   (2) 서로 다른 두 직선이 다른 한 직선과 만날 때, 엇각의 크기가 서로 같으면 두 직선은 평행하다.

2 2개　　　3 △DCE, SAS 합동

4 500 m

따라 해보자

유제 1 【1단계】 $\overline{AC}$의 길이를 추가하면 두 변의 길이와 그 끼인각의 크기가 주어진 경우가 되므로 △ABC를 하나로 작도할 수 있다.

【2단계】 ∠B의 크기를 추가하면 한 변의 길이와 그 양 끝 각의 크기가 주어진 경우가 되므로 △ABC를 하나로 작도할 수 있고, ∠C의 크기를 추가하면 ∠B=180°−(∠A+∠C)에서 ∠B의 크기를 알 수 있으므로 △ABC를 하나로 작도할 수 있다.

【3단계】 따라서 추가할 수 있는 조건은 $\overline{AC}$의 길이 또는 ∠B의 크기 또는 ∠C의 크기이다.

채점 기준		
1단계	변의 길이에 대한 조건 구하기	⋯ 40 %
2단계	각의 크기에 대한 조건 구하기	⋯ 50 %
3단계	추가할 수 있는 조건 모두 구하기	⋯ 10 %

유제 2 【1단계】 △BCE와 △CDF에서 $\overline{CE}=\overline{DF}$이고, 사각형 ABCD가 정사각형이므로 $\overline{BC}=\overline{CD}$, ∠BCE=∠CDF=90°

【2단계】 따라서 대응하는 두 변의 길이가 각각 같고, 그 끼인각의 크기가 같으므로 △BCE≡△CDF(SAS 합동)

채점 기준		
1단계	△BCE와 △CDF가 합동인 이유 설명하기	⋯ 60 %
2단계	합동 조건 말하기	⋯ 40 %

연습해 보자

1 (1) 【1단계】 작도 순서를 바르게 나열하면
   ㉠ → ㉤ → ㉣ → ㉾ → ㉢ → ㉡

(2) 【2단계】 '서로 다른 두 직선이 다른 한 직선과 만날 때, 엇각의 크기가 서로 같으면 두 직선은 평행하다.'는 성질을 이용한 것이다.

채점 기준		
1단계	작도 순서 바르게 나열하기	⋯ 50 %
2단계	작도 과정에서 이용한 평행선의 성질 말하기	⋯ 50 %

참고 작도 순서는 다음과 같다.

㉠ 점 P를 지나는 직선을 그어 직선 l과의 교점을 Q라고 한다.

㉤ 점 Q를 중심으로 원을 그려 $\overrightarrow{PQ}$, 직선 l과의 교점을 각각 A, B라고 한다.

㉣ 점 P를 중심으로 반지름의 길이가 $\overline{QA}$인 원을 그려 $\overrightarrow{PQ}$와의 교점을 C라고 한다.

㉾ $\overline{AB}$의 길이를 잰다.

㉢ 점 C를 중심으로 반지름의 길이가 $\overline{AB}$인 원을 그려 ㉣의 원과의 교점을 D라고 한다.

㉡ $\overrightarrow{PD}$를 그으면 $l / \! / m$이다.

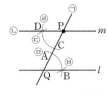

2 【1단계】 막대 3개를 골라 삼각형을 만들 때, 가장 긴 변의 길이가 나머지 두 변의 길이의 합보다 작아야 한다.

【2단계】 2 cm, 6 cm, 8 cm인 경우 ⇨ 8=2+6 (×)
   2 cm, 6 cm, 9 cm인 경우 ⇨ 9>2+6 (×)
   2 cm, 8 cm, 9 cm인 경우 ⇨ 9<2+8 (○)
   6 cm, 8 cm, 9 cm인 경우 ⇨ 9<6+8 (○)

【3단계】 따라서 만들 수 있는 서로 다른 삼각형은 2개이다.

채점 기준		
1단계	세 변의 길이 사이의 관계 설명하기	⋯ 30 %
2단계	각 경우의 세 변의 길이 비교하기	⋯ 50 %
3단계	삼각형의 개수 구하기	⋯ 20 %

3 【1단계】 △ABE와 △DCE에서
   사각형 ABCD가 직사각형이므로
   $\overline{AB}=\overline{DC}$, ∠ABE=∠DCE=90°,
   점 E가 $\overline{BC}$의 중점이므로 $\overline{BE}=\overline{CE}$

【2단계】 따라서 대응하는 두 변의 길이가 각각 같고, 그 끼인각의 크기가 같으므로
   △ABE≡△DCE (SAS 합동)

채점 기준		
1단계	△ABE와 △DCE가 합동인 이유 설명하기	⋯ 60 %
2단계	합동 조건 말하기	⋯ 40 %

4 【1단계】 △ABO와 △CDO에서 $\overline{BO}=\overline{DO}=600$ m,
   ∠ABO=∠CDO=50°,
   ∠AOB=∠COD (맞꼭지각)이므로
   △ABO≡△CDO (ASA 합동)

【2단계】 즉, 합동인 두 삼각형에서 대응변의 길이가 서로 같으므로 $\overline{AB}=\overline{CD}=500$ m
   따라서 두 지점 A, B 사이의 거리는 500 m이다.

채점 기준		
1단계	△ABO≡△CDO임을 설명하기	⋯ 60 %
2단계	두 지점 A, B 사이의 거리 구하기	⋯ 40 %

개념편

01 다각형

개념 확인   ②, ④

② 곡선으로 이루어져 있으므로 다각형이 아니다.
④ 평면도형이 아니므로 다각형이 아니다.

필수 문제 ❶   (1) 50°   (2) 120°

다각형의 한 꼭짓점에서
(내각의 크기)+(외각의 크기)=180°이므로
(1) ∠B=180°-130°=50°
(2) (∠C의 외각의 크기)=180°-60°=120°

1-1   (1) 55°   (2) 80°

다각형의 한 꼭짓점에서
(내각의 크기)+(외각의 크기)=180°이므로
(1) (∠A의 외각의 크기)=180°-125°=55°
(2) ∠C=180°-100°=80°

필수 문제 ❷   (1) 100°   (2) 35°   (3) 30°

(1) ∠x+30°+50°=180°   ∴ ∠x=100°
(2) ∠x+120°+25°=180°   ∴ ∠x=35°
(3) 90°+(∠x+30°)+∠x=180°
   2∠x=60°   ∴ ∠x=30°

2-1   20

2x+(x+45)+(3x+15)=180
6x=120   ∴ x=20

2-2   35°

△ACB에서 ∠ACB=180°-(25°+50°)=105°
∴ ∠DCE=∠ACB=105°(맞꼭지각)
따라서 △CDE에서
∠x=180°-(105°+40°)=35°

개념 확인   내각, 25, 60

필수 문제 ❸   (1) 25°   (2) 110°

(1) ∠x+45°=70°   ∴ ∠x=25°
(2) 오른쪽 그림에서
   ∠x=60°+50°=110°

3-1   (1) 30   (2) 20

(1) (x+15)+50=95   ∴ x=30
(2) 오른쪽 그림에서
   60+2x=100, 2x=40
   ∴ x=20

개념 확인

다각형	사각형	오각형	육각형	⋯	n각형
꼭짓점의 개수	4	5	6	⋯	n
한 꼭짓점에서 그을 수 있는 대각선의 개수	1	2	3	⋯	$n-3$
대각선의 개수	2	5	9	⋯	$\dfrac{n(n-3)}{2}$

필수 문제 ❹   27

$$\frac{9\times(9-3)}{2}=27$$

4-1   (1) 십오각형   (2) 90

(1) 한 꼭짓점에서 그을 수 있는 대각선의 개수가 12인 다각형을 n각형이라고 하면
   $n-3=12$ ∴ $n=15$
   따라서 주어진 다각형은 십오각형이다.
(2) 십오각형의 대각선의 개수는
$$\frac{15\times(15-3)}{2}=90$$

4-2 (1) 십이각형 (2) 54

(1) 한 꼭짓점에서 대각선을 모두 그었을 때 생기는 삼각형
의 개수가 10인 다각형을 n각형이라고 하면
$n-2=10$ ∴ $n=12$
따라서 주어진 다각형은 십이각형이다.

(2) 십이각형의 대각선의 개수는
$$\frac{12 \times (12-3)}{2} = 54$$

STEP 1 쏙쏙 개념 익히기

P. 62~63

1 $135°$	**2** (1) 40 (2) 60
3 (1) 20 (2) 30	**4** $80°$
5 (1) $50°$ (2) $75°$	**6** ③ **7** ①
8 ②	**9** 정십각형

1 (∠A의 외각의 크기)$=180°-105°=75°$
(∠D의 외각의 크기)$=180°-120°=60°$
따라서 구하는 합은
$75°+60°=135°$

2 (1) $(x+20)+(2x-10)+50=180$
$3x=120$ ∴ $x=40$
(2) $35+(x-5)=90$ ∴ $x=60$

3 (1) 오른쪽 그림에서
$5x+30=100+30$
$5x=100$ ∴ $x=20$

(2) 오른쪽 그림에서
$3x+25=45+70$
$3x=90$ ∴ $x=30$

4 오른쪽 그림의 △ABC에서
$∠ACB=180°-(50°+70°)=60°$
∴ $∠DCB=\dfrac{1}{2}∠ACB$
$=\dfrac{1}{2}×60°=30°$
따라서 △DBC에서
$∠x=180°-(70°+30°)=80°$

다른 풀이

$∠ACD=\dfrac{1}{2}∠ACB=\dfrac{1}{2}×60°=30°$이므로
△ADC에서
$∠x=50°+30°=80°$

5 (1) 오른쪽 그림에서 △ABC가
$\overline{AB}=\overline{AC}$인 이등변삼각형이므로
$∠ACB=∠ABC=25°$
∴ $∠DAC=25°+25°=50°$
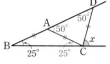

(2) △ACD가 $\overline{AC}=\overline{CD}$인 이등변삼각형이므로
$∠ADC=∠DAC=50°$
따라서 △BCD에서
$∠x=25°+50°=75°$

6 칠각형의 한 꼭짓점에서 그을 수 있는 대각선의 개수는
$7-3=4$ ∴ $a=4$
십육각형의 대각선의 개수는
$$\frac{16 \times (16-3)}{2} = 104$$ ∴ $b=104$
∴ $a+b=4+104=108$

7 한 꼭짓점에서 대각선을 모두 그었을 때 생기는 삼각형의 개
수가 11인 다각형을 n각형이라고 하면
$n-2=11$ ∴ $n=13$
따라서 십삼각형의 대각선의 개수는
$$\frac{13 \times (13-3)}{2} = 65$$

8 대각선의 개수가 14인 정다각형을 정n각형이라고 하면
$$\frac{n(n-3)}{2} = 14$$ → 차가 3이고 곱이 28인 두 수를 찾는다.
$n(n-3)=28=\underline{7×4}$ ∴ $n=7$
따라서 구하는 정다각형은 ② 정칠각형이다.

다른 풀이

주어진 정다각형의 대각선의 개수를 각각 구하면
① $\dfrac{6 \times (6-3)}{2} = 9$

② $\dfrac{7 \times (7-3)}{2} = 14$

③ $\dfrac{8 \times (8-3)}{2} = 20$

④ $\dfrac{12 \times (12-3)}{2} = 54$

⑤ $\dfrac{14 \times (14-3)}{2} = 77$

따라서 구하는 정다각형은 ② 정칠각형이다.

9 ㈎에서 모든 변의 길이가 같고, 모든 내각의 크기가 같은
다각형은 정다각형이다.
㈏에서 대각선의 개수가 35인 정다각형을 정n각형이라고
하면
$$\frac{n(n-3)}{2} = 35$$
$n(n-3)=70=\underline{10×7}$ ∴ $n=10$
따라서 구하는 다각형은 정십각형이다.

02 다각형의 내각과 외각의 크기의 합

필수 문제 ❶ **(1) 1080°** **(2) 1620°** **(3) 2340°**

(1) $180° \times (8-2) = 1080°$

(2) $180° \times (11-2) = 1620°$

(3) $180° \times (15-2) = 2340°$

1-1 **70°**

오각형의 내각의 크기의 합은

$180° \times (5-2) = 540°$이므로

$\angle x + 100° + 110° + 120° + 140° = 540°$

$\angle x + 470° = 540°$ ∴ $\angle x = 70°$

필수 문제 ❷ **칠각형**

구하는 다각형을 n각형이라고 하면

$180° \times (n-2) = 900°$, $n-2 = 5$ ∴ $n = 7$

따라서 구하는 다각형은 칠각형이다.

2-1 **12**

주어진 다각형을 n각형이라고 하면

$180° \times (n-2) = 1800°$, $n-2 = 10$ ∴ $n = 12$

따라서 십이각형의 꼭짓점의 개수는 12이다.

필수 문제 ❸ **(1) 80°** **(2) 110°**

(1) $\angle x + 130° + 150° = 360°$

$\angle x + 280° = 360°$ ∴ $\angle x = 80°$

(2) $80° + \angle x + 100° + 70° = 360°$

$\angle x + 250° = 360°$ ∴ $\angle x = 110°$

3-1 **(1) 80** **(2) 85**

(1) $80 + 75 + (x+20) + 105 = 360$

$x + 280 = 360$ ∴ $x = 80$

(2) $77 + 63 + 55 + 95 + (x-15) = 360$

$x + 275 = 360$ ∴ $x = 85$

3-2 **128°**

오른쪽 그림에서

$(180° - \angle x) + 60° + 63° + 75°$

$+ 60° + 50°$

$= 360°$

$488° - \angle x = 360°$ ∴ $\angle x = 128°$

필수 문제 ❹ **(1) 135°, 45°** **(2) 140°, 40°** **(3) 150°, 30°**

(1) (한 내각의 크기) $= \dfrac{180° \times (8-2)}{8} = 135°$

(한 외각의 크기) $= \dfrac{360°}{8} = 45°$

(2) (한 내각의 크기) $= \dfrac{180° \times (9-2)}{9} = 140°$

(한 외각의 크기) $= \dfrac{360°}{9} = 40°$

(3) (한 내각의 크기) $= \dfrac{180° \times (12-2)}{12} = 150°$

(한 외각의 크기) $= \dfrac{360°}{12} = 30°$

다른 풀이

(1) 정팔각형의 한 외각의 크기는

$\dfrac{360°}{8} = 45°$이므로

한 내각의 크기는 $180° - 45° = 135°$

(2) 정구각형의 한 외각의 크기는

$\dfrac{360°}{9} = 40°$이므로

한 내각의 크기는 $180° - 40° = 140°$

(3) 정십이각형의 한 외각의 크기는

$\dfrac{360°}{12} = 30°$이므로

한 내각의 크기는 $180° - 30° = 150°$

4-1 **60°**

주어진 정다각형은 정육각형이므로

$\angle a = \dfrac{180° \times (6-2)}{6} = 120°$

$\angle b = \dfrac{360°}{6} = 60°$

∴ $\angle a - \angle b = 120° - 60° = 60°$

4-2 **(1) 정십팔각형** **(2) 정십오각형**

구하는 정다각형을 정n각형이라고 하면

(1) $\dfrac{360°}{n} = 20°$ ∴ $n = 18$

따라서 구하는 정다각형은 정십팔각형이다.

(2) $\dfrac{180° \times (n-2)}{n} = 156°$

$180° \times n - 360° = 156° \times n$

$24° \times n = 360°$

∴ $n = 15$

따라서 구하는 정다각형은 정십오각형이다.

다른 풀이

한 외각의 크기는 $180° - 156° = 24°$이므로

$\dfrac{360°}{n} = 24°$ ∴ $n = 15$

따라서 구하는 정다각형은 정십오각형이다.

STEP
1 쏙쏙 **개념 익히기**   P. 67~68

1 1448	**2** 6	**3** (1) 80° (2) 90° (3) 40°
4 ⑤	**5** ②	**6** ③
7 (1) 120° (2) 정삼각형	**8** 정구각형	

1 $a=10-2=8$이므로
십각형의 내각의 크기의 합은
$180°\times8=1440°$ ∴ $b=1440$
∴ $a+b=8+1440=1448$

2 내각의 크기의 합이 1260°인 다각형을 n각형이라고 하면
$180°\times(n-2)=1260°$
$n-2=7$ ∴ $n=9$
따라서 구각형의 한 꼭짓점에서 그을 수 있는 대각선의 개수는
$9-3=6$

3 (1) 사각형의 내각의 크기의 합은 360°이
므로
$80°+140°+\angle x+60°=360°$
$\angle x+280°=360°$ ∴ $\angle x=80°$

(2) 오각형의 내각의 크기의 합은
$180°\times(5-2)=540°$이므로
$\angle x+125°+90°+105°+130°$
$=540°$
$\angle x+450°=540°$ ∴ $\angle x=90°$

(3) 육각형의 외각의 크기의 합은 360°이
므로
$40°+85°+65°+70°+\angle x+60°$
$=360°$
$\angle x+320°=360°$ ∴ $\angle x=40°$

4 ① 정오각형의 한 내각의 크기는 $\dfrac{180°\times(5-2)}{5}=108°$

② 정십각형의 한 외각의 크기는 $\dfrac{360°}{10}=36°$

③ 정사각형의 한 내각의 크기와 한 외각의 크기는 모두 90°로 같다.

④ 정다각형의 한 내각의 크기와 한 외각의 크기의 합은 항상 180°이다.

⑤ 정육각형의 내각의 크기의 합은 $180°\times(6-2)=720°$
정오각형의 내각의 크기의 합은 $180°\times(5-2)=540°$
즉, 정육각형의 내각의 크기의 합은 정오각형의 내각의 크기의 합보다 $720°-540°=180°$만큼 더 크다.
따라서 옳지 않은 것은 ⑤이다.

참고 ⑤ 다각형의 내각의 크기의 합의 규칙은 다음과 같다.

삼각형	사각형	오각형	육각형	...
180°	360°	540°	720°	...

$+180°$ $+180°$ $+180°$ $...$

5 한 꼭짓점에서 대각선을 모두 그었을 때 생기는 삼각형의 개수가 7인 정다각형을 정n각형이라고 하면
$n-2=7$ ∴ $n=9$
따라서 정구각형의 한 내각의 크기는
$\dfrac{180°\times(9-2)}{9}=140°$

6 한 외각의 크기가 60°인 정다각형을 정n각형이라고 하면
$\dfrac{360°}{n}=60°$ ∴ $n=6$
따라서 정육각형의 내각의 크기의 합은
$180°\times(6-2)=720°$

7 (1) 정다각형에서
(한 내각의 크기)+(한 외각의 크기)$=180°$이고
(한 내각의 크기) : (한 외각의 크기)$=1:2$이므로
(한 외각의 크기)$=180°\times\dfrac{2}{1+2}=180°\times\dfrac{2}{3}=120°$

(2) 구하는 정다각형을 정n각형이라고 하면
$\dfrac{360°}{n}=120°$ ∴ $n=3$
따라서 구하는 정다각형은 정삼각형이다.

참고 다음과 같이 한 내각의 크기를 이용하여 주어진 정다각형을 구할 수도 있다.
⇨ (한 내각의 크기)$=180°\times\dfrac{1}{1+2}=180°\times\dfrac{1}{3}=60°$
구하는 정다각형을 정n각형이라고 하면
$\dfrac{180°\times(n-2)}{n}=60°$
$180°\times n-360°=60°\times n$
$120°\times n=360°$ ∴ $n=3$, 즉 정삼각형

8 정다각형에서
(한 내각의 크기)+(한 외각의 크기)$=180°$이고
(한 내각의 크기) : (한 외각의 크기)$=7:2$이므로
(한 외각의 크기)$=180°\times\dfrac{2}{7+2}=180°\times\dfrac{2}{9}=40°$
구하는 정다각형을 정n각형이라고 하면
$\dfrac{360°}{n}=40°$ ∴ $n=9$
따라서 구하는 정다각형은 정구각형이다.

1 ④	**2** ∠A=40°, ∠B=60°, ∠C=80°		
3 (1) 50° (2) 80°	**4** ∠x=65°, ∠y=110°		
5 ⑤	**6** ④	**7** 90°	**8** ③
9 (1) 7쌍 (2) 14쌍	**10** ④	**11** ⑤	**12** ①
13 360°	**14** ②	**15** ⑤	**16** ① **17** ③
18 ④	**19** (1) 36° (2) 36°		

1 $\angle x=180°-85°=95°$
$\angle y=180°-105°=75°$
$\therefore \angle x+\angle y=95°+75°=170°$

2 $\angle A=180°\times\dfrac{2}{2+3+4}=180°\times\dfrac{2}{9}=40°$
$\angle B=180°\times\dfrac{3}{2+3+4}=180°\times\dfrac{3}{9}=60°$
$\angle C=180°\times\dfrac{4}{2+3+4}=180°\times\dfrac{4}{9}=80°$

3 (1) △IBC에서
$\angle IBC+\angle ICB=180°-130°=50°$
(2) $\angle B+\angle C=2\angle IBC+2\angle ICB$
$=2(\angle IBC+\angle ICB)$
$=2\times50°=100°$
따라서 △ABC에서
$\angle x=180°-(\angle B+\angle C)$
$=180°-100°=80°$

4 △ABC에서
$\angle x=40°+25°=65°$
따라서 △ECD에서
$\angle y=\angle x+45°=65°+45°=110°$

5 $\angle ACD=180°-120°=60°$
$\angle BAC=180°-130°=50°$
$\therefore \angle DAC=\dfrac{1}{2}\angle BAC$
$=\dfrac{1}{2}\times50°=25°$
따라서 △ADC에서
$\angle x=25°+60°=85°$

6 △ABD는 $\overline{AD}=\overline{BD}$인 이등변삼각형이므로
$\angle DBA=\angle DAB=\angle x$
△ABD에서
$\angle BDC=\angle x+\angle x=2\angle x$
△BCD는 $\overline{BC}=\overline{BD}$인 이등변삼각형이므로
$2\angle x=70°$ $\therefore \angle x=35°$

7 오른쪽 그림에서 △ABD가
$\overline{AB}=\overline{BD}$인 이등변삼각형이므로
$\angle ADB=\angle DAB=30°$
$\therefore \angle DBC=30°+30°=60°$
△DBC가 $\overline{BD}=\overline{CD}$인 이등변삼각형이므로
$\angle DCB=\angle DBC=60°$
따라서 △ACD에서 $\angle x=30°+60°=90°$

8 △AGD에서 $\angle FGB=50°+40°=90°$
△FCE에서 $\angle GFB=35°+25°=60°$
따라서 △BGF에서
$\angle x=180°-(\angle FGB+\angle GFB)$
$=180°-(90°+60°)=30°$

9 (1) 7명의 학생이 양옆에 앉은 학생과 각각 악수를 하는 것은
7개의 점을 서로 이웃하는 점끼리 연결하는 것, 즉 칠각형
의 변의 개수와 같으므로
(악수를 하는 학생의 쌍의 수)=7
(2) 7명의 학생이 악수하지 않은 학생과 각각 눈인사를 하는
것은 칠각형의 대각선의 개수와 같으므로
(눈인사를 하는 학생의 쌍의 수)=$\dfrac{7\times(7-3)}{2}=14$

10 구하는 다각형을 n각형이라고 하면
$\dfrac{n(n-3)}{2}=77$
$n(n-3)=154=14\times11$ $\therefore n=14$
따라서 구하는 다각형은 십사각형이다.

11 오각형의 내각의 크기의 합은
$180°\times(5-2)=540°$이므로
$2\angle x+135°+2\angle x+130°+\angle x=540°$
$5\angle x+265°=540°, 5\angle x=275°$ $\therefore \angle x=55°$

12 육각형의 외각의 크기의 합은 360°
이므로
$60°+80°+\angle x+70°+40°$
$+(180°-3\angle x)$
$=360°$
$430°-2\angle x=360°$
$2\angle x=70°$ $\therefore \angle x=35°$

13 오른쪽 그림과 같이 보조선을 그으면
$\angle e+\angle f=\angle g+\angle h$이고, 사각형의
내각의 크기의 합은 360°이므로
$\angle a+\angle b+\angle c+\angle d+\underline{\angle e+\angle f}$
$=\angle a+\angle b+\angle c+\angle d+\underline{\angle g+\angle h}$
$=360°$

참고 맞꼭지각의 크기는 서로 같으므로
$$\angle e + \angle f + \bullet = 180°$$
$$\angle g + \angle h + \bullet = 180°$$
$$\therefore \angle e + \angle f = \angle g + \angle h$$

14 n각형의 내각의 크기와 외각의 크기의 총합이 $1440°$이고 한 꼭짓점에서 내각과 외각의 크기의 합은 $180°$이므로
$$180° \times n = 1440° \qquad \therefore n = 8$$

15 한 꼭짓점에서 그을 수 있는 대각선의 개수가 9인 정다각형을 정n각형이라고 하면
$$n - 3 = 9 \qquad \therefore n = 12$$
따라서 정십이각형의 한 내각의 크기는
$$\frac{180° \times (12-2)}{12} = 150°$$

16 내각의 크기의 합이 $2340°$인 정다각형을 정n각형이라고 하면
$$180° \times (n-2) = 2340°$$
$$n - 2 = 13 \qquad \therefore n = 15$$
따라서 정십오각형의 한 외각의 크기는
$$\frac{360°}{15} = 24°$$

17 정다각형에서
(한 내각의 크기)+(한 외각의 크기)$=180°$이고
(한 내각의 크기) : (한 외각의 크기)$=4:1$이므로
$$(한\ 외각의\ 크기) = 180° \times \frac{1}{4+1} = 180° \times \frac{1}{5} = 36°$$
주어진 정다각형을 정n각형이라고 하면
$$\frac{360°}{n} = 36° \qquad \therefore n = 10$$
따라서 정십각형의 꼭짓점의 개수는 10이다.

다른 풀이
주어진 정다각형의 한 외각의 크기를 $\angle a$라고 하면
한 내각의 크기는 $4\angle a$이므로
$$\angle a + 4\angle a = 180°$$
$$5\angle a = 180° \qquad \therefore \angle a = 36°$$
즉, 한 외각의 크기는 $36°$이다.

18 ① 한 내각의 크기가 $140°$인 정다각형을 정n각형이라고 하면
$$\frac{180° \times (n-2)}{n} = 140°$$
$$180° \times n - 360° = 140° \times n$$
$$40° \times n = 360° \qquad \therefore n = 9, 즉 정구각형$$

다른 풀이
한 외각의 크기는 $180° - 140° = 40°$이므로
$$\frac{360°}{n} = 40° \qquad \therefore n = 9, 즉 정구각형$$
② 대각선의 개수는 $\dfrac{9 \times (9-3)}{2} = 27$

③ 정구각형은 한 꼭짓점에서 대각선을 모두 그으면 $9 - 2 = 7$(개)의 삼각형으로 나누어진다.
④ 내각의 크기의 합은 $140° \times 9 = 1260°$
⑤ 한 외각의 크기는 $180° - 140° = 40°$이므로
$$140° : 40° = 7 : 2$$
따라서 옳지 않은 것은 ④이다.

19 (1) 정오각형의 한 내각의 크기는
$$\frac{180° \times (5-2)}{5} = 108°$$이므로
$$\angle B = 108°$$
$\triangle ABC$는 $\overline{AB} = \overline{BC}$인 이등변삼각형이므로
$$\angle BAC = \frac{1}{2} \times (180° - 108°) = 36°$$

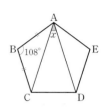

(2) (1)과 같은 방법으로 하면
$\triangle ADE$에서 $\angle DAE = 36°$
$$\therefore \angle x = \angle BAE - \angle BAC - \angle DAE$$
$$= 108° - 36° - 36° = 36°$$

STEP 3 쓱쓱 서술형 완성하기   P. 72~73

〈과정은 풀이 참고〉

따라 해보자   유제 1 $50°$ 유제 2 3240

연습해 보자   **1** $22°$ **2**   정십이각형
             3 $75°$ **4** $102°$

따라 해보자

유제 1 **1단계** $\angle ABD = \angle DBC = \angle a$,
$\angle ACD = \angle DCE = \angle b$라고 하면
$\triangle ABC$에서 $2\angle b = \angle x + 2\angle a$이므로
$$\angle b = \frac{1}{2}\angle x + \angle a \qquad \cdots \text{㉠}$$

2단계 $\triangle DBC$에서
$$\angle b = 25° + \angle a \qquad \cdots \text{㉡}$$

3단계 ㉠, ㉡에서 $\frac{1}{2}\angle x = 25°$
$$\therefore \angle x = 50°$$

채점 기준		
1단계	$\triangle ABC$에서 식 세우기	⋯ 40 %
2단계	$\triangle DBC$에서 식 세우기	⋯ 30 %
3단계	$\angle x$의 크기 구하기	⋯ 30 %

유제 2 [1단계] 한 외각의 크기가 18°인 정다각형을 정n각형이라고
하면

$$\frac{360°}{n}=18° \qquad \therefore n=20$$

즉, 주어진 정다각형은 정이십각형이다.

[2단계] 따라서 정이십각형의 내각의 크기의 합은

$$180°\times(20-2)=3240°$$

채점 기준		
1단계	한 외각의 크기가 18°인 정다각형 구하기	⋯ 50%
2단계	정다각형의 내각의 크기의 합 구하기	⋯ 50%

연습해 보자

1 [1단계] △BAC가 $\overline{AB}=\overline{BC}$인 이등변삼각형이므로

$$\angle BCA=\angle BAC=\angle a$$
$$\therefore \angle DBC=\angle a+\angle a=2\angle a$$

[2단계] △BCD가 $\overline{BC}=\overline{CD}$인 이등변삼각형이므로

$$\angle BDC=\angle DBC=2\angle a$$

[3단계] 따라서 △DAC에서

$$\angle a+2\angle a=66°$$
$$3\angle a=66° \qquad \therefore \angle a=22°$$

채점 기준		
1단계	∠DBC의 크기를 ∠a를 사용하여 나타내기	⋯ 40%
2단계	∠BDC의 크기를 ∠a를 사용하여 나타내기	⋯ 30%
3단계	∠a의 크기 구하기	⋯ 30%

2 [1단계] ㈎에서 구하는 다각형은 정다각형이다.

[2단계] 구하는 다각형을 정n각형이라고 하면 ㈏에서

$$\frac{n(n-3)}{2}=54, \; n(n-3)=108=\underline{12}\times 9$$
$$\therefore n=12$$

따라서 조건을 모두 만족시키는 다각형은 정십이각
형이다.

채점 기준		
1단계	조건 ㈎가 나타내는 도형이 정다각형임을 알기	⋯ 30%
2단계	조건을 모두 만족시키는 다각형 구하기	⋯ 70%

3 [1단계] 사각형 ABCD의 내각의 크기의 합은 360°이므로

$$\angle B+\angle C=360°-(\angle A+\angle D)$$
$$=360°-150°$$
$$=210°$$

[2단계] $\angle IBC+\angle ICB=\frac{1}{2}\angle B+\frac{1}{2}\angle C$

$$=\frac{1}{2}(\angle B+\angle C)$$
$$=\frac{1}{2}\times 210°$$
$$=105°$$

[3단계] 따라서 △IBC에서

$$\angle BIC=180°-(\angle IBC+\angle ICB)$$
$$=180°-105°$$
$$=75°$$

채점 기준		
1단계	∠B+∠C의 크기 구하기	⋯ 40%
2단계	∠IBC+∠ICB의 크기 구하기	⋯ 30%
3단계	∠BIC의 크기 구하기	⋯ 30%

4 [1단계] 정삼각형의 한 내각의 크기는

$$\frac{180°\times(3-2)}{3}=60°$$

정사각형의 한 내각의 크기는

$$\frac{180°\times(4-2)}{4}=90°$$

정오각형의 한 내각의 크기는

$$\frac{180°\times(5-2)}{5}=108°$$

[2단계] $\therefore \angle x=360°-(60°+108°+90°)=102°$

채점 기준		
1단계	정삼각형, 정사각형, 정오각형의 한 내각의 크기 구하기	⋯ 70%
2단계	∠x의 크기 구하기	⋯ 30%

01 원과 부채꼴

필수 문제 ❶

1-1 ㄱ, ㄹ

ㄴ. $\widehat{BC}$에 대한 중심각은 ∠BOC이다.

ㄷ. $\overline{AB}$와 $\widehat{AB}$로 둘러싸인 도형은 활꼴이다.

ㄹ. $\overline{AC}$는 원 O의 지름이므로 원 O에서 길이가 가장 긴 현 중 하나이다.

ㅁ. $\widehat{AB}$와 두 반지름 OA, OB로 둘러싸인 도형은 부채꼴이다.

따라서 옳은 것은 ㄱ, ㄹ이다.

필수 문제 ❷ (1) 16 (2) 100

(1) $4:x=20°:80°$, $4:x=1:4$ ∴ $x=16$

(2) $15:6=x°:40°$, $5:2=x:40$

$2x=200$ ∴ $x=100$

2-1 (1) 9 (2) 50

(1) $3:x=40°:120°$, $3:x=1:3$ ∴ $x=9$

(2) $12:30=x°:(2x°+25°)$, $2:5=x:(2x+25)$

$5x=4x+50$ ∴ $x=50$

2-2 150°

호의 길이는 중심각의 크기에 정비례하고

$\widehat{AB}:\widehat{BC}:\widehat{CA}=3:4:5$이므로

∠AOB : ∠BOC : ∠COA$=3:4:5$

∴ ∠AOC$=360°\times\dfrac{5}{3+4+5}$

$=360°\times\dfrac{5}{12}=150°$

개념 확인 반지름, ∠COD, ≡, SAS, $\overline{CD}$

필수 문제 ❸ (1) 8 (2) 35

(1) ∠AOB=∠COD이므로

$\overline{CD}=\overline{AB}=8\,cm$ ∴ $x=8$

(2) $\overline{AB}=\overline{CD}$이므로

∠AOB=∠COD$=35°$ ∴ $x=35$

3-1 90°

$\overline{AB}=\overline{CD}=\overline{DE}$이므로

∠COD=∠DOE=∠AOB$=45°$

∴ ∠COE=∠COD+∠DOE

$=45°+45°=90°$

3-2 ㄱ, ㄴ, ㄷ

ㄹ. 현의 길이는 중심각의 크기에 정비례하지 않는다.

따라서 옳은 것은 ㄱ, ㄴ, ㄷ이다.

STEP 1 쓱쓱 개념 익히기

1	④	2	180°	3	40	4	80°
5	9 cm²	6	30 cm	7	②, ④	8	①
9	28 cm						

1 ④ $\overline{AE}$, $\widehat{AE}$로 이루어진 활꼴은 오른쪽 그림의 색칠한 부분과 같다.

2 한 원에서 부채꼴과 활꼴이 같을 때는 오른쪽 그림과 같이 활꼴의 현이 지름인 경우, 즉 부채꼴이 반원인 경우이므로 부채꼴의 중심각의 크기는 180°이다.

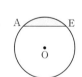

3 $6:30=x°:150°$, $1:5=x:150$

$5x=150$ ∴ $x=30$

$y:30=50°:150°$, $y:30=1:3$

$3y=30$ ∴ $y=10$

∴ $x+y=30+10=40$

4 $\widehat{AB}:\widehat{BC}=5:4$이므로 ∠AOB : ∠BOC$=5:4$

이때 ∠AOC$=180°$이므로

∠BOC$=180°\times\dfrac{4}{5+4}=180°\times\dfrac{4}{9}=80°$

5 부채꼴 COD의 넓이를 $x \, \text{cm}^2$라고 하면

$27 : x = 90° : 30°$, $27 : x = 3 : 1$

$3x = 27$ ∴ $x = 9$

따라서 부채꼴 COD의 넓이는 $9 \, \text{cm}^2$이다.

6 오른쪽 그림과 같이 $\overline{\text{OC}}$를 그으면

$\overset{\frown}{\text{AC}} = \overset{\frown}{\text{BC}}$이므로 $\angle \text{AOC} = \angle \text{BOC}$

즉, $\overline{\text{BC}} = \overline{\text{AC}} = 7 \, \text{cm}$

따라서 색칠한 부분의 둘레의 길이는

$(8+7) \times 2 = 30 \, (\text{cm})$

7 오른쪽 그림과 같이 $\angle \text{EOC} = 30°$가 되

도록 점 E를 잡으면

② $\overline{\text{AB}} = \overline{\text{ED}} < 2\overline{\text{CD}}$

④ $2 \times (\triangle \text{ODC의 넓이})$

$= (\triangle \text{ODC의 넓이})$

$+ (\triangle \text{OCE의 넓이})$

$= (\triangle \text{ODE의 넓이}) + (\triangle \text{EDC의 넓이})$

$= (\triangle \text{OAB의 넓이}) + (\triangle \text{EDC의 넓이})$

∴ $(\triangle \text{OAB의 넓이}) < 2 \times (\triangle \text{ODC의 넓이})$

8 $\triangle \text{AOB}$는 이등변삼각형이므로

$\angle \text{OAB} = \dfrac{1}{2} \times (180° - 150°) = 15°$

$\overline{\text{AB}} /\!/ \overline{\text{CD}}$이므로 $\angle \text{AOC} = \angle \text{OAB} = 15°$ (엇각)

$\overset{\frown}{\text{AC}} : \overset{\frown}{\text{AB}} = \angle \text{AOC} : \angle \text{AOB}$에서

$\overset{\frown}{\text{AC}} : 20 = 15° : 150°$, $\overset{\frown}{\text{AC}} : 20 = 1 : 10$

$10\overset{\frown}{\text{AC}} = 20$ ∴ $\overset{\frown}{\text{AC}} = 2 \, (\text{cm})$

9 $\triangle \text{AOB}$는 이등변삼각형이므로

$\angle \text{OBA} = \dfrac{1}{2} \times (180° - 120°) = 30°$

$\overline{\text{AB}} /\!/ \overline{\text{CD}}$이므로 $\angle \text{BOD} = \angle \text{OBA} = 30°$ (엇각)

$\overset{\frown}{\text{AB}} : \overset{\frown}{\text{BD}} = \angle \text{AOB} : \angle \text{BOD}$에서

$\overset{\frown}{\text{AB}} : 7 = 120° : 30°$

$\overset{\frown}{\text{AB}} : 7 = 4 : 1$ ∴ $\overset{\frown}{\text{AC}} = 28 \, (\text{cm})$

 02 부채꼴의 호의 길이와 넓이

필수 문제 ❶ (1) $8\pi \, \text{cm}$, $16\pi \, \text{cm}^2$ (2) $14\pi \, \text{cm}$, $21\pi \, \text{cm}^2$

(1) 반지름의 길이가 $4 \, \text{cm}$이므로

(원의 둘레의 길이) $= 2\pi \times 4 = 8\pi \, (\text{cm})$

(원의 넓이) $= \pi \times 4^2 = 16\pi \, (\text{cm}^2)$

(2) (색칠한 부분의 둘레의 길이) $= 2\pi \times 5 + 2\pi \times 2$

$= 14\pi \, (\text{cm})$

(색칠한 부분의 넓이) $= \pi \times 5^2 - \pi \times 2^2 = 21\pi \, (\text{cm}^2)$

1-1 (1) $(5\pi + 10) \, \text{cm}$, $\dfrac{25}{2}\pi \, \text{cm}^2$ (2) $18\pi \, \text{cm}$, $27\pi \, \text{cm}^2$

(1) 반지름의 길이가 $5 \, \text{cm}$이므로

(반원의 둘레의 길이) $= (2\pi \times 5) \times \dfrac{1}{2} + 10$

$= 5\pi + 10 \, (\text{cm})$

(반원의 넓이) $= (\pi \times 5^2) \times \dfrac{1}{2} = \dfrac{25}{2}\pi \, (\text{cm}^2)$

(2) (색칠한 부분의 둘레의 길이) $= 2\pi \times 6 + 2\pi \times 3$

$= 18\pi \, (\text{cm})$

(색칠한 부분의 넓이) $= \pi \times 6^2 - \pi \times 3^2 = 27\pi \, (\text{cm}^2)$

개념 확인 (1) 4, 45, π (2) 4, 45, 2π

필수 문제 ❷ (1) $5\pi \, \text{cm}$, $15\pi \, \text{cm}^2$ (2) $12\pi \, \text{cm}$, $54\pi \, \text{cm}^2$

(1) (호의 길이) $= 2\pi \times 6 \times \dfrac{150}{360} = 5\pi \, (\text{cm})$

(넓이) $= \pi \times 6^2 \times \dfrac{150}{360} = 15\pi \, (\text{cm}^2)$

(2) (호의 길이) $= 2\pi \times 9 \times \dfrac{240}{360} = 12\pi \, (\text{cm})$

(넓이) $= \pi \times 9^2 \times \dfrac{240}{360} = 54\pi \, (\text{cm}^2)$

2-1 $2\pi \, \text{cm}$, $12\pi \, \text{cm}^2$

(호의 길이) $= 2\pi \times 12 \times \dfrac{30}{360} = 2\pi \, (\text{cm})$

(넓이) $= \pi \times 12^2 \times \dfrac{30}{360} = 12\pi \, (\text{cm}^2)$

2-2 (1) $(4\pi + 8) \, \text{cm}$, $8\pi \, \text{cm}^2$

(2) $(3\pi + 12) \, \text{cm}$, $(36 - 9\pi) \, \text{cm}^2$

(1) (색칠한 부분의 둘레의 길이)

$= 2\pi \times 8 \times \dfrac{60}{360} + 2\pi \times 4 \times \dfrac{60}{360} + 4 \times 2$

$= \dfrac{8}{3}\pi + \dfrac{4}{3}\pi + 8 = 4\pi + 8 \, (\text{cm})$

(색칠한 부분의 넓이)

$= \pi \times 8^2 \times \dfrac{60}{360} - \pi \times 4^2 \times \dfrac{60}{360}$

$= \dfrac{32}{3}\pi - \dfrac{8}{3}\pi = 8\pi \, (\text{cm}^2)$

(2) (색칠한 부분의 둘레의 길이)$=2\pi\times6\times\dfrac{90}{360}+6+6$
$=3\pi+12\,(\text{cm})$

(색칠한 부분의 넓이)

$=6\times6-\pi\times6^2\times\dfrac{90}{360}$
$=36-9\pi\,(\text{cm}^2)$

개념 확인　$2\pi,\ 6\pi$

필수 문제 ❸　(1) $10\pi\,\text{cm}^2$　(2) $40\pi\,\text{cm}^2$

(1) (부채꼴의 넓이)$=\dfrac{1}{2}\times5\times4\pi=10\pi\,(\text{cm}^2)$

(2) (부채꼴의 넓이)$=\dfrac{1}{2}\times8\times10\pi=40\pi\,(\text{cm}^2)$

3-1　(1) $6\pi\,\text{cm}^2$　(2) $120\pi\,\text{cm}^2$

(1) (부채꼴의 넓이)$=\dfrac{1}{2}\times4\times3\pi=6\pi\,(\text{cm}^2)$

(2) (부채꼴의 넓이)$=\dfrac{1}{2}\times12\times20\pi=120\pi\,(\text{cm}^2)$

3-2　$5\pi\,\text{cm}$

부채꼴의 호의 길이를 $l\,\text{cm}$라고 하면
$\dfrac{1}{2}\times6\times l=15\pi,\ 3l=15\pi$　$\therefore\ l=5\pi$
따라서 부채꼴의 호의 길이는 $5\pi\,\text{cm}$이다.

STEP 1 쏙쏙 개념 익히기　P. 87

1　$24\pi\,\text{cm},\ 18\pi\,\text{cm}^2$　　**2**　(1) $\dfrac{25}{3}\pi\,\text{cm}^2$　(2) $300°$

3　$12\,\text{cm}$　　**4**　(1) $\dfrac{160}{3}\pi\,\text{cm}^2$　(2) $(\pi-2)\,\text{cm}^2$

5　$6\pi\,\text{cm},\ (18\pi-36)\,\text{cm}^2$　**6**　$450\,\text{cm}^2$

1　(색칠한 부분의 둘레의 길이)$=2\pi\times6+(2\pi\times3)\times2$
$=12\pi+12\pi=24\,(\text{cm})$
(색칠한 부분의 넓이)$=\pi\times6^2-(\pi\times3^2)\times2$
$=36\pi-18\pi=18\pi\,(\text{cm}^2)$

2　(1) (부채꼴의 넓이)$=\pi\times5^2\times\dfrac{120}{360}=\dfrac{25}{3}\pi\,(\text{cm}^2)$

(2) 부채꼴의 중심각의 크기를 $x°$라고 하면
$2\pi\times6\times\dfrac{x}{360}=10\pi$　$\therefore\ x=300$
따라서 부채꼴의 중심각의 크기는 $300°$이다.

3　부채꼴의 반지름의 길이를 $r\,\text{cm}$라고 하면
$\dfrac{1}{2}\times r\times15\pi=90\pi$　$\therefore\ r=12$
따라서 부채꼴의 반지름의 길이는 $12\,\text{cm}$이다.

4　(1) (색칠한 부분의 넓이)$=\pi\times12^2\times\dfrac{150}{360}-\pi\times4^2\times\dfrac{150}{360}$
$=60\pi-\dfrac{20}{3}\pi=\dfrac{160}{3}\pi\,(\text{cm}^2)$

(2)

$\therefore$ (색칠한 부분의 넓이)$=\pi\times2^2\times\dfrac{90}{360}-\dfrac{1}{2}\times2\times2$
$=\pi-2\,(\text{cm}^2)$

5　(색칠한 부분의 둘레의 길이)$=\left(2\pi\times6\times\dfrac{90}{360}\right)\times2$
$=6\pi\,(\text{cm})$

오른쪽 그림과 같이 보조선을 그으면
(색칠한 부분의 넓이)
$=$(두 활꼴의 넓이의 합)
$=\left(\pi\times6^2\times\dfrac{90}{360}-\dfrac{1}{2}\times6\times6\right)\times2$
$=18\pi-36\,(\text{cm}^2)$

6　오른쪽 그림과 같이 색칠한 부분을 이동하면
(색칠한 부분의 넓이)
$=$(직각삼각형의 넓이)
$=\dfrac{1}{2}\times30\times30=450\,(\text{cm}^2)$

STEP 2 탄탄 단원 다지기　P. 88~89

1　②, ③　**2**　$60°$　**3**　$27\,\text{cm}$　**4**　③　**5**　④

6　30　**7**　①, ③　**8**　$12\pi\,\text{cm},\ 12\pi\,\text{cm}^2$　**9**　④

10　⑤　**11**　④　**12**　②　**13**　$(14\pi+18)\,\text{cm}$

14　$(200\pi-400)\,\text{cm}^2$　　**15**　$(36-6\pi)\,\text{cm}^2$

16　$9\pi\,\text{cm},\ (9\pi-18)\,\text{cm}^2$

1 ① 반원은 활꼴이다.
④ 원에서 길이가 가장 긴 현은 원의 지름이므로 그 길이는
$3 \times 2 = 6 \text{(cm)}$
⑤ 부채꼴은 호와 두 반지름으로 이루어진 도형이다.
따라서 옳은 것은 ②, ③이다.

2 $\overline{OA} = \overline{OB} = \overline{AB}$이므로 $\triangle OAB$는 정삼각형이다.
∴ (호 AB에 대한 중심각의 크기) $= \angle AOB = 60°$

3 $\angle COD = 180° - (40° + 20°) = 120°$이므로
$9 : \overparen{CD} = 40° : 120°$, $9 : \overparen{CD} = 1 : 3$
∴ $\overparen{CD} = 27 \text{(cm)}$

4 $\overline{AO} /\!/ \overline{BC}$이므로
$\angle OBC = \angle AOB = 50°$(엇각)
이때 $\triangle OBC$가 $\overline{OB} = \overline{OC}$인 이등변
삼각형이므로
$\angle OCB = \angle OBC = 50°$
∴ $\angle BOC = 180° - (50° + 50°) = 80°$
$10 : \overparen{BC} = 50° : 80°$이므로
$10 : \overparen{BC} = 5 : 8$, $5\overparen{BC} = 80$ ∴ $\overparen{BC} = 16 \text{(cm)}$

5 $\triangle DPO$가 $\overline{OD} = \overline{DP}$인 이등변삼각형이므로
$\angle DOP = \angle DPO = 25°$
∴ $\angle ODC = \angle DOP + \angle DPO$
$= 25° + 25° = 50°$
$\triangle OCD$가 $\overline{OC} = \overline{OD}$인 이등변삼각형이므로
$\angle OCD = \angle ODC = 50°$
$\triangle OCP$에서
$\angle AOC = \angle OCP + \angle OPC$
$= 50° + 25° = 75°$
따라서 $\overparen{AC} : 6 = 75° : 25°$이므로
$\overparen{AC} : 6 = 3 : 1$ ∴ $\overparen{AC} = 18 \text{(cm)}$

6 $6 : 18 = x° : (2x° + 30°)$, $1 : 3 = x : (2x + 30)$
$3x = 2x + 30$ ∴ $x = 30$

7 ① 부채꼴의 넓이는 현의 길이에 정비례하지 않는다.
③ 크기가 같은 중심각에 대한 호의 길이와 현의 길이는 각각
같다.

8 (색칠한 부분의 둘레의 길이)
$= (2\pi \times 6) \times \dfrac{1}{2} + (2\pi \times 4) \times \dfrac{1}{2} + (2\pi \times 2) \times \dfrac{1}{2}$
$= 6\pi + 4\pi + 2\pi = 12\pi \text{(cm)}$
(색칠한 부분의 넓이)
$= (\pi \times 6^2) \times \dfrac{1}{2} - (\pi \times 4^2) \times \dfrac{1}{2} + (\pi \times 2^2) \times \dfrac{1}{2}$
$= 18\pi - 8\pi + 2\pi = 12\pi \text{(cm}^2)$

9 부채꼴의 중심각의 크기를 $x°$라고 하면
$\pi \times 8^2 \times \dfrac{x}{360} = \dfrac{64}{3}\pi$ ∴ $x = 120$
따라서 부채꼴의 중심각의 크기는 120°이다.

10 부채꼴의 호의 길이를 $l \text{ cm}$라고 하면
$\dfrac{1}{2} \times 9 \times l = 27\pi$ ∴ $l = 6\pi$
∴ (부채꼴의 둘레의 길이) $= 6\pi + 9 \times 2$
$= 6\pi + 18 \text{(cm)}$

11 정오각형의 한 내각의 크기는
$\dfrac{180° \times (5-2)}{5} = 108°$
∴ (색칠한 부분의 둘레의 길이) $= 2\pi \times 20 \times \dfrac{108}{360} + 20 \times 3$
$= 12\pi + 60 \text{(cm)}$

12 (색칠한 부분의 넓이) $= \pi \times 8^2 \times \dfrac{90}{360} - (\pi \times 4^2) \times \dfrac{1}{2}$
$= 16\pi - 8\pi$
$= 8\pi \text{(cm}^2)$

13 (반원의 호의 길이) $= (2\pi \times 9) \times \dfrac{1}{2} = 9\pi \text{(cm)}$
(부채꼴의 호의 길이) $= 2\pi \times (9 \times 2) \times \dfrac{50}{360} = 5\pi \text{(cm)}$
∴ (색칠한 부분의 둘레의 길이)
$=$ (반원의 호의 길이) $+$ (부채꼴의 호의 길이)
$+$ (부채꼴의 반지름의 길이)
$= 9\pi + 5\pi + 9 \times 2$
$= 14\pi + 18 \text{(cm)}$

14
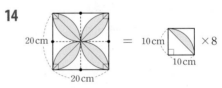

∴ (색칠한 부분의 넓이)
$= \left(\pi \times 10^2 \times \dfrac{90}{360} - \dfrac{1}{2} \times 10 \times 10\right) \times 8$
$= (25\pi - 50) \times 8$
$= 200\pi - 400 \text{(cm}^2)$

15 $\overline{BE} = \overline{EC} = \overline{BC}$(원의 반지름)이므로 $\triangle EBC$는 정삼각형이다.
즉, $\angle EBC = \angle ECB = 60°$이므로
$\angle ABE = \angle DCE = 90° - 60° = 30°$
∴ (부채꼴 ABE의 넓이) $=$ (부채꼴 DCE의 넓이)
∴ (색칠한 부분의 넓이)
$=$ (사각형 ABCD의 넓이) $-$ (부채꼴 ABE의 넓이) $\times 2$
$= 6 \times 6 - \left(\pi \times 6^2 \times \dfrac{30}{360}\right) \times 2$
$= 36 - 6\pi \text{(cm}^2)$

16 (색칠한 부분의 둘레의 길이)

$$=2\pi\times6\times\frac{90}{360}+\left\{(2\pi\times3)\times\frac{1}{2}\right\}\times2$$

$$=3\pi+6\pi$$

$$=9\pi\,(\text{cm})$$

오른쪽 그림과 같이 도형을 이동시키면
색칠한 부분의 넓이는 활꼴의 넓이와
같으므로

(색칠한 부분의 넓이)

$$=\pi\times6^2\times\frac{90}{360}-\frac{1}{2}\times6\times6$$

$$=9\pi-18\,(\text{cm}^2)$$

STEP 3 쓰쓰극극 **서술형 완성하기**　　　　　P. 90~91

〈과정은 풀이 참조〉

따라 해보자	유제 1　3 cm	유제 2　$(6\pi+16)$ cm
연습해 보자	**1**　$48\pi\,\text{cm}^2$	**2**　$\frac{27}{2}\pi\,\text{cm}^2$
	3　$18\pi\,\text{cm}^2$	**4**　$76\pi\,\text{m}^2$

따라 해보자

유제 1　**1단계**　$\overline{\text{BD}}\,\|\,\overline{\text{OC}}$이므로

$$\angle\text{OBD}=\angle\text{AOC}=30°(\text{동위각})$$

2단계　오른쪽 그림과 같이
$\overline{\text{OD}}$를 그으면 △OBD가
$\overline{\text{OB}}=\overline{\text{OD}}$인 이등변삼각형이
므로

$$\angle\text{ODB}=\angle\text{OBD}=30°$$

3단계　∴ $\angle\text{BOD}=180°-(30°+30°)$

$$=120°$$

4단계　따라서 $\overset{\frown}{\text{AC}}:12=30°:120°$이므로

$$\overset{\frown}{\text{AC}}:12=1:4,\ 4\overset{\frown}{\text{AC}}=12$$

$$\therefore\ \overset{\frown}{\text{AC}}=3\,(\text{cm})$$

채점 기준		
1단계	∠OBD의 크기 구하기	… 20 %
2단계	∠ODB의 크기 구하기	… 30 %
3단계	∠BOD의 크기 구하기	… 20 %
4단계	$\overset{\frown}{\text{AC}}$의 길이 구하기	… 30 %

유제 2　**1단계**　(큰 부채꼴의 호의 길이)

$$=2\pi\times(8+8)\times\frac{45}{360}$$

$$=4\pi\,(\text{cm})$$

2단계　(작은 부채꼴의 호의 길이)

$$=2\pi\times8\times\frac{45}{360}$$

$$=2\pi\,(\text{cm})$$

3단계　∴ (색칠한 부분의 둘레의 길이)

$$=4\pi+2\pi+8\times2$$

$$=6\pi+16\,(\text{cm})$$

채점 기준		
1단계	큰 부채꼴의 호의 길이 구하기	… 40 %
2단계	작은 부채꼴의 호의 길이 구하기	… 40 %
3단계	색칠한 부분의 둘레의 길이 구하기	… 20 %

연습해 보자

1　**1단계**　부채꼴의 넓이는 중심각의 크기에 정비례하고
$\angle\text{AOB}:\angle\text{BOC}:\angle\text{COA}=6:5:7$이므로
(부채꼴의 AOB의 넓이)
: (부채꼴의 BOC의 넓이)
: (부채꼴의 COA의 넓이)
$=6:5:7$

2단계　∴ (부채꼴의 AOB의 넓이)

$$=144\pi\times\frac{6}{6+5+7}$$

$$=144\pi\times\frac{6}{18}$$

$$=48\pi\,(\text{cm}^2)$$

채점 기준	
1단계	세 부채꼴의 넓이를 가장 간단한 자연수의 비로 나타내기 … 50 %
2단계	부채꼴 AOB의 넓이 구하기 … 50 %

2　**1단계**　부채꼴의 반지름의 길이를 r cm라고 하면

$$2\pi r\times\frac{60}{360}=3\pi　\therefore\ r=9$$

2단계　따라서 부채꼴의 반지름의 길이가 9 cm이므로
부채꼴의 넓이는

$$\pi\times9^2\times\frac{60}{360}=\frac{27}{2}\pi\,(\text{cm}^2)$$

다른 풀이

2단계　따라서 부채꼴의 반지름의 길이가 9 cm이므로
부채꼴의 넓이는

$$\frac{1}{2}\times9\times3\pi=\frac{27}{2}\pi\,(\text{cm}^2)$$

채점 기준	
1단계	부채꼴의 반지름의 길이 구하기 … 60 %
2단계	부채꼴의 넓이 구하기 … 40 %

3 〔1단계〕 (색칠한 부분의 넓이)

　　　=(지름이 $\overline{\mathrm{AB'}}$인 반원의 넓이)

　　　　+(부채꼴 B'AB의 넓이)

　　　　−(지름이 $\overline{\mathrm{AB}}$인 반원의 넓이)

　　　=(부채꼴 B'AB의 넓이)

　　　이므로

〔2단계〕 (구하는 넓이)$=\pi\times12^{2}\times\dfrac{45}{360}$

　　　　　　　　　$=18\pi\,(\mathrm{cm}^2)$

채점 기준		
1단계	색칠한 부분의 넓이를 구하는 식 세우기	… 75 %
2단계	색칠한 부분의 넓이 구하기	… 25 %

4 〔1단계〕

강아지가 울타리 밖에서 최대한 움직일 수 있는 영역은 위의 그림의 색칠한 부분과 같다.

〔2단계〕 ∴ (구하는 넓이)$=\pi\times2^{2}\times\dfrac{90}{360}+\pi\times10^{2}\times\dfrac{270}{360}$

　　　　　　　　　$=\pi+75\pi=76\pi\,(\mathrm{m}^2)$

채점 기준		
1단계	강아지가 움직일 수 있는 영역의 넓이 그리기	… 50 %
2단계	강아지가 움직일 수 있는 영역의 넓이 구하기	… 50 %

01 다면체

P. 96

필수 문제 ① ㄱ, ㄷ, ㄹ

ㄴ, ㅁ. 다각형이 아닌 원이나 곡면으로 둘러싸여 있다.
따라서 다면체는 ㄱ, ㄷ, ㄹ이다.

1-1 ④

④ 모서리의 개수는 9이다.

1-2 칠면체
구하는 다면체는 면의 개수가 7이므로 칠면체이다.

P. 97

개념 확인

겨냥도			
이름	오각기둥	오각뿔	오각뿔대
옆면의 모양	직사각형	삼각형	사다리꼴
면의 개수	7	6	7
모서리의 개수	15	10	15
꼭짓점의 개수	10	6	10

필수 문제 ② ④

주어진 다면체의 면의 개수를 각각 구하면 다음과 같다.
① 삼각뿔대: 5   ② 오각기둥: 7
   3 +2   5 +2
③ 직육면체: 6   ④ 칠각뿔: 8
     6   7 +1
⑤ 오각뿔대: 7
   5 +2
따라서 면의 개수가 가장 많은 것은 ④이다.

2-1 ③

주어진 다면체의 면의 개수와 꼭짓점의 개수를 각각 구하
면 다음과 같다.

다면체	① 사각뿔대	② 육각기둥	③ 육각뿔	④ 팔각뿔대	⑤ 구각기둥
면의 개수	4+2=6	6+2=8	6+1=7	8+2=10	9+2=11
꼭짓점 의 개수	4×2=8	6×2=12	6+1=7	8×2=16	9×2=18

따라서 면의 개수와 꼭짓점의 개수가 같은 것은 ③이다.

STEP 1 쓱쓱 개념 익히기

P. 98

1 5개	**2** ①, ③	**3** ⑤
4 (1) 각뿔대 (2) 육각뿔대		**5** ②

1 다면체, 즉 다각형인 면으로만 둘러싸인 입체도형은
ㄱ, ㄴ, ㄹ, ㅅ, ㅇ의 5개이다.

2 주어진 다면체의 면의 개수를 각각 구하면 다음과 같다.
① 사각기둥: 6   ② 오각기둥: 7   ③ 오각뿔: 6
   4 +2   5 +2   5 +1
④ 육각뿔: 7   ⑤ 육각뿔대: 8
   6 +1   6 +2
따라서 육면체는 ①, ③이다.

3 ⑤ 오각뿔 − 삼각형

4 (1) (개)에서 두 밑면이 서로 평행한 입체도형은 각기둥, 각뿔대
이고, (내)에서 옆면의 모양이 직사각형이 아닌 사다리꼴인
입체도형은 각뿔대이다.
(2) (대)에서 팔면체이므로 각뿔대의 밑면 2개를 빼면 6개의 옆
면을 가진다. 즉, 밑면의 모양이 육각형이므로 구하는 입
체도형은 육각뿔대이다.

5 (개), (내)에서 구하는 다면체는 각기둥이므로
구하는 다면체를 n각기둥이라고 하면
(대)에서 $2n=14$ ∴ $n=7$
따라서 조건을 모두 만족시키는 다면체는 칠각기둥이다.

02 정다면체

P. 99

필수 문제 ① (1) ㄱ, ㄷ, ㅁ (2) ㄹ (3) ㄱ, ㄴ, ㄹ (4) ㄷ

1-1 정팔면체

(개), (내)에서 모든 면이 합동인 정다각형이고 각 꼭짓점에 모
인 면의 개수가 같으므로 정다면체이다.
(개) 모든 면이 합동인 정삼각형이다.
   ⇨ 정사면체, 정팔면체, 정이십면체
(내) 각 꼭짓점에 모인 면의 개수는 4이다.
   ⇨ 정팔면체
따라서 조건을 모두 만족시키는 다면체는 정팔면체이다.

1-2 30

정육면체의 면의 개수는 6이므로 $a=6$
정팔면체의 모서리의 개수는 12이므로 $b=12$
정이십면체의 꼭짓점의 개수는 12이므로 $c=12$
$\therefore a+b+c=6+12+12=30$

P. 100

개념 확인

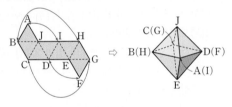

(1) 정육면체 (2) M, $\overline{\mathrm{ED}}$

필수 문제 2 (1) 정팔면체 (2) 점 I (3) $\overline{\mathrm{GF}}$ (4) $\overline{\mathrm{ED}}$ (또는 $\overline{\mathrm{EF}}$)

(1) 정삼각형 8개로 이루어진 정다면체는 정팔면체이다.
(2) 주어진 전개도로 만든 정팔면체는 다음 그림과 같다.

점 A와 겹치는 꼭짓점은 점 I이다.
(3) $\overline{\mathrm{CD}}$와 겹치는 모서리는 $\overline{\mathrm{GF}}$이다.
(4) $\overline{\mathrm{BJ}}$와 평행한 모서리는 $\overline{\mathrm{ED}}$ (또는 $\overline{\mathrm{EF}}$)이다.

2-1 (1) 정사면체 (2) $\overline{\mathrm{CF}}$

(1) 정삼각형 4개로 이루어진 정다면체는 정사면체이다.
(2) 주어진 전개도로 만든 정사면체는 다음 그림과 같다.

$\overline{\mathrm{AB}}$와 꼬인 위치에 있는 모서리는 $\overline{\mathrm{CF}}$이다.

STEP
1 쓱쓱 개념 익히기

P. 102

1 ③ **2** 정십이면체 **3** ③, ⑤ **4** ④

1 ③ 정십이면체의 면의 모양은 정오각형이다.

2 ⑺, ⑼에서 구하는 다면체는 정다면체이다.
⑼ 각 꼭짓점에 모인 면의 개수가 3이다.
   ⇨ 정사면체, 정육면체, <u>정십이면체</u>
⑽ 모서리의 개수는 30이다.
   ⇨ <u>정십이면체</u>, 정이십면체
따라서 조건을 모두 만족시키는 다면체는 정십이면체이다.

3 ③ 정사면체의 꼭짓점의 개수는 4이다.
⑤ 한 꼭짓점에 모인 면의 개수가 4인 정다면체는 정팔면체 뿐이다.

4 ① 정삼각형 20개로 이루어진 정다면체는 정이십면체이다.
② 모든 면의 모양은 정삼각형이다.
③ 정다면체 중 꼭짓점의 개수가 가장 많은 것은 정십이면체이다.
⑤ 모서리의 개수는 30이다.
따라서 옳은 것은 ④이다.

03 회전체

P. 103

필수 문제 1 ㄱ, ㄷ, ㅁ

ㄴ, ㄹ. 다면체

1-1 ㄴ, ㅁ, ㅇ

ㄱ, ㄷ, ㄹ, ㅂ, ㅅ. 다면체

1-2

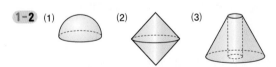

P. 104

개념 확인 (1) × (2) ○ (3) ×

(1) 구를 제외한 회전체를 회전축을 포함하는 평면으로 자른 단면은 원이 아닌 각각 다른 선대칭도형이다.
(3) 원뿔을 회전축에 수직인 평면으로 자른 단면은 모두 원이지만 그 크기가 서로 다르므로 합동은 아니다.

필수 문제 2 ③

③ 원뿔 – 이등변삼각형

2-1 원기둥

회전축에 수직인 평면으로 자른 단면이 원, 회전축을 포함하는 평면으로 자른 단면이 직사각형인 회전체는 원기둥이다.

2-2 ④

구는 어떤 방향으로 자르더라도 그 단면이 항상 원이다.

P. 105

개념 확인 (1) $a=9$, $b=4$ (2) $a=5$, $b=3$

(1) a cm는 원기둥의 모선의 길이이므로 $a=9$
b cm는 밑면인 원의 반지름의 길이이므로 $b=4$

(2) a cm는 원뿔의 모선의 길이이므로 $a=5$
b cm는 밑면인 원의 반지름의 길이이므로 $b=3$

필수 문제 ③ $a=6$, $b=11$, $c=18\pi$

옆면의 아래쪽 호의 길이는 두 밑면 중 큰 원의 둘레의 길이와 같으므로 $c=2\pi\times 9=18\pi$

3-1 10π cm

옆면인 부채꼴의 호의 길이는 밑면인 원의 둘레의 길이와 같으므로 (호의 길이)$=2\pi\times 5=10\pi$(cm)

STEP 1 쏙쏙 개념 익히기

P. 106

1 ③, ④ **2** ② **3** $32\,\text{cm}^2$ **4** $12\,\text{cm}$
5 ③

1 ③, ④ 다면체

2 ②

3 주어진 평면도형을 직선 l을 회전축으로 하여 1회전 시킬 때 생기는 회전체는 오른쪽 그림과 같은 원뿔대이다.
이 회전체를 회전축을 포함하는 평면으로 자른 단면은 윗변의 길이가 $3+3=6$(cm),
아랫변의 길이가 $5+5=10$(cm), 높이가 4 cm인 사다리꼴이므로

(단면의 넓이)$=\dfrac{1}{2}\times(6+10)\times 4=32$(cm²)

참고 [그림 1]을 직선 l을 회전축으로 하여 1회전 시킬 때 생기는 회전체는 [그림 2]와 같고, 이 회전체를 회전축을 포함하는 평면으로 자른 단면은 [그림 3]과 같다.

[그림 1]   [그림 2]   [그림 3]

[그림 1]의 삼각형의 넓이는 $\dfrac{1}{2}\times a\times b=\dfrac{1}{2}ab$

[그림 3]의 삼각형의 넓이는 $\dfrac{1}{2}\times 2a\times b=ab$

∴ (회전축을 포함하는 평면으로 자른 단면의 넓이)
 =(회전시키기 전 평면도형의 넓이)$\times 2$

4 밑면인 원의 둘레의 길이는 직사각형의 가로의 길이와 같으므로 밑면인 원의 반지름의 길이를 r cm라고 하면
$2\pi r=24\pi$ ∴ $r=12$
따라서 밑면인 원의 반지름의 길이는 12 cm이다.

5 ③ 원뿔대를 회전축에 수직인 평면으로 자른 그 단면은 오른쪽 그림과 같이 모두 원이지만, 그 크기는 서로 다르므로 합동이 아니다.

STEP 2 탄탄 단원 다지기

P. 107~109

1 ③ **2** 10 **3** ⑤ **4** 팔각뿔대
5 ④
6 각 꼭짓점에 모인 면의 개수가 모두 같지 않다.
7 ㄹ, ㄱ **8** 정이십면체 **9** ② **10** ④
11 ③ **12** ②, ⑤ **13** ③ **14** ④ **15** ⑤
16 16π cm² **17** ③ **18** $\dfrac{8}{3}$ cm
19 ㄱ, ㄴ, ㄹ

1 주어진 입체도형의 면의 개수를 각각 구하면 다음과 같다.
① 사각뿔대: 6 ⇨ 육면체   ② 칠각기둥: 9 ⇨ 구면체
  4 +2   7 +2
③ 구각뿔: 10 ⇨ 십면체   ④ 팔각기둥: 10 ⇨ 십면체
  9 +1   8 +2
⑤ 십각뿔대: 12 ⇨ 십이면체
  10 +2
따라서 짝 지은 것으로 옳지 않은 것은 ③이다.

2 사각기둥의 모서리의 개수는 $4 \times 3 = 12$이므로 $a = 12$
오각뿔의 꼭짓점의 개수는 $5 + 1 = 6$이므로 $b = 6$
육각뿔대의 면의 개수는 $6 + 2 = 8$이므로 $c = 8$
$\therefore a + b - c = 12 + 6 - 8 = 10$

3 ① 삼각뿔대 – 사다리꼴　　② 사각뿔 – 삼각형
③ 사각뿔대 – 사다리꼴　　④ 오각기둥 – 직사각형
따라서 바르게 짝 지은 것은 ⑤이다.

4 구하는 각뿔대를 n각뿔대라고 하면
면의 개수는 $n + 2$, 꼭짓점의 개수는 $2n$,
모서리의 개수는 $3n$이므로
$(n + 2) + 2n + 3n = 50$, $6n = 48$　　$\therefore n = 8$
따라서 구하는 각뿔대는 팔각뿔대이다.

5 ㄴ. 팔각뿔의 모서리의 개수는 $8 \times 2 = 16$이다.
ㅁ. 각뿔대의 두 밑면은 서로 평행하지만 합동은 아니다.
따라서 옳은 것은 ㄱ, ㄷ, ㄹ이다.

6 오른쪽 그림과 같이 각 꼭짓점에 모인 면의 개수가 4 또는 5로 모두 같지 않으므로 정다면체가 아니다.

5개의 면이 모인다.
4개의 면이 모인다.

7 ㄱ. 6　　ㄴ. 12　　ㄷ. 8　　ㄹ. 20　　ㅁ. 12
따라서 그 값이 가장 큰 것은 ㄹ, 가장 작은 것은 ㄱ이다.

8 ㈎, ㈏에서 구하는 다면체는 정다면체이다.
㈏ 모든 면이 합동인 정삼각형이다.
　⇨ 정사면체, 정팔면체, 정이십면체
㈐ 모서리의 개수는 30이다.
　⇨ 정십이면체, 정이십면체
따라서 조건을 모두 만족시키는 다면체는 정이십면체이다.

9 ② 정다면체의 면의 모양은 정삼각형, 정사각형, 정오각형뿐이다.

10 주어진 전개도로 만든 정다면체는 오른쪽 그림과 같은 정팔면체이다.
이때 $\overline{\text{AJ}}$와 꼬인 위치에 있는 모서리는 $\overline{\text{BC}}$(또는 $\overline{\text{HG}}$),
$\overline{\text{CD}}$(또는 $\overline{\text{GF}}$), $\overline{\text{HE}}$, $\overline{\text{DE}}$(또는 $\overline{\text{FE}}$)이다.

11 주어진 전개도로 만든 정다면체는 정십이면체이다.
③ 정팔면체의 모서리의 개수는 12이고, 정십이면체의 모서리의 개수는 30으로 같지 않다.

12 ① 다면체: ㄱ, ㄷ, ㅂ, ㅅ, ㅇ, ㅈ
③ 옆면의 모양이 직사각형이 아닌 사다리꼴인 입체도형: ㅂ
④ 두 밑면이 서로 합동인 입체도형: ㄱ, ㅇ
따라서 옳은 것은 ②, ⑤이다.

13 직각삼각형 ABC를 변 AB를 회전축으로 하여 1회전 시킬 때 생기는 회전체는 다음 그림과 같다.

14 회전체를 회전축에 수직인 평면으로 자른 단면의 경계는 항상 원이다.

15

16 주어진 평면도형을 직선 l을 회전축으로 하여 1회전 시킬 때 생기는 회전체는 오른쪽 그림과 같고 회전축에 수직인 평면으로 자른 단면은 원이 된다.
따라서 넓이가 가장 작은 단면은 반지름의 길이가 4 cm인 원이므로 그 넓이는
$\pi \times 4^2 = 16\pi \,(\text{cm}^2)$

17 변 BC를 회전축으로 하여 1회전 시킬 때 생기는 회전체는 오른쪽 그림과 같다.
따라서 이 회전체를 회전축을 포함하는 평면으로 자를 때 생기는 단면의 모양은 네 변의 길이가 같은 사각형인 마름모이다.

18 원뿔대의 두 밑면 중 큰 원의 반지름의 길이를 r cm라고 하면
$2\pi \times 8 \times \dfrac{120}{360} = 2\pi r$　　$\therefore r = \dfrac{8}{3}$
따라서 큰 원의 반지름의 길이는 $\dfrac{8}{3}$ cm이다.

19 ㄱ. 회전체를 회전축에 수직인 평면으로 자른 단면의 경계는 항상 원이지만 단면이 항상 합동인 것은 아니다.
ㄴ. 다음 그림과 같이 원뿔이 아닐 수도 있다.

원뿔
원뿔이 아니다.

ㄹ. 구를 회전축을 포함하는 평면으로 자른 단면은 원이므로
　다각형이 아니다.
ㅁ. 구의 중심을 지나는 직선은 모두 구의 회전축이 될 수 있다.
따라서 옳지 않은 것은 ㄱ, ㄴ, ㄹ이다.

STEP 3 쓱쓱 극극 서술형 완성하기

P. 110~111

〈과정은 풀이 참조〉

따라 해보자 　유제 1 　50 　　　유제 2 　$\dfrac{16}{9}\pi\,\mathrm{cm}^2$

연습해 보자 　**1** 육면체 　　　　**2** 36

　　　　　　　3 그림은 풀이 참조, $21\pi\,\mathrm{cm}^2$

　　　　　　　4 $(20\pi+14)\,\mathrm{cm}$

따라 해보자

유제 1 【1단계】 꼭짓점의 개수가 24인 각기둥을 n각기둥이라고 하면
　　　　$2n=24$ 　∴ $n=12$, 즉 십이각기둥
　　　【2단계】 십이각기둥의 면의 개수는 $12+2=14$이고,
　　　　모서리의 개수는 $12\times3=36$이므로
　　　　$a=14$, $b=36$
　　　【3단계】 ∴ $a+b=14+36=50$

채점 기준		
1단계	주어진 각기둥 구하기	… 40 %
2단계	a, b의 값 구하기	… 40 %
3단계	$a+b$의 값 구하기	… 20 %

유제 2 【1단계】 밑면인 원의 반지름의 길이를 $r\,\mathrm{cm}$라고 하면
　　　　(부채꼴의 호의 길이)=(밑면인 원의 둘레의 길이)
　　　　이므로
　　　　$2\pi\times8\times\dfrac{60}{360}=2\pi r$
　　　　$\dfrac{8}{3}\pi=2\pi r$ 　∴ $r=\dfrac{4}{3}$
　　　　즉, 밑면인 원의 반지름의 길이는 $\dfrac{4}{3}\,\mathrm{cm}$이다.
　　　【2단계】 따라서 전개도로 만든 원뿔의 밑면인 원의 넓이는
　　　　$\pi\times\left(\dfrac{4}{3}\right)^2=\dfrac{16}{9}\pi\,(\mathrm{cm}^2)$

채점 기준		
1단계	밑면인 원의 반지름의 길이 구하기	… 60 %
2단계	밑면인 원의 넓이 구하기	… 40 %

연습해 보자

1 【1단계】 (나), (다)에서 주어진 다면체는 각뿔이다.
　【2단계】 주어진 각뿔을 n각뿔이라고 하면 밑면은 n각형이므로
　　$\dfrac{n(n-3)}{2}=5$, $n(n-3)=10=5\times2$
　　∴ $n=5$, 즉 오각뿔
　【3단계】 따라서 오각뿔의 면의 개수는 $5+1=6$이므로
　　육면체이다.

채점 기준		
1단계	(나), (다) 조건을 만족시키는 다면체 구하기	… 20 %
2단계	조건을 모두 만족시키는 다면체 구하기	… 50 %
3단계	조건을 모두 만족시키는 다면체는 몇 면체인지 구하기	… 30 %

2 【1단계】 한 꼭짓점에 모인 면의 개수가 4인 정다면체는 정팔
　　면체이고, 정팔면체의 꼭짓점의 개수는 6이므로
　　$x=6$
　【2단계】 면의 모양이 정오각형인 정다면체는 정십이면체이고,
　　정십이면체의 모서리의 개수는 30이므로 $y=30$
　【3단계】 ∴ $x+y=6+30=36$

채점 기준		
1단계	x의 값 구하기	… 40 %
2단계	y의 값 구하기	… 40 %
3단계	$x+y$의 값 구하기	… 20 %

3 【1단계】 회전체를 회전축에 수직인 평면으
　　로 잘랐을 때 생기는 단면의 모양
　　은 오른쪽 그림과 같다.
　【2단계】 ∴ (단면의 넓이)$=\pi\times5^2-\pi\times2^2$
　　　　　$=25\pi-4\pi$
　　　　　$=21\pi\,(\mathrm{cm}^2)$

채점 기준		
1단계	회전축에 수직인 평면으로 자른 단면의 모양 그리기	… 50 %
2단계	1단계의 단면의 넓이 구하기	… 50 %

4 【1단계】 원뿔대의 전개도는 오른쪽
　　그림과 같으므로 작은 원의
　　둘레의 길이는
　　$2\pi\times4=8\pi\,(\mathrm{cm})$
　【2단계】 큰 원의 둘레의 길이는
　　$2\pi\times6=12\pi\,(\mathrm{cm})$
　【3단계】 따라서 옆면을 만드는 데 사용된 종이의 둘레의 길이는
　　$8\pi+12\pi+7\times2=20\pi+14\,(\mathrm{cm})$

채점 기준		
1단계	전개도에서 작은 원의 둘레의 길이 구하기	… 40 %
2단계	전개도에서 큰 원의 둘레의 길이 구하기	… 40 %
3단계	옆면을 만드는 데 사용된 종이의 둘레의 길이 구하기	… 20 %

01 기둥의 겉넓이와 부피

P. 116

개념 확인 (1) ㉠ 4 ㉡ 10 ㉢ 8π (2) 16π cm²
(3) 80π cm² (4) 112π cm²

(1) ㉢ 2π×4=8π
(2) (밑넓이)=π×4²=16π(cm²)
(3) (옆넓이)=8π×10=80π(cm²)
(4) (겉넓이)=16π×2+80π=112π(cm²)

필수 문제 ① (1) 78 cm² (2) 54π cm²

(1) (밑넓이)=3×3=9(cm²)
(옆넓이)=(3+3+3+3)×5=60(cm²)
∴ (겉넓이)=9×2+60=78(cm²)
(2) (밑넓이)=π×3²=9π(cm²)
(옆넓이)=(2π×3)×6=36π(cm²)
∴ (겉넓이)=9π×2+36π=54π(cm²)

1-1 (1) 360 cm² (2) 296 cm²

(1) (밑넓이)=$\frac{1}{2}$×5×12=30(cm²)
(옆넓이)=(5+13+12)×10=300(cm²)
∴ (겉넓이)=30×2+300=360(cm²)
(2) (밑넓이)=$\frac{1}{2}$×(6+12)×4=36(cm²)
(옆넓이)=(6+5+12+5)×8=224(cm²)
∴ (겉넓이)=36×2+224=296(cm²)

P. 117

개념 확인 (1) 4π cm² (2) 4 cm (3) 16π cm³

(1) (밑넓이)=π×2²=4π(cm²)
(2) (높이)=4 cm
(3) (부피)=4π×4=16π(cm³)

필수 문제 ② (1) 240 cm³ (2) 180 cm³ (3) 72π cm³

(1) (밑넓이)=$\frac{1}{2}$×6×8=24(cm²)
(높이)=10 cm
∴ (부피)=24×10=240(cm³)
(2) (밑넓이)=$\frac{1}{2}$×(3+6)×4=18(cm²)
(높이)=10 cm
∴ (부피)=18×10=180(cm³)

(3) 반지름의 길이가 6×$\frac{1}{2}$=3(cm)이므로
(밑넓이)=π×3²=9π(cm²)
(높이)=8 cm
∴ (부피)=9π×8=72π(cm³)

2-1 (1) 80π cm³ (2) 20π cm³ (3) 60π cm³

(1) (큰 원기둥의 부피)=(π×4²)×5=80π(cm³)
(2) (작은 원기둥의 부피)=(π×2²)×5=20π(cm³)
(3) (구멍이 뚫린 입체도형의 부피)
=(큰 원기둥의 부피)−(작은 원기둥의 부피)
=80π−20π=60π(cm³)

다른 풀이
주어진 입체도형에서 밑면은 오른
쪽 그림의 색칠한 부분과 같으므로
(부피)=(밑넓이)×(높이)
=(π×4²−π×2²)×5
=60π(cm³)

STEP 1 쓱쓱 개념 익히기

P. 118

1 ②	**2** 4 cm	**3** (56π+80) cm²
4 64 cm³	**5** ①	**6** (900−40π) cm³

1 (겉넓이)=($\frac{1}{2}$×6×4)×2+(5+6+5)×10
=24+160=184(cm²)

2 정육면체의 한 모서리의 길이를 a cm라고 하면
정육면체의 겉넓이는 정사각형 6개의 넓이의 합과 같으므로
(a×a)×6=96에서 a^2=16=4² ∴ a=4
따라서 정육면체의 한 모서리의 길이는 4 cm이다.

3 (겉넓이)=($\frac{1}{2}$×π×4²)×2+($\frac{1}{2}$×2π×4+4×2)×10
=16π+40π+80=56π+80(cm²)

4 (밑넓이)=$\frac{1}{2}$×5×4+$\frac{1}{2}$×3×4=16(cm²)
∴ (사각기둥의 부피)=16×4=64(cm³)

5 육각기둥의 높이를 h cm라고 하면
20×h=180 ∴ h=9
따라서 육각기둥의 높이는 9 cm이다.

6 (구멍이 뚫린 입체도형의 부피)
= (사각기둥의 부피) − (원기둥의 부피)
= $(10 \times 9) \times 10 - (\pi \times 2^2) \times 10$
= $900 - 40\pi \, (\text{cm}^3)$

다른 풀이
(부피) = (밑넓이) × (높이) = $(10 \times 9 - \pi \times 2^2) \times 10$
= $900 - 40\pi \, (\text{cm}^3)$

02 뿔의 겉넓이와 부피

P. 119~120

개념 확인 (1) ㉠ 9 ㉡ 3 ㉢ 6π (2) $9\pi \, \text{cm}^2$
(3) $27\pi \, \text{cm}^2$ (4) $36\pi \, \text{cm}^2$

(1) ㉢ $2\pi \times 3 = 6\pi$
(2) (밑넓이) = $\pi \times 3^2 = 9\pi \, (\text{cm}^2)$
(3) (옆넓이) = $\frac{1}{2} \times 9 \times 6\pi = 27\pi \, (\text{cm}^2)$
(4) (겉넓이) = $9\pi + 27\pi = 36\pi \, (\text{cm}^2)$

필수 문제 ❶ (1) $340 \, \text{cm}^2$ (2) $224\pi \, \text{cm}^2$

(1) (밑넓이) = $10 \times 10 = 100 \, (\text{cm}^2)$
(옆넓이) = $\left(\frac{1}{2} \times 10 \times 12 \right) \times 4 = 240 \, (\text{cm}^2)$
∴ (겉넓이) = $100 + 240 = 340 \, (\text{cm}^2)$
(2) (밑넓이) = $\pi \times 8^2 = 64\pi \, (\text{cm}^2)$
(옆넓이) = $\frac{1}{2} \times 20 \times (2\pi \times 8) = 160\pi \, (\text{cm}^2)$
∴ (겉넓이) = $64\pi + 160\pi = 224\pi \, (\text{cm}^2)$

1-1 (1) $120 \, \text{cm}^2$ (2) $216\pi \, \text{cm}^2$

(1) (겉넓이) = $6 \times 6 + \left(\frac{1}{2} \times 6 \times 7 \right) \times 4$
= $36 + 84 = 120 \, (\text{cm}^2)$
(2) 반지름의 길이가 9 cm이므로
(겉넓이) = $\pi \times 9^2 + \frac{1}{2} \times 15 \times (2\pi \times 9)$
= $81\pi + 135\pi = 216\pi \, (\text{cm}^2)$

필수 문제 ❷ (1) $9\pi \, \text{cm}^2$ (2) $36\pi \, \text{cm}^2$
(3) $63\pi \, \text{cm}^2$ (4) $108\pi \, \text{cm}^2$

(1) (작은 밑면의 넓이) = $\pi \times 3^2 = 9\pi \, (\text{cm}^2)$
(2) (큰 밑면의 넓이) = $\pi \times 6^2 = 36\pi \, (\text{cm}^2)$
(3) (옆넓이) = (큰 부채꼴의 넓이) − (작은 부채꼴의 넓이)
= $\frac{1}{2} \times 14 \times (2\pi \times 6) - \frac{1}{2} \times 7 \times (2\pi \times 3)$
= $84\pi - 21\pi = 63\pi \, (\text{cm}^2)$
(4) (겉넓이) = $9\pi + 36\pi + 63\pi = 108\pi \, (\text{cm}^2)$

P. 120~121

필수 문제 ❸ (1) $80 \, \text{cm}^3$ (2) $8\pi \, \text{cm}^3$

(1) (밑넓이) = $\frac{1}{2} \times 6 \times 8 = 24 \, (\text{cm}^2)$
(높이) = 10 cm
∴ (부피) = $\frac{1}{3} \times 24 \times 10 = 80 \, (\text{cm}^3)$
(2) (밑넓이) = $\pi \times 2^2 = 4\pi \, (\text{cm}^2)$
(높이) = 6 cm
∴ (부피) = $\frac{1}{3} \times 4\pi \times 6 = 8\pi \, (\text{cm}^3)$

3-1 8
$\frac{1}{3} \times (6 \times 7) \times h = 112$
$14h = 112$ ∴ $h = 8$

3-2 3 cm
(뿔의 부피) = $\frac{1}{3} \times$ (밑넓이) × (높이)이므로
$\frac{1}{3} \times$ (밑넓이) × $12 = 36\pi$에서
$4 \times$ (밑넓이) = 36π ∴ (밑넓이) = $9\pi \, (\text{cm}^2)$
이 원뿔의 밑면인 원의 반지름의 길이를 r cm라고 하면
$\pi r^2 = 9\pi$에서 $r^2 = 9 = 3^2$ ∴ $r = 3$
따라서 밑면인 원의 반지름의 길이는 3 cm이다.

필수 문제 ❹ (1) $384 \, \text{cm}^3$ (2) $48 \, \text{cm}^3$ (3) $336 \, \text{cm}^3$

(1) (큰 사각뿔의 부피) = $\frac{1}{3} \times (12 \times 12) \times (4 + 4)$
= $384 \, (\text{cm}^3)$
(2) (작은 사각뿔의 부피) = $\frac{1}{3} \times (6 \times 6) \times 4$
= $48 \, (\text{cm}^3)$
(3) (사각뿔대의 부피) = $384 - 48 = 336 \, (\text{cm}^3)$

4-1 $28\pi \, \text{cm}^3$
(원뿔대의 부피)
= (큰 원뿔의 부피) − (작은 원뿔의 부피)
= $\frac{1}{3} \times (\pi \times 4^2) \times (3 + 3) - \frac{1}{3} \times (\pi \times 2^2) \times 3$
= $32\pi - 4\pi = 28\pi \, (\text{cm}^3)$

1 $256 \, \text{cm}^2$ **2** (1) $2\pi \, \text{cm}$ (2) $1 \, \text{cm}$ (3) $4\pi \, \text{cm}^2$

3 (1) $216 \, \text{cm}^3$ (2) $36 \, \text{cm}^3$ (3) $180 \, \text{cm}^3$

4 ②   **5** $192\pi \, \text{cm}^2$, $228\pi \, \text{cm}^3$

---

1 (겉넓이)$=8\times 8+\left(\dfrac{1}{2}\times 8\times 12\right)\times 4$

$\qquad =64+192=256(\text{cm}^2)$

2 (1) (옆면인 부채꼴의 호의 길이)$=2\pi\times 3\times\dfrac{120}{360}$

$\qquad\qquad\qquad\qquad\qquad =2\pi(\text{cm})$

(2) 밑면인 원의 반지름의 길이를 r cm라고 하면

(밑면인 원의 둘레의 길이)$=$(옆면인 부채꼴의 호의 길이)

이므로

$2\pi r=2\pi$ $\therefore r=1$

따라서 밑면인 원의 반지름의 길이는 $1 \, \text{cm}$이다.

(3) (겉넓이)$=\pi\times 1^2+\dfrac{1}{2}\times 3\times 2\pi$

$\qquad =\pi+3\pi=4\pi(\text{cm}^2)$

3 (1) (처음 정육면체의 부피)$=6\times 6\times 6=216(\text{cm}^3)$

(2) (잘라 낸 삼각뿔의 부피)$=\dfrac{1}{3}\times\left(\dfrac{1}{2}\times 6\times 6\right)\times 6$

$\qquad\qquad\qquad\qquad\qquad =36(\text{cm}^3)$

(3) (남은 입체도형의 부피)$=216-36=180(\text{cm}^3)$

4 (그릇의 부피)$=\dfrac{1}{3}\times(\pi\times 5^2)\times 18=150\pi(\text{cm}^3)$

따라서 1초에 $3\pi \, \text{cm}^3$씩 물을 넣으면 $150\pi\div 3\pi=50$(초) 후에 처음으로 물이 가득 찬다.

5 주어진 평면도형을 직선 l을 회전축으로 하여 1회전 시킬 때 생기는 입체도형은 오른쪽 그림과 같으므로

(두 밑면의 넓이의 합)

$=\pi\times 6^2+\pi\times 9^2$

$=117\pi(\text{cm}^2)$

(옆넓이)$=\dfrac{1}{2}\times(10+5)\times(2\pi\times 9)-\dfrac{1}{2}\times 10\times(2\pi\times 6)$

$\qquad =135\pi-60\pi$

$\qquad =75\pi(\text{cm}^2)$

$\therefore$ (겉넓이)$=117\pi+75\pi=192\pi(\text{cm}^2)$

(부피)$=$(큰 원뿔의 부피)$-$(작은 원뿔의 부피)

$\qquad =\dfrac{1}{3}\times(\pi\times 9^2)\times(4+8)-\dfrac{1}{3}\times(\pi\times 6^2)\times 8$

$\qquad =324\pi-96\pi$

$\qquad =228\pi(\text{cm}^3)$

---

03 구의 겉넓이와 부피

개념 확인 $2r$, 4

필수 문제 1 (1) $16\pi \, \text{cm}^2$ (2) $75\pi \, \text{cm}^2$

(1) (겉넓이)$=4\pi\times 2^2=16\pi(\text{cm}^2)$

(2) 반구의 반지름의 길이가 $5 \, \text{cm}$이므로

(겉넓이)$=\dfrac{1}{2}\times(4\pi\times 5^2)+\pi\times 5^2$

$\qquad =50\pi+25\pi$

$\qquad =75\pi(\text{cm}^2)$

1-1 $64\pi \, \text{cm}^2$

잘라 낸 부분은 구의 $\dfrac{1}{4}$이므로

남아 있는 부분은 구의 $\dfrac{3}{4}$이다.

$\therefore$ (겉넓이)$=\dfrac{3}{4}\times(4\pi\times 4^2)+\left\{\dfrac{1}{2}\times(\pi\times 4^2)\right\}\times 2$

$\qquad =48\pi+16\pi$

$\qquad =64\pi(\text{cm}^2)$

필수 문제 2 (1) $\dfrac{32}{3}\pi \, \text{cm}^3$ (2) $144\pi \, \text{cm}^3$

(1) (부피)$=\dfrac{4}{3}\pi\times 2^3=\dfrac{32}{3}\pi(\text{cm}^3)$

(2) 반구의 반지름의 길이가 $6 \, \text{cm}$이므로

(부피)$=\dfrac{1}{2}\times\left(\dfrac{4}{3}\pi\times 6^3\right)$

$\qquad =144\pi(\text{cm}^3)$

2-1 $30\pi \, \text{cm}^3$

(부피)$=$(원뿔의 부피)$+$(반구의 부피)

$\qquad =\dfrac{1}{3}\times(\pi\times 3^2)\times 4+\dfrac{1}{2}\times\left(\dfrac{4}{3}\pi\times 3^3\right)$

$\qquad =12\pi+18\pi$

$\qquad =30\pi(\text{cm}^3)$

2-2 (1) $54\pi \, \text{cm}^3$ (2) $36\pi \, \text{cm}^3$ (3) $3:2$

(1) $(\pi\times 3^2)\times 6=54\pi(\text{cm}^3)$

(2) $\dfrac{4}{3}\pi\times 3^3=36\pi(\text{cm}^3)$

(3) (원기둥의 부피) : (구의 부피)$=54\pi:36\pi$

$\qquad\qquad\qquad\qquad\qquad\qquad =3:2$

1 6 cm **2** ④ **3** $\dfrac{224}{3}\pi$ cm³ **4** ④

1 구의 반지름의 길이를 r cm라고 하면
$4\pi r^2=144\pi$에서 $r^2=36=6^2$
$\therefore r=6$
따라서 구의 반지름의 길이는 6 cm이다.

2 (겉넓이)$=\dfrac{1}{2}\times(4\pi\times3^2)+(2\pi\times3)\times5+\pi\times3^2$
$\qquad\quad=18\pi+30\pi+9\pi$
$\qquad\quad=57\pi\,(\text{cm}^2)$

3 잘라 낸 부분은 구의 $\dfrac{1}{8}$이므로
남아 있는 부분은 구의 $\dfrac{7}{8}$이다.
$\therefore$ (부피)$=\dfrac{7}{8}\times\left(\dfrac{4}{3}\pi\times4^3\right)=\dfrac{224}{3}\pi\,(\text{cm}^3)$

4 주어진 평면도형을 직선 l을 회전축으로 하여 1회전 시킬 때
생기는 입체도형은 다음 그림과 같다.

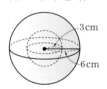

$\therefore$ (부피)$=$(큰 구의 부피)$-$(작은 구의 부피)
$\qquad\quad=\dfrac{4}{3}\pi\times6^3-\dfrac{4}{3}\pi\times3^3$
$\qquad\quad=288\pi-36\pi$
$\qquad\quad=252\pi\,(\text{cm}^3)$

STEP
2 탄탄 **단원 다지기** P. 127~129

1 ③ **2** $(64\pi+120)$ cm² **3** 72π cm³
4 12π cm³ **5** 264 cm² **6** ⑤ **7** 63π cm²
8 302 cm² **9** ④ **10** 576 cm³ **11** $\dfrac{32}{3}$ cm³
12 ③ **13** 1 : 7 **14** 312π cm³
15 ③ **16** ③ **17** $\dfrac{49}{2}\pi$ cm²
18 32 cm **19** ④ **20** ③

1 삼각기둥의 높이를 x cm라고 하면
$\left(\dfrac{1}{2}\times4\times3\right)\times2+(4+3+5)\times x=60$
$12+12x=60,\ 12x=48$ $\qquad\therefore x=4$
따라서 삼각기둥의 높이는 4 cm이다.

2 (밑넓이)$=\pi\times6^2\times\dfrac{120}{360}=12\pi\,(\text{cm}^2)$
(옆넓이)$=\left(2\pi\times6\times\dfrac{120}{360}+6\times2\right)\times10=40\pi+120\,(\text{cm}^2)$
$\therefore$ (겉넓이)$=12\pi\times2+40\pi+120=64\pi+120\,(\text{cm}^2)$

3 밑면인 원의 반지름의 길이를 r cm라고 하면
$2\pi r=6\pi$ $\qquad\therefore r=3$
따라서 밑면인 원의 반지름의 길이가 3 cm이므로
(부피)$=(\pi\times3^2)\times8=72\pi\,(\text{cm}^3)$

4 (부피)$=\left(\pi\times4^2\times\dfrac{60}{360}-\pi\times2^2\times\dfrac{60}{360}\right)\times6$
$\qquad\quad=\left(\dfrac{8}{3}\pi-\dfrac{2}{3}\pi\right)\times6$
$\qquad\quad=2\pi\times6$
$\qquad\quad=12\pi\,(\text{cm}^3)$

5 (겉넓이)$=\left(\dfrac{1}{2}\times6\times5\right)\times4+(6+6+6+6)\times7+6\times6$
$\qquad\quad=60+168+36=264\,(\text{cm}^2)$

6 (겉넓이)$=$(큰 원뿔의 옆넓이)$+$(작은 원뿔의 옆넓이)
$\qquad\quad=\dfrac{1}{2}\times6\times(2\pi\times4)+\dfrac{1}{2}\times5\times(2\pi\times4)$
$\qquad\quad=24\pi+20\pi$
$\qquad\quad=44\pi\,(\text{cm}^2)$

7 주어진 원뿔의 모선의 길이를 l cm라고 하면 원 O의 둘레의
길이는 원뿔의 밑면인 원의 둘레의 길이의 6배이므로
$2\pi l=(2\pi\times3)\times6$
$2\pi l=36\pi$ $\qquad\therefore l=18$
따라서 모선의 길이가 18 cm이므로
(겉넓이)$=\pi\times3^2+\dfrac{1}{2}\times18\times(2\pi\times3)$
$\qquad\quad=9\pi+54\pi=63\pi\,(\text{cm}^2)$

8 (두 밑면의 넓이의 합)$=5\times5+9\times9=106\,(\text{cm}^2)$
(옆넓이)$=\left\{\dfrac{1}{2}\times(5+9)\times7\right\}\times4=196\,(\text{cm}^2)$
$\therefore$ (겉넓이)$=106+196=302\,(\text{cm}^2)$

9 (옆넓이)$=\dfrac{1}{2}\times12\times(2\pi\times4)-\dfrac{1}{2}\times6\times(2\pi\times2)$
$\qquad\quad=48\pi-12\pi$
$\qquad\quad=36\pi\,(\text{cm}^2)$

10 주어진 색종이를 접었을 때 만들어지는 삼각뿔은 오른쪽 그림과 같으므로

$$\begin{aligned}(\text{부피})&=\frac{1}{3}\times\left(\frac{1}{2}\times12\times12\right)\times24\\&=576(\text{cm}^3)\end{aligned}$$

11 $$\begin{aligned}(\text{부피})&=\frac{1}{3}\times\left(\frac{1}{2}\times4\times4\right)\times4\\&=\frac{32}{3}(\text{cm}^3)\end{aligned}$$

12 $\frac{1}{3}\times\left(\frac{1}{2}\times9\times14\right)\times x=63$

$21x=63$ $\therefore x=3$

13 $(\text{큰 사각뿔의 부피})=\frac{1}{3}\times(6\times6)\times6=72(\text{cm}^3)$

$(\text{작은 사각뿔의 부피})=\frac{1}{3}\times(3\times3)\times3=9(\text{cm}^3)$

$\therefore (\text{아래쪽 사각뿔대의 부피})=72-9=63(\text{cm}^3)$

따라서 위쪽 사각뿔과 아래쪽 사각뿔대의 부피의 비는

$9:63=1:7$

14 $$\begin{aligned}(\text{부피})&=\frac{1}{3}\times(\pi\times9^2)\times(4+8)-\frac{1}{3}\times(\pi\times3^2)\times4\\&=324\pi-12\pi=312\pi(\text{cm}^3)\end{aligned}$$

15 주어진 평면도형을 직선 l을 회전축으로 하여 1회전 시킬 때 생기는 입체도형은 오른쪽 그림과 같으므로

$$\begin{aligned}(\text{부피})&=(\text{원뿔의 부피})+(\text{원기둥의 부피})\\&=\frac{1}{3}\times(\pi\times2^2)\times6\\&\quad+(\pi\times5^2)\times6\\&=8\pi+150\pi\\&=158\pi(\text{cm}^3)\end{aligned}$$

16 반구의 반지름의 길이를 r cm라고 하면

$\frac{1}{2}\times4\pi r^2+\pi r^2=147\pi$

$2\pi r^2+\pi r^2=147\pi$, $3\pi r^2=147\pi$

$r^2=49=7^2$ $\therefore r=7$

따라서 반구의 반지름의 길이는 7 cm이다.

17 가죽 두 조각의 넓이가 구의 겉넓이와 같으므로

$$\begin{aligned}(\text{한 조각의 넓이})&=\frac{1}{2}\times(\text{구의 겉넓이})\\&=\frac{1}{2}\times\left\{4\pi\times\left(\frac{7}{2}\right)^2\right\}\\&=\frac{49}{2}\pi(\text{cm}^2)\end{aligned}$$

18 원뿔 모양의 그릇에 담긴 물의 높이를 h cm라고 하면

$(\text{원뿔 모양의 그릇에 담긴 물의 부피})=\frac{1}{3}\times(\pi\times8^2)\times h$

이고, $(\text{구의 부피})=\frac{4}{3}\pi\times8^3$이므로

$\frac{1}{3}\times(\pi\times8^2)\times h=\frac{4}{3}\pi\times8^3$ $\therefore h=32$

따라서 물의 높이는 32 cm이다.

19 $(\text{큰 쇠구슬의 부피})=\frac{4}{3}\pi\times3^3=36\pi(\text{cm}^3)$

$(\text{작은 쇠구슬의 부피})=\frac{4}{3}\pi\times1^3=\frac{4}{3}\pi(\text{cm}^3)$

따라서 큰 쇠구슬 한 개를 녹여 작은 쇠구슬은

$36\pi\div\frac{4}{3}\pi=36\pi\times\frac{3}{4\pi}=27(\text{개})$까지 만들 수 있다.

20 구의 반지름의 길이를 r cm라고 하면 원기둥 모양의 통 안에 구 2개가 꼭 맞게 들어 있으므로

$$\begin{aligned}(\text{통의 높이})&=(\text{구의 지름의 길이})\times2\\&=2r\times2=4r(\text{cm})\end{aligned}$$

이때 통의 부피는 108π cm³이므로

$\pi r^2\times4r=108\pi$에서 $r^3=27=3^3$ $\therefore r=3$

즉, 구의 반지름의 길이는 3 cm이므로

$(\text{구 1개의 부피})=\frac{4}{3}\pi\times3^3=36\pi(\text{cm}^3)$

따라서 원기둥 모양의 통에서 구 2개를 제외한 빈 공간의 부피는

$$\begin{aligned}(\text{통의 부피})-(\text{구 2개의 부피})&=108\pi-36\pi\times2\\&=108\pi-72\pi\\&=36\pi(\text{cm}^3)\end{aligned}$$

STEP **3** 쓰쓰 서술형 완성하기   P. 130~131

〈과정은 풀이 참조〉

따라 해보자	유제 1 168π cm³	유제 2 96π cm²
연습해 보자	**1** 224 cm²	**2** 120°
	3 162π cm³	**4** 550π cm³

유제 1 (1단계) (큰 원기둥의 부피)$=(\pi\times5^2)\times8$
$$=200\pi(\text{cm}^3)$$
(2단계) (작은 원기둥의 부피)$=(\pi\times2^2)\times8$
$$=32\pi(\text{cm}^3)$$
(3단계) ∴ (구멍이 뚫린 입체도형의 부피)
$$=(\text{큰 원기둥의 부피})-(\text{작은 원기둥의 부피})$$
$$=200\pi-32\pi$$
$$=168\pi(\text{cm}^3)$$

채점 기준	
1단계	큰 원기둥의 부피 구하기 … 40 %
2단계	작은 원기둥의 부피 구하기 … 40 %
3단계	구멍이 뚫린 입체도형의 부피 구하기 … 20 %

유제 2 (1단계) 주어진 평면도형을 직선 l을 회전축으로 하여 1회전 시킬 때 생기는 입체도형은 오른쪽 그림과 같다.

(2단계) ∴ (겉넓이)
$$=\pi\times4^2+(2\pi\times4)\times6+\frac{1}{2}\times(4\pi\times4^2)$$
$$=16\pi+48\pi+32\pi$$
$$=96\pi(\text{cm}^2)$$

채점 기준	
1단계	입체도형의 겨냥도 그리기 … 40 %
2단계	입체도형의 겉넓이 구하기 … 60 %

1 (1단계) (밑넓이)$=7\times6-2\times4=34(\text{cm}^2)$
(2단계) (옆넓이)$=(5+4+2+2+7+6)\times6$
$$=156(\text{cm}^2)$$
(3단계) ∴ (겉넓이)$=(\text{밑넓이})\times2+(\text{옆넓이})$
$$=34\times2+156$$
$$=224(\text{cm}^2)$$

채점 기준	
1단계	입체도형의 밑넓이 구하기 … 40 %
2단계	입체도형의 옆넓이 구하기 … 40 %
3단계	입체도형의 겉넓이 구하기 … 20 %

2 (1단계) 원뿔의 모선의 길이를 l cm라고 하면
$$\pi\times3^2+\frac{1}{2}\times l\times(2\pi\times3)=36\pi$$
$9\pi+3l\pi=36\pi,\ 3l\pi=27\pi$ ∴ $l=9$
즉, 원뿔의 모선의 길이는 9 cm이다.

(2단계) 부채꼴의 중심각의 크기를 $x°$라고 하면
$$2\pi\times9\times\frac{x}{360}=2\pi\times3$$ ∴ $x=120$
따라서 부채꼴의 중심각의 크기는 120°이다.

채점 기준	
1단계	원뿔의 모선의 길이 구하기 … 50 %
2단계	부채꼴의 중심각의 크기 구하기 … 50 %

3 (1단계) (작은 반구의 부피)$=\frac{1}{2}\times\left(\frac{4}{3}\pi\times3^3\right)$
$$=18\pi(\text{cm}^3)$$
(2단계) (큰 반구의 부피)$=\frac{1}{2}\times\left(\frac{4}{3}\pi\times6^3\right)$
$$=144\pi(\text{cm}^3)$$
(3단계) ∴ (입체도형의 부피)
$$=(\text{작은 반구의 부피})+(\text{큰 반구의 부피})$$
$$=18\pi+144\pi$$
$$=162\pi(\text{cm}^3)$$

채점 기준	
1단계	작은 반구의 부피 구하기 … 40 %
2단계	큰 반구의 부피 구하기 … 40 %
3단계	입체도형의 부피 구하기 … 20 %

4 (1단계) (높이가 12 cm가 되도록 넣은 물의 부피)
$$=(\pi\times5^2)\times12$$
$$=300\pi(\text{cm}^3)$$
(2단계) (거꾸로 한 병의 빈 공간의 부피)$=(\pi\times5^2)\times10$
$$=250\pi(\text{cm}^3)$$
(3단계) 이때 병을 가득 채운 물의 부피는 높이가 12 cm가 되도록 넣은 물의 부피와 거꾸로 한 병의 빈 공간의 부피의 합과 같으므로
(병을 가득 채운 물의 부피)$=300\pi+250\pi$
$$=550\pi(\text{cm}^3)$$

채점 기준	
1단계	높이가 12 cm가 되도록 넣은 물의 부피 구하기 … 40 %
2단계	거꾸로 한 병의 빈 공간의 부피 구하기 … 40 %
3단계	병을 가득 채운 물의 부피 구하기 … 20 %

개념편

대푯값

P. 136~137

개념 확인 (1) **5** (2) **14**

(1) (평균)$=\dfrac{4+8+3+3+7}{5}=\dfrac{25}{5}=5$

(2) (평균)$=\dfrac{16+12+11+18+16+11}{6}=\dfrac{84}{6}=14$

필수 문제 ❶ **중앙값: 17분, 최빈값: 13분**

중앙값은 변량을 작은 값부터 크기순으로 나열했을 때,
5번째 변량이므로
(중앙값)=17분
13분이 두 번으로 가장 많이 나타나므로
(최빈값)=13분

1-1 **중앙값: 245 mm, 최빈값: 250 mm**

변량을 작은 값부터 크기순으로 나열하면
230, 235, 235, (240, 250), 250, 250, 255이므로
(중앙값)$=\dfrac{240+250}{2}=245(\text{mm})$

250 mm가 세 번으로 가장 많이 나타나므로
(최빈값)=250 mm

1-2 **액션**

액션을 좋아하는 학생이 16명으로 가장 많으므로 최빈값
은 액션이다.

필수 문제 ❷ **9**

중앙값이 10이므로
$\dfrac{x+11}{2}=10,\ x+11=20$ ∴ $x=9$

2-1 **4**

주어진 자료의 최빈값이 4이므로 $a=4$
변량을 작은 값부터 크기순으로 나열하면
1, 2, 4, ④ 5, 6, 8이므로
(중앙값)=4

P. 137

필수 문제 ❸ **평균: 134분, 중앙값: 85분, 중앙값**

(평균)$=\dfrac{70+65+95+73+90+100+75+92+600+80}{10}$

$=\dfrac{1340}{10}=134(\text{분})$

변량을 작은 값부터 크기순으로 나열하면
65, 70, 73, 75, (80, 90), 92, 95, 100, 600이므로
(중앙값)$=\dfrac{80+90}{2}=85(\text{분})$

주어진 자료에는 600과 같이 다른 변량에 비해 매우 큰 극
단적인 값이 있으므로 평균보다 중앙값이 대푯값으로 적절
하다.

3-1 **최빈값, 95호**

가장 많이 준비해야 할 티셔츠의 치수를 정할 때는 가장 많
이 판매된 치수를 선택해야 하므로 대푯값으로 가장 적절
한 것은 최빈값이다.
이때 95호의 옷이 5개로 가장 많이 판매되었으므로
(최빈값)=95호

STEP 1 쏙쏙 개념 익히기

P. 138

1 16 **2** 플루트 **3** 6 **4** ⑤

1 변량을 작은 값부터 크기순으로 나열하면
3, 5, 6, 6, ⑧ 8, 8, 9, 10이므로
(중앙값)=8개 ∴ $a=8$
8개가 세 번으로 가장 많이 나타나므로
(최빈값)=8개 ∴ $b=8$
∴ $a+b=8+8=16$

2 전체 학생 수가 20이므로
$6+2+7+a+1=20$ ∴ $a=4$
따라서 플루트를 연주할 수 있는 학생이 7명으로 가장 많으
므로 최빈값은 플루트이다.

3 x의 값에 관계없이 7시간이 가장 많이 나타나므로 최빈값은
7시간이다.
이때 평균과 최빈값이 서로 같으므로 평균도 7시간이다.
즉, $\dfrac{6+9+10+7+x+7+4+7}{8}=7$
$x+50=56$ ∴ $x=6$

4 ⑤ 자료에 3과 같이 다른 변량에 비해 매우 작은 극단적인 값
이 있으므로 평균보다 중앙값이 대푯값으로 적절하다.

02 줄기와 잎 그림, 도수분포표

P. 139

필수 문제 ①

1분당 맥박 수

(6|7은 67회)

줄기			잎		
6	7	8	8	9	9
7	1	2	3	6	9 9
8	0	2	3	4	

(1) **8** (2) **15명** (3) **79회** (4) **5명**

(1) 잎이 가장 적은 줄기는 잎의 개수가 4인 줄기 8이다.
(2) 전체 학생 수는 전체 잎의 개수와 같으므로
   전체 학생은 5+6+4=15(명)
(3) 1분당 맥박 수가 높은 학생의 맥박 수부터 차례로 나열
   하면 84회, 83회, 82회, 80회, 79회, ...이므로 맥박 수
   가 5번째로 높은 학생의 맥박 수는 79회이다.
(4) 1분당 맥박 수가 70회 미만인 학생 수는 줄기 6에 해당
   하는 잎의 개수와 같은 5이다.

1-1 (1) **24명** (2) **35세** (3) **6명** (4) **25 %**

(1) 전체 회원 수는 전체 잎의 개수와 같으므로
   전체 회원은 4+6+8+5+1=24(명)
(2) 나이가 적은 회원의 나이부터 차례로 나열하면
   23세, 25세, 28세, 29세, 31세, 33세, 35세, ...이므로
   나이가 7번째로 적은 회원의 나이는 35세이다.
(3) 나이가 50세 이상인 회원 수는 줄기 5, 6에 해당하는 잎
   의 개수와 같은 6이다.
(4) 나이가 50세 이상인 회원은 6명이므로 전체의
   $\frac{6}{24}\times100=25(\%)$이다.

P. 140~141

개념 확인

책의 수(권)		학생 수(명)
5이상~10미만	///	3
10 ~15	////	5
15 ~20	////	4
20 ~25	///	3
합계		15

필수 문제 ②

가슴둘레(cm)	학생 수(명)
60이상~65미만	2
65 ~70	6
70 ~75	8
75 ~80	4
합계	20

(1) **4** (2) **5 cm** (3) **6명**

(1) 계급은 60이상~65미만, 65~70, 70~75, 75~80의 4개이다.
(2) (계급의 크기)=65-60=70-65=75-70=80-75
   =5(cm)
(3) 가슴둘레가 65 cm인 민수가 속하는 계급은 65 cm 이
   상 70 cm 미만이므로 이 계급의 도수는 6명이다.

2-1 (1)

나이(세)	참가자 수(명)
10이상~20미만	3
20 ~30	5
30 ~40	7
40 ~50	3
합계	18

(2) **30세 이상 40세 미만** (3) **5명**

(2) 도수가 가장 큰 계급은 도수가 7명인 30세 이상 40세
   미만이다.
(3) 나이가 21세인 참가자가 속하는 계급은 20세 이상 30세
   미만이므로 이 계급의 도수는 5명이다.

필수 문제 ③ (1) **9** (2) **10개** (3) **500 kcal 이상 600 kcal 미만**

(1) 4+7+A+10+8+2=40에서
   A=40-(4+7+10+8+2)=9
(2) 8+2=10(개)
(3) 열량이 600 kcal 이상인 식품은 2개,
   500 kcal 이상인 식품은 8+2=10(개)이므로
   열량이 8번째로 높은 식품이 속하는 계급은
   500 kcal 이상 600 kcal 미만이다.

3-1 ㄴ, ㄹ

ㄱ. (계급의 크기)=30-0=60-30=···=180-150
   =30(분)
ㄴ. 1+3+10+14+5+2=35(명)
ㄷ. 운동 시간이 30분 미만인 학생은 1명,
   60분 미만인 학생은 1+3=4(명),
   90분 미만인 학생은 1+3+10=14(명)이므로
   운동 시간이 14번째로 짧은 학생이 속하는 계급은
   60분 이상 90분 미만이다.
ㄹ. 운동 시간이 2시간 이상인 학생은
   5+2=7(명)이므로
   전체의 $\frac{7}{35}\times100=20(\%)$이다.
따라서 옳은 것은 ㄴ, ㄹ이다.

1 ①, ③

2 (1) 5   (2) 20건 이상 30건 미만   (3) 40 %

3 ㄴ, ㄹ

---

1 ① 잎이 가장 많은 줄기는 잎의 개수가 7인 3이므로 학생 수가 가장 많은 점수대는 30점대이다.

② 전체 학생은 $3+5+6+7+4=25$(명)이고,
점수가 10점 미만인 학생은 3명이므로 전체의
$\frac{3}{25}\times100=12$(%)이다.

③ 점수가 높은 학생의 점수부터 차례로 나열하면
46점, 42점, 41점, 40점, 38점, 37점, …이므로 점수가
6번째로 높은 학생의 점수는 37점이다.

④ 중앙값은 13번째 변량이므로 (중앙값)$=26$점
20점이 세 번으로 가장 많이 나타나므로 (최빈값)$=20$점

⑤ 호진이보다 점수가 높은 학생은 35점, 37점, 38점, 40점,
41점, 42점, 46점의 7명이다.

따라서 옳은 것은 ①, ③이다.

2 (1) (계급의 크기)$=20-10=30-20=\cdots=60-50=10$(건)
∴ $a=10$
계급은 $10^{이상}\sim20^{미만}$, 20~30, 30~40, 40~50, 50~60의
5개이다.
∴ $b=5$
∴ $a-b=10-5=5$

(2) 이모티콘 사용 건수가 20건 미만인 학생은 2명,
30건 미만인 학생은 $2+4=6$(명)이므로
이모티콘 사용 건수가 5번째로 적은 학생이 속하는 계급은
20건 이상 30건 미만이다.

(3) 이모티콘 사용 건수가 40건 이상인 학생은
$5+3=8$(명)이므로
전체의 $\frac{8}{20}\times100=40$(%)이다.

3 등산 횟수가 10회 이상 15회 미만인 계급의 도수는
$20-(5+4+3+1)=7$(명)

ㄱ. 도수가 가장 큰 계급은 도수가 7명인 10회 이상 15회 미
만이다.

ㄴ. 1년 동안 등산을 가장 많이 한 회원의 정확한 등산 횟수는
알 수 없다.

ㄷ. 등산 횟수가 25회 이상인 회원은 1명,
20회 이상인 회원은 $3+1=4$(명)이므로
등산 횟수가 4번째로 많은 회원이 속하는 계급은
20회 이상 25회 미만이다.

ㄹ. 등산 횟수가 15회 미만인 회원은 $5+7=12$(명)이므로
전체의 $\frac{12}{20}\times100=60$(%)이다.

따라서 옳지 않은 것은 ㄴ, ㄹ이다.

---

03 히스토그램과 도수분포다각형

개념 확인

필수 문제 ❶ (1) 2점   (2) 21   (3) 74

(1) (계급의 크기)$=$(직사각형의 가로의 길이)
$$=12-10=14-12=\cdots=20-18$$
$$=2(점)$$

(2) $9+12=21$

(3) (모든 직사각형의 넓이의 합)
$=$(계급의 크기)$\times$(도수의 총합)
$=2\times(4+9+12+7+5)$
$=2\times37=74$

1-1 (1) 5   (2) 30   (3) 120

(1) (계급의 개수)$=$(직사각형의 개수)$=5$

(2) $8+10+9+2+1=30$

(3) (모든 직사각형의 넓이의 합)
$=$(계급의 크기)$\times$(도수의 총합)
$=4\times30=120$

개념 확인

필수 문제 ❷ (1) 4개 이상 6개 미만   (2) 28 %

(1) 도수가 가장 큰 계급은 도수가 8명인 4개 이상 6개 미만
이다.

(2) 전체 학생은 $4+8+6+5+2=25$(명)이고,
인형이 8개 이상인 학생은 $5+2=7$(명)이므로
전체의 $\frac{7}{25}\times100=28$(%)이다.

2-1 (1) 12회 이상 15회 미만   (2) 120

(1) 턱걸이 횟수가 15회 이상인 학생은 5명, 12회 이상인
학생은 $9+5=14$(명)이므로 턱걸이 횟수가 7번째로 많
은 학생이 속하는 계급은 12회 이상 15회 미만이다.

(2) (도수분포다각형과 가로축으로 둘러싸인 부분의 넓이)
　　=(히스토그램의 모든 직사각형의 넓이의 합)
　　=(계급의 크기)×(도수의 총합)
　　=3×(4+10+12+9+5)
　　=3×40=120

P. 145~146

STEP 1 쓱쓱 개념 익히기

1 (1) 6　(2) 8명　(3) 24 %　(4) 40 m 이상 45 m 미만
2 ⑤
3 (1) ③　(2) 30 %　(3) 300
4 ㄷ, ㄹ
5 (1) 25　(2) 7
6 12일

1 (2) 던지기 기록이 26 m인 학생이 속하는 계급은 25 m 이상 30 m 미만이므로 이 계급의 도수는 8명이다.
(3) 던지기 기록이 30 m 미만인 학생은 4+8=12(명)이므로 전체의 $\frac{12}{50}×100=24$(%)이다.
(4) 던지기 기록이 45 m 이상인 학생은 3명, 40 m 이상인 학생은 9+3=12(명)이므로 10번째로 멀리 던진 학생이 속하는 계급은 40 m 이상 45 m 미만이다.

2 계급의 크기는 5 mm, 도수가 가장 큰 계급의 도수는 12명, 도수가 가장 작은 계급의 도수는 2명이므로 구하는 직사각형의 넓이의 합은 5×12+5×2=70

3 (1) ③ 성적이 5번째로 좋은 학생의 정확한 점수는 알 수 없다.
(2) 전체 학생은 4+6+10+9+1=30(명)이고, 과학 시험 성적이 80점 이상 90점 미만인 학생은 9명이므로 전체의 $\frac{9}{30}×100=30$(%)이다.
(3) (도수분포다각형과 가로축으로 둘러싸인 부분의 넓이)
　　=(히스토그램의 모든 직사각형의 넓이의 합)
　　=(계급의 크기)×(도수의 총합)
　　=10×30=300

4 ㄱ. (1반 학생 수)=3+7+9+4+2=25
　　(2반 학생 수)=1+2+5+8+6+3=25
　　즉, 두 반의 학생 수는 같다.
ㄴ. 기록이 가장 좋은 학생은 18초 이상 19초 미만인 계급에 속하므로 2반에 있다.
ㄷ. 기록이 16초 이상 17초 미만인 계급에서 2반에 대한 그래프가 더 위쪽에 있으므로 이 계급에 속하는 학생은 2반이 더 많다.

ㄹ. 2반에 대한 그래프가 1반에 대한 그래프보다 전체적으로 오른쪽으로 치우쳐 있으므로 기록은 2반이 1반보다 상대적으로 더 좋은 편이다.
따라서 옳은 것은 ㄷ, ㄹ이다.

5 (1) 반 전체 학생 수를 x라고 하면 읽은 책이 16권 이상인 학생은 7+2=9(명)이고, 전체의 36 %이므로
$x×\frac{36}{100}=9$　　∴ $x=25$
즉, 전체 학생 수는 25이다.
(2) 25-(4+5+7+2)=7

6 전체 날수를 x라고 하면 기온이 20 ℃ 미만인 날은 3+7=10(일)이고, 전체의 25 %이므로
$x×\frac{25}{100}=10$　　∴ $x=40$
따라서 기온이 22 ℃ 이상 24 ℃ 미만인 날은
40-(3+7+8+6+4)=12(일)

04 상대도수와 그 그래프

P. 147

개념 확인　(차례로) 5, 0.25, 0.5, 0.1, 1

필수 문제 ❶ (1) $A=0.1$, $B=12$, $C=10$, $D=0.2$, $E=1$
(2) 0.15

(1) $A=\frac{4}{40}=0.1$, $B=40×0.3=12$
$C=40×0.25=10$, $D=\frac{8}{40}=0.2$, $E=1$
(2) 점심 식사 시간이 10분 미만인 학생은 4명, 15분 미만인 학생은 4+6=10(명)이므로 점심 식사 시간이 10번째로 짧은 학생이 속하는 계급은 10분 이상 15분 미만이다.
따라서 이 계급의 상대도수는 0.15이다.

1-1 (1) $A=0.15$, $B=100$, $C=0.3$, $D=80$, $E=1$
(2) 40 %

(1) $A=\frac{60}{400}=0.15$, $B=400×0.25=100$
$C=\frac{120}{400}=0.3$, $D=400×0.2=80$, $E=1$
(2) 키가 155 cm 미만인 계급의 상대도수의 합은
$A+0.25=0.15+0.25=0.4$
∴ $0.4×100=40$(%)

개념 확인

필수 문제 2 (1) **12세 이상 16세 미만** (2) **16명**

(1) 각 계급의 상대도수는 그 계급의 도수에 정비례하므로
도수가 가장 작은 계급은 상대도수가 0.05로 가장 작은
계급인 12세 이상 16세 미만이다.

(2) (나이가 20세 이상 24세 미만인 계급의 도수)
  = (도수의 총합) × (그 계급의 상대도수)
  = 40 × 0.4 = 16(명)

2-1 (1) **0.4** (2) **12편**

(1) 각 계급의 상대도수는 그 계급의 도수에 정비례하므로
도수가 가장 큰 계급은 상대도수가 0.4로 가장 큰 계급
인 120분 이상 130분 미만이다.

(2) (어떤 계급의 도수)
  = (도수의 총합) × (그 계급의 상대도수)
  이고, 상영 시간이 110분 미만인 계급의 상대도수의 합
  은 0.05 + 0.1 = 0.15이므로
  구하는 영화는 80 × 0.15 = 12(편)

개념 확인 (1) **풀이 참조** (2) **여학생**

(1)

앉은키(cm)	여학생		남학생	
	학생 수(명)	상대도수	학생 수(명)	상대도수
75^{이상} ~ 80^{미만}	6	0.15	4	0.16
80 ~ 85	8	0.2	5	0.2
85 ~ 90	16	0.4	7	0.28
90 ~ 95	10	0.25	9	0.36
합계	40	1	25	1

(2) 앉은키가 75 cm 이상 80 cm 미만인 계급의 상대도수는
  여학생: 0.15, 남학생: 0.16
  따라서 앉은키가 75 cm 이상 80 cm 미만인 학생의 비
  율은 여학생이 더 낮다.

필수 문제 3 (1) **12** (2) **A 중학교** (3) **B 중학교**

(1) 만족도가 50점 이상 60점 미만인 계급의 학생 수는
  A 중학교: 100 × 0.28 = 28
  B 중학교: 200 × 0.2 = 40
  따라서 구하는 차는 40 − 28 = 12

(2) 만족도가 60점 미만인 계급들의 상대도수는 모두 A 중
학교가 B 중학교보다 더 크므로 그 계급에 속하는 학생
의 비율은 A 중학교가 B 중학교보다 더 높다.

(3) B 중학교에 대한 그래프가 A 중학교에 대한 그래프보
다 전체적으로 오른쪽으로 치우쳐 있으므로 만족도는
B 중학교가 A 중학교보다 상대적으로 더 높다고 할 수
있다.

3-1 (1) **3개** (2) **A 정류장**

(1) B 정류장보다 A 정류장의 상대도수가 더 큰 계급은
  5^{이상} ~ 10^{미만}, 10~15, 15~20의 3개이다.

(2) A 정류장에 대한 그래프가 B 정류장에 대한 그래프보다
전체적으로 왼쪽으로 치우쳐 있으므로 버스를 기다리는
시간은 A 정류장이 B 정류장보다 상대적으로 더 적다고
할 수 있다.

STEP 1 쏙쏙 개념 익히기

1 (1) ○ (2) × (3) ○ (4) ×   **2** 0.36
3 40명   **4** (1) 55 % (2) 9개
5 (1) 50명 (2) A = 20, B = 0.2, C = 8, D = 0.16, E = 1
6 (1) 32 (2) 0.16   **7** (1) 350 (2) 0.4 (3) 140
8 여학생   **9** ㄱ, ㄷ

1 (2) 상대도수의 총합은 항상 1이다.
  (4) 상대도수의 총합이 항상 1이므로 상대도수의 분포를 나타
  낸 도수분포다각형 모양의 그래프와 가로축으로 둘러싸인
  부분의 넓이는 계급의 크기와 같다.

2 전체 학생 수는 1 + 5 + 6 + 9 + 4 = 25
  한문 성적이 85점인 학생이 속하는 계급은 80점 이상 90점
  미만이므로 이 계급의 도수는 9명이다.
  따라서 한문 성적이 85점인 학생이 속하는 계급의 상대도수는
  $\frac{9}{25}$ = 0.36

3 $\frac{(도수)}{(상대도수)} = \frac{8}{0.2} = 40$(명)

4 (1) 무게가 60 g 이상 80 g 미만인 계급의 상대도수의 합은
  0.3 + 0.25 = 0.55
  ∴ 0.55 × 100 = 55(%)

  (2) 상대도수의 총합이 1이므로 무게가 50 g 이상 60 g 미만
  인 계급의 상대도수는
  1 − (0.1 + 0.3 + 0.25 + 0.2) = 0.15
  따라서 구하는 토마토는 60 × 0.15 = 9(개)

5 (1) $\dfrac{7}{0.14}=50$(명)

(2) $A=50\times0.4=20$

$B=\dfrac{10}{50}=0.2$

$C=50-(7+20+10+5)=8$

$D=\dfrac{8}{50}=0.16$

$E=1$

6 (1) 입장 대기 시간이 50분 이상인 계급의 상대도수의 합은
$0.1+0.06=0.16$
따라서 입장 대기 시간이 50분 이상인 관객 수는
$200\times0.16=32$

(2) 입장 대기 시간이 20분 미만인 관객 수는
$200\times0.08=16$
입장 대기 시간이 30분 미만인 관객 수는
$200\times(0.08+0.16)=48$
따라서 입장 대기 시간이 40번째로 적은 관객이 속하는 계급은 20분 이상 30분 미만이므로 구하는 상대도수는 0.16이다.

7 (1) (전체 학생 수)$=\dfrac{70}{0.2}=350$

(2) 상대도수의 총합은 1이므로 몸무게가 50 kg 이상 55 kg 미만인 계급의 상대도수는
$1-(0.12+0.16+0.2+0.08+0.04)=0.4$

(3) 전체 학생 수가 350이므로 몸무게가 50 kg 이상 55 kg 미만인 학생 수는
$350\times0.4=140$

8 국어 성적이 80점 이상 90점 미만인 계급의 상대도수는

남학생: $\dfrac{15}{100}=0.15$

여학생: $\dfrac{8}{50}=0.16$

따라서 국어 성적이 80점 이상 90점 미만인 학생의 비율은 여학생이 더 높다.

9 ㄱ. 음악 감상 시간이 90분 이상 120분 미만인 학생은
1학년: $200\times0.2=40$(명)
2학년: $150\times0.24=36$(명)
따라서 음악 감상 시간이 90분 이상 120분 미만인 학생은 1학년이 더 많다.

ㄴ. 2학년에 대한 그래프가 1학년에 대한 그래프보다 전체적으로 오른쪽으로 치우쳐 있으므로 음악 감상 시간은 2학년이 1학년보다 상대적으로 더 긴 편이다.

ㄷ. 1학년과 2학년에 대한 각각의 그래프에서 계급의 크기와 상대도수의 총합이 각각 같으므로 그래프와 가로축으로 둘러싸인 부분의 넓이는 서로 같다.

따라서 옳은 것은 ㄱ, ㄷ이다.

STEP 2 탄탄 **단원 다지기** P. 152~155

1 ②	**2** ⑤	**3** ⑤	**4** ④	**5** ④

6 (1) 남학생 (2) 많은 편

7 (1) 90분 이상 110분 미만 (2) 30 %   **8** 4

9 5명   **10** ⑤   **11** (1) 25명 (2) 8명   **12** ㄴ, ㄹ

13 ①, ②   **14** 0.225   **15** ②   **16** (1) 40 (2) 0.3

17 (1) B 제품 (2) 30세 이상 40세 미만   **18** 5 : 2

19 ㄴ, ㄷ

1 (평균)$=\dfrac{23+26+27+24+26+22+20}{7}=\dfrac{168}{7}=24(℃)$
변량을 작은 값부터 크기순으로 나열하면
20, 22, 23, ㉔, 26, 26, 27이므로
(중앙값)$=24℃$
26℃가 두 번으로 가장 많이 나타나므로
(최빈값)$=26℃$
∴ (평균)=(중앙값)<(최빈값)

2 x의 값에 관계없이 81시간이 가장 많이 나타나므로 최빈값은 81시간이다.
이때 평균과 최빈값이 서로 같으므로 평균도 81시간이다.
즉, $\dfrac{77+81+82+81+78+x+81}{7}=81$에서
$480+x=567$ ∴ $x=87$

3 2, 5, a의 중앙값이 5이므로 $a\geq5$ … ㉠
10, 16, a의 중앙값이 10이므로 $a\leq10$ … ㉡
따라서 ㉠, ㉡을 모두 만족시키는
자연수 a의 값은 5, 6, 7, 8, 9, 10이므로 자연수 a의 값이 될 수 없는 것은 ⑤이다.

4 ㄱ. 자료 A에는 100과 같이 다른 변량에 비해 매우 큰 값이 있으므로 평균보다 중앙값을 대푯값으로 정하는 것이 적절하다.

ㄴ. 자료 B에는 다른 변량에 비해 매우 크거나 매우 작은 값이 없고, 각 변량이 모두 한 번씩 나타나므로 평균이나 중앙값을 대푯값으로 정하는 것이 적절하다.

ㄷ. 자료 C의 중앙값과 최빈값은 13으로 같다.

따라서 옳은 것은 ㄴ, ㄷ이다.

5 ① 잎이 가장 많은 줄기는 잎의 개수가 8인 1이다.
② $6+8+7+5+2=28$
⑤ 팔굽혀펴기 기록이 적은 학생의 기록부터 차례로 나열하면 4회, 5회, 6회, 7회, 8회, 9회, 10회, 11회, 12회, 13회, …이므로 팔굽혀펴기 기록이 10번째로 적은 학생의 기록은 13회이다.

따라서 옳은 것은 ④이다.

6 (1) 즉석식품을 먹은 횟수가 많은 학생의 먹은 횟수부터 차례로 나열하면

43회, 42회, 42회, 41회, 41회, 40회, …이므로 즉석식품을 먹은 횟수가 6번째로 많은 학생은 먹은 횟수가 40회인 남학생이다.

(2) 전체 학생은 30명이고, 즉석식품을 먹은 횟수가 39회인 학생은 먹은 횟수가 24번째로 적고, 7번째로 많으므로 먹은 횟수가 많은 편이다.

7 (1) 인터넷을 사용한 시간이 90분 이상 110분 미만인 계급의 도수는

$30-(3+7+11+1)=8$(명)

따라서 도수가 두 번째로 큰 계급은 90분 이상 110분 미만이다.

(2) 인터넷을 사용한 시간이 90분 이상인 학생은

$8+1=9$(명)이므로

전체의 $\frac{9}{30}\times100=30(\%)$이다.

8 줄넘기 기록이 80회 이상 100회 미만인 학생이 전체의 35 % 이므로

$\frac{A}{40}\times100=35$ ∴ $A=14$

이때 $B=40-(6+8+14+2)=10$이므로

$A-B=14-10=4$

9 통화 시간이 40분 미만인 학생을 x명이라고 하면

통화 시간이 40분 이상인 학생 수가 40분 미만인 학생 수의 2배이므로 통화 시간이 40분 이상인 학생은 $2x$명이다.

이때 전체 학생이 27명이므로

$x+2x=27$

$3x=27$ ∴ $x=9$

따라서 통화 시간이 20분 이상 40분 미만인 학생은

$9-4=5$(명)

10 ② $4+7+10+9+2=32$(명)

④ 키가 140 cm 미만인 학생은 4명, 150 cm 미만인 학생은 $4+7=11$(명)이므로 키가 12번째로 작은 학생이 속하는 계급은 150 cm 이상 160 cm 미만이다.

⑤ (모든 직사각형의 넓이의 합)
   =(계급의 크기)×(도수의 총합)
   =$10\times32=320$

따라서 옳지 않은 것은 ⑤이다.

11 (1) 전체 학생 수를 x라고 하면

기록이 190 cm 미만인 학생은 $2+5=7$(명)이고, 전체의 28 %이므로

$x\times\frac{28}{100}=7$ ∴ $x=25$

따라서 반 전체 학생은 25명이다.

(2) 기록이 210 cm 미만인 학생은

$25\times\frac{4}{4+1}=25\times\frac{4}{5}=20$(명)이므로

기록이 190 cm 이상 200 cm 미만인 계급의 도수는

$20-(2+5+5)=8$(명)

12 ㄱ. $1+6+12+10+3=32$(명)

ㄴ. (계급의 크기)=$5-3=7-5=\cdots=13-11=2$(회)

계급은 $3^{이상}\sim5^{미만}$, $5\sim7$, $7\sim9$, $9\sim11$, $11\sim13$의 5개이다.

ㄷ. $1+6=7$(명)

ㄹ. 자유투 성공 횟수가 11회 이상인 학생은 3명,

9회 이상인 학생은 $10+3=13$(명)이므로

자유투 성공 횟수가 10번째로 많은 학생이 속하는 계급은 9회 이상 11회 미만이다.

따라서 옳지 않은 것은 ㄴ, ㄹ이다.

13 ① 줄기와 잎 그림에서는 실제 변량의 정확한 값을 알 수 있다.

② 도수분포표에서 계급의 개수가 너무 많거나 너무 적으면 자료의 분포 상태를 파악하기 어려우므로 계급의 개수는 보통 5~15정도로 정한다.

③ 히스토그램에서 각 직사각형의 가로의 길이는 계급의 크기이므로 일정하다.

⑤ 변량의 개수가 다른 두 자료, 즉 도수의 총합이 다른 두 집단의 분포를 비교할 때는 상대도수끼리 비교하는 것이 적절하다.

따라서 옳지 않은 ①, ②이다.

14 전체 연극의 수는

$2+4+5+7+9+8+4+1=40$

도수가 가장 큰 계급의 도수는 9편이므로

구하는 상대도수는 $\frac{9}{40}=0.225$

15 나이가 30세 이상인 동물의 수는 $80\times0.05=4$

나이가 25세 이상인 동물의 수는 $80\times(0.15+0.05)=16$

따라서 나이가 16번째로 많은 동물이 속하는 계급은 25세 이상 30세 미만이므로 이 계급의 상대도수는 0.15이다.

16 (1) 기록이 0 m 이상 10 m 미만인 계급의 도수는 2명, 상대도수는 0.05이므로 전체 학생 수는 $\frac{2}{0.05}=40$

(2) 기록이 10 m인 학생이 속하는 계급은 10 m 이상 20 m 미만이고, 이 계급의 도수는 12명이다.

따라서 이 계급의 상대도수는 $\frac{12}{40}=0.3$

17 (1) A 제품을 구매한 20대 고객은 $1800\times0.18=324$(명)

B 제품을 구매한 20대 고객은 $2200\times0.17=374$(명)

따라서 20대 고객들이 더 많이 구매한 제품은 B 제품이다.

(2)

나이(세)	상대도수		고객 수(명)	
	A 제품	B 제품	A 제품	B 제품
$10^{이상} \sim 20^{미만}$	0.09	0.16	162	352
20 $\sim$ 30	0.18	0.17	324	374
30 $\sim$ 40	0.22	0.18	396	396
40 $\sim$ 50	0.31	0.26	558	572
50 $\sim$ 60	0.2	0.23	360	506
합계	1	1	1800	2200

따라서 두 제품 A, B의 구매 고객 수가 같은 계급은 30세 이상 40세 미만이다.

18 도수의 총합의 비가 1 : 2이므로 도수의 총합을 각각 a, $2a\,(a$는 자연수)라 하고,
어떤 계급의 도수의 비가 5 : 4이므로 이 계급의 도수를 각각 $5b$, $4b\,(b$는 자연수)라고 하면
이 계급의 상대도수의 비는 $\dfrac{5b}{a} : \dfrac{4b}{2a} = 5 : 2$

19 ㄱ. 남학생에 대한 그래프가 여학생에 대한 그래프보다 전체적으로 오른쪽으로 치우쳐 있으므로 운동 시간은 남학생이 여학생보다 상대적으로 더 긴 편이다.
ㄴ. 남학생에 대한 그래프가 여학생에 대한 그래프보다 위쪽에 있는 계급을 찾으면 5시간 이상 6시간 미만, 6시간 이상 7시간 미만이다.
ㄷ. 운동 시간이 4시간 이상 5시간 미만인 학생은
여학생: $100 \times 0.3 = 30$(명)
남학생: $125 \times 0.28 = 35$(명)
따라서 운동 시간이 4시간 이상 5시간 미만인 학생은 여학생보다 남학생이 더 많다.
ㄹ. 남학생의 그래프에서 운동 시간이 5시간 이상인 계급의 상대도수의 합은 $0.28 + 0.08 = 0.36$이므로
남학생 전체의 $0.36 \times 100 = 36(\%)$이다.
따라서 옳은 것은 ㄴ, ㄷ이다.

STEP 3 서술형 완성하기

P. 156~157

〈과정은 풀이 참조〉

따라 해보자 유제 1 5개   유제 2 10명

연습해 보자
1 (1) 평균: 300 kWh, 중앙값: 215 kWh
(2) 중앙값, 이유는 풀이 참조
2 22, 47 kg   **3** 8권
4 30 %

따라 해보자

유제 1 **1단계** 평균이 5개이므로
$$\frac{4+1+a+b+10+6+5}{7}=5$$
$$a+b+26=35$$
$$\therefore a+b=9$$

2단계 최빈값이 6개이므로 a, b 중 적어도 하나는 6이어야 한다.
이때 $a<b$이므로
$a=3$, $b=6$

3단계 따라서 변량을 작은 값부터 크기순으로 나열하면
1, 3, 4, ⑤ 6, 6, 10이므로
중앙값은 5개이다.

채점 기준		
1단계	평균을 이용하여 $a+b$의 값 구하기	… 30 %
2단계	최빈값을 이용하여 a, b의 값 구하기	… 40 %
3단계	중앙값 구하기	… 30 %

유제 2 **1단계** 기록이 10 m 이상 15 m 미만인 계급의 상대도수는 0.05, 도수는 2명이므로
$$(\text{전체 학생 수})=\frac{2}{0.05}=40$$

2단계 기록이 30 m 이상인 계급의 상대도수의 합은
$0.2+0.05=0.25$이므로
구하는 학생은
$40 \times 0.25 = 10$(명)

채점 기준		
1단계	전체 학생 수 구하기	… 50 %
2단계	기록이 30 m 이상인 학생 수 구하기	… 50 %

연습해 보자

1 (1) **1단계** $(\text{평균})=\dfrac{750+230+190+210+200+220}{6}$
$$=\frac{1800}{6}$$
$$=300(\text{kWh})$$

2단계 변량을 작은 값부터 크기순으로 나열하면
190, 200, ②10, 220, 230, 750이므로
$$(\text{중앙값})=\frac{210+220}{2}=215(\text{kWh})$$

(2) **3단계** 주어진 자료에는 750 kWh와 같이 다른 변량에 비해 매우 큰 극단적인 값이 있으므로 평균보다 중앙값이 대푯값으로 적절하다.

채점 기준		
1단계	평균 구하기	… 30 %
2단계	중앙값 구하기	… 30 %
3단계	적절한 대푯값 말하고, 그 이유 설명하기	… 40 %

2 1단계 전체 학생 수는 전체 잎의 개수와 같으므로
(전체 학생 수)=6+7+5+4=22

2단계 몸무게가 가벼운 학생의 몸무게부터 차례로 나열하면 41 kg, 43 kg, 45 kg, 46 kg, 47 kg, …이므로 몸무게가 5번째로 가벼운 학생의 몸무게는 47 kg이다.

채점 기준		
1단계	전체 학생 수 구하기	… 50 %
2단계	몸무게가 5번째로 가벼운 학생의 몸무게 구하기	… 50 %

3 1단계 전체 학생은 5+7+9+4+3+2=30(명)이므로

2단계 상위 30 % 이내에 속하는 학생은 $30 \times \dfrac{30}{100}=9$(명)

3단계 읽은 책의 수가
12권 이상인 학생은 2명,
10권 이상인 학생은 3+2=5(명),
8권 이상인 학생은 4+3+2=9(명)이다.
따라서 읽은 책의 수가 9번째로 많은 학생이 속하는 계급은 8권 이상 10권 미만이므로 상위 30 % 이내에 속하려면 8권 이상의 책을 읽어야 한다.

채점 기준		
1단계	전체 학생 수 구하기	… 30 %
2단계	상위 30 % 이내에 속하는 학생 수 구하기	… 30 %
3단계	상위 30 % 이내에 속하려면 몇 권 이상의 책을 읽어야 하는지 구하기	… 40 %

4 1단계 (전체 부원 수)=$\dfrac{5}{0.1}$=50이므로

2단계 타자 수가 300타 이상 350타 미만인 계급의 상대도수는 $\dfrac{11}{50}=0.22$

3단계 따라서 타자 수가 300타 이상인 계급의 상대도수의 합은 0.22+0.08=0.3이므로
타자 수가 300타 이상인 부원은 전체의
$0.3 \times 100=30(\%)$

채점 기준		
1단계	전체 부원 수 구하기	… 30 %
2단계	타자 수가 300타 이상 350타 미만인 계급의 상대도수 구하기	… 30 %
3단계	타자 수가 300타 이상인 부원은 전체의 몇 %인지 구하기	… 40 %

1. 기본도형

01 점, 선, 면, 각

P. 6

1 (1) ◯ (2) ◯ (3) ×

2 교점: 8, 교선: 12

3 (1)

, 무수히 많다.

(2)

, 1

4 (1)

(2) A•

(3) A•

5 (1) $\overrightarrow{MN}$ (2) $\overline{MN}$ (또는 $\overline{NM}$)
(3) $\overrightarrow{NM}$ (4) $\overleftrightarrow{MN}$ (또는 $\overleftrightarrow{NM}$)

6 (1) = (2) ≠ (3) = (4) =

P. 7

1 (1) 8 cm (2) 9 cm

2 (1) $\frac{1}{2}$, $\frac{1}{2}$, 3 (2) 2, 2, 10

3 (1) $\frac{1}{2}$ (2) $\frac{1}{2}$, $\frac{1}{4}$ (3) 2, 4 (4) 8, 16

4 (1) 2배 (2) 6 cm

P. 8

1 ㄱ, ㄹ, ㅁ

2 (1) 예 (2) 둔 (3) 예 (4) 직 (5) 평

3 (1) 180, 60 (2) 180, 80

4 (1) 20° (2) 30°

P. 9

1 (1) ∠BOD (2) ∠DOE (3) ∠BOF
(4) ∠BOC (5) ∠AOF (6) ∠COE

2 (1) 140, 180, 40 (2) x, 30, 180, 150

3 (1) 80 (2) 20

4 70°

P. 10

1 (1) $\overleftrightarrow{CD}$ (또는 $\overleftrightarrow{CO}$ 또는 $\overleftrightarrow{OD}$) (2) $\overleftrightarrow{AB}$⊥$\overleftrightarrow{CD}$
(3) $\overleftrightarrow{AB}$ (또는 $\overleftrightarrow{AO}$ 또는 $\overleftrightarrow{OB}$) (4) 점 O (5) $\overline{AO}$

2 (1) 점 B (2) 점 A (3) $\overline{AB}$

3 (1) 점 B (2) 점 D (3) $\overline{BD}$

4 6 cm

쌍둥이 기출문제
P. 11~13

1 ④   **2** ②, ④   **3** ③   **4** 6   **5** ①
6 ③, ④   **7** (1) 3 (2) 6   **8** (1) 6 (2) 12
9 ②   **10** 30 cm   **11** ③   **12** 24°
13 ∠a=120°, ∠b=60°   **14** ②   **15** ③
16 25   **17** 50°   **18** 15   **19** ①, ⑤   **20** ④

1 (1) 점 B, 점 E   (2) 점 A, 점 C, 점 E
     (3) 점 A, 점 C, 점 D   (4) 점 D
2 (1) 점 A, 점 B   (2) 점 A, 점 B, 점 C, 점 D
     (3) $\overline{AC}$, $\overline{BC}$, $\overline{CF}$ (4) 점 A, 점 D
3 (1) $\overline{AB}$, $\overline{BF}$, $\overline{CD}$, $\overline{CG}$
     (2) $\overline{AD}$, $\overline{EH}$, $\overline{FG}$
     (3) $\overline{AE}$, $\overline{DH}$, $\overline{EF}$, $\overline{HG}$
4 (1) $\overline{CD}$ (2) $\overline{BD}$ (3) $\overline{BC}$

1 (1) 면 ADFC, 면 ADEB
     (2) 면 ABC, 면 DEF
     (3) 면 BEFC
2 (1) $\overline{AB}$, $\overline{BC}$, $\overline{CD}$, $\overline{DA}$ (2) $\overline{AE}$, $\overline{BF}$, $\overline{CG}$, $\overline{DH}$
     (3) $\overline{AB}$, $\overline{EF}$, $\overline{HG}$, $\overline{DC}$ (4) $\overline{AB}$, $\overline{BC}$, $\overline{CD}$, $\overline{DA}$
3 (1) $\overline{BC}$
     (2) 면 ABCD, 면 ABFE, 면 EFGH, 면 CGHD
     (3) 면 ABCD, 면 BFGC, 면 EFGH, 면 AEHD
     (4) 면 BFGC
4 (1) ×   (2) ○   (3) ×

1 ③   **2** $\overline{CG}$, $\overline{DH}$, $\overline{EH}$, $\overline{FG}$ **3** ⑤
4 ⑤   **5** ㄴ, ㄷ   **6** ②

1 (1) 130 (2) e, 50   (3) c, 110   (4) 70
2 (1) $\angle a = 125°$, $\angle b = 55°$, $\angle c = 55°$
     (2) $\angle a = 100°$, $\angle b = 80°$, $\angle c = 80°$
3 $\angle x = 60°$, $\angle y = 60°$
4 $\angle x = 50°$, $\angle y = 130°$
5 $\angle x = 75°$, $\angle y = 45°$

1 (1) 120°, 평행하다.   (2) 110°, 평행하지 않다.
     (3) 100°, 평행하지 않다.   (4) 50°, 평행하다.
2 ㄷ, ㄹ
3 (1) ○   (2) ×   (3) ×   (4) ○

1 80°   **2** 100°   **3** 58°   **4** 125°   **5** 100°
6 40°   **7** 130°   **8** 15°

1 ④   **2** ③   **3** ③   **4** 15°   **5** ④
6 ①   **7** ②   **8** ㄱ, ㄷ   **9** 95°   **10** 27°
11 ④   **12** 64°

1 8 cm   **2** 50°   **3** ③   **4** ④, ⑤   **5** ②
6 ②, ④   **7** 22   **8** 25°

2. 작도와 합동

01 삼각형의 작도

1 ㄱ, ㄹ
2 (1) ○   (2) ×   (3) ×   (4) ○
3 컴퍼스
4 P, $\overline{AB}$, P, $\overline{AB}$, Q
5 ㉢ → ㉠ → ㉡

1 A, B, C, $\overline{AB}$
2 (1) ㉣, ㉤, ㉥   (2) 동위각
3 (1) ㉥, ㉢, ㉠   (2) 엇각

1 (1) $\overline{BC}$ (2) $\overline{AC}$ (3) $\overline{AB}$ (4) ∠C   (5) ∠A   (6) ∠B
2 (1) 3 cm   (2) 4 cm   (3) 80°
3 (1) ×   (2) ×   (3) ○   (4) ×   (5) ○   (6) ○   (7) ○   (8) ×

1 (1) ×   (2) ○   (3) ○   (4) ○
2 C, c, b, A

1 (1) ×
   이유: (가장 긴 변의 길이)>(나머지 두 변의 길이의 합)
       이므로 삼각형이 그려지지 않는다.
(2) ○
   이유: (가장 긴 변의 길이)<(나머지 두 변의 길이의 합)
       이므로 삼각형이 하나로 정해진다.
(3) ×
   이유: 두 변의 길이와 그 끼인각이 아닌 다른 한 각의
       크기가 주어졌으므로 삼각형이 하나로 정해지지
       않는다.
(4) ○
   이유: 두 변의 길이와 그 끼인각의 크기가 주어졌으므
       로 삼각형이 하나로 정해진다.
(5) ○
   이유: 한 변의 길이와 그 양 끝 각의 크기가 주어졌으
       므로 삼각형이 하나로 정해진다.
(6) ○
   이유: ∠B=180°−(30°+60°)=90°, 즉 한 변의 길
       이와 그 양 끝 각의 크기를 알 수 있으므로 삼
       각형이 하나로 정해진다.
(7) ×
   이유: 세 각의 크기가 주어지면 모양은 같고 크기가
       다른 삼각형이 무수히 많이 그려진다.
2 (1) ○   (2) ○   (3) ×   (4) ×

1 ⑤   **2** ②, ④   **3** ④   **4** ④   **5** ②, ⑤
6 ③   **7** ③   **8** ⑤   **9** ㄱ, ㄹ   **10** ③
11 ㄴ, ㄹ   **12** ⑤   **13** ㄴ   **14** ②

O2 삼각형의 합동

유형 6   P. 34

1 (1) $\overline{EF}$, 10   (2) 5 cm   (3) $60°$ (4) $30°$
2 $a=60$, $b=75$, $c=60$, $x=6$
3 (1) ○   (2) ○   (3) ○   (4) ○   (5) ×   (6) ×   (7) ○

유형 7   P. 35

1 (1) SAS 합동   (2) SSS 합동   (3) ASA 합동
2 △HIG, △PRQ
3 (1) △ABD≡△CDB   (2) ASA 합동

쌍둥이 기출문제   P. 36~37

1 ④   **2** ①, ④   **3** ③   **4** $x=5$, $y=60$
5 ①   **6** ㄱ과 ㄷ, SAS 합동   **7** ③
8 ①, ④   **9** (개) ∠DMC (내) ∠D (대) ASA
10 ③   **11** (개) $\overline{OC}$ (내) $\overline{OD}$ (대) ∠O (래) SAS
12 (1) △COB, SAS 합동   (2) $98°$

단원 마무리   P. 38~39

1 ④   **2** ③   **3** ⑤   **4** ④   **5** ㄱ, ㄴ, ㄹ
6 112   **7** 3개   **8** ⑤

3. 다각형

O1 다각형

유형 1   P. 42

1 ㄱ, ㅁ   **2** (1) 내각 (2) 외각 (3) 180
3 (1) 180, 130 (2) $95°$ (3) $65°$
4 (1) $183°$ (2) $216°$

유형 2   P. 43

1 (1) $25°$ (2) $115°$ **2** (1) 16   (2) 35
3 (1) 3, 45 (2) $60°$ (3) $75°$
4 (1) $105°$ (2) $135°$ **5** (1) $120°$ (2) $60°$
6 (1) $35°$ (2) $30°$

한 걸음 더 연습   P. 44

1 (1) $30°$ (2) $105°$ **2** 180, 50, 180, 130
3 풀이 참조
4 $a+c$, $b+e$, $∠a+∠c$, $∠b+∠e$, 180

쌍둥이 기출문제   P. 45~46

1 $30°$ **2** 50   **3** ①   **4** $50°$ **5** ③
6 $40°$ **7** ④   **8** $40°$ **9** (1) $26°$ (2) $74°$
10 $80°$ **11** $110°$ **12** $83°$ **13** $105°$ **14** $34°$
15 ③   **16** $45°$

유형 ③
P. 47

1 (1) 3 　(2) 5

2 (1) 4, 1, 2 　(2) 5, 2, 5 　(3) 6, 3, 9 　(4) 7, 4, 14

3 (1) 35 　(2) 54 　(3) 90 　(4) 152

4 (1) 십일각형 　(2) 44 　　**5** 20, 40, 8, 8, 팔각형

6 십삼각형

쌍둥이 기출문제
P. 48

1 25 　　**2** ⑤ 　　**3** ③ 　　**4** 11

5 정십팔각형 　　**6** ② 　　**7** ④ 　　**8** ④, ⑤

○2 다각형의 내각과 외각의 크기의 합

유형 ④
P. 49

1

다각형	한 꼭짓점에서 대각선을 모두 그었을 때 생기는 삼각형의 개수	내각의 크기의 합
오각형	3	$180° \times 3 = 540°$
육각형	4	$180° \times 4 = 720°$
칠각형	5	$180° \times 5 = 900°$
팔각형	6	$180° \times 6 = 1080°$
⋮	⋮	⋮
n각형	$n-2$	$180° \times (n-2)$

2 (1) 1440° 　(2) 1800° 　(3) 2340° 　(4) 2880°

3 (1) 육각형 　(2) 구각형 　(3) 십일각형 　(4) 십사각형

4 (1) 135° 　(2) 100°

5 (1) 130° 　(2) 82°

유형 ⑤
P. 50

1 5, 3, 5, 3, 360, 360 　　**2** (1) 360° 　(2) 360°

3 (1) 100° 　(2) 110° 　　**4** (1) 100° 　(2) 53°

5 (1) 55° 　(2) 60° 　(3) 70°

유형 ⑥
P. 51

1 (1) 10, 8, 1440, 144 　(2) 360, 36

2

정다각형	한 내각의 크기
(1) 정오각형	$\dfrac{180° \times (5-2)}{\boxed{5}} = \boxed{108}°$
(2) 정팔각형	$\dfrac{180° \times (8-2)}{8} = 135°$
(3) 정십오각형	$\dfrac{180° \times (15-2)}{15} = 156°$

3

정다각형	한 외각의 크기
(1) 정육각형	$\dfrac{360°}{\boxed{6}} = \boxed{60}°$
(2) 정구각형	$\dfrac{360°}{9} = 40°$
(3) 정십이각형	$\dfrac{360°}{12} = 30°$

4 (1) 정구각형 　(2) 정십팔각형

5 (1) 정십오각형 　(2) 정이십각형

6 1, 45, 45, 8, 정팔각형

쌍둥이 기출문제
P. 52~53

1 1267 　**2** 900° 　**3** ③ 　**4** 정십각형

5 110° 　**6** 90° 　**7** ③ 　**8** ②

9 정구각형, 140° 　**10** ⑤ 　**11** ①

12 정십이각형 　**13** (1) 20° 　(2) 정십팔각형

14 ①

단원 마무리
P. 54~55

1 ⑤ 　　**2** 45° 　　**3** 36° 　　**4** 55

5 정이십각형 　　　**6** ⑤ 　　**7** ④ 　　**8** 177

9 5 　　**10** 정육각형

4. 원과 부채꼴

○1 원과 부채꼴

1

 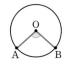

2 (1) $\overline{\text{OA}}$, $\overline{\text{OB}}$, $\overline{\text{OE}}$ (2) $\overline{\text{BE}}$, $\overline{\text{CD}}$ (3) $\overline{\text{BE}}$
   (4) $\overset{\frown}{\text{AB}}$ (5) $\angle \text{AOE}$ (6) $180°$

3 (1) ×   (2) ○   (3) ×   (4) ○

1

중심각의 크기	호의 길이	부채꼴의 넓이
$\angle a$	2 cm	4 cm²
$2\angle a$	4 cm	8 cm²
$3\angle a$	6 cm	12 cm²
$4\angle a$	8 cm	16 cm²

⇨ 정비례

2 (1) 12   (2) 55   **3** (1) 6   (2) 30
4 (1) 120   (2) 4   **5** (1) 6   (2) 30
6 (1) ○   (2) ○   (3) ×   (4) ○

1 2개   **2** ②, ③   **3** 120°   **4** ③   **5** 2 cm²
6 60°   **7** 168°   **8** 72°
9 40, 40, 180, 100, 40, 100, 4   **10** $\dfrac{13}{2}$ cm
11 21 cm   **12** 7 cm   **13** ㄱ, ㄴ, ㄹ, ㅁ   **14** ⑤

○2 부채꼴의 호의 길이와 넓이

1 (1) l: 6π cm, S: 9π cm²
    (2) l: 14π cm, S: 49π cm²
    (3) l: $(6\pi + 12)$ cm, S: 18π cm²

2 (1) l: 24π cm, S: 24π cm²
    (2) l: 12π cm, S: 12π cm²
    (3) l: 14π cm, S: 12π cm²
    (4) l: 16π cm, S: 24π cm²

1 (1) l: π cm, S: $\dfrac{3}{2}\pi$ cm²   (2) l: 14π cm, S: 84π cm²

2 (1) 72°   (2) 160°

3 (1) 2π cm²   (2) 135π cm²

4 (1) 10 cm   (2) 3 cm

5 (1) $\dfrac{4}{3}\pi$ cm   (2) 3π cm

6 (1) $(6\pi + 20)$ cm   (2) 30π cm²

1 l: 16π cm, S: 32π cm²

2 $\dfrac{10}{3}\pi$ cm

3 (1) 10 cm   (2) 216°

4 (1) $(72\pi - 144)$ cm²   (2) $(8\pi - 16)$ cm²

5 (1) 32 cm²   (2) 200 cm²

1 (1) 20π cm　(2) 12π cm²
2 $(8\pi+16)$ cm, $(64-16\pi)$ cm²
3 $(\pi+8)$ cm, 2π cm²
4 $(12\pi+18)$ cm, 54π cm²　　**5** ⑤　　**6** ⑤
7 6 cm　**8** ②　　**9** $(6\pi+6)$ cm, 9π cm²
10 $\left(\dfrac{9}{2}\pi+10\right)$ cm, $\dfrac{45}{4}\pi$ cm²
11 (1) $(10\pi+10)$ cm　(2) $\dfrac{25}{2}\pi$ cm²
12 $(8\pi+8)$ cm, 8π cm²
13 9π cm, $\left(\dfrac{81}{2}\pi-81\right)$ cm²
14 $(6\pi+24)$ cm, $(72-18\pi)$ cm²　　**15** ③
16 ①　　**17** 12π cm²　　**18** 8π cm²

1 ③　　**2** ③　　**3** 15 cm　**4** ④　　**5** ①
6 ②　　**7** 140°　**8** ④　　**9** 8π cm²

5. 다면체와 회전체

O1 다면체

1~4 풀이 참조
5 (1) 구면체　(2) 구면체　(3) 십일면체
6 (1) 직사각형 (2) 삼각형 (3) 사다리꼴
7 (1) 16, 24　(2) 10, 18　(3) 14, 21
8 팔각기둥　　　　**9** 육각뿔대　　**10** 오각뿔

1 ⑤　　**2** 3　　**3** ②　　**4** ④　　**5** ③
6 ①　　**7** ②　　**8** 46　　**9** ⑤　　**10** ④
11 ②　　**12** ④　　**13** ①, ⑤　**14** ②, ⑤　**15** ③
16 팔각뿔

O2 정다면체

1

겨냥도					
이름	정사면체	정육면체	정팔면체	정십이면체	정이십면체
면의 모양	정삼각형	정사각형	정삼각형	정오각형	정삼각형
한 꼭짓점에 모인 면의 개수	3	3	4	3	5
면의 개수	4	6	8	12	20
모서리의 개수	6	12	12	30	30
꼭짓점의 개수	4	8	6	20	12

2 (1) ×　(2) ○　(3) ○　(4) ×　(5) ×
3 정사면체　　　　**4** 정육면체

유형 3

1 (1)

(2) 정사면체   (3) E, $\overline{ED}$ (4) 4, 6

2 (1)

(2) 정육면체   (3) 4   (4) 8, 12

3 (1)

(2) 정팔면체   (3) 점 I, $\overline{HG}$ (4) 6, 12   (5) 4

쌍둥이 기출문제

1	18	**2**	70	**3**	12	**4**	42	**5**	③

6 ㄱ, ㄹ   **7** ④   **8** ②

---

03 회전체

유형 4

1 ㄱ, ㄷ, ㅁ

2

3 (1) ㄴ   (2) ㄷ   (3) ㄱ

유형 5

1 (1) ㄹ   (2) ㄹ   (3) ㄹ   (4) ㄹ

2 (1) ㄹ   (2) ㄴ   (3) ㄱ   (4) ㄷ

3 (1) 원기둥   (2) 원, $25\pi\,cm^2$ (3) 직사각형, $80\,cm^2$

4 (1) 원뿔   (2) 이등변삼각형, $28\,cm^2$

유형 6

1 (1) $a=5$, $b=8$ (2) $a=10$, $b=6$ (3) $a=8$, $b=5$

2 10π, 5, 5   **3** 둘레, 5, 10π

쌍둥이 기출문제

1	③	**2**	④	**3**	②	**4**	①, ⑤	**5**	①

6 ③   **7** ③   **8** $45\pi\,cm^2$ **9** ④

10 $12\pi\,cm$ **11** ③   **12** ①, ②

단원 마무리

1	⑤	**2**	8	**3**	21	**4**	②, ③	**5**	⑤

6 ③   **7** ②   **8** ㄱ, ㄴ, ㄹ

---

6. 입체도형의 겉넓이와 부피

01 기둥의 겉넓이와 부피

유형 1   P. 88

1 5, 3, (1) $6\,\text{cm}^2$ (2) $96\,\text{cm}^2$ (3) $108\,\text{cm}^2$
2 6π, (1) $9\pi\,\text{cm}^2$ (2) $42\pi\,\text{cm}^2$ (3) $60\pi\,\text{cm}^2$
3 (1) $236\,\text{cm}^2$ (2) $300\,\text{cm}^2$ (3) $130\pi\,\text{cm}^2$ (4) $276\,\text{cm}^2$

유형 2   P. 89

1 (1) $160\,\text{cm}^3$ (2) $100\pi\,\text{cm}^3$
2 (1) $9\,\text{cm}^2$, $7\,\text{cm}$, $63\,\text{cm}^3$
    (2) $12\,\text{cm}^2$, $5\,\text{cm}$, $60\,\text{cm}^3$
    (3) $24\,\text{cm}^2$, $8\,\text{cm}$, $192\,\text{cm}^3$
    (4) $36\pi\,\text{cm}^2$, $7\,\text{cm}$, $252\pi\,\text{cm}^3$
3 (1) $45\,\text{cm}^2$ (2) $360\,\text{cm}^3$
4 108π, 12π, 120π
5 80π, 5π, 75π

쌍둥이 기출문제   P. 90~91

1 $168\,\text{cm}^2$, $120\,\text{cm}^3$ **2** $136\,\text{cm}^2$, $96\,\text{cm}^3$
3 $80\pi\,\text{cm}^2$, $96\pi\,\text{cm}^3$ **4** $192\pi\,\text{cm}^2$, $360\pi\,\text{cm}^3$
5 ①   **6** ⑤   **7** ②   **8** $5\,\text{cm}$
9 $(28\pi+48)\,\text{cm}^2$, $24\pi\,\text{cm}^3$
10 $(20\pi+42)\,\text{cm}^2$, $21\pi\,\text{cm}^3$ **11** $72\,\text{cm}^3$
12 $270\pi\,\text{cm}^3$

02 뿔의 겉넓이와 부피

유형 3   P. 92~93

1 12, (1) $64\,\text{cm}^2$ (2) $192\,\text{cm}^2$ (3) $256\,\text{cm}^2$
2 (1) $161\,\text{cm}^2$ (2) $95\,\text{cm}^2$
3 12, (1) $8\pi\,\text{cm}$ (2) $16\pi\,\text{cm}^2$ (3) $48\pi\,\text{cm}^2$ (4) $64\pi\,\text{cm}^2$
4 (1) $96\pi\,\text{cm}^2$ (2) $90\pi\,\text{cm}^2$
5 (1) 9   (2) 25   (3) 16, 64   (4) 34, 64, 98
6 (1) $224\,\text{cm}^2$ (2) $120\,\text{cm}^2$
7 (1) 9π (2) 36π (3) 60π, 15π, 45π
    (4) 45π, 45π, 90π
8 (1) $38\pi\,\text{cm}^2$ (2) $66\pi\,\text{cm}^2$

유형 4   P. 94

1 (1) $80\,\text{cm}^3$ (2) $70\pi\,\text{cm}^3$
2 (1) $36\,\text{cm}^2$, $7\,\text{cm}$, $84\,\text{cm}^3$
    (2) $10\,\text{cm}^2$, $6\,\text{cm}$, $20\,\text{cm}^3$
    (3) $25\pi\,\text{cm}^2$, $12\,\text{cm}$, $100\pi\,\text{cm}^3$
    (4) $49\pi\,\text{cm}^2$, $9\,\text{cm}$, $147\pi\,\text{cm}^3$
3 (1) 72, 9, 63   (2) 96π, 12π, 84π
4 (1) $56\,\text{cm}^3$ (2) $105\pi\,\text{cm}^3$

쌍둥이 기출문제   P. 95~96

1 ④   **2** $48\pi\,\text{cm}^2$ **3** ③   **4** ②
5 (1) $75\,\text{cm}^3$ (2) $93\,\text{cm}^3$ **6** (1) $32\pi\,\text{cm}^3$ (2) $416\pi\,\text{cm}^3$
7 (1)   (2) $12\pi\,\text{cm}^3$ **8** ①
9 (1) $10\,\text{cm}^2$ (2) $20\,\text{cm}^3$ **10** $\dfrac{32}{3}\,\text{cm}^3$
11 $21\,\text{cm}^3$ **12** ①

O3 구의 겉넓이와 부피

유형 5   P. 97

1 (1) 400π cm²   (2) 324π cm²
2 (1) 72π, 36π, 108π (2) 192π cm²
3 (1) 65π cm²   (2) 50π cm²   (3) 115π cm²
4 (1) 12π cm²   (2) 4π cm²   (3) 16π cm²

유형 6   P. 98

1 (1) 972π cm³   (2) $\dfrac{500}{3}\pi$ cm³
2 (1) $\dfrac{16}{3}\pi$ (2) $\dfrac{686}{3}\pi$ cm³   **3** $\dfrac{63}{2}\pi$ cm³
4 (1) $\dfrac{16}{3}\pi$ cm³   (2) $\dfrac{32}{3}\pi$ cm³   (3) 16π cm³   (4) $1:2:3$

쌍둥이 기출문제
P. 99

1 144π cm²   **2** 192π cm²   **3** 175π cm²
4 68π cm²   **5** 343π cm³   **6** $\dfrac{560}{3}\pi$ cm³
7 $2:3$ **8** 16π cm³

단원 마무리
P.100~101

1 ④   **2** $\dfrac{100}{3}\pi$ cm³   **3** ③
4 $\dfrac{485}{3}$ cm³   **5** 6 cm   **6** ③   **7** ⑤
8 ②

7. 자료의 정리와 해석

O1 대푯값

유형 1   P. 104

1 (1) 7   (2) 5   (3) 17   (4) 15.5
2 (1) 8   (2) 240   (3) 9, 11   **3** O형
4 (1) 11   (2) 7   (3) 12   **5** 중앙값

쌍둥이 기출문제
P. 105

1 중앙값: 3시간, 최빈값: 4시간
2 중앙값: 2.5회, 최빈값: 2회, 3회
3 11   **4** (1) 250   (2) 250   **5** 3   **6** ④
7 (1) 평균: 64 mm, 중앙값: 36 mm   (2) 중앙값
8 최빈값, 90호

02 줄기와 잎 그림, 도수분포표

유형 2 P. 106

1 주민들의 나이

(1|0은 10세)

줄기	잎
1	0 1 3 5 6 7
2	1 3 4 4 9
3	3 5 6 7 7 8 8
4	0 1 2 4
5	2 7

2 (1) 십, 일 (2) 3, 4, 5, 24 (3) 3, 4, 4, 9
3 2   **4** 20명   **5** 6명   **6** 34회

유형 3 P. 107

1

봉사 활동 시간(시간)		학생 수(명)
0이상 ~ 4미만	/	1
4 ~ 8	₩₩ ///	8
8 ~ 12	₩₩ ₩₩ /	11
12 ~ 16	₩₩	5
16 ~ 20	//	2
합계		27

2 (1) 5 (2) 4 (3) 11, 8, 12
3 6권   **4** 12권 이상 18권 미만
5 18명   **6** 6권 이상 12권 미만

쌍둥이 기출문제 P. 108~109

1 (1) 70점대 (2) 85점 (3) 10명
(4) 중앙값: 78점, 최빈값: 79점
2 ④   **3** ④   **4** ②, ④
5 (1) 5 (2) 0.5 kg (3) 2명
(4) 3.0 kg 이상 3.5 kg 미만 (5) 20 %
6 ③, ⑤   **7** (1) 7 (2) 8   **8** $A=9$, $B=8$

03 히스토그램과 도수분포다각형

유형 4 P. 110

1

2 30분, 6   **3** 150분 이상 180분 미만
4 30명 **5** 10 % **6** 900

유형 5 P. 111

1

2 1 kg, 6   **3** 5 kg 이상 6 kg 미만
4 40가구   **5** 35 %   **6** 40

한번 더 연습 P. 112

1 40명 **2** 12명 **3** 80점 이상 90점 미만
4 40 % **5** 400 **6** 20명 **7** 3명
8 80회 이상 85회 미만   **9** 30 % **10** 100

쌍둥이 기출문제 P. 113~114

1 ㄱ, ㄴ, ㄹ, ㅁ   **2** ③, ⑤   **3** (1) 9명 (2) 40 %
4 25 % **5** ㄴ, ㄹ **6** ⑤   **7** (1) 10명 (2) 15명
8 12명

○4 상대도수와 그 그래프

1

줄넘기 기록(회)	학생 수(명)	상대도수
$80^{이상} \sim 100^{미만}$	4	0.08
100 ~120	6	0.12
120 ~140	16	0.32
140 ~160	14	0.28
160 ~180	8	0.16
180 ~200	2	0.04
합계	50	A

2 1
3 (1) 0.3, 9   (2) 0.48, 25
4 $A=20$, $B=0.15$, $C=5$, $D=2$
5 0.3
6 15 %

1

2 3명   **3** 52 %   **4** 0.05   **5** 21명   **6** 20 %
7 15명

1

걸리는 시간(분)	A 중학교		B 중학교	
	학생 수(명)	상대도수	학생 수(명)	상대도수
$10^{이상} \sim 20^{미만}$	20	0.08	4	0.02
20 ~30	45	0.18	10	0.05
30 ~40	75	0.3	60	0.3
40 ~50	65	0.26	64	0.32
50 ~60	40	0.16	50	0.25
60 ~70	5	0.02	12	0.06
합계	250	1	200	1

2 30분 이상 40분 미만
3 B 중학교
4 A 모둠
5 8시간 이상 9시간 미만, 9시간 이상 10시간 미만
6 B 모둠

1 (1) 40명   (2) 0.3   **2** (1) 20명   (2) 0.25
3 (1) 40명   (2) $A=0.1$, $B=12$, $C=1$ (3) 20 %
4 (1) 150명   (2) $A=0.1$, $B=45$, $C=0.2$ (3) 64 %
5 (1) 7명   (2) 0.16   **6** (1) 3그루   (2) 0.3
7 (1) 40명   (2) 14명   **8** 6명
9 (1) 1학년   (2) 2   **10** (1) A 중학교   (2) 3
11 (1) 5명   (2) 2반   **12** ㄹ, ㅁ

1 중앙값: 25시간, 최빈값: 22시간   **2** 36세
3 ③   **4** 13   **5** 9명   **6** ②, ④
7 (1) 64 %   (2) 4명   **8** 0.2   **9** ④

01 점, 선, 면, 각

1 (1) ○ (2) ○ (3) ×

2 교점: 8, 교선: 12

3 (1) 그림은 풀이 참조, 무수히 많다.
  (2) 그림은 풀이 참조, 1

4 (1)

  (2)

  (3)

5 (1) $\overrightarrow{MN}$ (2) $\overline{MN}$(또는 $\overline{NM}$)
  (3) $\overrightarrow{NM}$ (4) $\overleftrightarrow{MN}$(또는 $\overleftrightarrow{NM}$)

6 (1) = (2) ≠ (3) = (4) =

---

1 (3) 선과 선이 만나면 교점이 생긴다.

2 (교점의 개수)=(꼭짓점의 개수)=8
  (교선의 개수)=(모서리의 개수)=12

참고 평면으로만 둘러싸인 입체도형에서
  • (교점의 개수)=(꼭짓점의 개수)
  • (교선의 개수)=(모서리의 개수)

3 (1)

⇨ 한 점을 지나는 직선은 무수히 많다.

  (2)

⇨ 서로 다른 두 점을 지나는 직선은 오직 하나뿐이다.

6 (2) $\overrightarrow{BA}$와 $\overrightarrow{BC}$는 시작점은 점 B로 같지만 뻗어 나가는 방향
  이 다르므로 서로 다른 반직선이다.

---

1 (1) 8 cm   (2) 9 cm

2 (1) $\frac{1}{2}$, $\frac{1}{2}$, 3 (2) 2, 2, 10

3 (1) $\frac{1}{2}$ (2) $\frac{1}{2}$, $\frac{1}{4}$ (3) 2, 4 (4) 8, 16

4 (1) 2배 (2) 6 cm

---

2 (1) $\overline{AM}=\boxed{\frac{1}{2}}\overline{AB}=\frac{1}{2}\times 6=\boxed{3}$(cm)

  (2) $\overline{AB}=\boxed{2}\overline{AM}=2\times 5=\boxed{10}$(cm)

3 (1) $\overline{AM}=\overline{MB}=\boxed{\frac{1}{2}}\overline{AB}$

  (2) $\overline{AN}=\overline{NM}=\boxed{\frac{1}{2}}\overline{AM}$

     $=\frac{1}{2}\times\frac{1}{2}\overline{AB}=\boxed{\frac{1}{4}}\overline{AB}$

  (3) $\overline{AB}=\boxed{2}\overline{AM}=2\times 2\overline{AN}=\boxed{4}\overline{AN}$

  (4) $\overline{AM}=2\overline{AN}=2\times 4=\boxed{8}$(cm)

    $\overline{AB}=2\overline{AM}=2\times 8=\boxed{16}$(cm)

4 (1) 두 점 M, N이 각각 $\overline{AB}$, $\overline{BC}$의 중점이므로
    $\overline{AB}=2\overline{MB}$, $\overline{BC}=2\overline{BN}$
    ∴ $\overline{AC}=\overline{AB}+\overline{BC}$
       $=2\overline{MB}+2\overline{BN}$
       $=2(\overline{MB}+\overline{BN})=2\overline{MN}$
    따라서 $\overline{AC}$의 길이는 $\overline{MN}$의 길이의 2배이다.
  (2) $\overline{AC}=2\overline{MN}$이므로
    $\overline{MN}=\frac{1}{2}\overline{AC}=\frac{1}{2}\times 12=6$(cm)

---

1 ㄱ, ㄹ, ㅁ

2 (1) 예 (2) 둔 (3) 예 (4) 직 (5) 평

3 (1) 180, 60 (2) 180, 80

4 (1) 20°   (2) 30°

---

4 (1) $70°+\angle x+90°=180°$이므로
    $\angle x+160°=180°$ ∴ $\angle x=20°$
  (2) $\angle x+3\angle x+2\angle x=180°$이므로
    $6\angle x=180°$ ∴ $\angle x=30°$

1 (1) ∠BOD   (2) ∠DOE   (3) ∠BOF
    (4) ∠BOC   (5) ∠AOF   (6) ∠COE

2 (1) 140, 180, 40   (2) x, 30, 180, 150

3 (1) 80   (2) 20   **4** 70°

---

3 (1) 오른쪽 그림에서 맞꼭지각의 크기는
     서로 같으므로

     $30+x+70=180$

     $x+100=180$ ∴ $x=80$

   (2) 오른쪽 그림에서 맞꼭지각의 크기는
     서로 같으므로

     $90+(x+10)+3x=180$

     $4x+100=180$

     $4x=80$ ∴ $x=20$

4 맞꼭지각의 크기는 서로 같으므로

    ∠$x+50°=120°$ ∴ ∠$x=70°$

---

1 (1) $\overleftrightarrow{CD}$ (또는 $\overleftrightarrow{CO}$ 또는 $\overleftrightarrow{OD}$)   (2) $\overleftrightarrow{AB}\perp\overleftrightarrow{CD}$
    (3) $\overleftrightarrow{AB}$ (또는 $\overleftrightarrow{AO}$ 또는 $\overleftrightarrow{OB}$)   (4) 점 O   (5) $\overline{AO}$

2 (1) 점 B   (2) 점 A   (3) $\overline{AB}$

3 (1) 점 B   (2) 점 D   (3) $\overline{BD}$ **4** 6 cm

---

4 점 P와 직선 l 사이의 거리는 점 P에서 직선 l에 내린 수선
의 발 B까지의 거리, 즉 $\overline{PB}$의 길이와 같으므로 6 cm이다.

쌍둥이 기출문제   P. 11~13

1 ④   **2** ②, ④   **3** ③   **4** 6   **5** ①
6 ③, ④   **7** (1) 3 (2) 6   **8** (1) 6 (2) 12
9 ②   **10** 30 cm   **11** ③   **12** 24°
13 ∠$a=120°$, ∠$b=60°$ **14** ②   **15** ③
16 25   **17** 50°   **18** 15   **19** ①, ⑤   **20** ④

[1~4] 점, 선, 면 ⇨ 도형의 기본 요소

평면으로만 둘러싸인 입체도형에서

• (교점의 개수)=(꼭짓점의 개수)   • (교선의 개수)=(모서리의 개수)

1 ④ 오른쪽 그림과 같은 경우에는 세 점을 모   A•
    두 지나는 직선이 존재하지 않는다.   •C

                                     •B

---

2 ① 점이 움직인 자리는 곡선이 될 수도 있다.
    ③ 평면과 평면이 만나면 교선이 생긴다.
    ⑤ 삼각기둥에서 교점의 개수는 꼭짓점의 개수와 같다.
    따라서 옳은 것은 ②, ④이다.

3 교점, 즉 꼭짓점의 개수는 6이므로 $a=6$
    교선, 즉 모서리의 개수는 10이므로 $b=10$
    ∴ $a+b=6+10=16$

4 교점, 즉 꼭짓점의 개수는 12이므로 $x=12$
    교선, 즉 모서리의 개수는 18이므로 $y=18$
    ∴ $y-x=18-12=6$

[5~6] 직선, 반직선, 선분

A—B—C 에서 $\overline{AB}=\overline{BC}=\overline{AC}$이지만

$\overrightarrow{AB}=\overrightarrow{AC}$, $\overrightarrow{AC}\neq\overrightarrow{BC}$, $\overrightarrow{BA}\neq\overrightarrow{BC}$

즉, 시작점과 뻗어 나가는 방향이 모두 같아야 같은 반직선이다.

5 $\overrightarrow{AC}$와 같은 반직선은 점 A를 시작점으로 하고 점 C의 방향
    으로 뻗어 나가는 반직선이므로 ① $\overrightarrow{AB}$이다.

6 ③ 시작점과 뻗어 나가는 방향이 모두 다르므로
     $\overrightarrow{CA}\neq\overrightarrow{AC}$
    ④ $\overleftrightarrow{AD}$는 두 점 A, D 각각의 방향으로 뻗어 나가고 $\overrightarrow{AD}$는
     점 A에서 시작하여 점 B의 방향으로 뻗어 나가는 반직
     선으로 $\overleftrightarrow{AD}$의 부분이므로
     $\overleftrightarrow{AD}\neq\overrightarrow{AD}$

[7~8] 직선, 반직선, 선분의 개수

어느 세 점도 한 직선 위에 있지 않을 때, 두 점을 이어서 만들 수 있는
서로 다른 직선, 반직선, 선분 사이의 관계는 다음과 같다.

• (직선의 개수)=(선분의 개수)
• (반직선의 개수)=(직선의 개수)×2
    └→ $\overrightarrow{AB}\neq\overrightarrow{BA}$ └→ $\overline{AB}=\overline{BA}$

7 (1) $\overleftrightarrow{AB}$, $\overleftrightarrow{AC}$, $\overleftrightarrow{BC}$의 3개이다.
   (2) $\overrightarrow{AB}$, $\overrightarrow{AC}$, $\overrightarrow{BA}$, $\overrightarrow{BC}$, $\overrightarrow{CA}$, $\overrightarrow{CB}$의 6개이다.

    다른 풀이
    세 점이 한 직선 위에 있지 않으므로
    (반직선의 개수)=(직선의 개수)×2=3×2=6

8 (1) $\overleftrightarrow{AB}$, $\overleftrightarrow{AC}$, $\overleftrightarrow{AD}$, $\overleftrightarrow{BC}$, $\overleftrightarrow{BD}$, $\overleftrightarrow{CD}$의 6개이다.
   (2) $\overrightarrow{AB}$, $\overrightarrow{AC}$, $\overrightarrow{AD}$, $\overrightarrow{BA}$, $\overrightarrow{BC}$, $\overrightarrow{BD}$, $\overrightarrow{CA}$, $\overrightarrow{CB}$, $\overrightarrow{CD}$, $\overrightarrow{DA}$,
    $\overrightarrow{DB}$, $\overrightarrow{DC}$의 12개이다.

    다른 풀이
    어느 세 점도 한 직선 위에 있지 않으므로
    (반직선의 개수)=(선분의 개수)×2=6×2=12

[9~10] 선분의 중점과 두 점 사이의 거리

(1) $\overline{AM}=\overline{MB}=\dfrac{1}{2}\overline{AB}$, $\overline{AB}=2\overline{AM}=2\overline{MB}$

(2) $\overline{BN}=\overline{NC}=\dfrac{1}{2}\overline{BC}$, $\overline{BC}=2\overline{BN}=2\overline{NC}$

(3) $\overline{AC}=2\overline{MN}$, $\overline{MN}=\dfrac{1}{2}\overline{AC}$

9

점 M이 $\overline{AB}$의 중점이므로

$\overline{MB}=\dfrac{1}{2}\overline{AB}=\dfrac{1}{2}\times 12=6\,(\text{cm})$

$\therefore \overline{BN}=\overline{MN}-\overline{MB}=10-6=4\,(\text{cm})$

점 N이 $\overline{BC}$의 중점이므로

$\overline{BC}=2\overline{BN}=2\times 4=8\,(\text{cm})$

10 (1단계)

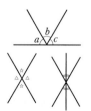

두 점 M, N이 각각 $\overline{AB}$, $\overline{BC}$의 중점이므로

$\overline{AB}=2\overline{MB}$, $\overline{BC}=2\overline{BN}$

(2단계) $\therefore \overline{AC}=\overline{AB}+\overline{BC}=2\overline{MB}+2\overline{BN}$

$=2(\overline{MB}+\overline{BN})=2\overline{MN}$

$=2\times 15=30\,(\text{cm})$

채점 기준		
1단계	$\overline{AB}=2\overline{MB}$, $\overline{BC}=2\overline{BN}$임을 설명하기	… 40 %
2단계	$\overline{AC}$의 길이 구하기	… 60 %

[11~18] 각의 크기 구하기

(1) 평각의 크기는 180°임을 이용한다.

$\Rightarrow \angle a+\angle b+\angle c=180°$

(2) 두 개 이상의 직선이 한 점에서 만날 때, 맞꼭지각의 크기는 서로 같음을 이용한다.

11 $\angle x+90°+30°=180°$이므로 $\angle x=60°$

12 $90°+\angle x+(2\angle x+18°)=180°$

$3\angle x=72°$ $\therefore \angle x=24°$

13 $\angle a=120°$ (맞꼭지각)

$\angle b+120°=180°$ $\therefore \angle b=60°$

14 맞꼭지각의 크기는 서로 같으므로

$x+40=3x$, $2x=40$ $\therefore x=20$

15 오른쪽 그림에서 맞꼭지각의 크기는 서로 같으므로

$\angle x+(2\angle x-80°)+50°=180°$

$3\angle x=210°$ $\therefore \angle x=70°$

16 오른쪽 그림에서 맞꼭지각의 크기는 서로 같으므로

$(2x+25)+(x-10)+90=180$

$3x=75$ $\therefore x=25$

17 맞꼭지각의 크기는 서로 같으므로

$90°+\angle x=2\angle x+40°$ $\therefore \angle x=50°$

18 맞꼭지각의 크기는 서로 같으므로

$(x+35)+65=3x+70$, $2x=30$ $\therefore x=15$

[19~20] 직교와 수선

(1) 직교 $\Rightarrow \overline{AB}\perp l$

(2) 점 A에서 직선 l에 내린 수선의 발 $\Rightarrow$ 점 B

(3) 점 A와 직선 l 사이의 거리 $\Rightarrow \overline{AB}$의 길이

19 ② $\overline{AD}$의 수선은 $\overline{AB}$, $\overline{CD}$이다.

③ $\overline{AD}$와 $\overline{CD}$의 교점은 점 D이다.

④ 점 D에서 $\overline{AB}$에 내린 수선의 발은 점 A이다.

⑤ 점 A와 $\overline{BC}$ 사이의 거리는 $\overline{AB}$의 길이와 같으므로 $3\,\text{cm}$이다.

따라서 옳은 것은 ①, ⑤이다.

20 ④ 오른쪽 그림에서 점 D와 $\overline{BC}$ 사이의 거리는 $\overline{AB}$의 길이와 같으므로 $4\,\text{cm}$이다.

02 점, 직선, 평면의 위치 관계

유형 6 P. 14

1 (1) 점 B, 점 E (2) 점 A, 점 C, 점 E

(3) 점 A, 점 C, 점 D (4) 점 D

2 (1) 점 A, 점 B (2) 점 A, 점 B, 점 C, 점 D

(3) $\overline{AC}$, $\overline{BC}$, $\overline{CF}$ (4) 점 A, 점 D

3 (1) $\overline{AB}$, $\overline{BF}$, $\overline{CD}$, $\overline{CG}$ (2) $\overline{AD}$, $\overline{EH}$, $\overline{FG}$

(3) $\overline{AE}$, $\overline{DH}$, $\overline{EF}$, $\overline{HG}$

4 (1) $\overline{CD}$ (2) $\overline{BD}$ (3) $\overline{BC}$

3 (3) 모서리 BC와 꼬인 위치에 있는 모서리는 모서리 BC와 만나지도 않고 평행하지도 않은 모서리이므로 $\overline{AE}$, $\overline{DH}$, $\overline{EF}$, $\overline{HG}$이다.

2 모서리 AB와 꼬인 위치에 있는 모서리는 모서리 AB와 만나지도 않고 평행하지도 않은 모서리이므로 $\overline{CG}$, $\overline{DH}$, $\overline{EH}$, $\overline{FG}$이다.

P. 15

유형 7

1 (1) 면 ADFC, 면 ADEB
(2) 면 ABC, 면 DEF
(3) 면 BEFC

2 (1) $\overline{AB}$, $\overline{BC}$, $\overline{CD}$, $\overline{DA}$ (2) $\overline{AE}$, $\overline{BF}$, $\overline{CG}$, $\overline{DH}$
(3) $\overline{AB}$, $\overline{EF}$, $\overline{HG}$, $\overline{DC}$ (4) $\overline{AB}$, $\overline{BC}$, $\overline{CD}$, $\overline{DA}$

3 (1) $\overline{BC}$
(2) 면 ABCD, 면 ABFE, 면 EFGH, 면 CGHD
(3) 면 ABCD, 면 BFGC, 면 EFGH, 면 AEHD
(4) 면 BFGC

4 (1) × (2) ○ (3) ×

4 (1) 서로 다른 두 직선 *l*과 *m*이 만나지 않으면 평행하거나 꼬인 위치에 있을 수 있다.
(3) $P \perp Q$, $P \perp R$이면 서로 다른 두 평면 Q, R는 다음 그림과 같이 평행하거나 한 직선에서 만날 수 있다.

평행하다.　　　한 직선에서 만난다.

[3~6] 공간에서의 위치 관계

직선과 직선	직선과 평면	평면과 평면
• 한 점에서 만난다. • 일치한다. • 평행하다. • 꼬인 위치에 있다.	• 한 점에서 만난다. • 포함된다. • 평행하다.	• 한 직선에서 만난다. • 일치한다. • 평행하다.

3 ③ $\overline{AB}$, $\overline{BC}$, $\overline{CA}$의 3개이다.
④ 면 ADEB, 면 BEFC, 면 ADFC의 3개이다.
⑤ $\overline{BC}$, $\overline{EF}$의 2개이다.
따라서 옳지 않은 것은 ⑤이다.

4 ① $\overline{AF}$, $\overline{BG}$의 2개이다.
② $\overleftrightarrow{AB}$와 $\overleftrightarrow{CD}$는 한 점에서 만난다.
③ 면 AFJE, 면 EJID, 면 CHID의 3개이다.
④ 면 ABCDE, 면 FGHIJ의 2개이다.
따라서 옳은 것은 ⑤이다.

5 ㄱ. $l /\!/ m$, $l /\!/ n$이면 $m /\!/ n$이다.
따라서 옳은 것은 ㄴ, ㄷ이다.

6 ① 한 평면에 평행한 서로 다른 두 직선은 다음 그림과 같이 평행하거나 한 점에서 만나거나 꼬인 위치에 있을 수 있다.

평행하다.　　한 점에서 만난다.　　꼬인 위치에 있다.

② 한 평면에 평행한 서로 다른 두 평면은 오른쪽 그림과 같이 평행하다.

③ 한 평면에 수직인 서로 다른 두 평면은 다음 그림과 같이 평행하거나 한 직선에서 만날 수 있다.

평행하다.　　　한 직선에서 만난다.

쌍둥이 기출문제

P. 16

1 ③　　**2** $\overline{CG}$, $\overline{DH}$, $\overline{EH}$, $\overline{FG}$　　**3** ⑤
4 ⑤　　**5** ㄴ, ㄷ　　　　　　　　　**6** ②

[1~2] 꼬인 위치
입체도형에서 어떤 모서리와 꼬인 위치에 있는 모서리는
① 한 점에서 만나는 모서리
② 평행한 모서리
를 제외한 나머지 모서리이다.

1 모서리 BC와 꼬인 위치에 있는 모서리는 모서리 BC와 만나지도 않고 평행하지도 않은 모서리이므로 $\overline{AD}$, $\overline{DE}$, $\overline{DF}$의 3개이다.

④ 한 직선에 수직인 서로 다른 두 직선은 다음 그림과 같이 평행하거나 한 점에서 만나거나 꼬인 위치에 있을 수 있다.

평행하다.　　한 점에서 만난다.　　꼬인 위치에 있다.

⑤ 한 직선에 평행한 서로 다른 두 평면은 다음 그림과 같이 평행하거나 한 직선에서 만날 수 있다.

평행하다.　　　한 직선에서 만난다.

따라서 옳은 것은 ②이다.

동위각과 엇각

유형 8　　　　　　　　　　P. 17

1 (1) 130　(2) e, 50　(3) c, 110　(4) 70
2 (1) $\angle a=125°$, $\angle b=55°$, $\angle c=55°$
　　(2) $\angle a=100°$, $\angle b=80°$, $\angle c=80°$
3 $\angle x=60°$, $\angle y=60°$
4 $\angle x=50°$, $\angle y=130°$
5 $\angle x=75°$, $\angle y=45°$

1 (1) $\angle a$의 동위각 ⇨ $\angle d=\boxed{130}°$ (맞꼭지각)
　　(2) $\angle b$의 동위각 ⇨ $\boxed{e}=180°-130°=\boxed{50}°$
　　(3) $\angle d$의 엇각 ⇨ $\angle\boxed{c}=180°-70°=\boxed{110}°$

2 (1) $l /\!/ m$이므로 $\angle a=125°$ (동위각)
　　　$\angle b=180°-\angle a=180°-125°=55°$
　　　$\angle c=\angle b=55°$ (맞꼭지각)
　　(2) $l /\!/ m$이므로 $\angle a=100°$ (엇각)
　　　$\angle b=180°-\angle a=180°-100°=80°$
　　　$\angle c=\angle b=80°$ (맞꼭지각)

3 $l /\!/ m$이므로 $\angle x=60°$ (동위각)
　　$p /\!/ q$이므로 $\angle y=60°$ (동위각)

4 오른쪽 그림에서 $l /\!/ m$이므로
　　$\angle x=180°-(60°+70°)=50°$
　　$l /\!/ m$이므로
　　$\angle y=60°+70°=130°$

5 오른쪽 그림에서
　　$l /\!/ m$이므로 $\angle x=75°$ (동위각)
　　∴ $\angle ACB=180°-\angle x$
　　　　　　$=180°-75°=105°$
　　즉, 삼각형 ABC에서 $30°+\angle y+105°=180°$
　　$135°+\angle y=180°$　∴ $\angle y=45°$

유형 9　　　　　　　　　　P. 18

1 (1) 120°, 평행하다.　　(2) 110°, 평행하지 않다.
　　(3) 100°, 평행하지 않다.　(4) 50°, 평행하다.
2 ㄷ, ㄹ
3 (1) ○　(2) ×　(3) ×　(4) ○

1 (1) 오른쪽 그림에서
　　$\angle x=180°-60°=120°$
　　즉, 동위각의 크기가 서로 같으므로
　　두 직선 l, m은 평행하다.

　　(2) 오른쪽 그림에서
　　$\angle x=180°-70°=110°$
　　즉, 동위각의 크기가 같지 않으므로
　　두 직선 l, m은 평행하지 않다.

　　(3) 오른쪽 그림에서
　　$\angle x=100°$ (맞꼭지각)
　　즉, 동위각의 크기가 같지 않으므로
　　두 직선 l, m은 평행하지 않다.

　　(4) 오른쪽 그림에서
　　$\angle x=180°-130°=50°$
　　즉, 엇각의 크기가 서로 같으므로
　　두 직선 l, m은 평행하다.

2 ㄱ. 오른쪽 그림과 같이 동위각의 크기
　　가 같지 않으므로 두 직선 l, m은
　　평행하지 않다.

　　ㄴ. 동위각의 크기가 같지 않으므로 두 직선 l, m은 평행하지 않다.

　　ㄷ. 오른쪽 그림과 같이 엇각의 크기가
　　서로 같으므로 두 직선 l, m은 평행
　　하다.

　　ㄹ. 오른쪽 그림과 같이 동위각의 크기
　　가 서로 같으므로 두 직선 l, m은
　　평행하다.

　　ㅁ. 오른쪽 그림과 같이 동위각의 크기
　　가 같지 않으므로 두 직선 l, m은
　　평행하지 않다.

　　ㅂ. 오른쪽 그림과 같이 엇각의 크기가
　　같지 않으므로 두 직선 l, m은 평행
　　하지 않다.

따라서 두 직선 l, m이 평행한 것은 ㄷ, ㄹ이다.

3 (1) $l /\!/ m$이면 $\angle a=\angle e$ (동위각)이다.
　　(2), (4) $\angle c=\angle g$ (동위각) 또는 $\angle c=\angle e$ (엇각)이면 $l /\!/ m$
　　이다.
　　(3) $l /\!/ m$이면 $\angle b=\angle f$ (동위각) 또는 $\angle b=\angle h$ (엇각)이다.

1	80°	**2**	100°	**3**	58°	**4**	125°	**5**	100°
6	40°	**7**	130°	**8**	15°				

1 오른쪽 그림과 같이
$l /\!/ m /\!/ n$인 직선 n을 그으면
$\angle x = 30° + 50° = 80°$

2 오른쪽 그림과 같이
$l /\!/ m /\!/ n$인 직선 n을 그으면
$\angle x = 60° + 40° = 100°$

3 오른쪽 그림과 같이
$l /\!/ m /\!/ n$인 직선 n을 그으면
$\angle x = 58°$ (동위각)

4 오른쪽 그림과 같이
$l /\!/ m /\!/ n$인 직선 n을 그으면
$\angle x = 180° - 55° = 125°$

5 오른쪽 그림과 같이
$l /\!/ m /\!/ p /\!/ q$인 두 직선 p, q를
그으면
$\angle x = 50° + 50° = 100°$

6 오른쪽 그림과 같이
$l /\!/ m /\!/ p /\!/ q$인 두 직선 p, q를
그으면
$\angle x = 25° + 15° = 40°$

7 오른쪽 그림과 같이
$l /\!/ m /\!/ p /\!/ q$인 두 직선 p, q를
그으면
$\angle x = 30° + 100° = 130°$

8 오른쪽 그림과 같이
$l /\!/ m /\!/ p /\!/ q$인 두 직선 p, q를
그으면
$\angle x = 15°$ (엇각)

1	④	**2**	③	**3**	③	**4**	15°	**5**	④
6	①	**7**	②	**8**	ㄱ, ㄷ	**9**	95°	**10**	27°
11	④	**12**	64°						

[1~2] 동위각과 엇각
서로 다른 두 직선이 다른 한 직선과 만나서
생기는 각 중에서
(1) 동위각: 같은 위치에 있는 각
(2) 엇각: 엇갈린 위치에 있는 각

엇갈린 위치   같은 위치

1 ① $\angle a$의 맞꼭지각은 $\angle c$이다.
② $\angle b$의 동위각은 $\angle f$이다.
③ $\angle d$의 엇각은 $\angle f$이다.
⑤ $\angle g$의 동위각은 $\angle c$이다.
따라서 옳은 것은 ④이다.

2 ① $\angle a$의 동위각은 $\angle e$이므로 $\angle e = 180° - 70° = 110°$
③ $\angle c$의 엇각은 $\angle e$이므로 $\angle e = 110°$
④ 두 직선 l, m이 평행하면 $\angle b = \angle f$ (동위각)이다.
⑤ $\angle c = 110°$이면 $\angle c = \angle e$ (엇각)이므로 두 직선 l, m은
평행하다.
따라서 옳지 않은 것은 ③이다.

[3~4] 평행선의 성질
• $l /\!/ m$이면 동위각, 엇각의 크기가 각각 같다.
• $\angle a + \angle b = 180°$

3 $l /\!/ m$이므로
$\angle x = 60°$ (동위각)
$\angle y = 70°$ (엇각)
$\therefore \angle x + \angle y = 60° + 70°$
$= 130°$

4 $l /\!/ m$이므로 $\angle x = 70°$ (엇각)
$\angle y = 180° - 125° = 55°$
$\therefore \angle x - \angle y = 70° - 55°$
$= 15°$

[5~6] 평행선에서 삼각형 모양이 주어질 때, 각의 크기 구하기
동위각 또는 엇각의 크기를 이용하여 삼각형의 세 각의 크기를 구한 후
삼각형의 세 각의 크기의 합이 180°임을 이용한다.

5 오른쪽 그림에서
$45° + (2\angle x + 15°) + \angle x = 180°$
$3\angle x + 60° = 180°$, $3\angle x = 120°$
$\therefore \angle x = 40°$

6 오른쪽 그림에서

$135° + 30° + \angle x = 180°$

$\angle x + 165° = 180°$

$\therefore \angle x = 15°$

[7~8] 두 직선이 평행하기 위한 조건

(1)

$\angle a = \angle b$이면 $l /\!/ m$

(2)

$\angle c = \angle d$이면 $l /\!/ m$

7 ① 동위각의 크기가 서로 같으므로 두 직선 l, m은 평행하다.

② 오른쪽 그림과 같이 동위각의 크기가 같지 않으므로 두 직선 l, m은 평행하지 않다.

③ 오른쪽 그림과 같이 동위각의 크기가 서로 같으므로 두 직선 l, m은 평행하다.

④ 오른쪽 그림과 같이 엇각의 크기가 서로 같으므로 두 직선 l, m은 평행하다.

⑤ 오른쪽 그림과 같이 동위각의 크기가 서로 같으므로 두 직선 l, m은 평행하다.

따라서 두 직선 l, m이 평행하지 않은 것은 ②이다.

8 ㄱ. 오른쪽 그림과 같이 동위각의 크기가 서로 같으므로 두 직선 l, m은 평행하다.

ㄴ. 오른쪽 그림과 같이 동위각의 크기가 같지 않으므로 두 직선 l, m은 평행하지 않다.

ㄷ. 오른쪽 그림과 같이 동위각의 크기가 서로 같으므로 두 직선 l, m은 평행하다.

ㄹ. 동위각의 크기가 같지 않으므로 두 직선 l, m은 평행하지 않다.

따라서 두 직선 l, m이 평행한 것은 ㄱ, ㄷ이다.

[9~12] 평행선에서 보조선을 그어 각의 크기 구하기

꺾인 점을 지나면서 두 직선 l, m에 평행한 보조선을 긋는다.

• : 동위각
×, △: 엇각

9 오른쪽 그림과 같이 $l /\!/ m /\!/ n$인 직선 n을 그으면

$\angle x = 35° + 60° = 95°$

10 오른쪽 그림과 같이 $l /\!/ m /\!/ n$인 직선 n을 그으면

$\angle x = 27°$(엇각)

11 오른쪽 그림과 같이 $l /\!/ m /\!/ p /\!/ q$인 두 직선 p, q를 그으면

$\angle x = 32° + 23° = 55°$

12 [1단계] 오른쪽 그림과 같이 $l /\!/ m /\!/ p /\!/ q$인 두 직선 p, q를 그으면

[2단계] $l /\!/ p$이므로 $\angle a = 60°$(엇각)

$\angle b = 90° - \angle a = 90° - 60° = 30°$

$p /\!/ q$이므로 $\angle c = \angle b = 30°$(엇각)

$q /\!/ m$이므로 $\angle d = 34°$(엇각)

[3단계] $\therefore \angle x = 30° + 34° = 64°$

채점 기준		
1단계	$l /\!/ m /\!/ p /\!/ q$인 두 직선 p, q 긋기	··· 20 %
2단계	평행선의 성질을 이용하여 $\angle a$, $\angle b$, $\angle c$, $\angle d$의 크기 구하기	··· 60 %
3단계	$\angle x$의 크기 구하기	··· 20 %

단원 마무리

P. 22~23

1 8 cm **2** 50° **3** ③ **4** ④, ⑤ **5** ②
6 ②, ④ **7** 22 **8** 25°

1

두 점 B, C가 각각 $\overline{AC}$, $\overline{BD}$의 중점이므로

$\overline{AB} = \overline{BC}$, $\overline{BC} = \overline{CD}$

즉 $\overline{AB} = \overline{BC} = \overline{CD}$이므로

$\overline{AB} = \dfrac{1}{3}\overline{AD} = \dfrac{1}{3} \times 24 = 8\,(\text{cm})$

2 $\angle DOE+50°=90°$ $\therefore \angle DOE=90°-50°=40°$

$\angle x+\angle DOE=90°$이므로

$\angle x=90°-\angle DOE=90°-40°=50°$

3 오른쪽 그림에서 맞꼭지각의 크기는
서로 같으므로

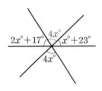

$(2x+17)+4x+(x+23)=180$

$7x+40=180,\ 7x=140$

$\therefore x=20$

4 모서리 AB와 만나지도 않고 평행하지도 않은 모서리, 즉
꼬인 위치에 있는 모서리는 $\overline{CD}$, $\overline{DE}$이다.

5 ① $\overline{AB}$와 $\overline{DH}$는 꼬인 위치에 있다.

③ 면 ABCD와 면 EFGH, 면 ABFE와 면 DCGH,
면 AEHD와 면 BFGC의 3쌍이다.

④ $\overline{AE}$, $\overline{DH}$, $\overline{EF}$, $\overline{HG}$의 4개이다.

⑤ $\overline{AD}$, $\overline{BC}$, $\overline{EH}$, $\overline{FG}$의 4개이다.

따라서 옳은 것은 ②이다.

6 ①, ③ 동위각 ⑤ 맞꼭지각

따라서 엇각끼리 바르게 짝 지은 것은 ②, ④이다.

7 [1단계] $l /\!/ m$이므로

$\angle CAB=3x°+8°$ (엇각)

[2단계] 삼각형 ABC에서

$(3x+8)+48+(2x+14)$

$=180$

$5x+70=180$

$5x=110$ $\therefore x=22$

채점 기준		
1단계	$\angle CAB$의 크기를 x를 사용하여 나타내기	… 50 %
2단계	x의 값 구하기	… 50 %

8 오른쪽 그림과 같이
$l /\!/ m /\!/ n$인 직선 n을 그으면
$\angle x=96°-71°=25°$

01 삼각형의 작도

유형 1
P. 26

1 ㄱ, ㄹ
2 (1) ◯ (2) × (3) × (4) ◯
3 컴퍼스
4 P, $\overline{AB}$, P, $\overline{AB}$, Q
5 ㉢ → ㉠ → ㉡

2 (2) 두 점을 연결하는 선분을 그릴 때는 눈금 없는 자를 사용한다.
(3) 선분의 길이를 재어 다른 직선 위로 옮길 때는 컴퍼스를 사용한다.

3 선분의 길이를 재어 옮길 때는 컴퍼스를 사용한다.

유형 2
P. 27

1 A, B, C, $\overline{AB}$
2 (1) ㉣, ㉤, ㉥ (2) 동위각
3 (1) ㉥, ㉤, ㉠ (2) 엇각

2 (1) 작도 순서는 다음과 같다.

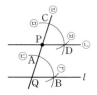

㉣ 점 P를 지나는 직선을 그어 직선 l과의 교점을 Q라고 한다.
㉢ 점 Q를 중심으로 원을 그려 $\overrightarrow{PQ}$, 직선 l과의 교점을 각각 A, B라고 한다.
㉥ 점 P를 중심으로 반지름의 길이가 $\overline{QA}$인 원을 그려 $\overrightarrow{PQ}$와의 교점을 C라고 한다.
㉠ $\overline{AB}$의 길이를 잰다.
㉤ 점 C를 중심으로 반지름의 길이가 $\overline{AB}$인 원을 그려 ㉥의 원과의 교점을 D라고 한다.
㉡ $\overrightarrow{PD}$를 그으면 $l /\!/ \overrightarrow{PD}$이다.
따라서 작도 순서는 ㉣ → ㉢ → ㉥ → ㉠ → ㉤ → ㉡ 이다.

3 (1) 작도 순서는 다음과 같다.

㉢ 점 P를 지나는 직선을 그어 직선 l과의 교점을 Q라고 한다.
㉥ 점 Q를 중심으로 원을 그려 $\overrightarrow{PQ}$, 직선 l과의 교점을 각각 A, B라고 한다.
㉡ 점 P를 중심으로 반지름의 길이가 $\overline{QA}$인 원을 그려 $\overrightarrow{PQ}$와의 교점을 C라고 한다.
㉤ $\overline{AB}$의 길이를 잰다.
㉣ 점 C를 중심으로 반지름의 길이가 $\overline{AB}$인 원을 그려 ㉡의 원과의 교점을 D라고 한다.
㉠ $\overrightarrow{PD}$를 그으면 $l /\!/ \overrightarrow{PD}$이다.
따라서 작도 순서는 ㉢ → ㉥ → ㉡ → ㉤ → ㉣ → ㉠ 이다.

유형 3
P. 28

1 (1) $\overline{BC}$ (2) $\overline{AC}$ (3) $\overline{AB}$ (4) ∠C (5) ∠A (6) ∠B
2 (1) 3 cm (2) 4 cm (3) 80°
3 (1) × (2) × (3) ◯ (4) × (5) ◯ (6) ◯ (7) ◯ (8) ×

2 (1) ∠A의 대변은 $\overline{BC}$이므로 그 길이는 3 cm이다.
(2) ∠C의 대변은 $\overline{AB}$이므로 그 길이는 4 cm이다.
(3) $\overline{AC}$의 대각은 ∠B이므로 그 크기는 80°이다.

3 (1) 6 > 1 + 3 ⇨ 삼각형의 세 변의 길이가 될 수 없다.
(2) 9 = 2 + 7 ⇨ 삼각형의 세 변의 길이가 될 수 없다.
(3) 5 < 4 + 4 ⇨ 삼각형의 세 변의 길이가 될 수 있다.
(4) 13 > 5 + 6 ⇨ 삼각형의 세 변의 길이가 될 수 없다.
(5) 12 < 6 + 8 ⇨ 삼각형의 세 변의 길이가 될 수 있다.
(6) 15 < 7 + 9 ⇨ 삼각형의 세 변의 길이가 될 수 있다.
(7) 10 < 8 + 10 ⇨ 삼각형의 세 변의 길이가 될 수 있다.
(8) 24 > 11 + 12 ⇨ 삼각형의 세 변의 길이가 될 수 없다.

유형 4
P. 29

1 (1) × (2) ◯ (3) ◯ (4) ◯
2 C, c, b, A

1 (1) 두 변인 $\overline{AB}$, $\overline{BC}$의 길이와 그 끼인각이 아닌 ∠A의 크기가 주어졌으므로 △ABC를 하나로 작도할 수 없다.

(2) 한 변인 $\overline{AB}$의 길이와 그 양 끝 각인 ∠A, ∠B의 크기가 주어졌으므로 △ABC를 하나로 작도할 수 있다.

(3) 두 변인 $\overline{AC}$, $\overline{BC}$의 길이와 그 끼인각인 ∠C의 크기가 주어졌으므로 △ABC를 하나로 작도할 수 있다.

(4) 세 변인 $\overline{AB}$, $\overline{BC}$, $\overline{AC}$의 길이가 주어지고 $\overline{AC} < \overline{AB} + \overline{BC}$이므로 △ABC를 하나로 작도할 수 있다.

유형 5   **P. 30**

1 (1) ×

이유: (가장 긴 변의 길이)>(나머지 두 변의 길이의 합)이므로 삼각형이 그려지지 않는다.

(2) ○

이유: (가장 긴 변의 길이)<(나머지 두 변의 길이의 합)이므로 삼각형이 하나로 정해진다.

(3) ×

이유: 두 변의 길이와 그 끼인각이 아닌 다른 한 각의 크기가 주어졌으므로 삼각형이 하나로 정해지지 않는다.

(4) ○

이유: 두 변의 길이와 그 끼인각의 크기가 주어졌으므로 삼각형이 하나로 정해진다.

(5) ○

이유: 한 변의 길이와 그 양 끝 각의 크기가 주어졌으므로 삼각형이 하나로 정해진다.

(6) ○

이유: ∠B$=180°-(30°+60°)=90°$, 즉 한 변의 길이와 그 양 끝 각의 크기를 알 수 있으므로 삼각형이 하나로 정해진다.

(7) ×

이유: 세 각의 크기가 주어지면 모양은 같고 크기가 다른 삼각형이 무수히 많이 그려진다.

2 (1) ○   (2) ○   (3) ×   (4) ×

2 (1) 세 변의 길이가 주어진 경우이고, 이때 $\overline{AB} + \overline{AC} > \overline{BC}$이므로 △ABC가 하나로 정해진다.

(2) ∠A가 $\overline{AB}$와 $\overline{AC}$의 끼인각이므로 두 변의 길이와 그 끼인각의 크기가 주어진 경우이다.
즉, △ABC가 하나로 정해진다.

(3) ∠B가 $\overline{AB}$와 $\overline{AC}$의 끼인각이 아니므로 △ABC는 하나로 정해지지 않는다.

(4) ∠C가 $\overline{AB}$와 $\overline{AC}$의 끼인각이 아니므로 △ABC는 하나로 정해지지 않는다.

쌍둥이 기출문제   **P. 31~33**

1 ⑤	**2** ②, ④	**3** ④	**4** ④	**5** ②, ⑤
6 ③	**7** ③	**8** ⑤	**9** ㄱ, ㄹ	**10** ③
11 ㄴ, ㄹ	**12** ⑤	**13** ㄴ	**14** ②	

[1~2] 작도

작도: 눈금 없는 자와 컴퍼스만을 사용하여 도형을 그리는 것
• 눈금 없는 자: 두 점을 이어 선분을 그리거나 주어진 선분을 연장할 때 사용
• 컴퍼스: 원을 그리거나 주어진 선분의 길이를 재어 다른 곳으로 옮길 때 사용

2 ② 작도에서 각도기는 사용하지 않고, 주어진 각의 크기를 옮길 때는 눈금 없는 자와 컴퍼스를 사용한다.
④ 선분의 길이를 잴 때는 컴퍼스를 사용한다.

[3~6] 크기가 같은 각의 작도

∠XOY와 크기가 같은 각의 작도 순서는 다음과 같다.

⇨ ∠XOY=∠CPQ

이때 $\overline{OA}=\overline{OB}=\overline{PC}=\overline{PD}$, $\overline{AB}=\overline{CD}$이다.

4 ①, ③ 두 점 O, P를 중심으로 반지름의 길이가 $\overline{OA}$인 원을 각각 그리므로
$\overline{OA}=\overline{OB}=\overline{PC}=\overline{PD}$
② 점 D를 중심으로 반지름의 길이가 $\overline{AB}$인 원을 그리므로
$\overline{AB}=\overline{CD}$
④ $\overline{OX}=\overline{PC}$인지는 알 수 없다.
따라서 옳지 않은 것은 ④이다.

5 두 점 A, P를 중심으로 반지름의 길이가 같은 원을 각각 그리므로
$\overline{AB}=\overline{AC}=\overline{PQ}=\overline{PR}$
따라서 $\overline{AB}$와 길이가 같은 선분이 아닌 것은 ②, ⑤이다.

6 ① 두 점 A, P를 중심으로 반지름의 길이가 같은 원을 각각 그리므로
$\overline{AB}=\overline{AC}=\overline{PQ}=\overline{PR}$
② 점 Q를 중심으로 반지름의 길이가 $\overline{BC}$인 원을 그리므로
$\overline{BC}=\overline{QR}$
③ ∠QPR=∠QRP인지는 알 수 없다.
따라서 옳지 않은 것은 ③이다.

[7~8] 삼각형의 세 변의 길이 사이의 관계
(가장 긴 변의 길이)<(나머지 두 변의 길이의 합)

7 ① $4 < 3+3$
② $5 < 4+2$
③ $7 > 4+2$
④ $8 < 6+6$
⑤ $9 < 6+4$
따라서 삼각형의 세 변의 길이가 될 수 없는 것은 ③이다.

8 ① $1 < 1+1$
② $2 < 2+1$
③ $4 < 3+2$
④ $5 < 4+4$
⑤ $5 = 2+3$
따라서 삼각형을 작도할 수 없는 것은 ⑤이다.

[9~10] 삼각형의 작도
다음의 각 경우에 삼각형을 하나로 작도할 수 있다.
(1) 세 변의 길이가 주어질 때
(2) 두 변의 길이와 그 끼인각의 크기가 주어질 때
(3) 한 변의 길이와 그 양 끝 각의 크기가 주어질 때

9 한 변의 길이와 그 양 끝 각의 크기가 주어졌을 때, 삼각형의 작도는
ㄱ. 한 변을 작도한 후 두 각을 작도하거나
ㄹ. 한 각을 작도한 후 한 변을 작도하고 다른 한 각을 작도하면 된다.

10 작도 순서는
④ → ①(또는 ②) → ②(또는 ①) → ③
또는
①(또는 ②) → ④ → ②(또는 ①) → ③
따라서 가장 마지막에 해당하는 것은 ③이다.

[11~14] 삼각형이 하나로 정해지는 경우
(1) 세 변의 길이가 주어질 때
(2) 두 변의 길이와 그 끼인각의 크기가 주어질 때
(3) 한 변의 길이와 그 양 끝 각의 크기가 주어질 때

11 ㄱ. 세 변의 길이가 주어진 경우이지만 $9=4+5$이므로 삼각형이 그려지지 않는다.
ㄴ. 두 변의 길이와 그 끼인각의 크기가 주어진 경우이다.
ㄷ. ∠B는 $\overline{AB}$와 $\overline{CA}$의 끼인각이 아니므로 삼각형이 하나로 정해지지 않는다.
ㄹ. ∠B$=180°-(35°+60°)=85°$이므로 한 변의 길이와 그 양 끝 각의 크기가 주어진 경우와 같다.
따라서 △ABC가 하나로 정해지는 것은 ㄴ, ㄹ이다.

12 ① 세 변의 길이가 주어진 경우이고, 이때 $12 < 6+8$이므로 삼각형이 하나로 정해진다.
② 두 변의 길이와 그 끼인각의 크기가 주어진 경우이다.
③ 한 변의 길이와 그 양 끝 각의 크기가 주어진 경우이다.
④ ∠C$=180°-(30°+70°)=80°$이므로 한 변의 길이와 그 양 끝 각의 크기가 주어진 경우와 같다.
⑤ 세 각의 크기가 주어지면 모양은 같고 크기가 다른 삼각형이 무수히 많이 그려진다.
따라서 △ABC가 하나로 정해지지 않는 것은 ⑤이다.

13 ㄱ. 한 변의 길이와 그 양 끝 각의 크기가 주어진 경우이다.
ㄴ. ∠B가 $\overline{AB}$와 $\overline{AC}$의 끼인각이 아니므로 △ABC는 하나로 정해지지 않는다.
ㄷ. ∠B와 ∠C의 크기가 주어지면 ∠A의 크기도 알 수 있다. 즉, 한 변의 길이와 그 양 끝 각의 크기가 주어진 경우와 같다.
ㄹ. 두 변의 길이와 그 끼인각의 크기가 주어진 경우이다.
따라서 △ABC가 하나로 정해지기 위해 필요한 나머지 한 조건이 될 수 없는 것은 ㄴ이다

14 ① 한 변의 길이와 그 양 끝 각의 크기가 주어진 경우이다.
② 세 각의 크기가 주어지면 모양은 같고 크기가 다른 삼각형이 무수히 많이 그려진다.
③ ∠B$=180°-(∠A+∠C)$이므로 한 변의 길이와 그 양 끝 각의 크기가 주어진 경우와 같다.
④ 한 변의 길이와 그 양 끝 각의 크기가 주어진 경우이다.
⑤ 두 변의 길이와 그 끼인각의 크기가 주어진 경우이다.
따라서 더 필요한 조건이 아닌 것은 ②이다.

 삼각형의 합동

유형 **6** P. 34

1 (1) $\overline{EF}$, 10 (2) 5 cm (3) 60° (4) 30°
2 $a=60$, $b=75$, $c=60$, $x=6$
3 (1) ○ (2) ○ (3) ○ (4) ○ (5) × (6) × (7) ○

1 △ABC≡△DEF이므로
(2) $\overline{AB}=\overline{DE}=5$ cm
(3) ∠E$=$∠B$=60°$
(4) ∠F$=180°-(90°+60°)=30°$

2 ∠B$=$∠F$=75°$ ∴ $b=75$
사각형의 네 각의 크기의 합이 360°이므로
∠A$=360°-(75°+78°+147°)=60°$ ∴ $a=60$
∠E$=$∠A$=60°$ ∴ $c=60$
$\overline{GF}=\overline{CB}=6$ cm   ∴ $x=6$

3 (5) 오른쪽 그림의 두 마름모는 한 변의 길이가 각각 2로 같 지만 합동은 아니다.
(6) 오른쪽 그림의 두 직사각형의 넓이는 12로 같지만 합동은 아 니다.

1 ④   **2** ①, ④   **3** ③   **4** $x=5$, $y=60$
5 ①   **6** ㄱ과 ㄷ, SAS 합동   **7** ③
8 ①, ④   **9** (개) ∠DMC   (내) ∠D   (대) ASA
10 ③   **11** (개) $\overline{OC}$ (내) $\overline{OD}$ (대) ∠O   (래) SAS
12 (1) △COB, SAS 합동   (2) 98°

[1~4] 도형의 합동
(1) 합동: 모양과 크기가 같아서 포개었을 때 완전히 겹치는 두 도형을 서로 합동이라고 한다.
(2) 두 도형이 서로 합동이면
   ① 대응변의 길이가 서로 같다.
   ② 대응각의 크기가 서로 같다.

1 ④ 합동인 두 도형은 모양과 크기가 각각 같다.

2 ② 오른쪽 그림의 두 평행사변형은 한 변의 길이가 2로 같지만 합동 은 아니다.
③ 오른쪽 그림의 두 이등변삼각형은 둘레의 길이가 10으로 같지만 합 동은 아니다.
⑤ 오른쪽 그림의 두 삼각형은 세 각의 크기가 같지만 합동은 아니다.

따라서 두 도형이 항상 합동인 것은 ①, ④이다.

3 △ABC≡△PQR이므로 ∠B=∠Q=30°
∴ ∠C=180°−(80°+30°)=70°

4 $\overline{AD}=\overline{EH}=5\,\text{cm}$ ∴ $x=5$
∠E=∠A=85°, ∠F=∠B=80°이고
사각형의 네 각의 크기의 합이 360°이므로
∠G=360°−(85°+80°+135°)=60°
∴ $y=60$

[5~6] 합동인 삼각형 찾기
(1) 대응하는 세 변의 길이가 각각 같을 때 (SSS 합동)
(2) 대응하는 두 변의 길이가 각각 같고, 그 끼인각의 크기가 같을 때
                                     (SAS 합동)
(3) 대응하는 한 변의 길이가 같고, 그 양 끝 각의 크기가 각각 같을 때
                                     (ASA 합동)

5 ①의 삼각형에서 나머지 한 각의 크기는
180°−(80°+40°)=60°
따라서 보기의 삼각형과 ①의 삼각형은 ASA 합동이다.

유형 7   P. 35

1 (1) SAS 합동   (2) SSS 합동   (3) ASA 합동
2 △HIG, △PRQ
3 (1) △ABD≡△CDB   (2) ASA 합동

1 (1) △ABC와 △DEF에서
$\overline{AB}=\overline{DE}$, $\overline{AC}=\overline{DF}$, ∠A=∠D
∴ △ABC≡△DEF (SAS 합동)
(2) △ABC와 △DEF에서
$\overline{AB}=\overline{DE}$, $\overline{BC}=\overline{EF}$, $\overline{CA}=\overline{FD}$
∴ △ABC≡△DEF (SSS 합동)
(3) △ABC와 △DEF에서
∠A=∠D, $\overline{AC}=\overline{DF}$, ∠C=∠F
∴ △ABC≡△DEF (ASA 합동)

2 △ABC와 △HIG에서
$\overline{AC}=\overline{HG}$, ∠C=∠G=60°,
∠A=180°−(30°+60°)=90°=∠H이므로
△ABC≡△HIG (ASA 합동)
△ABC와 △PRQ에서
$\overline{BC}=\overline{RQ}$, $\overline{AC}=\overline{PQ}$,
∠C=∠Q=180°−(90°+30°)=60°이므로
△ABC≡△PRQ (SAS 합동)
따라서 △ABC와 합동인 삼각형은
△HIG, △PRQ이다.

3 (1), (2) △ABD와 △CDB에서
∠ADB=∠CBD, $\overline{BD}$는 공통,
∠ABD=180°−(∠A+∠ADB)
       =180°−(∠C+∠CBD)
       =∠CDB
∴ △ABD≡△CDB (ASA 합동)

6 ㄷ의 삼각형에서 나머지 한 각의 크기는
$180°-(45°+65°)=70°$
따라서 ㄱ의 삼각형과 ㄷ의 삼각형은 SAS 합동이다.

[7~8] 두 삼각형이 합동이 되기 위해 필요한 한 조건 찾기
(1) 두 변의 길이가 각각 같을 때
⇨ 나머지 한 변의 길이 또는 그 끼인각의 크기가 같아야 한다.
(2) 한 변의 길이와 그 양 끝 각 중 한 각의 크기가 같을 때
⇨ 그 각을 끼고 있는 변의 길이 또는 다른 한 각의 크기가 같아야 한다.
(3) 두 각의 크기가 각각 같을 때
⇨ 대응하는 한 변의 길이가 같아야 한다.

7 △ABC와 △DFE에서 $\overline{AB}=\overline{DF}$, $\overline{AC}=\overline{DE}$이므로
③ ∠D=∠A=50°이면
△ABC≡△DFE(SAS 합동)

8 △ABC와 △DEF에서 $\overline{AB}=\overline{DE}$, ∠A=∠D이므로
① ∠B=∠E이면
△ABC≡△DEF(ASA 합동)
④ $\overline{AC}=\overline{DF}$이면
△ABC≡△DEF(SAS 합동)

[9~12] 삼각형의 합동 조건
(1) $\overline{AB}=\overline{DE}$, $\overline{BC}=\overline{EF}$, $\overline{AC}=\overline{DF}$
이면
△ABC≡△DEF(SSS 합동)
(2) $\overline{AB}=\overline{DE}$, $\overline{BC}=\overline{EF}$, ∠B=∠E
이면
△ABC≡△DEF(SAS 합동)
(3) $\overline{BC}=\overline{EF}$, ∠B=∠E, ∠C=∠F
이면
△ABC≡△DEF(ASA 합동)

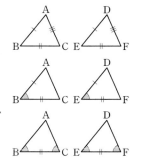

10 △ABM과 △DCM에서
$\overline{AM}=\overline{DM}$, ∠AMB=∠DMC(맞꼭지각),
$\overline{AB}/\!/\overline{DC}$이므로 ∠BAM=∠CDM(엇각) (⑤)
따라서 △ABM≡△DCM(ASA 합동)이므로
$\overline{AB}=\overline{DC}$(①), $\overline{BM}=\overline{CM}$(②), ∠ABM=∠DCM(④)
따라서 옳지 않은 것은 ③이다.

12 (1) 1단계 △AOD와 △COB에서
$\overline{OA}=\overline{OC}$, ∠O는 공통,
$\overline{OD}=\overline{OC}+\overline{CD}=\overline{OA}+\overline{AB}=\overline{OB}$
∴ △AOD≡△COB(SAS 합동)
(2) 2단계 ∠OCB=∠OAD=$180°-(32°+50°)=98°$

채점 기준	
1단계	△AOD와 합동인 삼각형을 찾고, 그 합동 조건 말하기 ··· 60%
2단계	∠OCB의 크기 구하기 ··· 40%

1 ④	**2** ③	**3** ⑤	**4** ④	**5** ㄱ, ㄴ, ㄹ
6 112	**7** 3개	**8** ⑤		

1 ㉢ $\overline{AB}$의 길이를 잰다.
㉠ 두 점 A, B를 중심으로 반지름의 길이가 $\overline{AB}$인 원을 각각 그려 두 원의 교점을 C라고 한다.
㉡ 두 점 A와 C, 두 점 B와 C를 각각 이으면 삼각형 ABC는 정삼각형이다.
따라서 작도 순서는 ㉢ → ㉠ → ㉡이다.

2 ③ $\overline{AQ}=\overline{BQ}=\overline{CP}=\overline{DP}$, $\overline{AB}=\overline{CD}$이지만 $\overline{AB}=\overline{CP}$인지는 알 수 없다.

3 a에 주어진 값을 대입하여 세 변의 길이를 각각 구하면
① 5, 9, 7 ⇨ $9<5+7$ (○)
② 5, 9, 9 ⇨ $9<5+9$ (○)
③ 5, 9, 11 ⇨ $11<5+9$ (○)
④ 5, 9, 13 ⇨ $13<5+9$ (○)
⑤ 5, 9, 15 ⇨ $15>5+9$ (×)
따라서 a의 값이 될 수 없는 것은 ⑤이다.

4 ① 세 변의 길이가 주어진 경우이지만 $10>4+5$이므로 삼각형이 그려지지 않는다.
② ∠A는 $\overline{AB}$와 $\overline{BC}$의 끼인각이 아니므로 삼각형이 하나로 정해지지 않는다.
③ ∠A는 $\overline{BC}$와 $\overline{CA}$의 끼인각이 아니므로 삼각형이 하나로 정해지지 않는다.
④ ∠B=$180°-(30°+75°)=75°$이므로 한 변의 길이와 그 양 끝 각의 크기가 주어진 경우와 같다.
⑤ 세 각의 크기가 주어지면 모양은 같고 크기가 다른 삼각형이 무수히 많이 그려진다.
따라서 △ABC가 하나로 정해지는 것은 ④이다.

5 ㄱ. 한 변의 길이와 그 양 끝 각의 크기가 주어진 경우이다.
ㄴ, ㄹ. ∠C=$180°-(65°+40°)=75°$이므로 한 변의 길이와 그 양 끝 각의 크기가 주어진 경우와 같다.
ㄷ. 세 각의 크기가 주어지면 모양은 같고 크기가 다른 삼각형이 무수히 많이 그려진다.
따라서 △ABC가 하나로 정해지기 위해 필요한 나머지 한 조건이 될 수 있는 것은 ㄱ, ㄴ, ㄹ이다.

6 1단계 △ABC≡△DEF이므로
$\overline{AB}=\overline{DE}=7$ cm ∴ $x=7$
2단계 또 ∠D=∠A=30°이므로
∠E=$180°-(30°+45°)=105°$ ∴ $y=105$
3단계 ∴ $x+y=7+105=112$

채점 기준		
1단계	x의 값 구하기	… 40 %
2단계	y의 값 구하기	… 40 %
3단계	$x+y$의 값 구하기	… 20 %

7 ㄱ. △ABC와 △EFD에서
$\overline{AB}=\overline{EF}$, $\overline{BC}=\overline{FD}$, $\overline{AC}=\overline{ED}$
∴ △ABC≡△EFD (SSS 합동)
ㄴ. △ABC와 △GIH에서
$\overline{AB}=\overline{GI}$, $\overline{BC}=\overline{IH}$, ∠B=∠I
∴ △ABC≡△GIH (SAS 합동)

ㄷ. △LJK에서 ∠L=180°−(42°+60°)=78°
△ABC와 △LJK에서
$\overline{AC}=\overline{LK}$, ∠A=∠L, ∠C=∠K
∴ △ABC≡△LJK (ASA 합동)
따라서 △ABC와 합동인 삼각형은 ㄱ, ㄴ, ㄷ의 3개이다.

8 △AMC와 △DMB에서
$\overline{CM}=\overline{BM}$, ∠AMC=∠DMB (맞꼭지각),
$\overline{AC} /\!/ \overline{BD}$에서 ∠ACM=∠DBM (②)이므로
△AMC≡△DMB (ASA 합동) (①)
∴ $\overline{AC}=\overline{BD}$ (③), $\overline{AM}=\overline{DM}$ (④)
⑤ $\overline{AD}=\overline{BC}$인지는 알 수 없다.
따라서 옳지 않은 것은 ⑤이다.

다각형

유형 1

1 ㄱ, ㅁ
2 (1) 내각 (2) 외각 (3) 180
3 (1) 180, 130 (2) 95° (3) 65°
4 (1) 183° (2) 216°

1 ㄴ. 선분으로 둘러싸여 있지 않으므로 다각형이 아니다.
ㄷ. 반원의 일부는 곡선이므로 다각형이 아니다.
ㄹ, ㅂ. 평면도형이 아니므로 다각형이 아니다.
따라서 다각형은 ㄱ, ㅁ이다.

3 다각형의 한 꼭짓점에서 내각과 외각의 크기의 합은 180°이
므로
(2) (∠A의 외각의 크기)=180°−85°=95°
(3) (∠A의 외각의 크기)=180°−115°=65°

4 (1) $\angle x=180°-77°=103°$
$\angle y=180°-100°=80°$
$\therefore \angle x+\angle y=103°+80°=183°$
(2) $\angle x=180°-40°=140°$
$\angle y=180°-104°=76°$
$\therefore \angle x+\angle y=140°+76°=216°$

3 (1) $\angle A=180°\times\dfrac{\boxed{3}}{3+4+5}=180°\times\dfrac{3}{12}=\boxed{45}°$
(2) $\angle B=180°\times\dfrac{4}{3+4+5}=180°\times\dfrac{4}{12}=60°$
(3) $\angle C=180°\times\dfrac{5}{3+4+5}=180°\times\dfrac{5}{12}=75°$

4 (1) $\angle x=50°+55°=105°$
(2) $\angle x=25°+110°=135°$

5 (1) 오른쪽 그림에서
$\angle x=70°+50°=120°$

(2) 오른쪽 그림에서
$\angle x+45°=105°$
$\therefore \angle x=60°$

6 (1) 오른쪽 그림에서
$3\angle x+15°=85°+\angle x$
$2\angle x=70°$ $\therefore \angle x=35°$
(2) 오른쪽 그림에서
$3\angle x+10°=70°+\angle x$
$2\angle x=60°$ $\therefore \angle x=30°$

유형 2

1 (1) 25° (2) 115° **2** (1) 16 (2) 35
3 (1) 3, 45 (2) 60° (3) 75°
4 (1) 105° (2) 135° **5** (1) 120° (2) 60°
6 (1) 35° (2) 30°

1 (1) $65°+\angle x+90°=180°$
$\therefore \angle x=25°$
(2) $35°+\angle x+30°=180°$
$\therefore \angle x=115°$

2 (1) $108+40+2x=180$
$2x=32$ $\therefore x=16$
(2) $x+50+(2x+25)=180$
$3x=105$ $\therefore x=35$

 한 걸음 더 연습

1 (1) 30° (2) 105° **2** 180, 50, 180, 130
3 풀이 참조
4 $a+c$, $b+e$, $\angle a+\angle c$, $\angle b+\angle e$, 180

1 (1) △ABC에서
$\angle BAC=180°-(45°+75°)=60°$이므로
$\angle BAD=\dfrac{1}{2}\angle BAC=\dfrac{1}{2}\times 60°=30°$
(2) △ABD에서
$\angle x=180°-(45°+30°)=105°$
다른 풀이
$\angle CAD=\angle BAD=30°$이므로
△ADC에서 $\angle x=30°+75°=105°$

3

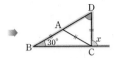

△ABC는 $\overline{AB}=\overline{AC}$인 이등변삼각형이므로

$\angle ACB=\angle ABC=30°$

∴ $\angle CAD=30°+30°=60°$

△CDA는 $\overline{CA}=\overline{CD}$인 이등변삼각형이므로

$\angle CDA=\angle CAD=60°$

따라서 △DBC에서

$\angle x=30°+60°=\boxed{90}$°

기출문제   P. 45~46

1	30°	**2**	50	**3**	①	**4**	50°	**5**	③
6	40°	**7**	④	**8**	40°	**9**	(1) 26°	(2) 74°
10	80°	**11**	110°	**12**	83°	**13**	105°	**14**	34°
15	③	**16**	45°						

[1~10] 삼각형의 내각과 외각

(1) 삼각형의 세 내각의 크기의 합은 180°이다.
  ⇨ $\angle a+\angle b+\angle c=180°$

(2) 삼각형에서 한 외각의 크기는 그와 이웃하지 않는 두 내각의 크기의 합과 같다.

1 $3\angle x+\angle x+60°=180°$

$4\angle x=120°$ ∴ $\angle x=30°$

2 $(x+10)+20+2x=180$

$3x=150$ ∴ $x=50$

3 $180°\times\dfrac{1}{1+4+7}=180°\times\dfrac{1}{12}=15°$

4 1단계 가장 큰 내각의 크기는

$180°\times\dfrac{9}{4+5+9}=180°\times\dfrac{9}{18}=90°$

2단계 가장 작은 내각의 크기는

$180°\times\dfrac{4}{4+5+9}=180°\times\dfrac{4}{18}=40°$

3단계 따라서 가장 큰 내각의 크기와 가장 작은 내각의 크기의 차는 $90°-40°=50°$

채점 기준

1단계	가장 큰 내각의 크기 구하기	… 40 %
2단계	가장 작은 내각의 크기 구하기	… 40 %
3단계	가장 큰 내각의 크기와 가장 작은 내각의 크기의 차 구하기	… 20 %

5 △ABC에서

$\angle ACB=180°-(75°+30°)=75°$

∴ $\angle DCE=\angle ACB=75°$ (맞꼭지각)

따라서 △CED에서

$\angle x=180°-(75°+55°)=50°$

6 △CED에서

$\angle DCE=180°-(30°+60°)=90°$

∴ $\angle ACB=\angle DCE=90°$ (맞꼭지각)

따라서 △ABC에서

$\angle x=180°-(90°+50°)=40°$

7 $\angle x+72°=125°$ ∴ $\angle x=53°$

8 $\angle x+60°=3\angle x-20°$

$2\angle x=80°$ ∴ $\angle x=40°$

9 (1) △DBC에서

$\angle BCD=180°-(100°+54°)=26°$

(2) $\angle C=2\angle BCD=2\times26°=52°$이므로

△ABC에서

$\angle x=180°-(54°+52°)=74°$

다른 풀이

$\angle ACD=\angle BCD=26°$이므로

△ADC에서

$\angle x+26°=100°$ ∴ $\angle x=74°$

10 △ABC에서

$\angle BAC=180°-(40°+60°)=80°$이므로

$\angle CAD=\dfrac{1}{2}\angle BAC=\dfrac{1}{2}\times80°=40°$

따라서 △ADC에서

$\angle x=180°-(40°+60°)=80°$

다른 풀이

△ABC에서

$\angle BAC=180°-(40°+60°)=80°$이므로

$\angle BAD=\dfrac{1}{2}\angle BAC=\dfrac{1}{2}\times80°=40°$

따라서 △ABD에서

$\angle x=\angle BAD+\angle ABD$

$=40°+40°$

$=80°$

[11~16] 삼각형의 내각과 외각의 성질을 이용하여 각의 크기 구하기

(1)

$\Rightarrow \angle x + \bullet + \times = \angle a + (\angle b + \bullet) + (\angle c + \times)$
$\therefore \angle x = \angle a + \angle b + \angle c$

(2)

$\Rightarrow$ △DBC에서
$\angle DCE = \angle B + \angle D = 3 \bullet$

(3)

$\Rightarrow \angle a + \angle b + \angle c + \angle d + \angle e = 180°$

11 △ABC에서
$\angle DBC + \angle DCB = 180° - (60° + 20° + 30°) = 70°$
따라서 △DBC에서
$\angle x = 180° - 70° = 110°$

12 △DBC에서
$\angle DBC + \angle DCB = 180° - 125° = 55°$
따라서 △ABC에서
$\angle x = 180° - (17° + 25° + 55°) = 83°$

13 △ABC는 $\overline{AB} = \overline{AC}$인 이등변삼
각형이므로
$\angle ACB = \angle ABC = 35°$
$\therefore \angle CAD = 35° + 35° = 70°$
△CDA는 $\overline{CA} = \overline{CD}$인 이등변삼각형이므로
$\angle CDA = \angle CAD = 70°$
따라서 △BCD에서
$\angle x = 35° + 70° = 105°$

14 △ABC는 $\overline{AB} = \overline{AC}$인 이등변
삼각형이므로
$\angle ACB = \angle ABC = \angle x$
$\therefore \angle CAD = \angle x + \angle x$
$\qquad = 2 \angle x$
△CDA는 $\overline{CA} = \overline{CD}$인 이등변삼각형이므로
$\angle CDA = \angle CAD = 2 \angle x$
따라서 △BCD에서
$\angle x + 2 \angle x = 102°$
$3 \angle x = 102°$ $\qquad \therefore \angle x = 34°$

15 오른쪽 그림에서
$(50° + 40°) + \angle x + (30° + 20°)$
$= 180°$
$\therefore \angle x = 40°$

16 오른쪽 그림에서
$\angle x + (45° + 40°) + (20° + 30°)$
$= 180°$
$\therefore \angle x = 45°$

유형 **3** **P. 47**

1 (1) 3 (2) 5
2 (1) 4, 1, 2 (2) 5, 2, 5 (3) 6, 3, 9 (4) 7, 4, 14
3 (1) 35 (2) 54 (3) 90 (4) 152
4 (1) 십일각형 (2) 44
5 20, 40, 8, 8, 팔각형 **6** 십삼각형

1 (1) 주어진 다각형은 육각형이므로 한 꼭짓점에서 그을 수
있는 대각선의 개수는
$6 - 3 = 3$
(2) 주어진 다각형은 팔각형이므로 한 꼭짓점에서 그을 수
있는 대각선의 개수는
$8 - 3 = 5$

2 (1) 한 꼭짓점에서 그을 수 있는 대각선의 개수는 $4 - 3 = 1$
대각선의 개수는 $\dfrac{4 \times 1}{2} = 2$
(2) 한 꼭짓점에서 그을 수 있는 대각선의 개수는 $5 - 3 = 2$
대각선의 개수는 $\dfrac{5 \times 2}{2} = 5$
(3) 한 꼭짓점에서 그을 수 있는 대각선의 개수는 $6 - 3 = 3$
대각선의 개수는 $\dfrac{6 \times 3}{2} = 9$
(4) 한 꼭짓점에서 그을 수 있는 대각선의 개수는 $7 - 3 = 4$
대각선의 개수는 $\dfrac{7 \times 4}{2} = 14$

3 (1) $\dfrac{10 \times (10 - 3)}{2} = 35$ (2) $\dfrac{12 \times (12 - 3)}{2} = 54$
(3) $\dfrac{15 \times (15 - 3)}{2} = 90$ (4) $\dfrac{19 \times (19 - 3)}{2} = 152$

4 (1) 한 꼭짓점에서 그을 수 있는 대각선의 개수가 8인 다각형
을 n각형이라고 하면
$n - 3 = 8$ $\qquad \therefore n = 11$
따라서 구하는 다각형은 십일각형이다.
(2) $\dfrac{11 \times (11 - 3)}{2} = 44$

6 대각선의 개수가 65인 다각형을 n각형이라고 하면
$\dfrac{n(n - 3)}{2} = 65$에서
$n(n - 3) = 130 = 13 \times 10$이므로 $n = 13$
따라서 구하는 다각형은 십삼각형이다.

1	25	**2**	⑤	**3**	③	**4**	11
5	정십팔각형		**6**	②	**7**	④	**8** ④, ⑤

[1~8] 다각형의 대각선의 개수

(1) n각형의 한 꼭짓점에서 그을 수 있는 대각선의 개수 ⇨ $n-3$

(2) n각형의 한 꼭짓점에서 대각선을 모두 그었을 때 생기는 삼각형의 개수 ⇨ $n-2$

(3) n각형의 대각선의 개수 ⇨ $\dfrac{n(n-3)}{2}$

1 팔각형의 한 꼭짓점에서 그을 수 있는 대각선의 개수는

$8-3=5$ $\therefore a=5$

모든 대각선의 개수는

$\dfrac{8\times5}{2}=20$ $\therefore b=20$

$\therefore a+b=5+20=25$

2 한 꼭짓점에서 그을 수 있는 대각선의 개수가 13인 다각형을 n각형이라고 하면

$n-3=13$ $\therefore n=16$

따라서 십육각형의 대각선의 개수는

$\dfrac{16\times(16-3)}{2}=104$

3 대각선의 개수가 27인 다각형을 n각형이라고 하면

$\dfrac{n(n-3)}{2}=27,\ n(n-3)=54=9\times6$ $\therefore n=9$

따라서 구하는 다각형은 구각형이다.

4 대각선의 개수가 44인 다각형을 n각형이라고 하면

$\dfrac{n(n-3)}{2}=44,\ n(n-3)=88=11\times8$ $\therefore n=11$

따라서 십일각형의 꼭짓점의 개수는 11이다.

5 ㈏에서 모든 변의 길이가 같고, 모든 내각의 크기가 같은 다각형은 정다각형이므로 정n각형이라고 하면

㈎에서 $n-3=15$ $\therefore n=18$

따라서 구하는 다각형은 정십팔각형이다.

6 ㈎에서 모든 변의 길이가 같고, 모든 내각의 크기가 같은 다각형은 정다각형이므로 정n각형이라고 하면

㈏에서 $\dfrac{n(n-3)}{2}=14$

$n(n-3)=28=7\times4$ $\therefore n=7$

따라서 구하는 다각형은 정칠각형이다.

7 ② 삼각형에는 이웃하지 않는 두 꼭짓점이 없으므로 대각선을 그을 수 없다.

④ n각형의 한 꼭짓점에서 그을 수 있는 대각선의 개수는 $n-3$이다.

따라서 옳지 않은 것은 ④이다.

8 ① 다각형의 한 꼭짓점에서 내각의 크기와 외각의 크기의 합은 $180°$이다.

② 모든 내각의 크기가 같고, 모든 변의 길이가 같은 다각형은 정다각형이다.

③ 칠각형의 한 꼭짓점에서 그을 수 있는 대각선의 개수는 $7-3=4$이다.

④ 육각형과 정육각형은 모두 꼭짓점의 개수가 6인 다각형이므로 대각선의 개수가 $\dfrac{6\times(6-3)}{2}=9$로 서로 같다.

따라서 옳은 것은 ④, ⑤이다.

02 다각형의 내각과 외각의 크기의 합

1

다각형	한 꼭짓점에서 대각선을 모두 그었을 때 생기는 삼각형의 개수	내각의 크기의 합
오각형	3	$180°\times3=540°$
육각형	4	$180°\times4=720°$
칠각형	5	$180°\times5=900°$
팔각형	6	$180°\times6=1080°$
⋮	⋮	⋮
n각형	$n-2$	$180°\times(n-2)$

2 (1) $1440°$ (2) $1800°$ (3) $2340°$ (4) $2880°$

3 (1) 육각형   (2) 구각형   (3) 십일각형   (4) 십사각형

4 (1) $135°$ (2) $100°$ **5** (1) $130°$ (2) $82°$

2 (1) $180°\times(10-2)=1440°$ (2) $180°\times(12-2)=1800°$

(3) $180°\times(15-2)=2340°$ (4) $180°\times(18-2)=2880°$

3 구하는 다각형을 n각형이라고 하면

(1) $180°\times(n-2)=720°,\ n-2=4$

   $\therefore n=6$, 즉 육각형

(2) $180°\times(n-2)=1260°,\ n-2=7$

   $\therefore n=9$, 즉 구각형

(3) $180°\times(n-2)=1620°,\ n-2=9$

   $\therefore n=11$, 즉 십일각형

(4) $180°\times(n-2)=2160°,\ n-2=12$

   $\therefore n=14$, 즉 십사각형

4 (1) 오각형의 내각의 크기의 합은

$180°\times(5-2)=540°$이므로

$105°+\angle x+90°+110°+100°=540°$

$\angle x+405°=540°$ $\therefore \angle x=135°$

(2) 육각형의 내각의 크기의 합은
$180° \times (6-2) = 720°$이므로
$(\angle x + 20°) + 130° + 110° + 120° + \angle x + (\angle x + 40°)$
$= 720°$
$3\angle x + 420° = 720°$, $3\angle x = 300°$ ∴ $\angle x = 100°$

5 (1) 오른쪽 그림에서 오각형의 내각의 크기의 합은

$180° \times (5-2) = 540°$이므로
$80° + 100° + \angle x + 110° + 120°$
$= 540°$
$\angle x + 410° = 540°$ ∴ $\angle x = 130°$

(2) 오른쪽 그림에서 육각형의 내각의 크기의 합은

$180° \times (6-2) = 720°$이므로
$(\angle x + 30°) + \angle x + 140° + 164°$
$+ (\angle x + 20°) + 120° = 720°$
$3\angle x + 474° = 720°$, $3\angle x = 246°$ ∴ $\angle x = 82°$

유형 **5**   **P. 50**

1 5, 3, 5, 3, 360, 360   **2** (1) 360° (2) 360°
3 (1) 100° (2) 110°   **4** (1) 100° (2) 53°
5 (1) 55° (2) 60° (3) 70°

3 (1) $\angle x + 110° + 150° = 360°$
$\angle x + 260° = 360°$ ∴ $\angle x = 100°$

(2) $120° + \angle x + 130° = 360°$
$\angle x + 250° = 360°$ ∴ $\angle x = 110°$

4 (1) $80° + 105° + \angle x + 75° = 360°$
$\angle x + 260° = 360°$ ∴ $\angle x = 100°$

(2) $60° + 50° + 75° + 60° + 62° + \angle x = 360°$
$\angle x + 307° = 360°$ ∴ $\angle x = 53°$

5 (1) 오른쪽 그림에서 오각형의 외각의 크기의 합은 360°이므로
$65° + \angle x + 80° + 75° + 85° = 360°$
$\angle x + 305° = 360°$
∴ $\angle x = 55°$

(2) 오른쪽 그림에서 오각형의 외각의 크기의 합은 360°이므로
$\angle x + 80° + 67° + 83° + 70° = 360°$
$\angle x + 300° = 360°$
∴ $\angle x = 60°$

(3) 오른쪽 그림에서 사각형의 외각의 크기의 합은 360°이므로

$80° + 110° + (180° - \angle x) + 60°$
$= 360°$
$430° - \angle x = 360°$
∴ $\angle x = 70°$

유형 **6**   **P. 51**

1 (1) 10, 8, 1440, 144   (2) 360, 36

2

정다각형	한 내각의 크기
(1) 정오각형	$\dfrac{180° \times (5-2)}{\boxed{5}} = \boxed{108}°$
(2) 정팔각형	$\dfrac{180° \times (8-2)}{8} = 135°$
(3) 정십오각형	$\dfrac{180° \times (15-2)}{15} = 156°$

3

정다각형	한 외각의 크기
(1) 정육각형	$\dfrac{360°}{\boxed{6}} = \boxed{60}°$
(2) 정구각형	$\dfrac{360°}{9} = 40°$
(3) 정십이각형	$\dfrac{360°}{12} = 30°$

4 (1) 정구각형   (2) 정십팔각형
5 (1) 정십오각형   (2) 정이십각형
6 1, 45, 45, 8, 정팔각형

4 구하는 정다각형을 정n각형이라고 하면
(1) $\dfrac{180° \times (n-2)}{n} = 140°$, $180° \times n - 360° = 140° \times n$
$40° \times n = 360°$ ∴ $n = 9$, 즉 정구각형

(2) $\dfrac{180° \times (n-2)}{n} = 160°$, $180° \times n - 360° = 160° \times n$
$20° \times n = 360°$ ∴ $n = 18$, 즉 정십팔각형

[다른 풀이]
(1) 한 외각의 크기가 $180° - 140° = 40°$이므로
$\dfrac{360°}{n} = 40°$ ∴ $n = 9$, 즉 정구각형

(2) 한 외각의 크기가 $180° - 160° = 20°$이므로
$\dfrac{360°}{n} = 20°$ ∴ $n = 18$, 즉 정십팔각형

5 구하는 정다각형을 정n각형이라고 하면
(1) $\dfrac{360°}{n} = 24°$ ∴ $n = 15$, 즉 정십오각형

(2) $\dfrac{360°}{n} = 18°$ ∴ $n = 20$, 즉 정이십각형

쌍둥이 기출문제

1	1267	2	900°	3	③	4	정십각형
5	110°	6	90°	7	③	8	②
9	정구각형, 140°		10	⑤	11	①	
12	정십이각형		13	(1) 20°	(2) 정십팔각형		
14	①						

[1~6] 다각형의 내각의 크기의 합
(1) n각형의 한 꼭짓점에서 대각선을 모두 그었을 때 생기는 삼각형의 개수 ⇨ $n-2$
(2) n각형의 내각의 크기의 합 ⇨ $180° \times (n-2)$

1 구각형은 한 꼭짓점에서 대각선을 모두 그으면 $9-2=7$(개)
의 삼각형으로 나누어지므로
$a=7$
구각형의 내각의 크기의 합은 $180° \times 7 = 1260°$이므로
$b=1260$
$\therefore a+b = 7+1260 = 1267$

2 한 꼭짓점에서 그을 수 있는 대각선의 개수가 4인 다각형을
n각형이라고 하면
$n-3=4$ $\therefore n=7$
따라서 칠각형의 내각의 크기의 합은
$180° \times (7-2) = 900°$

3 내각의 크기의 합이 1080°인 다각형을 n각형이라고 하면
$180° \times (n-2) = 1080°$, $n-2=6$ $\therefore n=8$
따라서 팔각형의 변의 개수는 8이다.

4 모든 변의 길이와 모든 내각의 크기가 각각 같은 다각형은
정다각형이다.
내각의 크기의 합이 1440°인 정다각형을 정n각형이라고 하면
$180° \times (n-2) = 1440°$, $n-2=8$ $\therefore n=10$
따라서 구하는 다각형은 정십각형이다.

5 육각형의 내각의 크기의 합은 $180° \times (6-2) = 720°$이므로
$(\angle x+30°)+95°+115°+(\angle x+30°)+\angle x+120°=720°$
$3\angle x+390°=720°$, $3\angle x=330°$ $\therefore \angle x=110°$

6 오각형의 내각의 크기의 합은 $180° \times (5-2) = 540°$이므로
$(180°-75°)+\angle x+130°+(180°-85°)+120°=540°$
$\angle x+450°=540°$ $\therefore \angle x=90°$

[7~8] 다각형의 외각의 크기의 합
(1) 다각형의 한 꼭짓점에서 내각과 외각의 크기의 합은 180°이다.
(2) 다각형의 외각의 크기의 합은 항상 360°이다.

7 $90°+\angle x+80°+45°+(180°-105°)=360°$
$\angle x+290°=360°$ $\therefore \angle x=70°$

8 $45°+100°+50°+(180°-\angle x)+85°=360°$
$460°-\angle x=360°$ $\therefore \angle x=100°$

[9~14] 정다각형의 한 내각과 한 외각의 크기
(1) 정n각형의 한 내각의 크기 ⇨ $\dfrac{180° \times (n-2)}{n}$
(2) 정n각형의 한 외각의 크기 ⇨ $\dfrac{360°}{n}$

9 **1단계** 대각선의 개수가 27인 정다각형을 정n각형이라고
하면
$\dfrac{n(n-3)}{2}=27$, $n(n-3)=54=9 \times 6$
$\therefore n=9$, 즉 정구각형
2단계 따라서 정구각형의 한 내각의 크기는
$\dfrac{180° \times (9-2)}{9}=140°$

채점 기준		
1단계	정다각형의 이름 구하기	··· 50%
2단계	정다각형의 한 내각의 크기 구하기	··· 50%

10 대각선의 개수가 9인 정다각형을 정n각형이라고 하면
$\dfrac{n(n-3)}{2}=9$, $n(n-3)=18=6 \times 3$ $\therefore n=6$
따라서 정육각형의 한 외각의 크기는
$\dfrac{360°}{6}=60°$

11 한 외각의 크기가 36°인 정다각형을 정n각형이라고 하면
$\dfrac{360°}{n}=36°$ $\therefore n=10$
따라서 구하는 정다각형은 정십각형이다.

12 한 내각의 크기가 150°인 정다각형을 정n각형이라고 하면
$\dfrac{180° \times (n-2)}{n}=150°$, $180° \times n - 360° = 150° \times n$
$30° \times n = 360°$ $\therefore n=12$
따라서 구하는 정다각형은 정십이각형이다.
다른 풀이
한 외각의 크기가 $180°-150°=30°$이므로
$\dfrac{360°}{n}=30°$ $\therefore n=12$, 즉 정십이각형

13 (1) 한 내각과 한 외각의 크기의 합은 180°이므로
$(한 외각의 크기)=180° \times \dfrac{1}{8+1}$
$=180° \times \dfrac{1}{9} = 20°$
(2) 구하는 정다각형을 정n각형이라고 하면
$\dfrac{360°}{n}=20°$ $\therefore n=18$
따라서 구하는 정다각형은 정십팔각형이다.

14 한 내각과 한 외각의 크기의 합은 $180°$이므로

(한 외각의 크기)$=180°\times\dfrac{2}{3+2}$

$\qquad\qquad\qquad\quad=180°\times\dfrac{2}{5}=72°$

구하는 정다각형을 정n각형이라고 하면

$\dfrac{360°}{n}=72°$ $\quad\therefore n=5$

따라서 구하는 정다각형은 정오각형이다.

단원 마무리   **P. 54~55**

1 ⑤	**2** $45°$	**3** $36°$	**4** 55
5 정이십각형	**6** ⑤	**7** ④	**8** 177
9 5	**10** 정육각형		

1 $3x-30=50+(x+20)$

$2x=100$ $\quad\therefore x=50$

2 $\triangle$ADC에서

$\angle$DAC$+\angle$DCA$=180°-120°=60°$

따라서 $\triangle$ABC에서

$\angle x=180°-(35°+40°+60°)=45°$

3 [1단계] $\triangle$ABC는 $\overline{\text{AB}}=\overline{\text{AC}}$인

이등변삼각형이므로

$\angle$ACB$=\angle$ABC$=\angle x$

$\therefore \angle$CAD$=\angle x+\angle x$

$\qquad\qquad\quad=2\angle x$

[2단계] $\triangle$ACD는 $\overline{\text{AC}}=\overline{\text{CD}}$인 이등변삼각형이므로

$\angle$CDA$=\angle$CAD$=2\angle x$

[3단계] $\triangle$DBC에서 $\angle x+2\angle x=108°$

$3\angle x=108°$

$\therefore \angle x=36°$

채점 기준		
1단계	$\angle$CAD의 크기를 $\angle x$를 사용하여 나타내기	⋯ 30 %
2단계	$\angle$CDA의 크기를 $\angle x$를 사용하여 나타내기	⋯ 30 %
3단계	$\angle x$의 크기 구하기	⋯ 40 %

4 $n-2=9$ $\quad\therefore n=11$

즉, 십일각형의 대각선의 개수는

$\dfrac{11\times(11-3)}{2}=44$이므로 $m=44$

$\therefore n+m=11+44=55$

5 ㈎에서 모든 변의 길이가 같고, 모든 내각의 크기가 같은 다각형은 정다각형이므로 구하는 정다각형을 정n각형이라고 하면

㈏에서 $\dfrac{n(n-3)}{2}=170$

$n(n-3)=340=\underline{20}\times\underline{17}$ $\quad\therefore n=20$

따라서 구하는 다각형은 정이십각형이다.

6 내각의 크기의 합이 $1980°$인 다각형을 n각형이라고 하면

$180°\times(n-2)=1980°$

$n-2=11$ $\quad\therefore n=13$

따라서 십삼각형의 꼭짓점의 개수는 13이다.

7 $75°+30°+\angle x+(180°-110°)+53°+\angle y=360°$

$\angle x+\angle y+228°=360°$

$\therefore \angle x+\angle y=132°$

8 정이십각형의 한 내각의 크기는

$\dfrac{180°\times(20-2)}{20}=162°$이므로 $a=162$

정이십사각형의 한 외각의 크기는

$\dfrac{360°}{24}=15°$이므로 $b=15$

$\therefore a+b=162+15=177$

9 한 내각의 크기가 $135°$인 정다각형을 정n각형이라고 하면

$\dfrac{180°\times(n-2)}{n}=135°$, $180°\times n-360°=135°\times n$

$45°\times n=360°$ $\quad\therefore n=8$

따라서 정팔각형의 한 꼭짓점에서 그을 수 있는 대각선의 개수는 $8-3=5$

[다른 풀이]

한 외각의 크기가 $180°-135°=45°$이므로

$\dfrac{360°}{n}=45°$ $\quad\therefore n=8$

따라서 정팔각형의 한 꼭짓점에서 그을 수 있는 대각선의 개수는 $8-3=5$

10 [1단계] 한 내각과 한 외각의 크기의 합은 $180°$이므로

(한 외각의 크기)$=180°\times\dfrac{1}{2+1}=180°\times\dfrac{1}{3}=60°$

[2단계] 구하는 정다각형을 정n각형이라고 하면

$\dfrac{360°}{n}=60°$ $\quad\therefore n=6$

따라서 구하는 정다각형은 정육각형이다.

채점 기준		
1단계	정다각형의 한 외각의 크기 구하기	⋯ 50 %
2단계	정다각형의 이름 구하기	⋯ 50 %

01 원과 부채꼴

유형 1   P. 58

1

2 (1) $\overline{OA}$, $\overline{OB}$, $\overline{OE}$ (2) $\overline{BE}$, $\overline{CD}$ (3) $\overline{BE}$
    (4) $\widehat{AB}$ (5) ∠AOE   (6) 180°

3 (1) ×   (2) ○   (3) ×   (4) ○

3 (1) 현은 원 위의 두 점을 이은 선분이다.
    (3) 부채꼴은 호와 두 반지름으로 이루어진 도형이고, 현과
    호로 이루어진 도형은 활꼴이다.
    (4) 한 원에서 부채꼴과 활꼴이 같을 때는 오
    른쪽 그림과 같이 부채꼴이 반원인 경우
    이다.

유형 2   P. 59

1

중심각의 크기	호의 길이	부채꼴의 넓이
∠a	2 cm	4 cm²
2∠a	4 cm	8 cm²
3∠a	6 cm	12 cm²
4∠a	8 cm	16 cm²

⇨ 정비례

2 (1) 12   (2) 55   **3** (1) 6   (2) 30
4 (1) 120   (2) 4   **5** (1) 6   (2) 30
6 (1) ○   (2) ○   (3) ×   (4) ○

3 (1) $3 : x = 45° : 90°$, $3 : x = 1 : 2$ ∴ $x = 6$
    (2) $2 : 8 = x° : 120°$, $1 : 4 = x : 120$
       $4x = 120$ ∴ $x = 30$

4 (1) $4 : 8 = 60° : x°$, $1 : 2 = 60 : x$ ∴ $x = 120$
    (2) $12 : x = 90° : 30°$, $12 : x = 3 : 1$
       $3x = 12$ ∴ $x = 4$

6 (3) 현의 길이는 중심각의 크기에 정비례하지 않는다.

쌍둥이 기출문제   P. 60~61

1 2개	**2** ②, ③	**3** 120°	**4** ③	**5** 2 cm²
6 60°	**7** 168°	**8** 72°		

9 40, 40, 180, 100, 40, 100, 4   **10** $\dfrac{13}{2}$ cm

11 21 cm   **12** 7 cm   **13** ㄱ, ㄴ, ㄹ, ㅁ   **14** ⑤

[1~2] 원과 부채꼴에 대한 용어

1 ㄴ. $\overline{AC}$는 길이가 가장 긴 현이다.
    ㄹ. ∠BOC에 대한 호는 $\widehat{BC}$이다.
    따라서 옳은 것은 ㄱ, ㄷ의 2개이다.

2 ① $\overline{OA}$, $\overline{OB}$는 원의 중심 O와 원 위의 점 A, B를 각각 이
    은 선분으로 원의 반지름이다.
    ④ $\widehat{AB}$와 두 반지름 OA, OB로 둘러싸인 도형은 부채꼴이
    다.
    ⑤ 두 점 A, B를 양 끝 점으로 하는 원의 일부분은 $\widehat{AB}$이다.
    따라서 옳은 것은 ②, ③이다.

[3~8] 부채꼴의 중심각의 크기와 호의 길이, 넓이 사이의 관계
한 원 또는 합동인 두 원에서
부채꼴의 호의 길이와 넓이는 각각 중심각의 크기에 정비례한다.

3 $5 : 15 = 40° : ∠AOB$, $1 : 3 = 40° : ∠AOB$
    ∴ ∠AOB = 120°

4 $21 : \widehat{BC} = 135° : 45°$, $21 : \widehat{BC} = 3 : 1$
    $3\widehat{BC} = 21$ ∴ $\widehat{BC} = 7$(cm)

5 부채꼴 COD의 넓이를 S cm²라고 하면
    $3 : S = 60° : 40°$, $3 : S = 3 : 2$
    $3S = 6$ ∴ $S = 2$
    따라서 부채꼴 COD의 넓이는 2 cm²이다.

6 $8 : 24 = 20° : ∠x$, $1 : 3 = 20° : ∠x$
    ∴ ∠x = 60°

7 $\widehat{AB} : \widehat{BC} : \widehat{CA} = 2 : 6 : 7$이므로
    ∠AOB : ∠BOC : ∠AOC = 2 : 6 : 7
    ∴ ∠AOC = $360° × \dfrac{7}{2+6+7} = 360° × \dfrac{7}{15} = 168°$

8 $\overset{\frown}{AB} : \overset{\frown}{BC} = 3 : 2$이므로

$\angle AOB : \angle BOC = 3 : 2$

$\therefore \angle BOC = 180° \times \dfrac{2}{3+2}$

$\qquad = 180° \times \dfrac{2}{5}$

$\qquad = 72°$

[9~12] 평행선, 이등변삼각형의 성질을 이용하여 호의 길이 구하기

(1) ⇨
엇각   이등변삼각형

(2) ⇨
이등변삼각형
동위각

9 $\overline{AB} /\!/ \overline{CD}$이므로

$\angle AOC = \angle OCD = \boxed{40}$°(엇각)

$\triangle OCD$가 $\overline{OC} = \overline{OD}$인 이등변삼각형이므로

$\angle ODC = \angle OCD = \boxed{40}$

이때 삼각형의 세 내각의 크기의 합은 $\boxed{180}$°이므로

$\angle COD = 180° - (40° + 40°) = \boxed{100}°$

호의 길이는 중심각의 크기에 정비례하므로

$\overset{\frown}{AC} : 10 = \boxed{40}° : \boxed{100}°$

$\overset{\frown}{AC} : 10 = 2 : 5$

$5\overset{\frown}{AC} = 20$

$\therefore \overset{\frown}{AC} = \boxed{4}$ (cm)

10 【1단계】 $\triangle ODC$가 $\overline{OC} = \overline{OD}$인 이등변삼각형이므로

$\qquad \angle ODC = \angle OCD = 30°$

【2단계】 $\overline{AB} /\!/ \overline{CD}$이므로

$\qquad \angle BOD = \angle ODC = 30°$(엇각)

【3단계】 또 $\triangle ODC$에서

$\qquad \angle COD = 180° - (30° + 30°) = 120°$

【4단계】 호의 길이는 중심각의 크기에 정비례하므로

$\qquad \overset{\frown}{BD} : 26 = 30° : 120°$

$\qquad \overset{\frown}{BD} : 26 = 1 : 4$

$\qquad 4\overset{\frown}{BD} = 26 \qquad \therefore \overset{\frown}{BD} = \dfrac{13}{2}$ (cm)

채점 기준		
1단계	∠ODC의 크기 구하기	… 20 %
2단계	∠BOD의 크기 구하기	… 30 %
3단계	∠COD의 크기 구하기	… 20 %
4단계	$\overset{\frown}{BD}$의 길이 구하기	… 30 %

11 $\overline{AC} /\!/ \overline{OD}$이므로 $\angle OAC = \angle BOD = 20°$(동위각)

$\triangle AOC$가 $\overline{OA} = \overline{OC}$인 이등변삼각형이므로

$\angle OCA = \angle OAC = 20°$

$\therefore \angle AOC = 180° - (20° + 20°) = 140°$

호의 길이는 중심각의 크기에 정비례하므로

$\overset{\frown}{AC} : 3 = 140° : 20°$

$\overset{\frown}{AC} : 3 = 7 : 1$

$\therefore \overset{\frown}{AC} = 21$ (cm)

12 $\overline{BD} /\!/ \overline{OC}$이므로

$\angle OBD = \angle AOC = 35°$(동위각)

오른쪽 그림과 같이 $\overline{OD}$를 그으면

$\triangle OBD$가 $\overline{OB} = \overline{OD}$인 이등변삼각형이므로

$\angle ODB = \angle OBD = 35°$

$\therefore \angle BOD = 180° - (35° + 35°) = 110°$

호의 길이는 중심각의 크기에 정비례하므로

$\overset{\frown}{AC} : 22 = 35° : 110°$

$\overset{\frown}{AC} : 22 = 7 : 22$

$\therefore \overset{\frown}{AC} = 7$ (cm)

[13~14] 중심각의 크기와 현의 길이 사이의 관계

한 원 또는 합동인 두 원에서

(1) 중심각의 크기가 같은 두 현의 길이는 같다.

⇨ $\angle AOB = \angle BOC$이면 $\overline{AB} = \overline{BC}$

(2) 현의 길이는 중심각의 크기에 정비례하지 않는다.

⇨ $\angle AOC = 2\angle AOB$이면
$\overline{AC} \neq 2\overline{AB} \, (\overline{AC} < 2\overline{AB})$

13 ㄱ. $\overset{\frown}{AB} = \overset{\frown}{BC}$에서 $\angle AOB = \angle BOC$이므로

$\overline{AB} = \overline{BC}$

ㄷ. 현의 길이는 중심각의 크기에 정비례하지 않으므로

$\overline{AC} \neq 2\overline{AB}$이고 $\overline{AC} < 2\overline{AB}$이다.

ㅂ. 삼각형의 넓이는 중심각의 크기에 정비례하지 않으므로

(△AOC의 넓이) ≠ 2×(△AOB의 넓이)

이때 (△AOC의 넓이) < 2×(△AOB의 넓이)이다.

따라서 옳은 것은 ㄱ, ㄴ, ㄹ, ㅁ이다.

14 ① $\overline{AB} /\!/ \overline{CD}$인지는 알 수 없다.

② $\angle AOB = \dfrac{1}{2}\angle COD$이므로 $\overset{\frown}{AB} = \dfrac{1}{2}\overset{\frown}{CD}$

③ 현의 길이는 중심각의 크기에 정비례하지 않으므로

$\overline{AB} \neq \dfrac{1}{2}\overline{CD}$이고 $\overline{AB} > \dfrac{1}{2}\overline{CD}$이다.

④ 삼각형의 넓이는 중심각의 크기에 정비례하지 않으므로

(△COD의 넓이) ≠ 2×(△AOB의 넓이)이고

(△COD의 넓이) < 2×(△AOB의 넓이)이다.

따라서 옳은 것은 ⑤이다.

부채꼴의 호의 길이와 넓이

P. 62

유형 3

1 (1) l: 6π cm, S: 9π cm^2
(2) l: 14π cm, S: 49π cm^2
(3) l: $(6\pi+12)$ cm, S: 18π cm^2
2 (1) l: 24π cm, S: 24π cm^2
(2) l: 12π cm, S: 12π cm^2
(3) l: 14π cm, S: 12π cm^2
(4) l: 16π cm, S: 24π cm^2

1 (1) $l=2\pi\times3=6\pi$(cm)
$S=\pi\times3^2=9\pi$(cm^2)
(2) $l=2\pi\times7=14\pi$(cm)
$S=\pi\times7^2=49\pi$(cm^2)
(3) $l=(2\pi\times6)\times\dfrac{1}{2}+12=6\pi+12$(cm)
$S=(\pi\times6^2)\times\dfrac{1}{2}=18\pi$(cm^2)

2 (1) $l=2\pi\times7+2\pi\times5=14\pi+10\pi=24\pi$(cm)
$S=\pi\times7^2-\pi\times5^2=49\pi-25\pi=24\pi$(cm^2)
(2) $l=2\pi\times4+2\pi\times2=8\pi+4\pi=12\pi$(cm)
$S=\pi\times4^2-\pi\times2^2=16\pi-4\pi=12\pi$(cm^2)
(3) $l=(2\pi\times7)\times\dfrac{1}{2}+(2\pi\times4)\times\dfrac{1}{2}+(2\pi\times3)\times\dfrac{1}{2}$
$=7\pi+4\pi+3\pi=14\pi$(cm)
$S=(\pi\times7^2)\times\dfrac{1}{2}-(\pi\times4^2)\times\dfrac{1}{2}-(\pi\times3^2)\times\dfrac{1}{2}$
$=\dfrac{49}{2}\pi-8\pi-\dfrac{9}{2}\pi=12\pi$(cm^2)
(4) $l=(2\pi\times8)\times\dfrac{1}{2}+(2\pi\times3)\times\dfrac{1}{2}+(2\pi\times5)\times\dfrac{1}{2}$
$=8\pi+3\pi+5\pi=16\pi$(cm)
$S=(\pi\times8^2)\times\dfrac{1}{2}+(\pi\times3^2)\times\dfrac{1}{2}-(\pi\times5^2)\times\dfrac{1}{2}$
$=32\pi+\dfrac{9}{2}\pi-\dfrac{25}{2}\pi=24\pi$(cm^2)

유형 4

P. 63

1 (1) l: π cm, S: $\dfrac{3}{2}\pi$ cm^2 (2) l: 14π cm, S: 84π cm^2
2 (1) $72°$ (2) $160°$ **3** (1) 2π cm^2 (2) 135π cm^2
4 (1) 10 cm (2) 3 cm   **5** (1) $\dfrac{4}{3}\pi$ cm (2) 3π cm
6 (1) $(6\pi+20)$ cm (2) 30π cm^2

1 (1) $l=2\pi\times3\times\dfrac{60}{360}=\pi$(cm)
$S=\pi\times3^2\times\dfrac{60}{360}=\dfrac{3}{2}\pi$(cm^2)
(2) $l=2\pi\times12\times\dfrac{210}{360}=14\pi$(cm)
$S=\pi\times12^2\times\dfrac{210}{360}=84\pi$(cm^2)

2 (1) 부채꼴의 중심각의 크기를 $x°$라고 하면
$2\pi\times5\times\dfrac{x}{360}=2\pi$ $\therefore x=72$
따라서 부채꼴의 중심각의 크기는 $72°$이다.
(2) 부채꼴의 중심각의 크기를 $x°$라고 하면
$\pi\times6^2\times\dfrac{x}{360}=16\pi$ $\therefore x=160$
따라서 부채꼴의 중심각의 크기는 $160°$이다.

3 (1) $\dfrac{1}{2}\times4\times\pi=2\pi$(cm^2)
(2) $\dfrac{1}{2}\times15\times18\pi=135\pi$(cm^2)

4 (1) 반지름의 길이를 r cm라고 하면
$\dfrac{1}{2}\times r\times5\pi=25\pi$ $\therefore r=10$
따라서 반지름의 길이는 10 cm이다.
(2) 반지름의 길이를 r cm라고 하면
$\dfrac{1}{2}\times r\times4\pi=6\pi$ $\therefore r=3$
따라서 반지름의 길이는 3 cm이다.

5 (1) 호의 길이를 l cm라고 하면
$\dfrac{1}{2}\times9\times l=6\pi$ $\therefore l=\dfrac{4}{3}\pi$
따라서 호의 길이는 $\dfrac{4}{3}\pi$ cm이다.
(2) 호의 길이를 l cm라고 하면
$\dfrac{1}{2}\times10\times l=15\pi$ $\therefore l=3\pi$
따라서 호의 길이는 3π cm이다.

6 (1) (둘레의 길이)
$=❶+❷+❸\times2$
$=2\pi\times20\times\dfrac{36}{360}+2\pi\times10\times\dfrac{36}{360}+10\times2$
$=4\pi+2\pi+20$
$=6\pi+20$(cm)
(2) (넓이)$=\pi\times20^2\times\dfrac{36}{360}-\pi\times10^2\times\dfrac{36}{360}$
$=40\pi-10\pi$
$=30\pi$(cm^2)

1 $l: 16\pi$ cm, $S: 32\pi$ cm^2 **2** $\dfrac{10}{3}\pi$ cm

3 (1) 10 cm   (2) 216°

4 (1) $(72\pi-144)$ cm^2 (2) $(8\pi-16)$ cm^2

5 (1) 32 cm^2 (2) 200 cm^2

---

1 $l=2\pi\times6+2\pi\times2=12\pi+4\pi=16\pi$ (cm)

     $S=\pi\times6^2-\pi\times2^2=36\pi-4\pi=32\pi$ (cm^2)

2 $\overparen{\mathrm{AB}}:\overparen{\mathrm{BC}}:\overparen{\mathrm{CA}}=2:3:4$이므로

     $\angle\mathrm{AOB}:\angle\mathrm{BOC}:\angle\mathrm{COA}=2:3:4$

     $\angle\mathrm{BOC}=360°\times\dfrac{3}{2+3+4}=360°\times\dfrac{3}{9}=120°$

     $\therefore$ (부채꼴 BOC의 호의 길이)$=2\pi\times5\times\dfrac{120}{360}$

                            $=\dfrac{10}{3}\pi$ (cm)

3   (1) 부채꼴의 반지름의 길이를 r cm라고 하면

       $\dfrac{1}{2}\times r\times12\pi=60\pi$ $\therefore r=10$

       따라서 부채꼴의 반지름의 길이는 10 cm이다.

     (2) 부채꼴의 중심각의 크기를 $x°$라고 하면

       $2\pi\times10\times\dfrac{x}{360}=12\pi$ $\therefore x=216$

       따라서 부채꼴의 중심각의 크기는 216°이다.

4   (1)

         $=\left(\pi\times12^2\times\dfrac{90}{360}-\dfrac{1}{2}\times12\times12\right)\times2$

         $=(36\pi-72)\times2=72\pi-144$ (cm^2)

     (2)

         $=\left(\pi\times4^2\times\dfrac{90}{360}-\dfrac{1}{2}\times4\times4\right)\times2$

         $=(4\pi-8)\times2=8\pi-16$ (cm^2)

5   (1) 오른쪽 그림과 같이 색칠한 부분을

       이동하면

       (색칠한 부분의 넓이)

       $=$(직각삼각형의 넓이)

       $=\dfrac{1}{2}\times8\times8=32$ (cm^2)

     (2) 오른쪽 그림과 같이 색칠한 부분을

       이동하면

       (색칠한 부분의 넓이)

       $=$(직각삼각형의 넓이)

       $=\dfrac{1}{2}\times20\times20=200$ (cm^2)

---

1 (1) 20π cm   (2) 12π cm^2

2 $(8\pi+16)$ cm, $(64-16\pi)$ cm^2

3 $(\pi+8)$ cm, 2π cm^2

4 $(12\pi+18)$ cm, 54π cm^2 **5** ⑤   **6** ⑤

7 6 cm   **8** ②   **9** $(6\pi+6)$ cm, 9π cm^2

10 $\left(\dfrac{9}{2}\pi+10\right)$ cm, $\dfrac{45}{4}\pi$ cm^2

11 (1) $(10\pi+10)$ cm   (2) $\dfrac{25}{2}\pi$ cm^2

12 $(8\pi+8)$ cm, 8π cm^2

13 9π cm, $\left(\dfrac{81}{2}\pi-81\right)$ cm^2

14 $(6\pi+24)$ cm, $(72-18\pi)$ cm^2 **15** ③

16 ①   **17** 12π cm^2 **18** 8π cm^2

[1~2] 원의 둘레의 길이와 넓이

반지름의 길이가 r인 원의 둘레의 길이를 l, 넓이를 S라고 하면

            $l=2\pi r$, $S=\pi r^2$

1   (1) (색칠한 부분의 둘레의 길이)$=2\pi\times5+2\pi\times2+2\pi\times3$

                              $=10\pi+4\pi+6\pi$

                              $=20\pi$ (cm)

     (2) (색칠한 부분의 넓이)$=\pi\times5^2-\pi\times2^2-\pi\times3^2$

                         $=25\pi-4\pi-9\pi$

                         $=12\pi$ (cm^2)

2   (색칠한 부분의 둘레의 길이)$=\left\{(2\pi\times4)\times\dfrac{1}{2}\right\}\times2+8\times2$

                                $=8\pi+16$ (cm)

     (색칠한 부분의 넓이)$=8\times8-\left\{(\pi\times4^2)\times\dfrac{1}{2}\right\}\times2$

                           $=64-16\pi$ (cm^2)

다른 풀이

     (색칠한 부분의 둘레의 길이)$=2\pi\times4+8\times2$

                             $=8\pi+16$ (cm)

     (색칠한 부분의 넓이)$=8\times8-\pi\times4^2$

                       $=64-16\pi$ (cm^2)

[3~8] 부채꼴의 호의 길이와 넓이

(1) 반지름의 길이가 r, 중심각의 크기가 $x°$인 부채꼴의 호의 길이를 l, 넓이를 S라고 하면

         $l=2\pi r\times\dfrac{x}{360}$, $S=\pi r^2\times\dfrac{x}{360}$

(2) 반지름의 길이가 r, 호의 길이가 l인 부채꼴의 넓이를 S라고 하면

         $S=\dfrac{1}{2}rl$

3   (둘레의 길이)$=2\pi\times4\times\dfrac{45}{360}+4\times2=\pi+8$ (cm)

     (넓이)$=\pi\times4^2\times\dfrac{45}{360}=2\pi$ (cm^2)

4 (둘레의 길이)$=2\pi \times 9 \times \dfrac{240}{360} + 9 \times 2$

$\qquad\qquad\quad = 12\pi + 18\,(\mathrm{cm})$

(넓이)$=\pi \times 9^2 \times \dfrac{240}{360} = 54\pi\,(\mathrm{cm}^2)$

5 부채꼴의 중심각의 크기를 $x°$라고 하면

$2\pi \times 5 \times \dfrac{x}{360} = 4\pi$ $\qquad \therefore x = 144$

따라서 부채꼴의 중심각의 크기는 $144°$이다.

6 부채꼴의 중심각의 크기를 $x°$라고 하면

$\pi \times 3^2 \times \dfrac{x}{360} = 2\pi$ $\qquad \therefore x = 80$

따라서 부채꼴의 중심각의 크기는 $80°$이다.

7 부채꼴의 반지름의 길이를 $r\,\mathrm{cm}$라고 하면

$\dfrac{1}{2} \times r \times \pi = 3\pi$ $\qquad \therefore r = 6$

따라서 부채꼴의 반지름의 길이는 $6\,\mathrm{cm}$이다.

8 부채꼴의 호의 길이를 $l\,\mathrm{cm}$라고 하면

$\dfrac{1}{2} \times 5 \times l = 5\pi$ $\qquad \therefore l = 2\pi$

따라서 부채꼴의 호의 길이는 $2\pi\,\mathrm{cm}$이다.

[9~10] 부채꼴에서 색칠한 부분의 둘레의 길이와 넓이 구하기

오른쪽 그림과 같은 부채꼴에서

(1) (색칠한 부분의 둘레의 길이)
   $=$(큰 호의 길이)$+$(작은 호의 길이)
   $\quad +$(선분의 길이)$\times 2$

(2) (색칠한 부분의 넓이)
   $=$(큰 부채꼴의 넓이)$-$(작은 부채꼴의 넓이)

9 (색칠한 부분의 둘레의 길이)

$= 2\pi \times 6 \times \dfrac{120}{360} + 2\pi \times 3 \times \dfrac{120}{360} + 3 \times 2$

$= 4\pi + 2\pi + 6 = 6\pi + 6\,(\mathrm{cm})$

(색칠한 부분의 넓이)

$= \pi \times 6^2 \times \dfrac{120}{360} - \pi \times 3^2 \times \dfrac{120}{360}$

$= 12\pi - 3\pi = 9\pi\,(\mathrm{cm}^2)$

10 (색칠한 부분의 둘레의 길이)

$= 2\pi \times 7 \times \dfrac{90}{360} + 2\pi \times 2 \times \dfrac{90}{360} + 5 \times 2$

$= \dfrac{7}{2}\pi + \pi + 10 = \dfrac{9}{2}\pi + 10\,(\mathrm{cm})$

(색칠한 부분의 넓이)

$= \pi \times 7^2 \times \dfrac{90}{360} - \pi \times 2^2 \times \dfrac{90}{360}$

$= \dfrac{49}{4}\pi - \pi = \dfrac{45}{4}\pi\,(\mathrm{cm}^2)$

[11~18] 색칠한 부분의 넓이 구하기

(1) 전체의 넓이에서 색칠하지 않은 부분의 넓이를 빼어서 색칠한 부분의 넓이를 구한다.

이때 같은 부분이 있으면 한 부분의 넓이를 구하여 같은 부분의 개수를 곱한다.

(2) 도형의 일부분을 적당히 이동하여 넓이를 구한다.

11 (1) **1단계** (색칠한 부분의 둘레의 길이)

$= 2\pi \times 10 \times \dfrac{90}{360} + (2\pi \times 5) \times \dfrac{1}{2} + 10$

$= 5\pi + 5\pi + 10 = 10\pi + 10\,(\mathrm{cm})$

(2) **2단계** (색칠한 부분의 넓이)

$= \pi \times 10^2 \times \dfrac{90}{360} - (\pi \times 5^2) \times \dfrac{1}{2}$

$= 25\pi - \dfrac{25}{2}\pi = \dfrac{25}{2}\pi\,(\mathrm{cm}^2)$

채점 기준		
1단계	색칠한 부분의 둘레의 길이 구하기	⋯ 50 %
2단계	색칠한 부분의 넓이 구하기	⋯ 50 %

12 (색칠한 부분의 둘레의 길이)

$= 2\pi \times 8 \times \dfrac{90}{360} + (2\pi \times 4) \times \dfrac{1}{2} + 8$

$= 4\pi + 4\pi + 8 = 8\pi + 8\,(\mathrm{cm})$

(색칠한 부분의 넓이)$= \pi \times 8^2 \times \dfrac{90}{360} - (\pi \times 4^2) \times \dfrac{1}{2}$

$= 16\pi - 8\pi = 8\pi\,(\mathrm{cm}^2)$

13 (색칠한 부분의 둘레의 길이)$= \left(2\pi \times 9 \times \dfrac{90}{360}\right) \times 2$

$\qquad\qquad\qquad\qquad\qquad = 9\pi\,(\mathrm{cm})$

오른쪽 그림과 같이 보조선을 그으면

(색칠한 부분의 넓이)

$= \left(\pi \times 9^2 \times \dfrac{90}{360} - \dfrac{1}{2} \times 9 \times 9\right) \times 2$

$= \left(\dfrac{81}{4}\pi - \dfrac{81}{2}\right) \times 2 = \dfrac{81}{2}\pi - 81\,(\mathrm{cm}^2)$

14 (색칠한 부분의 둘레의 길이)$= \left(2\pi \times 6 \times \dfrac{90}{360}\right) \times 2 + 6 \times 4$

$\qquad\qquad\qquad\qquad\qquad = 6\pi + 24\,(\mathrm{cm})$

$\therefore$ (색칠한 부분의 넓이)$= \left(\begin{array}{c}\end{array} - \begin{array}{c}\end{array}\right) \times 2$

$= \left(6 \times 6 - \pi \times 6^2 \times \dfrac{90}{360}\right) \times 2$

$= (36 - 9\pi) \times 2 = 72 - 18\pi\,(\mathrm{cm}^2)$

15 오른쪽 그림과 같이 색칠한 부분을
이동하면

(색칠한 부분의 넓이)$=\dfrac{1}{4}\times14\times14$

$\qquad\qquad\qquad\qquad=49(\text{cm}^2)$

16 오른쪽 그림과 같이 색칠한 부분을
이동하면

(색칠한 부분의 넓이)

$=$(반원의 넓이)

$=(\pi\times8^2)\times\dfrac{1}{2}=32\pi(\text{cm}^2)$

17

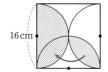

∴ (색칠한 부분의 넓이)$=$(부채꼴 B′AB의 넓이)

$\qquad\qquad\qquad\qquad=\pi\times12^2\times\dfrac{30}{360}=12\pi(\text{cm}^2)$

18

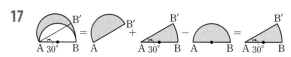

∴ (색칠한 부분의 넓이)$=$(부채꼴 B′AB의 넓이)

$\qquad\qquad\qquad\qquad=\pi\times8^2\times\dfrac{45}{360}=8\pi(\text{cm}^2)$

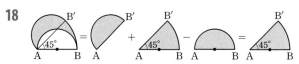

단원 마무리 ⠀⠀⠀⠀⠀⠀⠀⠀⠀⠀⠀⠀P. 68~69

| **1** ③ | **2** ③ | **3** 15 cm | **4** ④ | **5** ① |
| **6** ② | **7** 140° | **8** ④ | **9** 8π cm² | |

1 $6:x=20°:30°$, $6:x=2:3$, $2x=18$ ∴ $x=9$

$6:24=20°:y°$, $1:4=20:y$ ∴ $y=80$

2 $\overset{\frown}{\text{AC}}:\overset{\frown}{\text{CB}}=1:3$이므로 $\angle\text{AOC}:\angle\text{COB}=1:3$

∴ $\angle\text{AOC}=180°\times\dfrac{1}{1+3}=180°\times\dfrac{1}{4}=45°$

3 $\overline{\text{AC}}/\!/\overline{\text{OD}}$이므로

$\angle\text{OAC}=\angle\text{BOD}=40°$ (동위각)

오른쪽 그림과 같이 $\overline{\text{OC}}$를 그으면
$\triangle\text{OCA}$가 $\overline{\text{OA}}=\overline{\text{OC}}$인 이등변삼각
형이므로

$\angle\text{OCA}=\angle\text{OAC}=40°$

∴ $\angle\text{AOC}=180°-(40°+40°)=100°$

호의 길이는 중심각의 크기에 정비례하므로

$\overset{\frown}{\text{AC}}:6=100°:40°$, $\overset{\frown}{\text{AC}}:6=5:2$

$2\overset{\frown}{\text{AC}}=30$ ∴ $\overset{\frown}{\text{AC}}=15(\text{cm})$

4 $\overline{\text{AB}}=\overline{\text{CD}}=\overline{\text{DE}}$이므로

$\angle\text{COD}=\angle\text{DOE}=\angle\text{AOB}=40°$

∴ $\angle\text{COE}=\angle\text{COD}+\angle\text{DOE}=40°+40°=80°$

5 (색칠한 부분의 둘레의 길이)

$=(2\pi\times4)\times\dfrac{1}{2}+(2\pi\times3)\times\dfrac{1}{2}+(2\pi\times1)\times\dfrac{1}{2}$

$=4\pi+3\pi+\pi=8\pi(\text{cm})$

6 부채꼴의 호의 길이를 l cm라고 하면

$\dfrac{1}{2}\times12\times l=54\pi$ ∴ $l=9\pi$

따라서 부채꼴의 호의 길이는 9π cm이다.

다른 풀이

부채꼴의 중심각의 크기를 $x°$라고 하면

$\pi\times12^2\times\dfrac{x}{360}=54\pi$ ∴ $x=135$

따라서 부채꼴의 호의 길이는

$2\pi\times12\times\dfrac{135}{360}=9\pi(\text{cm})$

7 **1단계** 부채꼴의 반지름의 길이를 r cm라고 하면

$\dfrac{1}{2}\times r\times14\pi=126\pi$ ∴ $r=18$

즉, 반지름의 길이는 18 cm이다.

2단계 부채꼴의 중심각의 크기를 $x°$라고 하면

$2\pi\times18\times\dfrac{x}{360}=14\pi$ ∴ $x=140$

따라서 중심각의 크기는 140°이다.

	채점 기준	
1단계	부채꼴의 반지름의 길이 구하기	… 50 %
2단계	부채꼴의 중심각의 크기 구하기	… 50 %

8 (색칠한 부분의 둘레의 길이)

$=2\pi\times8\times\dfrac{72}{360}+2\pi\times5\times\dfrac{72}{360}+3\times2$

$=\dfrac{16}{5}\pi+2\pi+6=\dfrac{26}{5}\pi+6(\text{cm})$

9 다음 그림과 같이 색칠한 부분을 이동하면

∴ (색칠한 부분의 넓이)$=\left(\pi\times4^2\times\dfrac{90}{360}\right)\times2$

$\qquad\qquad\qquad\qquad\qquad=8\pi(\text{cm}^2)$

01 다면체

P. 72~73

1~4 풀이 참조
5 (1) 구면체　(2) 구면체　(3) 십일면체
6 (1) 직사각형　(2) 삼각형　(3) 사다리꼴
7 (1) 16, 24　(2) 10, 18　(3) 14, 21
8 팔각기둥　　**9** 육각뿔대　　**10** 오각뿔

1

입체도형	△기둥	삼각뿔	오각뿔	원기둥	원뿔	정육면체	오각뿔
다면체이면 ○, 아니면 ×	○	○	○	×	×	○	○

2

입체도형					n각기둥
이름	삼각기둥	사각기둥	오각기둥	육각기둥	
몇 면체?	오면체	육면체	칠면체	팔면체	$(n+2)$면체
모서리의 개수	3×3 $=9$	4×3 $=12$	5×3 $=15$	18	$3n$
꼭짓점의 개수	3×2 $=6$	4×2 $=8$	10	6×2 $=12$	$2n$

3

입체도형					n각뿔
이름	삼각뿔	사각뿔	오각뿔	육각뿔	
몇 면체?	사면체	오면체	육면체	칠면체	$(n+1)$면체
모서리의 개수	3×2 $=6$	4×2 $=8$	5×2 $=10$	12	$2n$
꼭짓점의 개수	$3+1$ $=4$	$4+1$ $=5$	6	$6+1$ $=7$	$n+1$

4

입체도형					n각뿔대
이름	삼각뿔대	사각뿔대	오각뿔대	육각뿔대	
몇 면체?	오면체	육면체	칠면체	팔면체	$(n+2)$면체
모서리의 개수	3×3 $=9$	4×3 $=12$	5×3 $=15$	18	$3n$
꼭짓점의 개수	3×2 $=6$	4×2 $=8$	10	6×2 $=12$	$2n$

참고 n각뿔대는 n각기둥과 꼭짓점, 모서리, 면의 개수가 각각 같다.

5 (1) 면의 개수: $7+2=9$　∴ 구면체
　　(2) 면의 개수: $8+1=9$　∴ 구면체
　　(3) 면의 개수: $9+2=11$　∴ 십일면체

7 (1) 꼭짓점의 개수: $8\times2=16$
　　　 모서리의 개수: $8\times3=24$
　　(2) 꼭짓점의 개수: $9+1=10$
　　　 모서리의 개수: $9\times2=18$
　　(3) 꼭짓점의 개수: $7\times2=14$
　　　 모서리의 개수: $7\times3=21$

8 ㈎~㈐에서 구하는 다면체는 각기둥이므로
　 n각기둥이라고 하면
　 ㈑에서 $n+2=10$　∴ $n=8$
　 따라서 조건을 모두 만족시키는 다면체는 팔각기둥이다.

9 ㈎, ㈏에서 구하는 다면체는 각뿔대이므로
　 n각뿔대라고 하면
　 ㈐에서 $2n=12$　∴ $n=6$
　 따라서 조건을 모두 만족시키는 다면체는 육각뿔대이다.

10 ㈎, ㈏에서 구하는 다면체는 각뿔이므로
　 n각뿔이라고 하면
　 ㈐에서 $2n=10$　∴ $n=5$
　 따라서 조건을 모두 만족시키는 다면체는 오각뿔이다.

쌍둥이 기출문제

P. 74~75

1 ⑤　**2** 3　**3** ②　**4** ④　**5** ③
6 ①　**7** ②　**8** 46　**9** ⑤　**10** ④
11 ②　**12** ④　**13** ①, ⑤　**14** ②, ⑤　**15** ③
16 팔각뿔

[1~2] 다면체: 다각형인 면으로만 둘러싸인 입체도형

1 ⑤ 원뿔은 옆면이 곡면으로 이루어져 있으므로 다면체가 아니다.

2 다면체는 ㄴ. 사각뿔, ㄷ. 정육면체, ㄹ. 오각뿔대의 3개이다.

[3~4] 다면체의 면의 개수

다면체	n각기둥	n각뿔	n각뿔대
면의 개수	$n+2$	$n+1$	$n+2$
몇 면체?	$(n+2)$면체	$(n+1)$면체	$(n+2)$면체

3 주어진 입체도형은 사각뿔이므로 면의 개수는 $4+1=5$가
되어 오면체이다.

4 면의 개수는 각각 다음과 같다.
① $4+2=6$ ⇨ 육면체
② $3+1=4$ ⇨ 사면체
③ $3+2=5$ ⇨ 오면체
④ $5+2=7$ ⇨ 칠면체
⑤ $5+1=6$ ⇨ 육면체
따라서 칠면체인 것은 ④이다.

[5~10] 다면체의 모서리, 꼭짓점의 개수

다면체	n각기둥	n각뿔	n각뿔대
모서리의 개수	$3n$	$2n$	$3n$
꼭짓점의 개수	$2n$	$n+1$	$2n$

5 꼭짓점의 개수는 각각 다음과 같다.
① $5+1=6$ ② 8 ③ $5\times2=10$
④ $6\times2=12$ ⑤ $10+1=11$
따라서 바르게 짝 지은 것은 ③이다.

6 모서리의 개수는 각각 다음과 같다.
① $5\times3=15$ ② $6\times2=12$ ③ $4\times3=12$
④ $4\times2=8$ ⑤ $3\times3=9$
따라서 모서리의 개수가 가장 많은 것은 ①이다.

7 삼각기둥의 면의 개수는 $3+2=5$이므로 $a=5$
오각뿔의 모서리의 개수는 $5\times2=10$이므로 $b=10$
사각뿔대의 꼭짓점의 개수는 $4\times2=8$이므로 $c=8$
$\therefore a+b-c=5+10-8=7$

8 (1단계) 육각기둥의 모서리의 개수는 $6\times3=18$이므로
$a=18$
(2단계) 칠각뿔의 면의 개수는 $7+1=8$이므로
$b=8$
(3단계) 십각뿔대의 꼭짓점의 개수는 $10\times2=20$이므로
$c=20$
(4단계) $\therefore a+b+c=18+8+20=46$

채점 기준		
1단계	a의 값 구하기	… 30 %
2단계	b의 값 구하기	… 30 %
3단계	c의 값 구하기	… 30 %
4단계	$a+b+c$의 값 구하기	… 10 %

9 모서리의 개수가 24인 각기둥을 n각기둥이라고 하면
$3n=24$ $\therefore n=8$
따라서 팔각기둥의 면의 개수는
$8+2=10$

10 꼭짓점의 개수가 18인 각뿔대를 n각뿔대라고 하면
$2n=18$ $\therefore n=9$
따라서 구각뿔대의 밑면의 모양은 구각형이다.

[11~12] 다면체의 옆면의 모양

다면체	각기둥	각뿔	각뿔대
옆면의 모양	직사각형	삼각형	사다리꼴

11 ① 삼각기둥 – 직사각형 ③ 오각뿔 – 삼각형
④ 육각뿔대 – 사다리꼴 ⑤ 칠각기둥 – 직사각형
따라서 바르게 짝 지은 것은 ②이다.

12 옆면의 모양은 각각 다음과 같다.
① 사다리꼴 ② 직사각형 ③ 직사각형
④ 삼각형 ⑤ 사다리꼴
따라서 사각형이 아닌 것은 ④이다.

[13~16] 다면체의 이해

(1) 각기둥: 두 밑면이 서로 평행하고 합동인 다각형이고, 옆면이 모두
직사각형인 다면체
(2) 각뿔: 밑면이 다각형이고, 옆면이 모두 삼각형인 다면체
(3) 각뿔대: 각뿔을 밑면에 평행한 평면으로 잘라서 생기는 두 다면체 중
에서 각뿔이 아닌 쪽의 입체도형

13 ② 육각뿔의 꼭짓점의 개수는 $6+1=7$이다.
③ 각뿔대의 옆면의 모양은 사다리꼴이다.
④ 각기둥의 두 밑면은 서로 평행하다.
따라서 옳은 것은 ①, ⑤이다.

14 ② 옆면의 모양은 사다리꼴이다.
⑤ n각뿔대의 모서리의 개수는 $3n$이다.

15 (내), (대)에서 구하는 입체도형은 각뿔대이므로
n각뿔대라고 하면
(개)에서 $n+2=6$ $\therefore n=4$
따라서 조건을 모두 만족시키는 입체도형은 사각뿔대이다.

16 (개), (내)에서 구하는 다면체는 각뿔이므로
n각뿔이라고 하면
(대)에서 $2n=16$ $\therefore n=8$
따라서 조건을 모두 만족시키는 다면체는 팔각뿔이다.

02 정다면체

유형 2　　　　　　　　　　P. 76

1

겨냥도	△	⬡	◇	⬡	✦
이름	정사면체	정육면체	정팔면체	정십이면체	정이십면체
면의 모양	정삼각형	정사각형	정삼각형	정오각형	정삼각형
한 꼭짓점에 모인 면의 개수	3	3	4	3	5
면의 개수	4	6	8	12	20
모서리의 개수	6	12	12	30	30
꼭짓점의 개수	4	8	6	20	12

2 (1) × (2) ○ (3) ○ (4) × (5) ×
3 정사면체 　　**4** 정육면체

2 (1) 정다면체는 정사면체, 정육면체, 정팔면체, 정십이면체,
정이십면체의 다섯 가지뿐이다.
(4) 정다면체의 이름은 면의 개수에 따라 결정된다.
(5) 모든 면이 합동인 정다각형이고, 각 꼭짓점에 모인 면의
개수가 같은 다면체를 정다면체라고 한다.

3 ㈎ 모든 면이 합동인 정삼각형이다.
　　⇨ 정사면체, 정팔면체, 정이십면체
㈏ 한 꼭짓점에 모인 면의 개수는 3이다.
　　⇨ 정사면체, 정육면체, 정십이면체
따라서 조건을 모두 만족시키는 정다면체는 정사면체이다.

4 ㈎ 한 꼭짓점에 모인 면의 개수는 3이다.
　　⇨ 정사면체, 정육면체, 정십이면체
㈏ 모서리의 개수는 12이다.
　　⇨ 정육면체, 정팔면체
따라서 조건을 모두 만족시키는 정다면체는 정육면체이다.

유형 3　　　　　　　　　　P. 77

1 (1) 풀이 참조　(2) 정사면체　(3) E, $\overline{\text{ED}}$　(4) 4, 6
2 (1) 풀이 참조　(2) 정육면체　(3) 4　　　(4) 8, 12
3 (1) 풀이 참조　(2) 정팔면체　(3) 점 I, $\overline{\text{HG}}$
　　(4) 6, 12　　(5) 4

1 (1) 주어진 전개도로 만든 정사면체는 다음 그림과 같다.

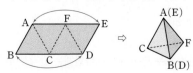

(3) 점 A와 겹치는 꼭짓점은 점 E, $\overline{\text{AB}}$와 겹치는 모서리는
$\overline{\text{ED}}$이다.

2 (1) 주어진 전개도로 만든 정육면체는 다음 그림과 같다.

(3) 위의 그림에서 $\overline{\text{CD}}$와 꼬인 위치에 있는 모서리는
$\overline{\text{GH}}$(또는 $\overline{\text{IH}}$), $\overline{\text{NM}}$(또는 $\overline{\text{LM}}$), $\overline{\text{BM}}$, $\overline{\text{EH}}$의 4개이다.

3 (1) 주어진 전개도로 만든 정팔면체는 다음 그림과 같다.

(3) 점 A와 겹치는 꼭짓점은 점 I, $\overline{\text{BC}}$와 겹치는 모서리는
$\overline{\text{HG}}$이다.

기출문제　　　　　　　　　P. 78

1 18 　**2** 70 　**3** 12 　**4** 42 　**5** ③
6 ㄱ, ㄹ 　**7** ④ 　**8** ②

[1~2] 정다면체의 모서리, 꼭짓점의 개수

정다면체	정사면체	정육면체	정팔면체	정십이면체	정이십면체
모서리의 개수	6	12	12	30	30
꼭짓점의 개수	4	8	6	20	12

1 정육면체의 모서리의 개수는 12이므로 $a=12$
정팔면체의 꼭짓점의 개수는 6이므로 $b=6$
$\therefore a+b=12+6=18$

2 정십이면체의 꼭짓점의 개수는 20이므로 $a=20$
정이십면체의 모서리의 개수는 30이므로 $b=30$
$\therefore 2a+b=2\times20+30=70$

[3~6] 정다면체의 이해
(1) 정다면체의 모든 면은 합동인 정다각형이다.
(2) 정다면체는 각 꼭짓점에 모인 면의 개수가 같다.

3 (개), (내)에서 주어진 다면체는 정다면체이다.
(개) 모든 면이 합동인 정삼각형이다.
　⇨ 정사면체, <u>정팔면체</u>, 정이십면체
(내) 각 꼭짓점에 모인 면의 개수는 4이다.
　⇨ <u>정팔면체</u>
따라서 조건을 모두 만족시키는 다면체는 정팔면체이므로 그 모서리의 개수는 12이다.

4 (개), (내)에서 주어진 다면체는 정다면체이다.
(개) 모든 면이 합동인 정삼각형이다.
　⇨ 정사면체, 정팔면체, <u>정이십면체</u>
(내) 각 꼭짓점에 모인 면의 개수는 5이다.
　⇨ <u>정이십면체</u>
따라서 조건을 모두 만족시키는 다면체는 정이십면체이다.
정이십면체의 꼭짓점의 개수는 12이므로 $a=12$
정이십면체의 모서리의 개수는 30이므로 $b=30$
$\therefore a+b=12+30=42$

5 ③ 정다면체의 면의 모양은 정삼각형, 정사각형, 정오각형의 세 가지이다.

6 ㄱ. 정다면체의 모든 면은 합동인 정다각형이므로 모든 모서리의 길이가 같다.
ㄴ. 정사면체는 평행한 면이 없다.
ㄷ. 정다면체의 한 꼭짓점에 모인 각의 크기의 합은 360°보다 작다.
따라서 옳은 것은 ㄱ, ㄹ이다.

[7~8] 정다면체의 전개도

정사면체　　정육면체　　정팔면체

정십이면체　　정이십면체

7 주어진 전개도로 만든 정육면체는 오른쪽 그림과 같으므로 $\overline{\text{ED}}$와 겹치는 모서리는 ④ $\overline{\text{IJ}}$이다.

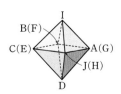

8 주어진 전개도로 만든 정팔면체는 오른쪽 그림과 같으므로 $\overline{\text{AB}}$와 꼬인 위치에 있는 모서리가 아닌 것은 ② $\overline{\text{GH}}$이다.

○3 회전체

유형 4　　　　　　　P. 79

1 ㄱ, ㄷ, ㅁ

2

평면도형				
회전체				

3 (1) ㄴ　(2) ㄷ　(3) ㄱ

1 ㄱ, ㄷ, ㅁ. 회전체　　ㄴ, ㄹ, ㅂ. 다면체

유형 5　　　　　　　P. 80

1 (1) ㄹ　(2) ㄹ　(3) ㄹ　(4) ㄹ

2 (1) ㄹ　(2) ㄴ　(3) ㄱ　(4) ㄷ

3 (1) 원기둥　(2) 원, $25\pi \,\text{cm}^2$　(3) 직사각형, $80\,\text{cm}^2$

4 (1) 원뿔　(2) 이등변삼각형, $28\,\text{cm}^2$

3 (1) 주어진 평면도형을 직선 l을 회전축으로 하여 1회전 시킬 때 생기는 회전체는 오른쪽 그림과 같은 원기둥이다.

(2) 이 원기둥을 회전축에 수직인 평면으로 자른 단면은 반지름의 길이가 5 cm인 원이므로
(단면의 넓이)$=\pi \times 5^2=25\pi\,(\text{cm}^2)$

(3) 이 원기둥을 회전축을 포함하는 평면으로 자른 단면은 가로의 길이가 $5 \times 2=10\,(\text{cm})$, 세로의 길이가 8 cm인 직사각형이므로
(단면의 넓이)$=10 \times 8=80\,(\text{cm}^2)$

4 (1) 주어진 평면도형을 직선 l을 회전축으로 하여 1회전 시킬 때 생기는 회전체는 오른쪽 그림과 같은 원뿔이다.

(2) 이 원뿔을 회전축을 포함하는 평면으로 자른 단면은 밑변의 길이가 $4 \times 2=8\,(\text{cm})$, 높이가 7 cm인 삼각형이므로
(단면의 넓이)$=\dfrac{1}{2} \times 8 \times 7=28\,(\text{cm}^2)$

쌍둥이 기출문제   P. 82~83

1 ③   **2** ④   **3** ②   **4** ①, ⑤   **5** ①
6 ③   **7** ③   **8** 45π cm²   **9** ④
10 12π cm   **11** ③   **12** ①, ②

[1~4] 회전체: 평면도형을 한 직선을 축으로 하여 1회전 시킬 때 생기는 입체도형

1 ③ 오각기둥은 회전체가 아닌 다면체이다.

2 ㄱ, ㄹ, ㅁ. 다면체
    ㄴ, ㄷ, ㅂ. 회전체

3 주어진 평면도형을 각각 1회전 시키면 다음과 같다.

따라서 주어진 입체도형은 ②를 1회전 시켜 만든 것이다.

4

따라서 옳은 것은 ①, ⑤이다.

[5~8] 회전체의 성질
(1) 회전체를 회전축에 수직인 평면으로 자른 단면의 경계
    ⇨ 항상 원이다.
(2) 회전체를 회전축을 포함하는 평면으로 자른 단면
    ⇨ 모두 합동이고, 회전축에 대한 선대칭도형이다.

5 ① 원기둥 – 직사각형

6 ① 원뿔 – 회전축을 포함하는 평면 – 이등변삼각형
② 원뿔대 – 회전축을 포함하는 평면 – 사다리꼴
④ 반구 – 회전축에 수직인 평면 – 원
⑤ 원기둥 – 회전축에 수직인 평면 – 원
따라서 바르게 짝 지은 것은 ③이다.

7 주어진 평면도형을 직선 l을 회전축으로 하여 1회전 시킬 때 생기는 회전체는 오른쪽 그림과 같은 원뿔대이다.
이 회전체를 회전축을 포함하는 평면으로 자른 단면은 윗변의 길이가 8 cm, 아랫변의 길이가 10 cm, 높이가 6 cm인 사다리꼴이므로

$$(단면의 넓이)=\frac{1}{2}\times(8+10)\times6=54(\text{cm}^2)$$

8 주어진 직사각형을 직선 l을 회전축으로 하여 1회전 시킬 때 생기는 회전체는 오른쪽 그림과 같은 구멍이 뚫린 입체도형이다.
이 회전체를 회전축에 수직인 평면으로 자른 단면은 오른쪽 그림과 같으므로

$$(단면의 넓이)=\pi\times7^2-\pi\times2^2$$
$$=45\pi(\text{cm}^2)$$

[9~10] 회전체의 전개도
(1) 원기둥의 전개도   (2) 원뿔의 전개도   (3) 원뿔대의 전개도

9 밑면인 원의 반지름의 길이를 r cm라고 하면
$2\pi r=8\pi$ ∴ $r=4$
따라서 밑면인 원의 반지름의 길이는 4 cm이다.

10 (옆면인 부채꼴의 호의 길이)=(밑면인 원의 둘레의 길이)
$$=2\pi\times6=12\pi(\text{cm})$$

[11~12] 회전체의 이해
회전체를 회전축을 포함하는 평면으로 자른 단면
• 원기둥 ⇨ 직사각형   • 원뿔 ⇨ 이등변삼각형
• 원뿔대 ⇨ 사다리꼴   • 구 ⇨ 원

11 ③ 원기둥을 회전축에 평행한 평면으로 자른 단면은 직사각형이다.

12 ① 구는 전개도를 그릴 수 없다.
② 구는 어떤 평면으로 잘라도 그 단면은 항상 원이지만 그 크기는 다르다.

단원 마무리　　　　　　　　　　　　　　　　P. 84~85

| 1 | ⑤ | 2 | 8 | 3 | 21 | 4 | ②, ③ | 5 | ⑤ |
| 6 | ③ | 7 | ② | 8 | ㄱ, ㄴ, ㄹ |

1 면의 개수는 각각 다음과 같다.
① 5+2=7　② 8+1=9　③ 6
④ 6+2=8　⑤ 8+2=10
따라서 면의 개수가 가장 많은 것은 ⑤이다.

2 [1단계] 주어진 각뿔을 n각뿔이라고 하면
면의 개수가 10이므로
$n+1=10$ ∴ $n=9$
즉, 주어진 각뿔은 구각뿔이다.
[2단계] 구각뿔의 모서리의 개수는 $9\times2=18$이므로
$a=18$
[3단계] 구각뿔의 꼭짓점의 개수는 $9+1=10$이므로
$b=10$
[4단계] ∴ $a-b=18-10=8$

	채점 기준	
1단계	주어진 각뿔의 이름 구하기	… 40 %
2단계	a의 값 구하기	… 20 %
3단계	b의 값 구하기	… 20 %
4단계	$a-b$의 값 구하기	… 20 %

3 (나), (다)에서 주어진 입체도형은 각기둥이므로
n각기둥이라고 하면
(가)에서 $2n=14$ ∴ $n=7$
따라서 칠각기둥의 모서리의 개수는
$7\times3=21$

4 (가), (나)를 모두 만족시키는 다면체는 정다면체이다.
① 모든 면이 합동인 정다각형이 아니므로 정다면체가 아니다.
② 정육면체
③ 정사면체
④ 모든 면이 합동인 정다각형이 아니고, 각 꼭짓점에 모인 면의 개수도 3 또는 4로 같지 않으므로 정다면체가 아니다.
⑤ 각 꼭짓점에 모인 면의 개수가 4 또는 5로 같지 않으므로 정다면체가 아니다.
따라서 두 조건을 동시에 만족시키는 것은 ②, ③이다.

5 ① 모든 면이 합동인 정다각형이고, 각 꼭짓점에 모인 면의 개수가 같은 다면체를 정다면체라고 한다.
② 한 꼭짓점에 모인 면의 개수가 4인 정다면체는 정팔면체이다.
③ 정다면체의 한 면이 될 수 있는 다각형은 정삼각형, 정사각형, 정오각형의 세 가지뿐이다.
④ 정육면체의 꼭짓점의 개수는 8, 정팔면체의 꼭짓점의 개수는 6이므로 정육면체와 정팔면체의 꼭짓점의 개수는 다르다.
⑤ 모든 면이 정오각형인 정다면체는 정십이면체로 한 꼭짓점에 모인 면의 개수는 3이다.
따라서 옳은 것은 ⑤이다.

6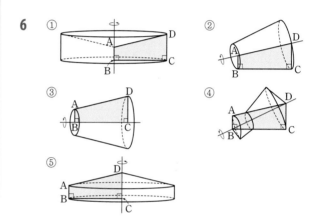
따라서 회전축이 되는 선분은 ③이다.

7 원뿔을 밑면에 수직인 평면으로 자른 단면 중 그 넓이가 가장 큰 것은 회전축을 포함하는 평면으로 자른 단면이다.
즉, 오른쪽 그림과 같이 밑변의 길이가 8 cm, 높이가 6 cm인 이등변삼각형이므로
(단면의 넓이)$=\dfrac{1}{2}\times8\times6$
$\qquad\qquad\quad=24\,(\text{cm}^2)$

8 ㄷ. 원뿔대를 회전축을 포함하는 평면으로 자른 단면은 사다리꼴이다.
ㄹ. 원기둥을 회전축에 수직인 평면으로 자른 단면은 모두 합동인 원이다.
ㅁ. 원뿔의 전개도에서 부채꼴의 반지름의 길이는 원뿔의 모선의 길이와 같고, 부채꼴의 호의 길이는 밑면인 원의 둘레의 길이와 같다.
따라서 옳은 것은 ㄱ, ㄴ, ㄹ이다.

01 기둥의 겉넓이와 부피

유형 **1** P. 88

1 5, 3, (1) 6 cm² (2) 96 cm² (3) 108 cm²
2 6π, (1) 9π cm² (2) 42π cm² (3) 60π cm²
3 (1) 236 cm² (2) 300 cm² (3) 130π cm² (4) 276 cm²

1

(1) (밑넓이)=$\frac{1}{2}×4×3=6(cm^2)$

(2) (옆넓이)=$(4+5+3)×8=96(cm^2)$

(3) (겉넓이)=(밑넓이)×2+(옆넓이)
$=6×2+96=108(cm^2)$

2 원기둥의 전개도에서 옆면의 가로의 길이는 밑면인 원의 둘레의 길이와 같으므로
(옆면의 가로의 길이)=$2π×3$
$=6π(cm)$

(1) (밑넓이)=$π×3^2=9π(cm^2)$

(2) (옆넓이)=$6π×7=42π(cm^2)$

(3) (겉넓이)=(밑넓이)×2+(옆넓이)
$=9π×2+42π$
$=60π(cm^2)$

3 (1) (겉넓이)=(밑넓이)×2+(옆넓이)
$=(6×5)×2+(6+5+6+5)×8$
$=60+176$
$=236(cm^2)$

(2) (겉넓이)=(밑넓이)×2+(옆넓이)
$=\left(\frac{1}{2}×12×5\right)×2+(5+12+13)×8$
$=60+240=300(cm^2)$

(3) (겉넓이)=(밑넓이)×2+(옆넓이)
$=(π×5^2)×2+(2π×5)×8$
$=50π+80π$
$=130π(cm^2)$

(4) (겉넓이)=(밑넓이)×2+(옆넓이)
$=\left\{\frac{1}{2}×(4+8)×3\right\}×2+(4+3+8+5)×12$
$=36+240$
$=276(cm^2)$

유형 **2** P. 89

1 (1) 160 cm³ (2) 100π cm³
2 (1) 9 cm², 7 cm, 63 cm³
   (2) 12 cm², 5 cm, 60 cm³
   (3) 24 cm², 8 cm, 192 cm³
   (4) 36π cm², 7 cm, 252π cm³
3 (1) 45 cm² (2) 360 cm³
4 108π, 12π, 120π
5 80π, 5π, 75π

1 (1) (부피)=$32×5=160(cm^3)$

(2) (부피)=$25π×4=100π(cm^3)$

2 (1) (밑넓이)=$\frac{1}{2}×6×3=9(cm^2)$
(높이)=7 cm
∴ (부피)=(밑넓이)×(높이)
$=9×7$
$=63(cm^3)$

(2) (밑넓이)=$3×4=12(cm^2)$
(높이)=5 cm
∴ (부피)=(밑넓이)×(높이)
$=12×5$
$=60(cm^3)$

(3) (밑넓이)=$\frac{1}{2}×(6+10)×3=24(cm^2)$
(높이)=8 cm
∴ (부피)=(밑넓이)×(높이)
$=24×8$
$=192(cm^3)$

(4) 밑면인 원의 반지름의 길이가 6 cm이므로
(밑넓이)=$π×6^2=36π(cm^2)$
(높이)=7 cm
∴ (부피)=(밑넓이)×(높이)
$=36π×7$
$=252π(cm^3)$

3 (1) (밑넓이)=$\frac{1}{2}×10×3+\frac{1}{2}×10×6$
$=15+30=45(cm^2)$

(2) (부피)=$45×8=360(cm^3)$

4 (큰 원기둥의 부피)=$(π×6^2)×3=108π(cm^3)$
(작은 원기둥의 부피)=$(π×2^2)×3=12π(cm^3)$
∴ (부피)=(큰 원기둥의 부피)+(작은 원기둥의 부피)
$=\boxed{108π}+\boxed{12π}$
$=\boxed{120π}(cm^3)$

5 큰 원기둥의 밑면인 원의 반지름의 길이는
$1+3=4(\text{cm})$이므로
$$(\text{큰 원기둥의 부피})=(\pi \times 4^2) \times 5$$
$$=80\pi(\text{cm}^3)$$
$$(\text{작은 원기둥의 부피})=(\pi \times 1^2) \times 5$$
$$=5\pi(\text{cm}^3)$$
$\therefore (\text{부피})=(\text{큰 원기둥의 부피})-(\text{작은 원기둥의 부피})$
$$=\boxed{80\pi}-\boxed{5\pi}$$
$$=\boxed{75\pi}(\text{cm}^3)$$

4 주어진 직사각형을 직선 l을 회전축으로 하여 1회전 시킬 때 생기는 입체도형은 오른쪽 그림과 같은 원기둥이므로

$$(\text{겉넓이})=(\pi \times 6^2) \times 2+(2\pi \times 6) \times 10$$
$$=72\pi+120\pi$$
$$=192\pi(\text{cm}^2)$$
$$(\text{부피})=(\pi \times 6^2) \times 10=360\pi(\text{cm}^3)$$

5 $(\text{밑넓이})=\dfrac{1}{2} \times 4 \times 3=6(\text{cm}^2)$
$(\text{높이})=5\,\text{cm}$
$\therefore (\text{부피})=6 \times 5=30(\text{cm}^3)$

6 $(\text{밑넓이})=\pi \times 3^2=9\pi(\text{cm}^2)$
$(\text{높이})=8\,\text{cm}$
$\therefore (\text{부피})=9\pi \times 8=72\pi(\text{cm}^3)$

7 사각기둥의 겉넓이가 $148\,\text{cm}^2$이므로
$$(5 \times 4) \times 2+(5+4+5+4) \times h=148$$
$$40+18h=148, \quad 18h=108 \quad \therefore h=6$$

8 (1단계) 원기둥의 높이를 $h\,\text{cm}$라고 하면
원기둥의 부피가 $20\pi\,\text{cm}^3$이므로
$$(\pi \times 2^2) \times h=20\pi$$
(2단계) $4\pi h=20\pi \quad \therefore h=5$
따라서 원기둥의 높이는 $5\,\text{cm}$이다.

채점 기준		
1단계	원기둥의 높이를 구하는 식 세우기	··· 60%
2단계	원기둥의 높이 구하기	··· 40%

쌍둥이 기출문제　　　　　　　P. 90~91

1	$168\,\text{cm}^2$, $120\,\text{cm}^3$	**2**	$136\,\text{cm}^2$, $96\,\text{cm}^3$
3	$80\pi\,\text{cm}^2$, $96\pi\,\text{cm}^3$	**4**	$192\pi\,\text{cm}^2$, $360\pi\,\text{cm}^3$
5	①	**6** ⑤ **7** ②	**8** $5\,\text{cm}$
9	$(28\pi+48)\,\text{cm}^2$, $24\pi\,\text{cm}^3$		
10	$(20\pi+42)\,\text{cm}^2$, $21\pi\,\text{cm}^3$	**11**	$72\,\text{cm}^3$
12	$270\pi\,\text{cm}^3$		

[1~10] 기둥의 겉넓이와 부피
(1) $(\text{각기둥의 겉넓이})=(\text{밑넓이}) \times 2+(\text{옆넓이})$
(2) 원기둥의 겉넓이(S)
밑면인 원의 반지름의 길이를 r, 높이를 h라고 하면
$$S=2\pi r^2+2\pi rh$$
(3) $(\text{각기둥의 부피})=(\text{밑넓이}) \times (\text{높이})$
(4) 원기둥의 부피(V)
밑면인 원의 반지름의 길이를 r, 높이를 h라고 하면
$$V=\pi r^2 h$$

1 $(\text{겉넓이})=\left(\dfrac{1}{2} \times 6 \times 8\right) \times 2+(6+8+10) \times 5$
$$=48+120=168(\text{cm}^2)$$
$(\text{부피})=\left(\dfrac{1}{2} \times 6 \times 8\right) \times 5=120(\text{cm}^3)$

2 $(\text{겉넓이})=\left\{\dfrac{1}{2} \times (3+9) \times 4\right\} \times 2+(3+5+9+5) \times 4$
$$=48+88=136(\text{cm}^2)$$
$(\text{부피})=\left\{\dfrac{1}{2} \times (3+9) \times 4\right\} \times 4=96(\text{cm}^3)$

3 밑면인 원의 반지름의 길이가 $4\,\text{cm}$이므로
$(\text{겉넓이})=(\pi \times 4^2) \times 2+(2\pi \times 4) \times 6$
$$=32\pi+48\pi=80\pi(\text{cm}^2)$$
$(\text{부피})=(\pi \times 4^2) \times 6=96\pi(\text{cm}^3)$

9 $(\text{겉넓이})=\left\{\dfrac{1}{2} \times (\pi \times 2^2)\right\} \times 2+\left\{\dfrac{1}{2} \times (2\pi \times 2)+4\right\} \times 12$
$$=4\pi+24\pi+48$$
$$=28\pi+48(\text{cm}^2)$$
$(\text{부피})=\left\{\dfrac{1}{2} \times (\pi \times 2^2)\right\} \times 12=24\pi(\text{cm}^3)$

10 $(\text{겉넓이})=\left(\pi \times 3^2 \times \dfrac{120}{360}\right) \times 2$
$$+\left(2\pi \times 3 \times \dfrac{120}{360}+3 \times 2\right) \times 7$$
$$=6\pi+14\pi+42$$
$$=20\pi+42(\text{cm}^2)$$
$(\text{부피})=\left(\pi \times 3^2 \times \dfrac{120}{360}\right) \times 7=21\pi(\text{cm}^3)$

[11~12] 구멍이 뚫린 기둥의 부피
$(\text{구멍이 뚫린 기둥의 부피})=(\text{큰 기둥의 부피})-(\text{작은 기둥의 부피})$

11 (큰 사각기둥의 부피)$=(4\times4)\times6=96(\text{cm}^3)$
(작은 사각기둥의 부피)$=(2\times2)\times6=24(\text{cm}^3)$
∴ (구멍이 뚫린 입체도형의 부피)
  $=$(큰 사각기둥의 부피)$-$(작은 사각기둥의 부피)
  $=96-24=72(\text{cm}^3)$

〔다른 풀이〕
(밑넓이)$=4\times4-2\times2=12(\text{cm}^2)$
(높이)$=6\,\text{cm}$
∴ (입체도형의 부피)$=12\times6=72(\text{cm}^3)$

12 큰 원기둥의 밑면인 원의 반지름의 길이는
$3+3=6(\text{cm})$이므로
(큰 원기둥의 부피)$=(\pi\times6^2)\times10=360\pi(\text{cm}^3)$
(작은 원기둥의 부피)$=(\pi\times3^2)\times10=90\pi(\text{cm}^3)$
∴ (구멍이 뚫린 입체도형의 부피)
  $=$(큰 원기둥의 부피)$-$(작은 원기둥의 부피)
  $=360\pi-90\pi=270\pi(\text{cm}^3)$

〔다른 풀이〕
(밑넓이)$=\pi\times6^2-\pi\times3^2=27\pi(\text{cm}^2)$
(높이)$=10\,\text{cm}$
∴ (입체도형의 부피)$=27\pi\times10=270\pi(\text{cm}^3)$

뿔의 겉넓이와 부피

유형 **3**   **P. 92~93**

1   12, (1) $64\,\text{cm}^2$ (2) $192\,\text{cm}^2$ (3) $256\,\text{cm}^2$
2   (1) $161\,\text{cm}^2$ (2) $95\,\text{cm}^2$
3   12, (1) $8\pi\,\text{cm}$ (2) $16\pi\,\text{cm}^2$ (3) $48\pi\,\text{cm}^2$ (4) $64\pi\,\text{cm}^2$
4   (1) $96\pi\,\text{cm}^2$ (2) $90\pi\,\text{cm}^2$
5   (1) 9   (2) 25   (3) 16, 64   (4) 34, 64, 98
6   (1) $224\,\text{cm}^2$ (2) $120\,\text{cm}^2$
7   (1) 9π (2) 36π (3) 60π, 15π, 45π
    (4) 45π, 45π, 90π
8   (1) $38\pi\,\text{cm}^2$ (2) $66\pi\,\text{cm}^2$

1

(1) (밑넓이)$=8\times8=64(\text{cm}^2)$

---

(2) (옆넓이)$=\left(\dfrac{1}{2}\times8\times12\right)\times4=192(\text{cm}^2)$
(3) (겉넓이)$=$(밑넓이)$+$(옆넓이)$=64+192=256(\text{cm}^2)$

2 (1) (겉넓이)$=$(밑넓이)$+$(옆넓이)
  $=7\times7+\left(\dfrac{1}{2}\times7\times8\right)\times4$
  $=49+112=161(\text{cm}^2)$
(2) (겉넓이)$=$(밑넓이)$+$(옆넓이)
  $=5\times5+\left(\dfrac{1}{2}\times5\times7\right)\times4$
  $=25+70=95(\text{cm}^2)$

3

(1) 원뿔의 전개도에서 옆면인 부채꼴의 호의 길이는 밑면인
  원의 둘레의 길이와 같으므로
  (부채꼴의 호의 길이)$=2\pi\times4=8\pi(\text{cm})$
(2) (밑넓이)$=$(밑면인 원의 넓이)
  $=\pi\times4^2=16\pi(\text{cm}^2)$
(3) (옆넓이)$=$(옆면인 부채꼴의 넓이)
  $=\dfrac{1}{2}\times12\times(2\pi\times4)=48\pi(\text{cm}^2)$
(4) (겉넓이)$=$(밑넓이)$+$(옆넓이)
  $=16\pi+48\pi=64\pi(\text{cm}^2)$

4 (1) (겉넓이)$=$(밑넓이)$+$(옆넓이)
  $=\pi\times6^2+\dfrac{1}{2}\times10\times(2\pi\times6)$
  $=36\pi+60\pi=96\pi(\text{cm}^2)$
(2) 밑면인 원의 반지름의 길이가 $5\,\text{cm}$이므로
  (겉넓이)$=$(밑넓이)$+$(옆넓이)
  $=\pi\times5^2+\dfrac{1}{2}\times13\times(2\pi\times5)$
  $=25\pi+65\pi=90\pi(\text{cm}^2)$

5 (1) (작은 밑면의 넓이)$=3\times3=\boxed{9}(\text{cm}^2)$
(2) (큰 밑면의 넓이)$=5\times5=\boxed{25}(\text{cm}^2)$
(3) (옆넓이)$=$(사다리꼴의 넓이)$\times4$
  $=\left\{\dfrac{1}{2}\times(3+5)\times4\right\}\times4$
  $=\boxed{16}\times4$
  $=\boxed{64}(\text{cm}^2)$
(4) (겉넓이)$=$(두 밑면의 넓이의 합)$+$(옆넓이)
  $=(9+25)+64$
  $=\boxed{34}+\boxed{64}$
  $=\boxed{98}(\text{cm}^2)$

6 (1) (두 밑면의 넓이의 합)$=4\times4+8\times8=80(\text{cm}^2)$

(옆넓이)$=\left\{\dfrac{1}{2}\times(4+8)\times6\right\}\times4=144(\text{cm}^2)$

$\therefore$ (겉넓이)$=80+144=224(\text{cm}^2)$

(2) (두 밑면의 넓이의 합)$=2\times2+6\times6=40(\text{cm}^2)$

(옆넓이)$=\left\{\dfrac{1}{2}\times(2+6)\times5\right\}\times4=80(\text{cm}^2)$

$\therefore$ (겉넓이)$=40+80=120(\text{cm}^2)$

7 (1) (작은 밑면의 넓이)$=\pi\times3^2=\boxed{9\pi}(\text{cm}^2)$

(2) (큰 밑면의 넓이)$=\pi\times6^2=\boxed{36\pi}(\text{cm}^2)$

(3) (옆넓이)$=$(큰 부채꼴의 넓이)$-$(작은 부채꼴의 넓이)

$=\dfrac{1}{2}\times10\times(2\pi\times6)-\dfrac{1}{2}\times5\times(2\pi\times3)$

$=\boxed{60\pi}-\boxed{15\pi}$

$=\boxed{45\pi}(\text{cm}^2)$

(4) (겉넓이)$=$(두 밑면의 넓이의 합)$+$(옆넓이)

$=(9\pi+36\pi)+45\pi$

$=\boxed{45\pi}+\boxed{45\pi}$

$=\boxed{90\pi}(\text{cm}^2)$

8 (1) (두 밑면의 넓이의 합)$=\pi\times2^2+\pi\times4^2$

$=4\pi+16\pi=20\pi(\text{cm}^2)$

(옆넓이)$=\dfrac{1}{2}\times6\times(2\pi\times4)-\dfrac{1}{2}\times3\times(2\pi\times2)$

$=24\pi-6\pi=18\pi(\text{cm}^2)$

$\therefore$ (겉넓이)$=20\pi+18\pi=38\pi(\text{cm}^2)$

(2) (두 밑면의 넓이의 합)$=\pi\times3^2+\pi\times5^2$

$=9\pi+25\pi=34\pi(\text{cm}^2)$

(옆넓이)$=\dfrac{1}{2}\times10\times(2\pi\times5)-\dfrac{1}{2}\times6\times(2\pi\times3)$

$=50\pi-18\pi=32\pi(\text{cm}^2)$

$\therefore$ (겉넓이)$=34\pi+32\pi=66\pi(\text{cm}^2)$

유형 4   **P. 94**

1 (1) $80\,\text{cm}^3$ (2) $70\pi\,\text{cm}^3$

2 (1) $36\,\text{cm}^2$, $7\,\text{cm}$, $84\,\text{cm}^3$

   (2) $10\,\text{cm}^2$, $6\,\text{cm}$, $20\,\text{cm}^3$

   (3) $25\pi\,\text{cm}^2$, $12\,\text{cm}$, $100\pi\,\text{cm}^3$

   (4) $49\pi\,\text{cm}^2$, $9\,\text{cm}$, $147\pi\,\text{cm}^3$

3 (1) 72, 9, 63 (2) 96π, 12π, 84π

4 (1) $56\,\text{cm}^3$ (2) $105\pi\,\text{cm}^3$

---

1 (1) (부피)$=\dfrac{1}{3}\times$(밑넓이)$\times$(높이)

$=\dfrac{1}{3}\times48\times5$

$=80(\text{cm}^3)$

(2) (부피)$=\dfrac{1}{3}\times$(밑넓이)$\times$(높이)

$=\dfrac{1}{3}\times30\pi\times7$

$=70\pi(\text{cm}^3)$

2 (1) (밑넓이)$=6\times6=36(\text{cm}^2)$

(높이)$=7\,\text{cm}$

$\therefore$ (부피)$=\dfrac{1}{3}\times$(밑넓이)$\times$(높이)

$=\dfrac{1}{3}\times36\times7$

$=84(\text{cm}^3)$

(2) (밑넓이)$=\dfrac{1}{2}\times5\times4=10(\text{cm}^2)$

(높이)$=6\,\text{cm}$

$\therefore$ (부피)$=\dfrac{1}{3}\times$(밑넓이)$\times$(높이)

$=\dfrac{1}{3}\times10\times6$

$=20(\text{cm}^3)$

(3) (밑넓이)$=\pi\times5^2=25\pi(\text{cm}^2)$

(높이)$=12\,\text{cm}$

$\therefore$ (부피)$=\dfrac{1}{3}\times$(밑넓이)$\times$(높이)

$=\dfrac{1}{3}\times25\pi\times12$

$=100\pi(\text{cm}^3)$

(4) (밑넓이)$=\pi\times7^2=49\pi(\text{cm}^2)$

(높이)$=9\,\text{cm}$

$\therefore$ (부피)$=\dfrac{1}{3}\times$(밑넓이)$\times$(높이)

$=\dfrac{1}{3}\times49\pi\times9$

$=147\pi(\text{cm}^3)$

3 (1) (큰 사각뿔의 부피)$=\dfrac{1}{3}\times(6\times6)\times6=72(\text{cm}^3)$

(작은 사각뿔의 부피)$=\dfrac{1}{3}\times(3\times3)\times3=9(\text{cm}^3)$

$\therefore$ (부피)$=$(큰 사각뿔의 부피)$-$(작은 사각뿔의 부피)

$=\boxed{72}-\boxed{9}$

$=\boxed{63}(\text{cm}^3)$

(2) (큰 원뿔의 부피)$=\dfrac{1}{3}\times(\pi\times6^2)\times8=96\pi(\text{cm}^3)$

(작은 원뿔의 부피)$=\dfrac{1}{3}\times(\pi\times3^2)\times4=12\pi(\text{cm}^3)$

$\therefore$ (부피)$=$(큰 원뿔의 부피)$-$(작은 원뿔의 부피)

$=\boxed{96\pi}-\boxed{12\pi}$

$=\boxed{84\pi}(\text{cm}^3)$

4 (1) (부피)=(큰 사각뿔의 부피)-(작은 사각뿔의 부피)

$$=\frac{1}{3}\times(6\times4)\times8-\frac{1}{3}\times(3\times2)\times4$$

$$=64-8=56(\text{cm}^3)$$

(2) (부피)=(큰 원뿔의 부피)-(작은 원뿔의 부피)

$$=\frac{1}{3}\times(\pi\times6^2)\times10-\frac{1}{3}\times(\pi\times3^2)\times5$$

$$=120\pi-15\pi=105\pi(\text{cm}^3)$$

---

4 (두 밑면의 넓이의 합)$=\pi\times3^2+\pi\times6^2$

$$=9\pi+36\pi$$

$$=45\pi(\text{cm}^2)$$

(옆넓이)$=\frac{1}{2}\times12\times(2\pi\times6)-\frac{1}{2}\times6\times(2\pi\times3)$

$$=72\pi-18\pi$$

$$=54\pi(\text{cm}^2)$$

$\therefore$ (겉넓이)$=45\pi+54\pi=99\pi(\text{cm}^2)$

[5~8] 뿔과 뿔대의 부피

· 뿔의 부피

(1) 각뿔의 부피(V)

밑넓이를 S, 높이를 h라고 하면 $V=\frac{1}{3}Sh$

(2) 원뿔의 부피(V)

밑면인 원의 반지름의 길이를 r, 높이를 h라고 하면 $V=\frac{1}{3}\pi r^2h$

· 뿔대의 부피

(뿔대의 부피)=(큰 뿔의 부피)-(작은 뿔의 부피)

---

5 (1) (부피)$=\frac{1}{3}\times(5\times5)\times9=75(\text{cm}^3)$

(2) (큰 사각뿔의 부피)$=\frac{1}{3}\times(7\times7)\times7$

$$=\frac{343}{3}(\text{cm}^3)$$

(작은 사각뿔의 부피)$=\frac{1}{3}\times(4\times4)\times4$

$$=\frac{64}{3}(\text{cm}^3)$$

$\therefore$ (부피)$=\frac{343}{3}-\frac{64}{3}=93(\text{cm}^3)$

---

6 (1) (부피)$=\frac{1}{3}\times(\pi\times4^2)\times6=32\pi(\text{cm}^3)$

(2) (큰 원뿔의 부피)$=\frac{1}{3}\times(\pi\times12^2)\times9$

$$=432\pi(\text{cm}^3)$$

(작은 원뿔의 부피)$=\frac{1}{3}\times(\pi\times4^2)\times3$

$$=16\pi(\text{cm}^3)$$

$\therefore$ (부피)$=432\pi-16\pi=416\pi(\text{cm}^3)$

---

7 (1) [1단계] 직각삼각형을 직선 l을 회전축으로 하여 1회전 시킬 때 생기는 회전체의 겨냥도는 오른쪽 그림과 같다.

(2) [2단계] (부피)$=\frac{1}{3}\times(\pi\times3^2)\times4$

$$=12\pi(\text{cm}^3)$$

채점 기준		
1단계	회전체의 겨냥도 그리기	… 40 %
2단계	회전체의 부피 구하기	… 60 %

쌍둥이 **기출문제**

P. 95~96

1 ④   **2** $48\pi\,\text{cm}^2$ **3** ③   **4** ②

5 (1) $75\,\text{cm}^3$ (2) $93\,\text{cm}^3$ **6** (1) $32\pi\,\text{cm}^3$ (2) $416\pi\,\text{cm}^3$

7 (1) 풀이 참조 (2) $12\pi\,\text{cm}^3$ **8** ①

9 (1) $10\,\text{cm}^2$ (2) $20\,\text{cm}^3$ **10** $\frac{32}{3}\,\text{cm}^3$ **11** $21\,\text{cm}^3$

12 ①

[1~2] 뿔의 겉넓이

(1) (각뿔의 겉넓이)=(밑넓이)+(옆넓이)

(2) 원뿔의 겉넓이(S)

밑면인 원의 반지름의 길이를 r, 모선의 길이를 l이라고 하면

$$S=\pi r^2+\pi rl$$

1 (겉넓이)$=3\times3+\left(\frac{1}{2}\times3\times5\right)\times4$

$$=9+30$$

$$=39(\text{cm}^2)$$

2 [1단계] (밑넓이)$=\pi\times4^2=16\pi(\text{cm}^2)$

[2단계] (옆넓이)$=\frac{1}{2}\times8\times(2\pi\times4)=32\pi(\text{cm}^2)$

[3단계] $\therefore$ (겉넓이)$=16\pi+32\pi=48\pi(\text{cm}^2)$

채점 기준		
1단계	원뿔의 밑넓이 구하기	… 40 %
2단계	원뿔의 옆넓이 구하기	… 40 %
3단계	원뿔의 겉넓이 구하기	… 20 %

[3~4] 뿔대의 겉넓이

(뿔대의 겉넓이)=(두 밑면의 넓이의 합)+(옆넓이)

참고 (원뿔대의 옆넓이)=(큰 부채꼴의 넓이)-(작은 부채꼴의 넓이)

3 (두 밑면의 넓이의 합)$=3\times3+6\times6=45(\text{cm}^2)$

(옆넓이)$=\left\{\frac{1}{2}\times(3+6)\times4\right\}\times4=72(\text{cm}^2)$

$\therefore$ (겉넓이)$=45+72=117(\text{cm}^2)$

---

8 주어진 평면도형을 직선 l을 회전축으로
하여 1회전 시킬 때 생기는 회전체는 오
른쪽 그림과 같으므로
$$\text{(부피)} = \text{(원뿔의 부피)} + \text{(원기둥의 부피)}$$
$$= \frac{1}{3} \times (\pi \times 4^2) \times 3$$
$$\quad + (\pi \times 4^2) \times 5$$
$$= 16\pi + 80\pi$$
$$= 96\pi \,(\text{cm}^3)$$

[9~10] 직육면체에서 잘라 낸 삼각뿔의 부피
$$\text{(잘라 낸 삼각뿔 G−BCD의 부피)}$$
$$= \frac{1}{3} \times (\triangle \text{BCD의 넓이}) \times \overline{\text{CG}}$$

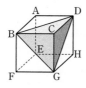

9 (1) $(\triangle \text{BCD의 넓이}) = \frac{1}{2} \times \overline{\text{BC}} \times \overline{\text{CD}}$
$$= \frac{1}{2} \times 5 \times 4$$
$$= 10 \,(\text{cm}^2)$$
(2) (삼각뿔 G−BCD의 부피)
$$= \frac{1}{3} \times (\text{밑넓이}) \times (\text{높이})$$
$$= \frac{1}{3} \times (\triangle \text{BCD의 넓이}) \times \overline{\text{CG}}$$
$$= \frac{1}{3} \times 10 \times 6$$
$$= 20 \,(\text{cm}^3)$$

10 (삼각뿔 G−BCD의 부피)
$$= \frac{1}{3} \times (\text{밑넓이}) \times (\text{높이})$$
$$= \frac{1}{3} \times (\triangle \text{BCD의 넓이}) \times \overline{\text{CG}}$$
$$= \frac{1}{3} \times \left(\frac{1}{2} \times 4 \times 4 \right) \times 4$$
$$= \frac{32}{3} \,(\text{cm}^3)$$

[11~12] 그릇에 담긴 물의 부피
직육면체 모양의 그릇에 담긴 물의 부피는 그릇을 기울였을 때 생기는
삼각뿔의 부피와 같다.

11 물의 부피는 삼각뿔의 부피와 같으므로
$$\text{(물의 부피)} = \frac{1}{3} \times \left(\frac{1}{2} \times 6 \times 7 \right) \times 3$$
$$= 21 \,(\text{cm}^3)$$

12 물의 부피는 삼각뿔의 부피와 같으므로
$$\text{(물의 부피)} = \frac{1}{3} \times \left(\frac{1}{2} \times 50 \times 30 \right) \times 10$$
$$= 2500 \,(\text{cm}^3)$$

03 구의 겉넓이와 부피

유형 **5**   P. 97

1 (1) $400\pi \,\text{cm}^2$ (2) $324\pi \,\text{cm}^2$
2 (1) 72π, 36π, 108π (2) $192\pi \,\text{cm}^2$
3 (1) $65\pi \,\text{cm}^2$ (2) $50\pi \,\text{cm}^2$ (3) $115\pi \,\text{cm}^2$
4 (1) $12\pi \,\text{cm}^2$ (2) $4\pi \,\text{cm}^2$ (3) $16\pi \,\text{cm}^2$

1 (1) (구의 겉넓이) $= 4\pi \times 10^2 = 400\pi \,(\text{cm}^2)$
(2) (구의 겉넓이) $= 4\pi \times 9^2 = 324\pi \,(\text{cm}^2)$

2 (1) (반구의 겉넓이) $= \frac{1}{2} \times (\text{구의 겉넓이}) + (\text{원의 넓이})$
$$= \frac{1}{2} \times (4\pi \times 6^2) + \pi \times 6^2$$
$$= \boxed{72\pi} + \boxed{36\pi} = \boxed{108\pi} \,(\text{cm}^2)$$
(2) (반구의 겉넓이) $= \frac{1}{2} \times (\text{구의 겉넓이}) + (\text{원의 넓이})$
$$= \frac{1}{2} \times (4\pi \times 8^2) + \pi \times 8^2$$
$$= 128\pi + 64\pi = 192\pi \,(\text{cm}^2)$$

3 (1) (원뿔의 옆넓이) $= \frac{1}{2} \times 13 \times (2\pi \times 5) = 65\pi \,(\text{cm}^2)$
(2) (반구 부분의 겉넓이) $= \frac{1}{2} \times (4\pi \times 5^2) = 50\pi \,(\text{cm}^2)$
(3) (입체도형의 겉넓이) $= 65\pi + 50\pi = 115\pi \,(\text{cm}^2)$

4 (1) $\left(\text{구의 겉넓이의 } \frac{3}{4} \right) = \frac{3}{4} \times (4\pi \times 2^2) = 12\pi \,(\text{cm}^2)$
(2) (잘린 단면의 넓이의 합) $= \left\{ \frac{1}{2} \times (\pi \times 2^2) \right\} \times 2$
$$= 4\pi \,(\text{cm}^2)$$
(3) (입체도형의 겉넓이) $= 12\pi + 4\pi = 16\pi \,(\text{cm}^2)$

유형 **6**   P. 98

1 (1) $972\pi \,\text{cm}^3$ (2) $\dfrac{500}{3}\pi \,\text{cm}^3$
2 (1) $\dfrac{16}{3}\pi$ (2) $\dfrac{686}{3}\pi \,\text{cm}^3$ **3** $\dfrac{63}{2}\pi \,\text{cm}^3$
4 (1) $\dfrac{16}{3}\pi \,\text{cm}^3$ (2) $\dfrac{32}{3}\pi \,\text{cm}^3$ (3) $16\pi \,\text{cm}^3$ (4) $1 : 2 : 3$

1 (1) (구의 부피) $= \frac{4}{3}\pi \times 9^3 = 972\pi \,(\text{cm}^3)$
(2) (구의 부피) $= \frac{4}{3}\pi \times 5^3 = \frac{500}{3}\pi \,(\text{cm}^3)$

2 (1) (반구의 부피)$=\dfrac{1}{2}\times$(구의 부피)

$=\dfrac{1}{2}\times\left(\dfrac{4}{3}\pi\times2^3\right)=\boxed{\dfrac{16}{3}}\pi\,(\mathrm{cm}^3)$

(2) (반구의 부피)$=\dfrac{1}{2}\times$(구의 부피)

$=\dfrac{1}{2}\times\left(\dfrac{4}{3}\pi\times7^3\right)=\dfrac{686}{3}\pi\,(\mathrm{cm}^3)$

3 (부피)$=\dfrac{7}{8}\times\left(\dfrac{4}{3}\pi\times3^3\right)=\dfrac{63}{2}\pi\,(\mathrm{cm}^3)$

4 (1) (원뿔의 부피)$=\dfrac{1}{3}\times(\pi\times2^2)\times4=\dfrac{16}{3}\pi\,(\mathrm{cm}^3)$

(2) (구의 부피)$=\dfrac{4}{3}\pi\times2^3=\dfrac{32}{3}\pi\,(\mathrm{cm}^3)$

(3) (원기둥의 부피)$=(\pi\times2^2)\times4=16\pi\,(\mathrm{cm}^3)$

(4) $\dfrac{16}{3}\pi:\dfrac{32}{3}\pi:16\pi=16:32:48=1:2:3$

쌍둥이 기출문제 P. 99

1 $144\pi\,\mathrm{cm}^2$	**2** $192\pi\,\mathrm{cm}^2$	**3** $175\pi\,\mathrm{cm}^2$
4 $68\pi\,\mathrm{cm}^2$	**5** $343\pi\,\mathrm{cm}^3$	**6** $\dfrac{560}{3}\pi\,\mathrm{cm}^3$
7 $2:3$	**8** $16\pi\,\mathrm{cm}^3$	

[1~4] 구의 겉넓이

반지름의 길이가 r인 구의 겉넓이를 S라고 하면
$S=4\pi r^2$

1 구의 반지름의 길이는 $12\times\dfrac{1}{2}=6(\mathrm{cm})$이므로

(겉넓이)$=4\pi\times6^2=144\pi\,(\mathrm{cm}^2)$

2 (겉넓이)$=\dfrac{1}{2}\times(4\pi\times8^2)+\pi\times8^2$

$=128\pi+64\pi=192\pi\,(\mathrm{cm}^2)$

3 (겉넓이)$=\dfrac{1}{2}\times(4\pi\times5^2)+(2\pi\times5)\times10+\pi\times5^2$

$=50\pi+100\pi+25\pi=175\pi\,(\mathrm{cm}^2)$

4 잘라 낸 부분은 구의 $\dfrac{1}{8}$이므로 남아 있는 부분은 구의 $\dfrac{7}{8}$이다.

$\therefore$ (겉넓이)$=\dfrac{7}{8}\times(4\pi\times4^2)+\left\{\dfrac{1}{4}\times(\pi\times4^2)\right\}\times3$

$=56\pi+12\pi=68\pi\,(\mathrm{cm}^2)$

[5~6] 구의 부피

반지름의 길이가 r인 구의 부피를 V라고 하면
$V=\dfrac{4}{3}\pi r^3$

5 잘라 낸 부분은 구의 $\dfrac{1}{4}$이므로 남아 있는 부분은 구의 $\dfrac{3}{4}$이다.

$\therefore$ (부피)$=\dfrac{3}{4}\times\left(\dfrac{4}{3}\pi\times7^3\right)=343\pi\,(\mathrm{cm}^3)$

6 (입체도형의 부피)$=$(작은 반구의 부피)$+$(큰 반구의 부피)

$=\dfrac{1}{2}\times\left(\dfrac{4}{3}\pi\times4^3\right)+\dfrac{1}{2}\times\left(\dfrac{4}{3}\pi\times6^3\right)$

$=\dfrac{128}{3}\pi+144\pi$

$=\dfrac{560}{3}\pi\,(\mathrm{cm}^3)$

[7~8] 원뿔, 구, 원기둥의 부피 사이의 관계

(원뿔의 부피):(구의 부피):(원기둥의 부피)$=1:2:3$

7 (구의 부피)$=\dfrac{4}{3}\pi\times6^3=288\pi\,(\mathrm{cm}^3)$

(원기둥의 부피)$=(\pi\times6^2)\times12=432\pi\,(\mathrm{cm}^3)$

$\therefore$ (구의 부피) : (원기둥의 부피)$=288\pi:432\pi=2:3$

8 원뿔의 밑면인 원의 반지름의 길이를 $r\,\mathrm{cm}$라고 하면

원뿔의 높이는 $2r\,\mathrm{cm}$이고, 부피는 $\dfrac{16}{3}\pi\,\mathrm{cm}^3$이므로

$\dfrac{1}{3}\times\pi r^2\times2r=\dfrac{16}{3}\pi$

$\dfrac{2}{3}\pi r^3=\dfrac{16}{3}\pi$, $r^3=8=2^3$ $\quad\therefore r=2$

따라서 밑면인 원의 반지름의 길이가 $2\,\mathrm{cm}$이므로

(원기둥의 부피)$=(\pi\times2^2)\times4=16\pi\,(\mathrm{cm}^3)$

단원 마무리 P. 100~101

1 ④	**2** $\dfrac{100}{3}\pi\,\mathrm{cm}^3$	**3** ③
4 $\dfrac{485}{3}\,\mathrm{cm}^3$	**5** $6\,\mathrm{cm}$	**6** ③	**7** ⑤
8 ②		

1 (겉넓이)$=(\pi\times5^2)\times2+(2\pi\times5)\times5$

$=50\pi+50\pi$

$=100\pi\,(\mathrm{cm}^2)$

2 (부피)$=\left(\pi\times5^2\times\dfrac{60}{360}\right)\times8=\dfrac{100}{3}\pi\,(\mathrm{cm}^3)$

3 원뿔의 모선의 길이를 l cm라고 하면

$$\pi \times 6^2 + \frac{1}{2} \times l \times (2\pi \times 6) = 126\pi$$

$$36\pi + 6\pi l = 126\pi$$

$$6\pi l = 90\pi \qquad \therefore l = 15$$

따라서 원뿔의 모선의 길이는 15 cm이다.

4 (부피)=(큰 사각뿔의 부피)-(작은 사각뿔의 부피)

$$= \frac{1}{3} \times (8 \times 8) \times 8 - \frac{1}{3} \times (3 \times 3) \times 3$$

$$= \frac{512}{3} - 9 = \frac{485}{3} (\text{cm}^3)$$

5 [1단계] 정육면체의 한 모서리의 길이를 a cm라고 하면

(삼각뿔 F-ABC의 부피)

$$= \frac{1}{3} \times (\triangle \text{ABC의 넓이}) \times \overline{\text{BF}}$$

$$= \frac{1}{3} \times \left(\frac{1}{2} \times a \times a \right) \times a$$

$$= \frac{1}{6} a^3 (\text{cm}^3)$$

[2단계] 이때 삼각뿔 F-ABC의 부피가 36 cm³이므로

$$\frac{1}{6} a^3 = 36, \ a^3 = 216 = 6^3 \qquad \therefore a = 6$$

따라서 정육면체의 한 모서리의 길이는 6 cm이다.

채점 기준		
1단계	삼각뿔 F-ABC의 부피를 정육면체의 한 모서리의 길이(a)를 사용하여 나타내기	⋯ 50 %
2단계	정육면체의 한 모서리의 길이 구하기	⋯ 50 %

6 (겉넓이)$= \pi \times 3^2 + \frac{1}{2} \times (4\pi \times 3^2)$

$$= 9\pi + 18\pi$$

$$= 27\pi (\text{cm}^2)$$

7 (부피)=(두 반구의 부피)+(원기둥의 부피)

$$= \left\{ \frac{1}{2} \times \left(\frac{4}{3} \pi \times 3^3 \right) \right\} \times 2 + (\pi \times 3^2) \times 4$$

$$= 36\pi + 36\pi$$

$$= 72\pi (\text{cm}^3)$$

8 (그릇에 남아 있는 물의 부피)

=(원기둥 모양의 그릇의 부피)-(구 모양의 공의 부피)

$$= (\pi \times 5^2) \times 10 - \frac{4}{3} \pi \times 5^3$$

$$= 250\pi - \frac{500}{3}\pi = \frac{250}{3}\pi (\text{cm}^3)$$

01 대푯값

1 (1) 7   (2) 5   (3) 17   (4) 15.5
2 (1) 8   (2) 240   (3) 9, 11   **3** O형
4 (1) 11   (2) 7   (3) 12   **5** 중앙값

1 (1) 변량을 작은 값부터 크기순으로 나열하면
3, 3, ⑦, 8, 9이므로
(중앙값)=7
(2) 변량을 작은 값부터 크기순으로 나열하면
1, 2, ④, ⑥, 10, 11이므로
$(중앙값)=\dfrac{4+6}{2}=5$
(3) 변량을 작은 값부터 크기순으로 나열하면
12, 12, 13, ⑰, 17, 19, 25이므로
(중앙값)=17
(4) 변량을 작은 값부터 크기순으로 나열하면
9, 14, 15, ⑮, ⑯, 19, 20, 23이므로
$(중앙값)=\dfrac{15+16}{2}=15.5$

2 (1) 8이 세 번으로 가장 많이 나타나므로
(최빈값)=8
(2) 240이 두 번으로 가장 많이 나타나므로
(최빈값)=240
(3) 9, 11이 각각 세 번으로 가장 많이 나타나므로
(최빈값)=9, 11

> 참고 평균과 중앙값은 하나로 정해지지만 최빈값은 자료의 변량 중에서 가장 많이 나타난 값이므로 2개 이상일 수도 있다.

3 O형이 8명으로 가장 많으므로 최빈값은 O형이다.
> 참고 최빈값은 숫자로 나타낼 수 없는 자료의 경우에도 구할 수 있다.

4 (1) 중앙값이 9이므로
$\dfrac{7+x}{2}=9$
$7+x=18$ $\therefore x=11$
(2) 중앙값이 6이므로
$\dfrac{5+x}{2}=6$
$5+x=12$ $\therefore x=7$
(3) 중앙값이 10.5이므로
$\dfrac{9+x}{2}=10.5$
$9+x=21$ $\therefore x=12$

5 자료에 26과 같이 다른 변량에 비해 매우 작은 극단적인 값이 있으므로 평균은 주어진 자료의 대푯값으로 적절하지 않다. 또 각 변량이 모두 한 번씩 나타나므로 최빈값은 주어진 자료의 대푯값으로 적절하지 않다.
따라서 주어진 자료의 대푯값으로 가장 적절한 것은 중앙값이다.

쌍둥이 기출문제

1 중앙값: 3시간, 최빈값: 4시간
2 중앙값: 2.5회, 최빈값: 2회, 3회   **3** 11
4 (1) 250   (2) 250   **5** 3   **6** ④
7 (1) 평균: 64 mm, 중앙값: 36 mm   (2) 중앙값
8 최빈값, 90호

[1~6] 평균, 중앙값, 최빈값 구하기
(1) $(평균)=\dfrac{(변량의 총합)}{(변량의 개수)}$
(2) 중앙값: 자료의 변량을 작은 값부터 크기순으로 나열했을 때, 변량의 개수가
① 홀수이면 ⇨ 한가운데 있는 값
② 짝수이면 ⇨ 한가운데 있는 두 값의 평균
(3) 최빈값: 자료의 변량 중에서 가장 많이 나타난 값

1 변량을 작은 값부터 크기순으로 나열하면
1, 2, 3, ③, 4, 4, 4이므로
(중앙값)=3시간
4시간이 세 번으로 가장 많이 나타나므로
(최빈값)=4시간

2 변량을 작은 값부터 크기순으로 나열하면
1, 1, 2, 2, ②, ③, 3, 3, 4, 5이므로
$(중앙값)=\dfrac{2+3}{2}=2.5(회)$
2회, 3회가 각각 세 번으로 가장 많이 나타나므로
(최빈값)=2회, 3회

3 중앙값이 12이므로
$\dfrac{x+13}{2}=12$
$x+13=24$
$\therefore x=11$

4 (1) 중앙값이 248이므로

$$\frac{246+x}{2}=248$$

$$246+x=496 \qquad \therefore x=250$$

(2) 250이 두 번으로 가장 많이 나타나므로

(최빈값)=250

5 x의 값에 관계없이 6점이 가장 많이 나타나므로 최빈값은 6점이다.

이때 평균과 최빈값이 서로 같으므로 평균도 6점이다.

즉, $\dfrac{6+7+x+6+9+5+6}{7}=6$

$$x+39=42 \qquad \therefore x=3$$

6 중앙값은 3번째 변량인 8이다.

이때 평균과 중앙값이 서로 같으므로 평균도 8이다.

즉, $\dfrac{4+5+8+x+12}{5}=8$

$$x+29=40 \qquad \therefore x=11$$

[7~8] 적절한 대푯값 찾기

(1) 평균: 대푯값으로 가장 많이 쓰이며, 자료에 극단적인 값이 있으면 그 값에 영향을 많이 받는다.

(2) 중앙값: 자료에 극단적인 값이 있는 경우에는 평균보다 자료의 중심 경향을 더 잘 나타낼 수 있다.

(3) 최빈값: 선호도를 조사할 때 주로 쓰이며, 숫자로 나타낼 수 없는 자료의 경우에도 구할 수 있다.

7 (1) (평균)$=\dfrac{24+20+35+38+37+230}{6}$

$$=\dfrac{384}{6}=64(\text{mm})$$

변량을 작은 값부터 크기순으로 나열하면

20, 24, ⟨35, 37⟩, 38, 230이므로

(중앙값)$=\dfrac{35+37}{2}=36(\text{mm})$

(2) 자료에 230 mm와 같이 다른 변량에 비해 매우 큰 극단적인 값이 있으므로 평균보다 중앙값이 대푯값으로 적절하다.

8 가장 많이 준비해야 할 옷의 치수를 정할 때는 가장 많이 판매된 치수를 선택해야 하므로 대푯값으로 가장 적절한 것은 최빈값이다.

이때 90호의 옷이 4개로 가장 많이 판매되었으므로

(최빈값)=90호

02 줄기와 잎 그림, 도수분포표

P. 106

1

주민들의 나이

(1|0은 10세)

줄기	잎
1	0 1 3 5 6 7
2	1 3 4 4 9
3	3 5 6 7 7 8 8
4	0 1 2 4
5	2 7

2 (1) 십, 일 (2) 3, 4, 5, 24 (3) 3, 4, 4, 9

3 2   **4** 20명   **5** 6명   **6** 34회

4 전체 학생 수는 전체 잎의 개수와 같으므로

반 전체 학생은 $4+6+7+3=20$(명)

5 제기차기 기록이 10회 이상 20회 미만인 학생 수는 줄기 1에 해당하는 잎의 개수와 같으므로

구하는 학생은 6명이다.

6 제기차기를 가장 많이 한 학생의 기록은 35회, 제기차기를 가장 적게 한 학생의 기록은 1회이므로

그 차는 $35-1=34$(회)

P. 107

1

봉사 활동 시간(시간)	학생 수(명)	
0^{이상}~ 4^{미만}	/	1
4 ~ 8	卌 ///	8
8 ~ 12	卌 卌 /	11
12 ~ 16	卌	5
16 ~ 20	//	2
합계		27

2 (1) 5 (2) 4 (3) 11, 8, 12

3 6권   **4** 12권 이상 18권 미만

5 18명   **6** 6권 이상 12권 미만

2 (1) 계급은 0^{이상}~4^{미만}, 4~8, 8~12, 12~16, 16~20의 5개이다.

(2) (계급의 크기)$=4-0=8-4=\cdots=20-16=4$(시간)

3 (계급의 크기)$=6-0=12-6=\cdots=30-24=6$(권)

4 대출한 책의 수가 13권인 학생이 속하는 계급은 12권 이상 18권 미만이다.

5 대출한 책의 수가 18권 이상 24권 미만인 학생이 10명, 24권 이상 30권 미만인 학생이 8명이므로
대출한 책의 수가 18권 이상인 학생은
$10+8=18$(명)

6 대출한 책의 수가 6권 미만인 학생은 4명, 12권 미만인 학생은 $4+2=6$(명)이므로 대출한 책의 수가 6번째로 적은 학생이 속하는 계급은 6권 이상 12권 미만이다.

③ 인터넷 사용 시간이 가장 긴 학생의 인터넷 사용 시간은 줄기가 4이고 잎이 8이므로 48분이다.

④ 인터넷 사용 시간이 34분 이상인 학생은 34분, 35분, 36분, 37분, 40분, 41분, 45분, 48분의 8명이므로 전체의 $\dfrac{8}{20}\times100=40(\%)$이다.

⑤ 인터넷 사용 시간이 적은 학생의 인터넷 사용 시간부터 차례로 나열하면 14분, 15분, 16분, 21분, ...이므로 인터넷 사용 시간이 4번째로 적은 학생의 인터넷 사용 시간은 21분이다.

따라서 옳지 않은 것은 ④이다.

쌍둥이 기출문제

P. 108~109

1 (1) 70점대 (2) 85점 (3) 10명
(4) 중앙값: 78점, 최빈값: 79점
2 ④   **3** ④   **4** ②, ④
5 (1) 5 (2) 0.5 kg (3) 2명
(4) 3.0 kg 이상 3.5 kg 미만 (5) 20 %
6 ③, ⑤ **7** (1) 7 (2) 8 **8** $A=9,\ B=8$

[1~2] 줄기와 잎 그림

(단위: 회)

26	10	13	22
21	22	17	30
28	35	19	36

⇨ (1|0은 10회)

줄기	잎
1	0 3 7 9
2	1 2 2 6 8
3	0 5 6

1 (1) 잎이 가장 많은 줄기는 7이므로 학생 수가 가장 많은 점수대는 70점대이다.
(2) 수학 성적이 높은 학생의 성적부터 차례로 나열하면 98점, 97점, 95점, 89점, 87점, 85점, ...이므로 수학 성적이 6번째로 높은 학생의 수학 성적은 85점이다.
(3) 수학 성적이 77점 이상 84점 이하인 학생은 77점, 78점, 79점, 79점, 79점, 81점, 82점, 83점, 84점, 84점의 10명이다.
(4) 반 전체 학생은 $4+5+9+8+3=29$(명)이고, 중앙값은 15번째 변량이므로 (중앙값)=78점
79점이 세 번으로 가장 많이 나타나므로 (최빈값)=79점

2 ① 잎이 가장 적은 줄기는 잎의 개수가 3인 줄기 1이다.
② 전체 학생 수는 전체 잎의 개수와 같으므로
전체 학생은 $3+6+7+4=20$(명)

[3~8] 도수분포표

횟수(회)	학생 수(명)
계급 → 10이상 ~ 20미만	3 ← 도수
20 ~ 30	5
30 ~ 40	2
합계	10

(1) 계급의 개수: $10^{이상} \sim 20^{미만}$, $20 \sim 30$, $30 \sim 40$의 3개
(2) 계급의 크기: $20-10=30-20=40-30=10$(회)
(3) (어떤 계급이 차지하는 비율)$=\dfrac{(그\ 계급의\ 도수)}{(도수의\ 총합)}\times100(\%)$

4 ② 변량을 나눈 구간의 너비를 계급의 크기라고 한다.
④ 도수분포표에서는 각 변량의 정확한 값을 알 수 없다.

5 (1) 계급은 $2.0^{이상} \sim 2.5^{미만}$, $2.5 \sim 3.0$, $3.0 \sim 3.5$, $3.5 \sim 4.0$, $4.0 \sim 4.5$의 5개이다.
(2) (계급의 크기)$=2.5-2.0=3.0-2.5=\cdots=4.5-4.0$
$=0.5(kg)$
(3) 몸무게가 2.5 kg 이상 3.0 kg 미만인 신생아는
$15-(1+5+4+3)=2$(명)
(4) 몸무게가 4 kg 이상인 신생아는 3명,
3.5 kg 이상인 신생아는 $4+3=7$(명),
3.0 kg 이상인 신생아는 $5+4+3=12$(명)이므로
몸무게가 8번째로 무거운 신생아가 속하는 계급은
3.0 kg 이상 3.5 kg 미만이다.
(5) 몸무게가 3.0 kg 미만인 신생아는 $1+2=3$(명)이므로
전체의 $\dfrac{3}{15}\times100=20(\%)$이다.

6 ① (계급의 크기)$=20-10=30-20=\cdots=70-60=10$(개)
② $x=30-(2+3+9+6+3)=7$
③ 도수가 가장 큰 계급은 도수가 9회인 40개 이상 50개 미만이다.
④ 던진 공이 40개 미만인 경기 수는
$2+3+7=12$
⑤ 던진 공이 50개 이상인 경기는 $6+3=9$(회)이므로 전체의
$\dfrac{9}{30}\times100=30(\%)$이다.

따라서 옳지 않은 것은 ③, ⑤이다.

7 (1) 기록이 24 m 이상 28 m 미만인 학생이 전체의 20 %이 므로 그 수는

$$35 \times \frac{20}{100} = 7$$

(2) 기록이 32 m 이상 36 m 미만인 학생 수는

$$35 - (2+7+14+4) = 8$$

8 1단계 대기 시간이 15분 이상인 방문객이 전체의 40 %이 므로 그 수는

$$30 \times \frac{40}{100} = 12$$

$$\therefore B = 12 - 4 = 8$$

2단계 $\therefore A = 30 - (3+6+8+4) = 9$

채점 기준		
1단계	B의 값 구하기	… 60 %
2단계	A의 값 구하기	… 40 %

03 히스토그램과 도수분포다각형

유형 **4**   P. 110

1

2 30분, 6   **3** 150분 이상 180분 미만
4 30명   **5** 10 %   **6** 900

2 계급의 크기는 직사각형의 가로의 길이와 같으므로
$30-0=60-30=\cdots=180-150=30$(분)이고,
계급의 개수는 직사각형의 개수와 같다.
즉, $0^{이상} \sim 30^{미만}$, $30 \sim 60$, $60 \sim 90$, $90 \sim 120$, $120 \sim 150$, $150 \sim 180$의 6개이다.

3 도수가 가장 작은 계급은 도수가 1명인 150분 이상 180분 미만이다.

4 반 전체 학생은
$3+5+9+10+2+1=30$(명)

5 컴퓨터 사용 시간이 120분 이상 180분 미만인 학생은
$2+1=3$(명)이므로
전체의 $\frac{3}{30} \times 100 = 10$(%)이다.

6 (모든 직사각형의 넓이의 합)
$=$(계급의 크기)$\times$(도수의 총합)
$=30 \times 30 = 900$

유형 **5**   P. 111

1

2 1 kg, 6   **3** 5 kg 이상 6 kg 미만
4 40가구   **5** 35 %   **6** 40

2 계급의 크기는 $3-2=4-3=\cdots=8-7=1$(kg)이고,
계급은 $2^{이상} \sim 3^{미만}$, $3 \sim 4$, $4 \sim 5$, $5 \sim 6$, $6 \sim 7$, $7 \sim 8$의
6개이다.

3 도수가 가장 큰 계급은 도수가 11가구인 5 kg 이상 6 kg 미만이다.

4 전체 가구는
$3+4+10+11+7+5=40$(가구)

5 모은 재활용품의 양이 3 kg 이상 5 kg 미만인 가구는
$4+10=14$(가구)이므로
전체의 $\frac{14}{40} \times 100 = 35$(%)이다.

6 (도수분포다각형과 가로축으로 둘러싸인 부분의 넓이)
$=$(계급의 크기)$\times$(도수의 총합)
$=1 \times 40 = 40$

1 40명	**2** 12명	**3** 80점 이상 90점 미만
4 40%	**5** 400	**6** 20명	**7** 3명
8 80회 이상 85회 미만	**9** 30%	**10** 100

1 반 전체 학생은 2+5+9+12+8+4=40(명)

2 국사 성적이 75점인 학생이 속하는 계급은 70점 이상 80점
미만이므로 이 계급의 도수는 12명이다.

3 국사 성적이 90점 이상인 학생은 4명,
80점 이상인 학생은 8+4=12(명)이므로
국사 성적이 5번째로 높은 학생이 속하는 계급은
80점 이상 90점 미만이다.

4 국사 성적이 70점 미만인 학생은 2+5+9=16(명)이므로
전체의 $\frac{16}{40} \times 100 = 40(\%)$이다.

5 (모든 직사각형의 넓이의 합)
=(계급의 크기)×(도수의 총합)
=(50−40)×40
=10×40=400

6 반 전체 학생은 2+4+8+3+3=20(명)

7 1분당 맥박수가 87회인 학생이 속하는 계급은
85회 이상 90회 미만이므로 이 계급의 도수는 3명이다.

8 1분당 맥박수가 75회 미만인 학생은 2명,
80회 미만인 학생은 2+4=6(명),
85회 미만인 학생은 2+4+8=14(명)이므로
1분당 맥박수가 9번째로 낮은 학생이 속하는 계급은
80회 이상 85회 미만이다.

9 1분당 맥박수가 85회 이상인 학생은 3+3=6(명)이므로
전체의 $\frac{6}{20} \times 100 = 30(\%)$이다.

10 (도수분포다각형과 가로축으로 둘러싸인 부분의 넓이)
=(계급의 크기)×(도수의 총합)
=(75−70)×20
=5×20=100

1 ㄱ, ㄴ, ㄹ, ㅁ	**2** ③, ⑤	**3** (1) 9명 (2) 40%
4 25%	**5** ㄴ, ㄹ	**6** ⑤	**7** (1) 10명 (2) 15명
8 12명		

[1~4] 히스토그램

횟수(회)	학생 수(명)
10이상~20미만	3
20 ~30	5
30 ~40	2
합계	10

1 ㄱ. (계급의 크기)=200−100=300−200=···
=700−600=100(mL)
ㄴ. 반 전체 학생 수는 1+3+10+12+7+2=35
ㄷ. 히스토그램에서 각 계급에 속하는 변량의 정확한 값은
알 수 없으므로 우유를 가장 많이 마시는 학생이 마신
우유의 양은 알 수 없다.
ㄹ. 마신 우유의 양이 200 mL 미만인 학생은 1명,
300 mL 미만인 학생은 1+3=4(명)이므로
마신 우유의 양이 4번째로 적은 학생이 속하는 계급은
200 mL 이상 300 mL 미만이다.
ㅁ. 마신 우유의 양이 400 mL 미만인 학생은
1+3+10=14(명)이므로
전체의 $\frac{14}{35} \times 100 = \frac{2}{5}$이다.
따라서 주어진 히스토그램에서 알 수 있는 것은 ㄱ, ㄴ, ㄹ,
ㅁ이다.

2 ① 전체 관람객 수는 3+6+8+7+1=25
② 관람 시간이 50분 이상인 관람객은 1명,
40분 이상인 관람객은 7+1=8(명)이므로
관람 시간이 5번째로 많은 관람객이 속하는 계급은
40분 이상 50분 미만이다.
③ 관람 시간이 30분 미만인 관람객은 3+6=9(명)이므로
전체의 $\frac{9}{25} \times 100 = 36(\%)$이다.
④ 주어진 히스토그램에서 정확한 관람 시간은 알 수 없다.
⑤ 10×25=250
따라서 옳은 것은 ③, ⑤이다.

3 (1) 구하는 학생은 35−(3+8+10+5)=9(명)
(2) 키가 160 cm 이상 170 cm 미만인 학생이 9명,
170 cm 이상 180 cm 미만인 학생이 5명이다.
따라서 키가 160 cm 이상인 학생은 9+5=14(명)이므로
전체의 $\frac{14}{35} \times 100 = 40(\%)$이다.

4 〔1단계〕 운동 시간이 7시간 이상 8시간 미만인 학생은
$40-(5+3+7+9+6)=10$(명)

〔2단계〕 따라서 운동 시간이 7시간 이상 8시간 미만인 학생은
전체의 $\dfrac{10}{40}\times100=25(\%)$이다.

채점 기준	
1단계	운동 시간이 7시간 이상 8시간 미만인 학생 수 구하기 ⋯ 50 %
2단계	운동 시간이 7시간 이상 8시간 미만인 학생은 전체의 몇 %인지 구하기 ⋯ 50 %

[5~8] 히스토그램 ⇨ 도수분포다각형

 ⇨

(1) 히스토그램에서 각 직사각형의 윗변의 중앙에 점을 찍어 선분으로 연결 ⇨ 도수분포다각형
(2) 히스토그램과 도수분포다각형에서는 같은 정보를 얻을 수 있다.

5 ㄱ, ㄹ. 전체 학생은 $2+5+7+11+5+3+2=35$(명)이고, 방문 횟수가 12회 미만인 학생은 $2+5=7$(명)이므로 전체의 $\dfrac{7}{35}\times100=20(\%)$이다.

ㄴ. 도수가 가장 큰 계급의 도수는 11명이고, 도수가 두 번째로 큰 계급의 도수는 7명이므로 구하는 계급은 12회 이상 16회 미만이다.

ㄷ. 방문 횟수가 22회인 학생이 속하는 계급은 20회 이상 24회 미만이므로 이 계급의 도수는 5명이다.

따라서 옳지 않은 것은 ㄴ, ㄹ이다.

6 ① 반 전체 학생은 $3+7+9+12+10+4=45$(명)
② 도수가 가장 큰 계급은 도수가 12명인 70점 이상 80점 미만이다.
③ 영어 성적이 50점 미만인 학생은 3명, 60점 미만인 학생은 $3+7=10$(명), 70점 미만인 학생은 $3+7+9=19$(명)이므로 영어 성적이 11번째로 낮은 학생이 속하는 계급은 60점 이상 70점 미만이다.
④ 영어 성적이 80점 이상인 학생은
$10+4=14$(명)
⑤ (도수분포다각형과 가로축으로 둘러싸인 부분의 넓이)
$=$(계급의 크기)×(도수의 총합)
$=(50-40)\times45$
$=10\times45=450$
따라서 옳지 않은 것은 ⑤이다.

7 (1) 국내 여행을 다녀온 횟수가 8회 이상 10회 미만인 회원은
$40\times\dfrac{25}{100}=10$(명)

(2) 국내 여행을 다녀온 횟수가 6회 이상 8회 미만인 회원은
$40-(3+6+10+4+2)=15$(명)

8 〔1단계〕 사생 대회 성적이 70점 이상 80점 미만인 학생은
$45\times\dfrac{20}{100}=9$(명)

〔2단계〕 따라서 사생 대회 성적이 60점 이상 70점 미만인 학생은
$45-(2+7+9+9+5+1)=12$(명)

채점 기준	
1단계	사생 대회 성적이 70점 이상 80점 미만인 학생 수 구하기 ⋯ 50 %
2단계	사생 대회 성적이 60점 이상 70점 미만인 학생 수 구하기 ⋯ 50 %

04 상대도수와 그 그래프

〔유형 6〕 P. 115

1 풀이 참조 **2** 1
3 (1) 0.3, 9 (2) 0.48, 25
4 $A=20$, $B=0.15$, $C=5$, $D=2$
5 0.3 **6** 15 %

1

줄넘기 기록(회)	학생 수(명)	상대도수
80이상~100미만	4	$\dfrac{4}{50}=0.08$
100 ~120	6	$\dfrac{6}{50}=0.12$
120 ~140	16	$\dfrac{16}{50}=0.32$
140 ~160	14	$\dfrac{14}{50}=0.28$
160 ~180	8	$\dfrac{8}{50}=0.16$
180 ~200	2	$\dfrac{2}{50}=0.04$
합계	50	A

2 상대도수의 총합은 항상 1이므로
$A=1$

3 (1) (계급의 도수)$=$(도수의 총합)×(그 계급의 상대도수)
$=30\times\boxed{0.3}=\boxed{9}$

(2) (도수의 총합)$=\dfrac{\text{(그 계급의 도수)}}{\text{(어떤 계급의 상대도수)}}=\dfrac{12}{\boxed{0.48}}$
$=\boxed{25}$

4 국어 성적이 80점 이상 85점 미만인 계급의 도수가 4명이고, 이 계급의 상대도수가 0.2이므로

$$\frac{4}{A}=0.2 \quad \therefore A=\frac{4}{0.2}=20$$

$$B=\frac{3}{20}=0.15$$

$$C=20\times0.25=5$$

$$D=20\times0.1=2$$

참고 $\frac{4}{0.2}=4\div0.2=4\div\frac{2}{10}=4\times\frac{10}{2}=20$

5 도수가 가장 큰 계급은 도수가 6명인 85점 이상 90점 미만이므로 이 계급의 상대도수는 0.3이다.

6 국어 성적이 75점 이상 80점 미만인 계급의 상대도수가 0.15이므로
전체의 $0.15\times100=15(\%)$이다.

다른 풀이 $\frac{3}{20}\times100=15(\%)$

참고 (백분율)$=$(상대도수)$\times100(\%)$

유형 7   P. 116

1
2 3명   **3** 52%   **4** 0.05   **5** 21명   **6** 20%
7 15명

2 몸무게가 60 kg 이상 65 kg 미만인 계급의 상대도수는 0.02이고, 전체 학생은 150명이므로 이 계급의 학생은
$150\times0.02=3$(명)

3 몸무게가 40 kg 이상 50 kg 미만인 계급의 상대도수의 합은
$0.18+0.34=0.52$이므로
전체의 $0.52\times100=52(\%)$

4 각 계급의 상대도수는 그 계급의 도수에 정비례하므로 도수가 가장 작은 계급은 상대도수가 가장 작은 계급이다.
따라서 도수가 가장 작은 계급은 150 cm 이상 155 cm 미만이므로 이 계급의 상대도수는 0.05이다.

---

5 상대도수가 가장 큰 계급의 상대도수는 0.35이고, 전체 학생 수는 60이므로 이 계급의 도수는
$60\times0.35=21$(명)

6 키가 160 cm 미만인 계급의 상대도수의 합은
$0.05+0.15=0.2$이므로
전체의 $0.2\times100=20(\%)$이다.

7 키가 170 cm 이상인 계급의 상대도수의 합은
$0.15+0.1=0.25$이므로
키가 170 cm 이상인 학생은
$60\times0.25=15$(명)

유형 8   P. 117

1 풀이 참조   **2** 30분 이상 40분 미만
3 B 중학교   **4** A 모둠
5 8시간 이상 9시간 미만, 9시간 이상 10시간 미만
6 B 모둠

1

걸리는 시간(분)	A 중학교		B 중학교	
	학생 수(명)	상대도수	학생 수(명)	상대도수
10^{이상}~20^{미만}	20	0.08	4	0.02
20 ~30	45	$\frac{45}{250}=0.18$	10	$\frac{10}{200}=0.05$
30 ~40	75	$\frac{75}{250}=0.3$	60	$\frac{60}{200}=0.3$
40 ~50	65	$\frac{65}{250}=0.26$	64	$\frac{64}{200}=0.32$
50 ~60	40	$\frac{40}{250}=0.16$	50	$\frac{50}{200}=0.25$
60 ~70	5	$\frac{5}{250}=0.02$	12	$\frac{12}{200}=0.06$
합계	250	1	200	1

3 등교하는 데 걸리는 시간이 40분 이상 50분 미만인 계급의 상대도수는
A 중학교: 0.26, B 중학교: 0.32
따라서 등교하는 데 걸리는 시간이 40분 이상 50분 미만인 학생의 비율은 B 중학교가 더 높다.

4 공부 시간이 7시간 미만인 계급들의 상대도수는 모두 A 모둠이 B 모둠보다 더 크므로 그 계급에 속하는 학생의 비율은 A 모둠이 B 모둠보다 더 높다.

6 B 모둠에 대한 그래프가 A 모둠에 대한 그래프보다 전체적으로 오른쪽으로 치우쳐 있으므로 공부 시간은 B 모둠이 A 모둠보다 상대적으로 더 많다고 할 수 있다.

1 (1) 40명 (2) 0.3   **2** (1) 20명 (2) 0.25
3 (1) 40명 (2) $A=0.1$, $B=12$, $C=1$ (3) 20%
4 (1) 150명 (2) $A=0.1$, $B=45$, $C=0.2$ (3) 64%
5 (1) 7명 (2) 0.16   **6** (1) 3그루 (2) 0.3
7 (1) 40명 (2) 14명   **8** 6명
9 (1) 1학년 (2) 2   **10** (1) A 중학교 (2) 3
11 (1) 5명 (2) 2반   **12** ㄹ, ㅁ

[1~2] 상대도수

(1) (어떤 계급의 상대도수)$=\dfrac{(\text{그 계급의 도수})}{(\text{도수의 총합})}$

(2) 각 계급의 상대도수는 0 이상, 1 이하의 수이고, 그 총합은 항상 1이다.

(3) 각 계급의 상대도수는 그 계급의 도수에 정비례한다.

1 (1) $2+5+9+12+8+4=40$(명)

(2) 체육 실기 점수가 28점인 학생이 속하는 계급은 25점 이상 30점 미만이므로 이 계급의 도수는 12명이다.
따라서 체육 실기 점수가 28점인 학생이 속하는 계급의 상대도수는
$\dfrac{12}{40}=0.3$

2 (1) $2+2+5+6+3+2=20$(명)

(2) 버스를 기다린 시간이 11분인 승객이 속하는 계급은 9분 이상 12분 미만이므로 이 계급의 도수는 5명이다.
따라서 버스를 기다린 시간이 11분인 승객이 속하는 계급의 상대도수는
$\dfrac{5}{20}=0.25$

[3~4] 상대도수의 분포표

상대도수의 분포표: 각 계급의 상대도수를 나타낸 표

계급	도수	상대도수
	☆	$\dfrac{☆}{S}$
	△	$\dfrac{△}{S}$
	□	$\dfrac{□}{S}$
합계	S	1

(도수) = (도수의 총합)×(상대도수)

$\dfrac{☆}{S}+\dfrac{△}{S}+\dfrac{□}{S}=\dfrac{☆+△+□}{S}=\dfrac{S}{S}=1$

☆+△+□=S

3 (1) 자유형 기록이 17초 이상 18초 미만인 계급의 도수는 16명이고, 이 계급의 상대도수는 0.4이므로
수영반 전체 학생은
$\dfrac{16}{0.4}=40$(명)

(2) $A=\dfrac{4}{40}=0.1$
$B=40\times0.3=12$
상대도수의 총합은 항상 1이므로
$C=1$

(3) 자유형 기록이 19초 이상 20초 미만인 계급의 도수는 2명이므로 이 계급의 상대도수는
$\dfrac{2}{40}=0.05$
기록이 18초 이상인 계급의 상대도수의 합은
$0.15+0.05=0.2$이므로
전체의 $0.2\times100=20$(%)이다.

4 (1) 윗몸일으키기 기록이 10회 이상 20회 미만인 계급의 도수는 36명이고, 이 계급의 상대도수는 0.24이므로 1학년 전체 학생은
$\dfrac{36}{0.24}=150$(명)

(2) $A=\dfrac{15}{150}=0.1$
$B=150\times0.3=45$
$C=1-(0.1+0.24+0.3+0.16)=0.2$

(3) 윗몸일으키기 기록이 30회 미만인 계급의 상대도수의 합은
$0.1+0.24+0.3=0.64$이므로
전체의 $0.64\times100=64$(%)이다.

[5~8] 상대도수의 분포를 나타낸 그래프

가로축에는 각 계급의 양 끝 값을, 세로축에는 상대도수를 차례로 표시하여 히스토그램이나 도수분포다각형과 같은 모양으로 나타낸 그래프

5 (1) 상대도수가 가장 큰 계급은 160 cm 이상 180 cm 미만이므로 이 계급의 도수는 $25\times0.28=7$(명)

(2) 기록이 240 cm 이상인 학생은
$25\times0.04=1$(명)
기록이 220 cm 이상인 학생은
$25\times(0.16+0.04)=5$(명)
따라서 기록이 5번째로 좋은 학생이 속하는 계급은 220 cm 이상 240 cm 미만이므로 이 계급의 상대도수는 0.16이다.

6 (1) 상대도수가 가장 작은 계급은 30년 이상 35년 미만이므로 이 계급의 도수는 $60\times0.05=3$(그루)

(2) 나이가 10년 미만인 나무는
$60\times0.1=6$(그루)
나이가 15년 미만인 나무는
$60\times(0.1+0.15)=15$(그루)
나이가 20년 미만인 나무는
$60\times(0.1+0.15+0.3)=33$(그루)
따라서 나이가 17번째로 적은 나무가 속하는 계급은 15년 이상 20년 미만이므로 이 계급의 상대도수는 0.3이다.

7 (1) 과학 성적이 70점 이상 80점 미만인 계급의 도수는 10명
이고, 이 계급의 상대도수는 0.25이므로

반 전체 학생은 $\dfrac{10}{0.25}=40$(명)

(2) 과학 성적이 80점 이상 90점 미만인 계급의 상대도수는

$1-(0.05+0.2+0.25+0.15)=0.35$

따라서 과학 성적이 80점 이상 90점 미만인 학생은

$40\times0.35=14$(명)

8 **1단계** 독서 시간이 8시간 이상 10시간 미만인 계급의 도수
는 4명이고, 이 계급의 상대도수는 0.2이므로

반 전체 학생은 $\dfrac{4}{0.2}=20$(명)

2단계 독서 시간이 6시간 이상 8시간 미만인 계급의 상대
도수는 $1-(0.05+0.25+0.2+0.2)=0.3$

3단계 따라서 독서 시간이 6시간 이상 8시간 미만인 학생
은 $20\times0.3=6$(명)

채점 기준	
1단계	전체 학생 수 구하기 … 30 %
2단계	독서 시간이 6시간 이상 8시간 미만인 계급의 상대도수 구하기 … 30 %
3단계	독서 시간이 6시간 이상 8시간 미만인 학생 수 구하기 … 40 %

[9~12] 도수의 총합이 다른 두 집단의 분포 비교

(1) 어떤 계급에 속하는 학생의 비율을 비교할 때는 상대도수를 비교한다.
(2) 두 집단 중 변량이 상대적으로 큰(작은) 것을 찾을 때는 그래프가 전
체적으로 어느 쪽으로 치우쳐 있는지를 확인한다.

9 각 계급의 상대도수를 구하면 다음 표와 같다.

책의 수(권)	상대도수	
	1학년	2학년
2이상~ 4미만	$\dfrac{4}{40}=0.1$	$\dfrac{6}{50}=0.12$
4 ~ 6	$\dfrac{10}{40}=0.25$	$\dfrac{8}{50}=0.16$
6 ~ 8	$\dfrac{14}{40}=0.35$	$\dfrac{17}{50}=0.34$
8 ~10	$\dfrac{8}{40}=0.2$	$\dfrac{10}{50}=0.2$
10 ~12	$\dfrac{4}{40}=0.1$	$\dfrac{9}{50}=0.18$
합계	1	1

(1) 두 학년에서 읽은 책의 수가 6권 이상 8권 미만인 계급의
상대도수는 각각 다음과 같다.

1학년: 0.35, 2학년: 0.34

따라서 이 계급의 상대도수는 1학년이 2학년보다 더 크
므로 읽은 책의 수가 6권 이상 8권 미만인 회원의 비율은
1학년이 2학년보다 더 높다.

(2) 읽은 책의 수에 대한 회원의 비율이 1학년보다 2학년이
더 높은 계급은 2권 이상 4권 미만, 10권 이상 12권 미만
의 2개이다.

10 각 계급의 상대도수를 구하면 다음 표와 같다.

최고 기록(kg)	상대도수	
	A 중학교	B 중학교
100이상~120미만	$\dfrac{2}{25}=0.08$	$\dfrac{3}{20}=0.15$
120 ~140	$\dfrac{11}{25}=0.44$	$\dfrac{9}{20}=0.45$
140 ~160	$\dfrac{5}{25}=0.2$	$\dfrac{5}{20}=0.25$
160 ~180	$\dfrac{4}{25}=0.16$	$\dfrac{2}{20}=0.1$
180 ~200	$\dfrac{3}{25}=0.12$	$\dfrac{1}{20}=0.05$
합계	1	1

(1) 두 중학교에서 기록이 160 kg 이상 180 kg 미만인 계급
의 상대도수는 각각 다음과 같다.

A 중학교: 0.16, B 중학교: 0.1

따라서 이 계급의 상대도수는 A 중학교가 B중학교보다
더 크므로 기록이 160 kg 이상 180 kg 미만인 학생의 비
율은 A 중학교가 B 중학교보다 더 높다.

(2) 기록에 대한 학생의 비율이 A 중학교보다 B 중학교가
더 높은 계급은 100 kg 이상 120 kg 미만, 120 kg 이상
140 kg 미만, 140 kg 이상 160 kg 미만의 3개이다.

11 (1) 1반에서 봉사 활동 시간이 16시간 이상인 계급의 상대도
수는 0.2이므로

1반에서 봉사 활동 시간이 16시간 이상인 학생은

$25\times0.2=5$(명)

(2) 2반에 대한 그래프가 1반에 대한 그래프보다 전체적으로
오른쪽으로 치우쳐 있으므로 봉사 활동 시간은 2반이 1
반보다 상대적으로 더 길다고 할 수 있다.

12 ㄱ. 기록이 17초인 학생이 속하는 계급은 16초 이상 18초
미만이고, 여학생의 이 계급의 상대도수는 0.3이다.

따라서 기록이 17초인 학생이 속하는 계급의 여학생은

$50\times0.3=15$(명)이다.

ㄴ. 남학생 중 기록이 16초 미만인 계급의 상대도수의 합은

$0.12+0.2=0.32$이므로 남학생 전체의

$0.32\times100=32$(%)이다.

ㄷ. 상대도수의 분포를 나타낸 그래프만으로는 도수의 총합
을 알 수 없으므로 전체 남학생 수와 전체 여학생 수는
알 수 없다.

ㄹ. 두 그래프에서 기록이 14초 이상 16초 미만인 계급의
상대도수는 각각 다음과 같다.

남학생: 0.2, 여학생: 0.1

따라서 이 계급의 상대도수는 남학생이 여학생보다 더
크므로 기록이 14초 이상 16초 미만인 학생의 비율은
남학생이 여학생보다 더 높다.

ㅁ. 계급의 크기가 같고, 상대도수의 총합이 같으므로 남학
생과 여학생에 대한 각각의 그래프와 가로축으로 둘러
싸인 부분의 넓이는 서로 같다.

따라서 옳은 것은 ㄹ, ㅁ이다.

1	중앙값: 25시간, 최빈값: 22시간			**2**	36세	
3	③	**4**	13	**5**	9명	**6** ②, ④
7	(1) 64 %	(2) 4명	**8**	0.2	**9** ④	

1 변량을 작은 값부터 크기순으로 나열하면
17, 18, 22, 22, ㉔, ㉖, 27, 29, 30, 33이므로
$(중앙값)=\dfrac{24+26}{2}=25(시간)$
22시간이 두 번으로 가장 많이 나타나므로
(최빈값)=22시간

2 [1단계] 주어진 자료의 최빈값이 38세이므로 $x=38$
[2단계] 변량을 작은 값부터 크기순으로 나열하면
28, 31, ㉞, ㊳, 38, 43이므로
$(중앙값)=\dfrac{34+38}{2}=36(세)$

채점 기준		
1단계	x의 값 구하기	… 40 %
2단계	중앙값 구하기	… 60 %

3 ① 줄기가 3인 잎의 개수는 6, 줄기가 4인 잎의 개수는 4이므로 나이가 30세 이상인 회원은 $6+4=10(명)$이다.
② 잎이 가장 많은 줄기는 2이므로 회원 수가 가장 많은 줄기는 2이다.
③ 나이가 가장 적은 회원은 17세이고,
가장 많은 회원은 42세이므로
두 회원의 나이의 차는 $42-17=25(세)$
④ 나이가 적은 쪽에서부터 차례로 나열하면
17세, 18세, 19세, 20세, …
이므로 나이가 4번째로 적은 회원의 나이는 20세이다.
⑤ 나이가 26세 미만인 회원은 8명이므로
전체의 $\dfrac{8}{20}\times100=40(\%)$이다.
따라서 옳은 것은 ③이다.

4 [1단계] 대기 시간이 30분 미만인 관객이 전체의 75 %이므로
그 수는 $40\times\dfrac{75}{100}=30$ ∴ $A=30-(4+9)=17$
[2단계] ∴ $B=40-(4+9+17+6)=4$
[3단계] ∴ $A-B=17-4=13$

채점 기준		
1단계	A의 값 구하기	… 40 %
2단계	B의 값 구하기	… 40 %
3단계	$A-B$의 값 구하기	… 20 %

5 전체 학생 수를 x라고 하면
영화 관람 횟수가 9회 미만인 학생은 $5+7=12(명)$
이때 영화 관람 횟수가 9회 미만인 학생이 전체의 40 %이므로

$x\times\dfrac{40}{100}=12$ ∴ $x=30$
따라서 전체 학생은 30명이므로
영화 관람 횟수가 9회 이상 12회 미만인 학생은
$30-(5+7+4+3+2)=9(명)$

6 ① 계급은 $220^{이상}\sim230^{미만}$, $230\sim240$, $240\sim250$,
$250\sim260$, $260\sim270$, $270\sim280$의 6개이다.
② $(계급의 크기)=230-220=240-230=\cdots=280-270$
$=10(mm)$
③ 도수가 10명인 계급은 260 mm 이상 270 mm 미만이다.
④ 신발 크기가 240 mm 이상 250 mm 미만인 학생은 15명
이므로 전체의 $\dfrac{15}{50}\times100=30(\%)$이다.
⑤ 신발 크기가 270 mm 이상인 학생은 4명,
260 mm 이상인 학생은 $10+4=14(명)$,
250 mm 이상인 학생은 $14+10+4=28(명)$
이므로 신발 크기가 16번째로 큰 학생이 속하는 계급은
250 mm 이상 260 mm 미만이다.
따라서 옳은 것은 ②, ④이다.

7 (1) 통학 거리가 2 km 미만인 계급의 상대도수의 합은
$0.36+0.28=0.64$이므로
전체의 $0.64\times100=64(\%)$이다.
(2) 통학 거리가 4 km 이상 5 km 미만인 계급의 상대도수는
$1-(0.36+0.28+0.23+0.11)=0.02$
따라서 통학 거리가 4 km 이상 5 km 미만인 학생은
$200\times0.02=4(명)$

8 무게가 150 g 이상인 감자는 $50\times0.16=8(개)$
무게가 130 g 이상인 감자는 $50\times(0.2+0.16)=18(개)$
따라서 무게가 10번째로 무거운 감자가 속하는 계급은
130 g 이상 150 g 미만이므로
이 계급의 상대도수는 0.2이다.

9 ① 전체 여학생 수는 알 수 없다.
② 기록이 160 cm 이상 180 cm 미만인 계급의 상대도수는
남학생: 0.08, 여학생: 0.06
즉, 이 계급의 학생의 비율은 남학생이 여학생보다 더 높다.
③ 각 계급의 상대도수는 그 계급의 도수에 정비례하므로
여학생 중에서 도수가 가장 큰 계급은 상대도수가 가장
큰 계급인 80 cm 이상 100 cm 미만이다.
④ 남학생에 대한 그래프가 여학생에 대한 그래프보다 전체
적으로 오른쪽으로 치우쳐 있으므로 기록은 남학생이 여
학생보다 상대적으로 더 좋은 편이다.
⑤ 계급의 크기가 같고, 상대도수의 총합이 같으므로 여학
생과 남학생에 대한 각각의 그래프와 가로축으로 둘러싸
인 부분의 넓이는 서로 같다.
따라서 옳은 것은 ④이다.

MEMO

대표전화 1544-0554
주소 경기도 과천시 과천대로2길 54(갈현동, 그라운드브이)
협의 없는 무단 복제는 법으로 금지되어 있습니다.

✦ 개념·플러스·유형·시리즈   개념과 유형이 하나로! 가장 효과적인 수학 공부 방법을 제시합니다.

✦ 개념·플러스·유형·시리즈　개념과 유형이 하나로! 가장 효과적인 수학 공부 방법을 제시합니다.

비상교재
누리집에
방문해보세요

https://book.visang.com/
발간 이후에 발견되는 오류 중학교재 〉 학습자료실 〉 정오표
본 교재의 정답 중학교재 〉 학습자료실 〉 정답과해설

품질혁신코드 VS01QI25_4